高等数学学习辅导

下册

周礼刚 肖箭 徐鑫◎主编

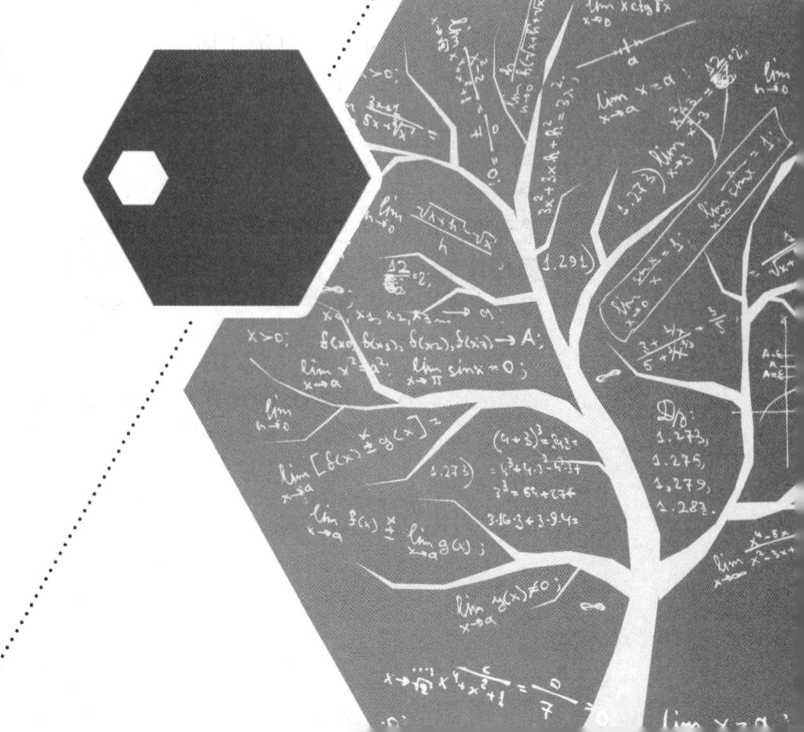

图书在版编目(CIP)数据

高等数学学习辅导. 下册/周礼刚,肖箭,徐鑫主编. —合肥:安徽大学出版社,2024.4

大学数学系列规划教材

ISBN 978-7-5664-2663-5

Ⅰ. ①高… Ⅱ. ①周… ②肖… ③徐… Ⅲ. ①高等数学—高等学校—教学参考资料 Ⅳ. ①O13

中国国家版本馆 CIP 数据核字(2023)第 128557 号

高等数学学习辅导(下册)　　周礼刚　肖箭　徐鑫 主编

出版发行:北京师范大学出版集团
安 徽 大 学 出 版 社
(安徽省合肥市肥西路 3 号 邮编 230039)
www.bnupg.com
www.ahupress.com.cn

印　　刷:安徽利民印务有限公司
经　　销:全国新华书店
开　　本:710 mm×1010 mm　1/16
印　　张:21.25
字　　数:450 千字
版　　次:2024 年 4 月第 1 版
印　　次:2024 年 4 月第 1 次印刷
定　　价:60.00 元
ISBN 978-7-5664-2663-5

策划编辑:刘中飞　张明举　　装帧设计:李伯骥　孟献辉
责任编辑:张明举　　美术编辑:李　军
责任校对:武溪溪　　责任印制:赵明炎

前 言

高等数学的核心是微积分理论,而微积分理论又是现代数学的基础,几乎被应用于现代数学的所有分支,为满足不同专业对高等数学同步辅导的学习需求,编者在结合多年讲授高等数学课程的经验,以及对历年考研数学真题研究的基础上编著了《高等数学学习辅导》(上、下册).

起初,本书的手稿是上课的讲稿,后编成了课后辅导的讲义发给学生,便于大家课后学习、复习使用;再后来,我们结合教学实践和安徽大学大学数学教学中心多年的教学研讨对讲义进行了不断修正,最终在安徽大学出版社出版.在这期间,大学数学教学中心全体老师为本书的编写提供了宝贵的意见和支持,其中肖箭老师做了很多工作,起到了重要作用.肖箭老师虽已离我们而去,但是他的治学严谨,诲人不倦的精神在这本书中均有体现.通过本书的出版推广,希望把肖箭老师的优良品质传递给更多的师生.

本书在《高等数学》课程上作为课程同步辅导资料使用,是对《高等数学》课程的重要配合和补充.在安徽大学出版社的大力支持下,我们将本书出版发行,供高等数学学习者、考研学生以及有志于提高高等数学学习水平的读者们参考.

本书上、下册共 13 章,每一章都按照教学大纲内容分节编排,每节包括“内容精讲”“例题精解”两部分,章末“问题与思考”内容重在讲解本章重难点问题或习题.其中“内容精讲”全面准确地阐述了每章、每节在本科教学基本要求和考研数学大纲中高等数学所有知识点的内涵和外延，读者一定要认真研读，并在做题后温故知新；“例题精解”则是通过精心挑选或者编制的例题，让读者深化对数学知识的理解，并把它们内化成自己的解题能力，这部分内容建议读者反复练习，达到炉火纯青的地步；“问题与思考”则是结合多年教学经验，把读者易混淆、难理解的问题做了总结和对比，既强化了读者对基础知识的理解与掌握，又引导读者深入思考与研究.

对于如何使用好本书并做好高等数学的学习和复习，我们给出以下四个建议：

1. 坚持不懈，细水长流

正如京剧表演艺术家所说：“一天不练功，只有我知道；三天不练功，同行也知道；一月不练功，观众全知道.”高等数学的学习和复习建议读者也要这样，捧着这本书，每天都要看内容，每天都要做题目，只有坚持不懈、细水长流，便可水到渠成.

2. 不求初速，但求加速

一开始读数学书，总会吃力一些，遇到的困难多一些，这很正常，读者不要畏难，应该扎扎实实地把每一处不懂的地方弄懂，把每一个难点攻克，这样虽然开始复习的速度会慢一些，但是只要能够坚持，复习了一定的内容之后，你便会发现自己的复习速度会不断提高，理解能力、分析能力和解题能力都会显著增强.

3. 独立思考，定期检验

复习一个知识，先要读基本的概念、定理和公式，然后看例题，再去做例题.只有通过做，才能知道自己是否真正掌握了这个知识.然后在做巩固练习时,一定不要翻着答案做题,稍有不会就看答案,这样效果不好.读者先不要看答案,自己独立地去做,调动起自己所有的知识储备,看能不能做出来,做出来了,自然很好,即使做不出,时间也没有白费,其他的知识在你脑子里过了一遍,也是一种复习.只是要注意,如果全力以赴也未做出题目,看完答案后要好好总结经验.在复习完一节、一章和整个课程的不同阶段,都要定期地通过做题来检验自己的复习水平和效果.

4.吸取教训,善于总结

人没有不犯错误的,尤其在学习高等数学的过程中,遇到把题目做错和不会做的题是再平常不过的了.俗话说:“失败是成功之母”,就是这个意思.对于同步学习和复习的学生遇到不会的题、做错的题,可能会有两种态度,一种态度是消极的,题目不会做,心情不好,自暴自弃,复习效率大打折扣;一种态度是积极的,如某个题目做不出,此时正可以找到自己复习的薄弱环节,找到自己的不足之处,这正是自己提高、进步的机会.我们当然支持后面一种态度,这才是正确的态度.所以,希望在同步复习的过程中,读者准备一个笔记本,记录不会做或者做错的题目,认真分析自己到底问题出在哪里,哪些知识还复习不到位,吸取教训,多做总结,这样的笔记日积月累,对提高读者的数学水平是有极大帮助的.

限于编者水平,书中难免有疏漏和不足之处,诚心接受读者和同行专家的批评指正.

编 者
2023年4月

目 录

第9章

空间解析几何

本章的重点是单位向量、方向余弦、向量的坐标表达式以及用坐标表达式进行向量运算的方法;平面方程和直线方程及其求法;曲面方程的概念. 难点是向量的向量积;利用平面、直线的相互关系解决有关问题;常见二次曲面的画法.

本章要求学生掌握向量的运算(线性运算、数量积、向量积);用坐标表达式进行向量运算的方法,平面方程和直线方程及其求法. 会求平面与平面、平面与直线、直线与直线之间的夹角,并会利用平面、直线的相互关系解决有关问题;会求点到直线及点到平面的距离;会求简单柱面和旋转曲面的方程.

§9.1 空间直角坐标系

在人们的生活中,空间直角坐标系随处可见. 例如,大学生军训时,学生排队时报号;看电影时,电影票印有3排5号;战争中士兵之间常用手势标示目标所在位置等. 这些都是在建立参照系后,给出物体所在位置的例子. 本节所研究的参照系,是通过建立空间直角坐标系,使得空间上的点与一对有序数组一一对应起来. 这如同在平面解析几何中,建立平面直角坐标系,使得平面上的点与一对有序数组一一对应.

9.1.1 空间直角坐标系

1. 空间直角坐标系的构架

(1)两要素.

一固定:点和三条数轴;一约定:右手系. 具体如下.

在空间取固定一点 O,作三条相互垂直的数轴$\overrightarrow{OX}$,$\overrightarrow{OY}$和$\overrightarrow{OZ}$,它们均以 O 为原点,并且取相同的单位长度,这样的三条坐标轴就组成了一个空间直角坐标系,点 O 称为坐标原点,$\overrightarrow{OX}$,$\overrightarrow{OY}$和$\overrightarrow{OZ}$称为坐标轴,又分别称为 x 轴,y 轴和 z 轴. 同时规定:三个坐标轴符合右手法则. 每两条坐标轴所确定的平面称为坐标平面,分别称为 xOy 平面,yOz 平面和 zOx 平面,如图 9.1 所示.

(2)空间点的坐标(量化).

众所周知,数轴上任一点均可量化为实数表示,此实数称为该点的坐标. 推广到空间情况如下:

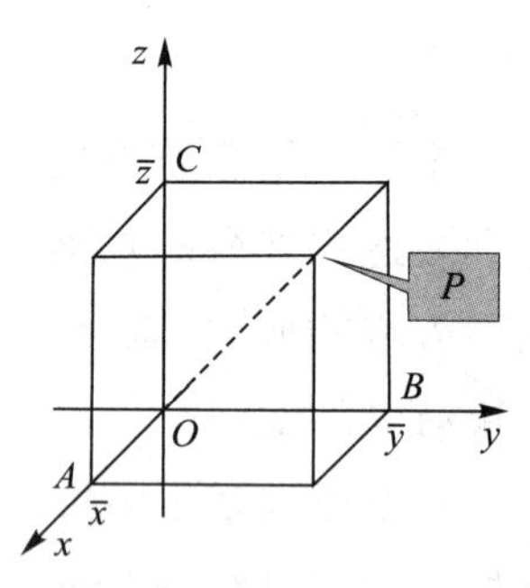

图 9.1

如图 9.1 所示. 设 P 为空间中的一点,过 P 分别作垂直于 x 轴,y 轴和 z 轴的平面,它们分别与坐标轴相交于 A,B,C 三点,且这三点在 x 轴,y 轴和 z 轴上的坐标为 $\bar{x}$,$\bar{y}$ 和 $\bar{z}$,则点 P 唯一地确定了一组有序数组$(\bar{x},\bar{y},\bar{z})$;反之,设给定一组有序数组$(\bar{x},\bar{y},\bar{z})$,在 x 轴,y 轴和 z 轴上确定三个点 A,B 和 C,使得它们在各坐标轴上分别为 $\bar{x}$,$\bar{y}$ 和 $\bar{z}$. 过 A,B,C 三点分别作垂直于 x 轴,y 轴和 z 轴的平面. 这三个平面相交确定了唯一的交点 P. 于是建立了空间的 P 点与一组有序数组$(\bar{x},\bar{y},\bar{z})$之间的一一对应关系,这就是点的量化. $\bar{x}$,$\bar{y}$ 和 $\bar{z}$ 称为点的三个坐标分量,记点 P 为$P(x,y,z)$. 进一步,三个坐标面将空间分成八个部分,每一部分称为一个卦限.

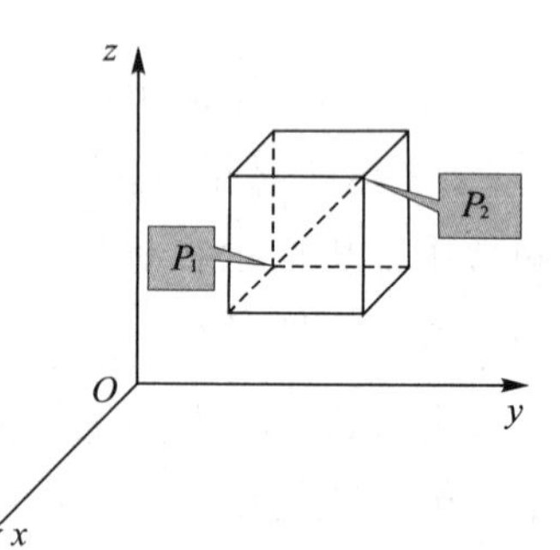

图 9.2

2. 空间两点之间的距离

设 $P_1(x_1,y_2,z_2)$和 $P_2(x_2,y_2,z_2)$为空间两点,如图 9.2 所示. 利用勾股

定理,求长方体的对角线长度.则有

$$d(P_1,P_2)=|P_1P_2|=\sqrt{(x_1-x_2)^2+(y_1-y_2)^2+(z_1-z_2)^2} \tag{9.1.1}$$

注 9.1.1

(1)不同的两点量化为两点距离不等于零.

(2)点 P 到数集 M 的距离定义为 $d(P,M)=\min\limits_{\forall Q\in M}\{d(P,Q)\}$.

例 9.1.1 求点 $P(2,1,5)$ 到 z 轴的距离.

解: z 轴可看成一数集 M,所以由注 9.1.1 知

$$d(P,M)=\min_{\forall Q\in M}\{d(P,Q)\}=d(P,Q_1),$$

其中点 Q_1 为 $Q_1(0,0,5)$,于是有 $d(P,M)=\sqrt{5}$.

例 9.1.2 求 x 轴上一点 P,使得 P 到 $A(-4,5,2)$ 和 $B(3,1,-7)$ 的距离相等.

解: 设点 $P(x,0,0)$ 为 x 轴上一点,依题意有 $d(P,A)=d(P,B)$,即

$$\sqrt{(x+4)^2+(0-5)^2+(0-2)^2}=\sqrt{(x-3)^2+(0-1)^2+(0+7)^2},$$

解得 $x=1$,故所求的点为 $P(1,0,0)$.

9.1.2 空间曲面与曲线方程(放在平面和直线方程后讲)

定义 9.1.1 空间的曲面 S 可以看作满足某一条件的点的轨迹.

定义 9.1.2 若对于曲面 S 上任意一点 $P(x,y,z)$,其坐标 (x,y,z) 满足方程

$$F(x,y,z)=0 \tag{9.1.2}$$

同时,若方程 $F(x,y,z)=0$ 的解 x,y,z 在曲面 S 上,则称方程 9.1.2 为曲面 S 的方程,同时也称曲面 S 为方程 9.1.2 所对应的曲面 S.

例如,以 (x_0,y_0,z_0) 为球心,以 R 半径的球面方程为

$$\sqrt{(x-x_0)^2+(y-y_0)^2+(z-z_0)^2}=R.$$

例如,以 z 轴为对称轴,且到对称轴距离为 R 的圆柱面方程为 $x^2+y^2=R^2$.

进一步,球面和柱面方程还可以分别写成

$$\begin{cases} x=x_0+R\sin v\cos u, \\ y=y_0+R\sin v\sin u,\ 其中\ 0\leqslant u<2\pi,0\leqslant v<\pi, \\ z=z_0+R\cos v, \end{cases}$$

和 $\begin{cases} x=R\cos u, \\ y=R\sin u, \\ z=v, \end{cases}$ 其中 $0\leqslant u<2\pi, -\infty<v<+\infty$.

称上面的方程为它们的参数方程. 下面给出曲线参数方程的一般定义.

定义 9.1.3 若曲面 S 上点的坐标表示成两个参数 (u,v) 的函数，则称方程组

$$\begin{cases} x = f_1(u,v), \\ y = f_2(u,v), \\ z = f_3(u,v), \end{cases} \tag{9.1.3}$$

其中 $u\in I_1, v\in I_2, I_1, I_2$ 为两个区间. 则称方程 9.1.3 为曲面 S 的参数方程.

定义 9.1.4 若两曲面相交，则称交线为空间曲线.

设两个曲面的方程为 $F(x,y,z)=0$ 和 $G(x,y,z)=0$，则空间曲面 L 的方程可记为

$$\begin{cases} F(x,y,z) = 0, \\ G(x,y,z) = 0. \end{cases} \tag{9.1.4}$$

例如，曲线 L_1 的方程 $\begin{cases} x^2+y^2+z^2=R^2, \\ x+y+z=0, \end{cases}$ 它为球面与平面的交线，表示为空间中的一个圆.

例如，曲线 L_2 的方程 $\begin{cases} x^2+y^2=R^2, \\ x+y+z=0, \end{cases}$ 它为圆柱面与平面的交线，表示为空间中的一个椭圆.

§9.2 向量代数

本节主要是引入空间向量的基本概念及其代数运算，应用向量表示解决一些初等几何问题.

9.2.1 向量代数基本概念与线性运算

1. 定义

定义 9.2.1 一个既有大小又有方向的量，称为向量，其大小称

为向量的模. 在数学上，常用一个有向线段$\overrightarrow{AB}$来表示，即用线段长度$d(a,b)=|\overrightarrow{AB}|$表示大小，用线段方向表示向量的方向. 记$\boldsymbol{a}=\overrightarrow{AB}$.

定义 9.2.2 若两个向量的方向相同，大小相等，则称两个向量相等，记为$\boldsymbol{a}=\boldsymbol{b}$.

注 9.2.1 数学上的向量是可以自由平移的，而物理上的由于受作用点条件约束，不能平移.

类似地可以定义单位向量，负向量和零向量.

注 9.2.2

(1)零向量的方向是任意的.

(2)设$\boldsymbol{a}\neq\boldsymbol{0}$，则与其同向的单位向量为$\boldsymbol{e}_a=\dfrac{\boldsymbol{a}}{|\boldsymbol{a}|}$.

2. 向量的线性运算

定义 9.2.3 设有两个向量$\boldsymbol{a},\boldsymbol{b}$，首先把$\boldsymbol{a}$向量记作有向线段$\boldsymbol{a}=\overrightarrow{AB}$，其次把$\boldsymbol{b}$平移到$B$点处(是指向量的始点移动到$B$点)，记作$\boldsymbol{b}=\overrightarrow{BC}$，则定义$\boldsymbol{a}+\boldsymbol{b}=\overrightarrow{AB}+\overrightarrow{BC}=\overrightarrow{AC}$，称为向量$\boldsymbol{a}$与$\boldsymbol{b}$的和，记为$\boldsymbol{c}=\boldsymbol{a}+\boldsymbol{b}$，即$\overrightarrow{AC}=\overrightarrow{AB}+\overrightarrow{BC}$，如图 9.3 所示.

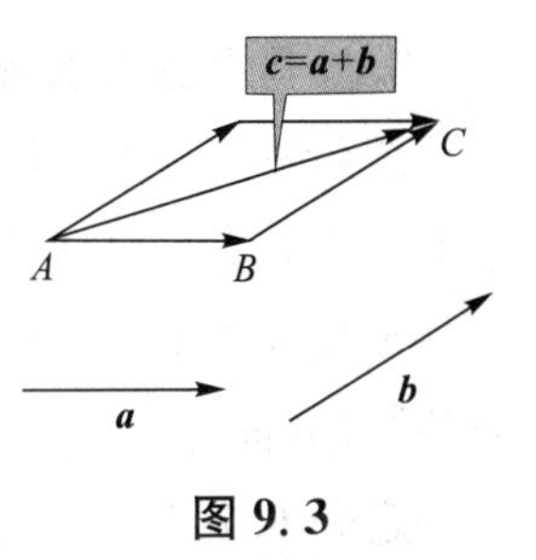

图 9.3

注 9.2.3 在向量加法运算中，若有向线段尾头相连，则连接头尾即可. 例如

$$\overrightarrow{AB}+\overrightarrow{BC}+\overrightarrow{CD}+\overrightarrow{DE}=\overrightarrow{AE}.$$

向量的加法运算法则一般称为三角形法则或平行四边形法则. 利用负向量可以诱导向量的减法运算.

注 9.2.4 向量加减运算的几何意义：设有两非零向量$\boldsymbol{a},\boldsymbol{b}$，若以这两个向量构成平行四边形的两个边，则由两对角线向量分别为$\boldsymbol{a}+\boldsymbol{b}$和$\boldsymbol{a}-\boldsymbol{b}$，但此时一定要注意向量的方向，如图 9.4 所示.

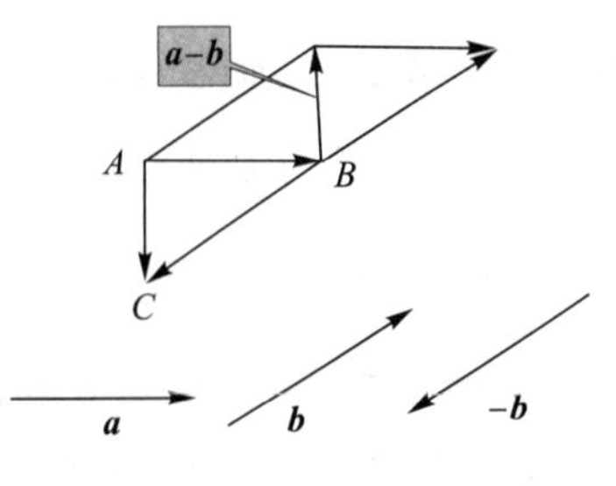

图 9.4

向量的加减运算性质：

(1)交换律　$\boldsymbol{a}+\boldsymbol{b}=\boldsymbol{b}+\boldsymbol{a}$.

(2)结合律　$(\boldsymbol{a}+\boldsymbol{b})+\boldsymbol{c}=\boldsymbol{a}+(\boldsymbol{b}+\boldsymbol{c})=\boldsymbol{a}+\boldsymbol{b}+\boldsymbol{c}$.

定义 9.2.4 实数 μ 与向量 $\boldsymbol{a}$ 的乘积 $\mu\boldsymbol{a}$ 仍是一个向量，它的模 $|\mu\boldsymbol{a}|$ 为 $|\mu||\boldsymbol{a}|$，它的方向为：当 $\mu>0$ 时，$\mu\boldsymbol{a}$ 与 $\boldsymbol{a}$ 的方向相同；当 $\mu<0$ 时，$\mu\boldsymbol{a}$ 与 $\boldsymbol{a}$ 的方向相反；当 $\mu=0$ 时，$\mu\boldsymbol{a}=\boldsymbol{0}$. 如图 9.5 所示.

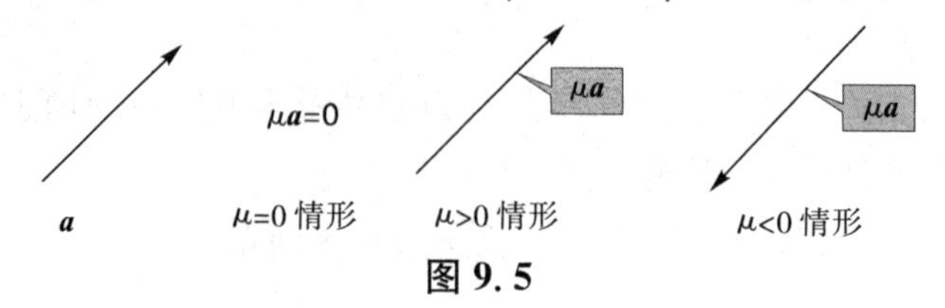

图 9.5

向量的数乘运算性质：

(1) $\mu(\boldsymbol{a}+\boldsymbol{b})=\mu\boldsymbol{a}+\mu\boldsymbol{b}$.

(2) $(\lambda+\mu)\boldsymbol{a}=\lambda\boldsymbol{a}+\mu\boldsymbol{a}$.

(3) $(\lambda\mu)\boldsymbol{a}=\lambda(\mu\boldsymbol{a})$.

3. 向量共线与共面

众所周知，数学上向量可以自由平移，因此两个向量一定在一个平面上，那么，两个以上向量的构架是怎样的？

定义 9.2.5 若向量组平行于同一直线（或平面），则称向量组为共线（共面）.

定理 9.2.1 向量 $\boldsymbol{a},\boldsymbol{b}$ 共线的充要条件是存在不全为零的数 λ 和 μ，使得 $\lambda\boldsymbol{a}+\mu\boldsymbol{b}=\boldsymbol{0}$.

证明：必要性. 分两步证明：第一步，当 $\boldsymbol{a},\boldsymbol{b}$ 中至少有一个为零向量时，不妨设 $\boldsymbol{a}=\boldsymbol{0}$，则可取 $\lambda=1,\mu=0$，使得 $\lambda\boldsymbol{a}+\mu\boldsymbol{b}=\boldsymbol{0}$. 第二步，当 $\boldsymbol{a}\neq\boldsymbol{0},\boldsymbol{b}\neq\boldsymbol{0}$ 时，此时注意其单位向量 $\boldsymbol{e}_a=\dfrac{\boldsymbol{a}}{|\boldsymbol{a}|}$ 和 $\boldsymbol{e}_b=\dfrac{\boldsymbol{b}}{|\boldsymbol{b}|}$. 可知若向量 $\boldsymbol{a},\boldsymbol{b}$ 同向，则有 $\boldsymbol{e}_a=\boldsymbol{e}_b$；若向量 $\boldsymbol{a},\boldsymbol{b}$ 反向，则有 $\boldsymbol{e}_a=-\boldsymbol{e}_b$. 得证.

充分性. 若存在不全为零的数 λ 和 μ，使得 $\lambda\boldsymbol{a}+\mu\boldsymbol{b}=\boldsymbol{0}$. 不妨设 $\lambda\neq0$，则 $\boldsymbol{a}=-\dfrac{\mu}{\lambda}\boldsymbol{b}$，依据向量的数乘定义知向量 $\boldsymbol{a},\boldsymbol{b}$ 共线.

定理 9.2.2 设向量 $\boldsymbol{a}$ 和 $\boldsymbol{b}$ 不共线，向量 $\boldsymbol{c}$ 与 $\boldsymbol{a},\boldsymbol{b}$ 共面的充要条件是存在数 λ 和 μ，使得 $\boldsymbol{c}=\lambda\boldsymbol{a}+\mu\boldsymbol{b}$.

证明：必要性. 若向量 $\boldsymbol{c}$ 与 $\boldsymbol{a},\boldsymbol{b}$ 共面. 把三向量平移到同一点 A 作为起始点，记三个向量所在的直线分别为 a,b,c，记 $\boldsymbol{c}=\overrightarrow{AC}$. 由于三向量共面，所以过 C 点，分别做 $\boldsymbol{a},\boldsymbol{b}$ 的平行线，使直线 b,a 交于点

D 和点 B，易知$\overrightarrow{AB}/\!/\boldsymbol{a}$，$\overrightarrow{AD}/\!/\boldsymbol{b}$ 且$\overrightarrow{AB}+\overrightarrow{BC}=\overrightarrow{AC}$，所以存在数 λ 和 μ，有$\overrightarrow{AB}=\lambda\boldsymbol{a}$，$\overrightarrow{AD}=\mu\boldsymbol{b}$ 使得 $\boldsymbol{c}=\lambda\boldsymbol{a}+\mu\boldsymbol{b}$.

充分性留给读者练习.

4. 向量的坐标表示(向量的量化)

向量应如何表示(量化)？首先，给出一个定义.

定义 9.2.6 设点 $P(x,y,z)$ 为空间中一点，则称$\overrightarrow{OP}$为向径.

设 $\boldsymbol{r}$ 为空间任一向量，由于向量可以自由平移，可把向量 $\boldsymbol{r}$ 的始点平移到原点 O 处，依据向量相等的定义，有 $\boldsymbol{r}=\overrightarrow{OP}$，则 P 点的坐标 (x,y,z) 称为向量的坐标.

进一步，研究向量的坐标表示. 设 $\boldsymbol{r}=\overrightarrow{OP}$，其中 P 点的坐标为 (x,y,z). 可知过 P 分别作垂直于 x 轴，y 轴和 z 轴的平面，它们分别与坐标轴相交于 A,B,C 三点，且这三点在 x 轴，y 轴和 z 轴上的坐标为 x，y 和 z，利用前面向量的加法运算知$\overrightarrow{OP}=\overrightarrow{OA}+\overrightarrow{AB}+\overrightarrow{BP}$，这里$\overrightarrow{OA}=x\boldsymbol{i}$，$\overrightarrow{AB}=y\boldsymbol{j}$，$\overrightarrow{BP}=z\boldsymbol{k}$，即$\overrightarrow{OP}=x\boldsymbol{i}+y\boldsymbol{j}+z\boldsymbol{k}$，这样 $\boldsymbol{r}=x\boldsymbol{i}+y\boldsymbol{j}+z\boldsymbol{k}$ 称为向量 $\boldsymbol{r}$ 的坐标分解式. 此时，记 $\boldsymbol{r}=(x,y,z)$，又称其为向量的坐标表示.

特别地，设 $P_1(x_1,y_1,z_1)$，$P_2(x_2,y_2,z_2)$ 为空间任意两点，有两个向径 $\overrightarrow{OP_1}=x_1\boldsymbol{i}+y_1\boldsymbol{j}+z_1\boldsymbol{k}$，$\overrightarrow{OP_2}=x_2\boldsymbol{i}+y_2\boldsymbol{j}+z_2\boldsymbol{k}$.
依据向量的线性运算法则，有

$$\begin{aligned}\overrightarrow{P_1P_2}&=\overrightarrow{P_1O}+\overrightarrow{OP_2}=-\overrightarrow{OP_1}+\overrightarrow{OP_2}\\&=(x_2-x_1)\boldsymbol{i}+(y_2-y_1)\boldsymbol{j}+(z_2-z_1)\boldsymbol{k},\end{aligned}$$

这样给出了连接两点的有向线段(向量)的表示，如图 9.6 所示.

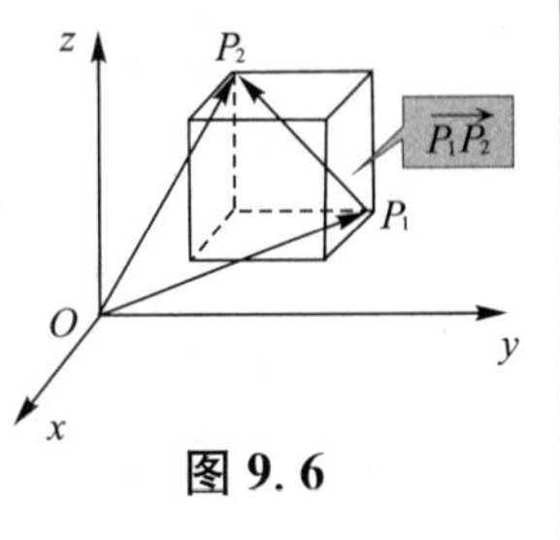

图 9.6

众所周知，向量既有大小又有方向，如何用大小和方向表示向量. 对于非零向量 $\boldsymbol{r}=(x,y,z)=\overrightarrow{OP}$，记其与三个坐标轴正向的夹角分别为 $\alpha,\beta,\gamma\,(0\leqslant\alpha,\beta,\gamma\leqslant\pi)$，则有

$$\begin{cases}x=|\overrightarrow{OP}|\cos\alpha,\\y=|\overrightarrow{OP}|\cos\beta,\text{这里}\ |\overrightarrow{OP}|=\sqrt{x^2+y^2+z^2}.\\z=|\overrightarrow{OP}|\cos\gamma,\end{cases}$$

称 α,β,γ 为向量 $\boldsymbol{r}$ 的方向角，称 $\cos\alpha,\cos\beta,\cos\gamma$ 为向量 $\boldsymbol{r}$ 的方向余弦.

注 9.2.5

（1）向量有三种表示：一是分解式 $\boldsymbol{a}=a_1\boldsymbol{i}+a_2\boldsymbol{j}+a_3\boldsymbol{k}$；二是坐标表示 $\boldsymbol{a}=(a_1,a_2,a_3)$；三是用向量（非零向量）大小 $|\boldsymbol{a}|$ 和方向角 α,β,γ 表示. 即 $\boldsymbol{a}=(|\boldsymbol{a}|\cos\alpha,|\boldsymbol{a}|\cos\beta,|\boldsymbol{a}|\cos\gamma)$，其中 $|\boldsymbol{a}|=\sqrt{a_1^2+a_2^2+a_3^2}$ 为向量的模.

（2）非零向量的方向余弦满足 $\cos^2\alpha+\cos^2\beta+\cos^2 r=1$，即有其同向的单位向量 $\boldsymbol{e}_a=(\cos\alpha,\cos\beta,\cos\gamma)$.

（3）向量线性运算的量化表示. 设有两向量 $\boldsymbol{a}=(a_1,a_2,a_3)$ 和 $\boldsymbol{b}=(b_1,b_2,b_3)$ 及 $\lambda\in\mathbf{R}$，有

$$\boldsymbol{a}+\boldsymbol{b}=(a_1+b_1,a_2+b_2,a_3+b_3),$$

$$\lambda\boldsymbol{a}=(\lambda a_1,\lambda a_2,\lambda a_3).$$

例 9.2.1（定比问题）　如图 9.7 所示，设点 $P(x,y,z)$ 把有向线段 $\overrightarrow{AB}$ 分成定比 λ，即 $\overrightarrow{AP}=\lambda\overrightarrow{PB}$，其中 $A(x_1,y_1,z_1)$，$B(x_2,y_2,z_2)$，求分点 P 的坐标.

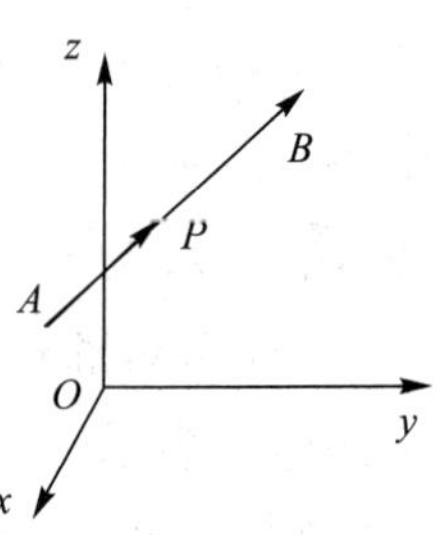

图 9.7

解：由条件 $\overrightarrow{AP}=\lambda\overrightarrow{PB}$，易得

$$x=\frac{x_1+\lambda x_2}{1+\lambda},y=\frac{y_1+\lambda y_2}{1+\lambda},z=\frac{z_1+\lambda z_2}{1+\lambda}.$$

注意：当 $\lambda=1$ 时，中点坐标为 $\left(\frac{x_1+x_2}{2},\frac{y_1+y_2}{2},\frac{z_1+z_2}{2}\right)$；

特别地，当为一维时，引入黄金分割，即 $\frac{b}{a}=\frac{a+b}{b}$，令 $\lambda=\frac{b}{a}$，即 $\lambda^2-\lambda-1=0$，所以有 $\lambda=\frac{1+\sqrt{5}}{2}$.

例 9.2.2　已知两不同的点 $A(x_1,y_1,z_1)$，$B(x_2,y_2,z_2)$，求有向线段 $\overrightarrow{AB}$ 的大小（模）、方向余弦和方向角.

解：计算 $\overrightarrow{AB}=(x_2-x_1,y_2-y_1,z_2-z_1)$，有

$$|\overrightarrow{AB}|=\sqrt{(x_2-x_1)^2+(y_2-y_1)^2+(z_2-z_1)^2}$$

$$\cos\alpha=\frac{x_2-x_1}{|\overrightarrow{AB}|},\cos\beta=\frac{y_2-y_1}{|\overrightarrow{AB}|},\cos\gamma=\frac{z_2-z_1}{|\overrightarrow{AB}|},$$

$$\alpha=\arccos\frac{x_2-x_1}{|\overrightarrow{AB}|},\beta=\arccos\frac{y_2-y_1}{|\overrightarrow{AB}|},\gamma=\arccos\frac{z_2-z_1}{|\overrightarrow{AB}|}$$

9.2.2 向量的数量积

1. 定义

在物理学中,一个质点在恒力 $\boldsymbol{F}$ 作用下沿直线从点 P_1 移动到点 P_2 所做的功为

$$W=|\boldsymbol{F}||\boldsymbol{s}|\cos\theta,$$

其中,$\boldsymbol{s}=\overrightarrow{P_1P_2}$表示位移,$\theta$ 为 $\boldsymbol{F}$ 与 $\boldsymbol{s}$ 的夹角.

类似于功这样的向量运算,称为向量的数量积.

定义 9.2.7 两个向量 $\boldsymbol{a}$ 和 $\boldsymbol{b}$ 的数量积定义为一个实数,记为 $\boldsymbol{a}\cdot\boldsymbol{b}$,即有

$$\boldsymbol{a}\cdot\boldsymbol{b}=|\boldsymbol{a}||\boldsymbol{b}|\cos\angle(\boldsymbol{a},\boldsymbol{b}),$$

其中$\angle(\boldsymbol{a},\boldsymbol{b})$表示两个向量的夹角,约定 $0\leqslant\angle(\boldsymbol{a},\boldsymbol{b})\leqslant\pi$. 同时数量积又称为内积或点乘.

注 9.2.6 由数量积可以确定向量的大小和两非零向量的夹角.

(1)$|\boldsymbol{a}|=\sqrt{\boldsymbol{a}\cdot\boldsymbol{a}}$,其中 $\boldsymbol{a}\cdot\boldsymbol{a}$ 可简记为$\boldsymbol{a}^2$.

(2)设 $\boldsymbol{a},\boldsymbol{b}\neq\boldsymbol{0}$,则有 $\cos\angle(\boldsymbol{a},\boldsymbol{b})=\dfrac{\boldsymbol{a}\cdot\boldsymbol{b}}{|\boldsymbol{a}||\boldsymbol{b}|}$. 进一步,对于两非零向量 $\boldsymbol{a}$ 与 $\boldsymbol{b}$ 垂直的充要条件是$\boldsymbol{a}\cdot\boldsymbol{b}=0$.

(3)$\boldsymbol{i}\cdot\boldsymbol{i}=\boldsymbol{j}\cdot\boldsymbol{j}=\boldsymbol{k}\cdot\boldsymbol{k}=1,\boldsymbol{i}\cdot\boldsymbol{j}=\boldsymbol{i}\cdot\boldsymbol{k}=\boldsymbol{j}\cdot\boldsymbol{k}=0$.

2. 数量积的运算性质

(1)交换律(又称对称性)

$$\boldsymbol{a}\cdot\boldsymbol{b}=\boldsymbol{b}\cdot\boldsymbol{a}.$$

(2)分配律

$$\lambda(\boldsymbol{a}\cdot\boldsymbol{b})=(\lambda\boldsymbol{a})\cdot\boldsymbol{b};$$

$$(\boldsymbol{a}+\boldsymbol{b})\cdot\boldsymbol{c}=\boldsymbol{a}\cdot\boldsymbol{c}+\boldsymbol{b}\cdot\boldsymbol{c}.$$

其中 $\lambda\in\mathbf{R}$.

例 9.2.3 证明三角形的余弦定理.

解:注意两向量的夹角意义即可. 留给读者自己练习.

例 9.2.4 设 $\boldsymbol{r}_1=\overrightarrow{OP_1}$，$\boldsymbol{r}_2=\overrightarrow{OP_2}$，证明以 $\overrightarrow{P_1P_2}$ 为直径的球面方程为 $(\boldsymbol{r}-\boldsymbol{r}_1)\cdot(\boldsymbol{r}-\boldsymbol{r}_2)=0$.

解：方法一，设 P 为球面上任一点，记 $\boldsymbol{r}=\overrightarrow{OP}$，依据几何意义知 $\overrightarrow{P_1P}\perp\overrightarrow{P_2P}$（$P_1,P_2,P$ 三点在圆周上且 $\overrightarrow{P_1P_2}$ 为直径），故有 $(\boldsymbol{r}-\boldsymbol{r}_1)\cdot(\boldsymbol{r}-\boldsymbol{r}_2)=0$.

方法二，设 P_1,P_2,P 三点坐标分别为 (x_1,y_1,z_1)，(x_2,y_2,z_2)，(x,y,z)，所以球心 A 坐标为 $\left(\frac{x_1+x_2}{2},\frac{y_1+y_2}{2},\frac{z_1+z_2}{2}\right)$，依据球面的性质有 $|\overrightarrow{AP}|=\frac{1}{2}|\overrightarrow{P_1P_2}|$，整理得 $(\boldsymbol{r}-\boldsymbol{r}_1)\cdot(\boldsymbol{r}-\boldsymbol{r}_2)=0$.

3. 向量数量积的量化表示

设有两个向量 $\boldsymbol{a}=(a_1,a_2,a_3)=a_1\boldsymbol{i}+a_2\boldsymbol{j}+a_3\boldsymbol{k}$ 和 $\boldsymbol{b}=(b_1,b_2,b_3)=b_1\boldsymbol{i}+b_2\boldsymbol{j}+b_3\boldsymbol{k}$，借助向量数量积运算性质和注 9.2.6 的(3)，有

$$\boldsymbol{a}\cdot\boldsymbol{b}=(a_1\boldsymbol{i}+a_2\boldsymbol{j}+a_3\boldsymbol{k})\cdot(b_1\boldsymbol{i}+b_2\boldsymbol{j}+b_3\boldsymbol{k})=\sum_{l=1}^{3}a_lb_l.$$

注 9.2.7 利用 $|\boldsymbol{a}\cdot\boldsymbol{b}|=||\boldsymbol{a}||\boldsymbol{b}|\cos\theta|\leqslant|\boldsymbol{a}||\boldsymbol{b}|$ 可得柯西不等式（离散型）

$$\left|\sum_{l=1}^{3}a_lb_l\right|\leqslant\left(\sqrt{\sum_{l=1}^{3}a_l^2}\right)\left(\sqrt{\sum_{l=1}^{3}b_l^2}\right).$$

推广有 $\left|\sum_{l=1}^{n}a_lb_l\right|\leqslant\left(\sqrt{\sum_{l=1}^{n}a_l^2}\right)\left(\sqrt{\sum_{l=1}^{n}b_l^2}\right)$.

例 9.2.5 设 $|\boldsymbol{a}|=2$，$|\boldsymbol{b}|=1$ 且 $\angle(\boldsymbol{a},\boldsymbol{b})=\frac{\pi}{3}$，求 $\boldsymbol{c}=2\boldsymbol{a}+3\boldsymbol{b}$ 与 $\boldsymbol{d}=3\boldsymbol{a}-\boldsymbol{b}$ 之间的夹角.

解：注意两点即可.

一是 $(k_1\boldsymbol{a}+k_2\boldsymbol{b})\cdot(k_3\boldsymbol{a}+k_4\boldsymbol{b})=k_1k_3\boldsymbol{a}^2+(k_1k_4+k_2k_3)(\boldsymbol{a}\cdot\boldsymbol{b})+k_2k_4\boldsymbol{b}^2$；

二是 $\angle(\boldsymbol{c},\boldsymbol{d})=\arccos\frac{\boldsymbol{c}\cdot\boldsymbol{d}}{|\boldsymbol{c}||\boldsymbol{d}|}$，这里

$$|\boldsymbol{c}|=\sqrt{\boldsymbol{c}^2}=\sqrt{k_1^2|\boldsymbol{a}|^2+2k_1k_2(\boldsymbol{a}\cdot\boldsymbol{b})+k_2^2|\boldsymbol{b}|^2},$$

$$|\boldsymbol{d}|=\sqrt{\boldsymbol{d}^2}=\sqrt{k_3^2|\boldsymbol{a}|^2+2k_3k_4(\boldsymbol{a}\cdot\boldsymbol{b})+k_4^2|\boldsymbol{b}|^2}.$$

其余部分由读者自行完成.

9.2.3 向量的向量积

1. 定义

生活中,常遇到拧开瓶子和关紧水龙头等行为,可归纳为在力学中,一个力 $\boldsymbol{f}$ 作用在棒的一端 P,使棒绕支点 O 转动. 则关于 O 的力矩是一个向量 $\boldsymbol{M}=\overrightarrow{OP}\times\boldsymbol{f}$.

定义 9.2.8 设有两个向量 $\boldsymbol{a}$ 和 $\boldsymbol{b}$,定义其向量积仍为向量,记为 $\boldsymbol{a}\times\boldsymbol{b}$,它的模为 $|\boldsymbol{a}\times\boldsymbol{b}|=|\boldsymbol{a}||\boldsymbol{b}|\sin\angle(\boldsymbol{a},\boldsymbol{b})$,它的方向与 $\boldsymbol{a},\boldsymbol{b}$ 均垂直,且使 $\boldsymbol{a},\boldsymbol{b}$ 和 $\boldsymbol{a}\times\boldsymbol{b}$ 构成右手系. 向量积又称为外积或叉乘,如图 9.8 所示.

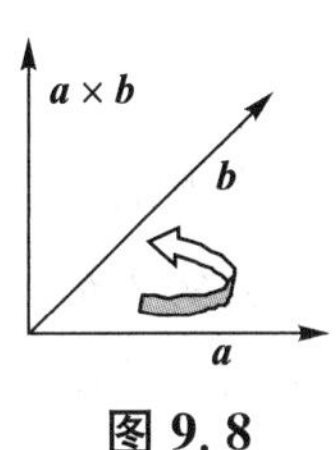

图 9.8

注 9.2.8

(1) 向量积模的几何意义: $|\boldsymbol{a}\times\boldsymbol{b}|=|\boldsymbol{a}||\boldsymbol{b}|\sin\angle(\boldsymbol{a},\boldsymbol{b})$ 等于以 $|\boldsymbol{a}|$、$|\boldsymbol{b}|$ 为邻边的平行四边形的面积,如图 9.9 所示.

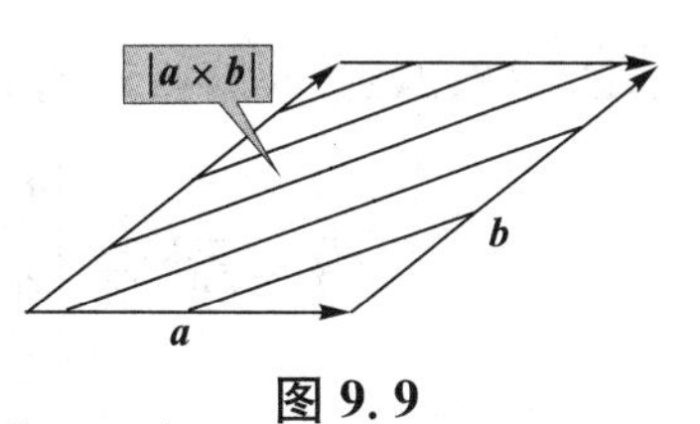

图 9.9

(2)设 $\boldsymbol{a},\boldsymbol{b}\neq\boldsymbol{0}$,则有 $\sin\angle(\boldsymbol{a},\boldsymbol{b})=\dfrac{|\boldsymbol{a}\times\boldsymbol{b}|}{|\boldsymbol{a}||\boldsymbol{b}|}$. 对于两非零向量 $\boldsymbol{a}$ 与 $\boldsymbol{b}$ 共线的充要条件是 $\boldsymbol{a}\times\boldsymbol{b}=\boldsymbol{0}$.

(3)数量积与向量积的联系:设 $\boldsymbol{a},\boldsymbol{b}\neq\boldsymbol{0}$,则有

$$(\boldsymbol{a}\cdot\boldsymbol{b})^2+|\boldsymbol{a}\times\boldsymbol{b}|^2=|\boldsymbol{a}|^2|\boldsymbol{b}|^2.$$

(4)常用向量积方向的几何意义构造平面的法向量和基于一般直线方程计算直线的方向向量;

(5) $\boldsymbol{i}\times\boldsymbol{j}=\boldsymbol{k},\boldsymbol{j}\times\boldsymbol{k}=\boldsymbol{i},\boldsymbol{k}\times\boldsymbol{i}=\boldsymbol{j},\boldsymbol{i}\times\boldsymbol{i}=\boldsymbol{0},\boldsymbol{j}\times\boldsymbol{j}=\boldsymbol{0},\boldsymbol{k}\times\boldsymbol{k}=\boldsymbol{0}$.

2. 向量积满足的运算律

(1)反交换律(又称反对称性): $\boldsymbol{a}\times\boldsymbol{b}=-\boldsymbol{b}\times\boldsymbol{a}$;

(2)分配律:

$$\lambda(\boldsymbol{a}\times\boldsymbol{b})=(\lambda\boldsymbol{a})\times\boldsymbol{b};$$

$$(\boldsymbol{a}+\boldsymbol{b})\times\boldsymbol{c}=\boldsymbol{a}\times\boldsymbol{c}+\boldsymbol{b}\times\boldsymbol{c}.$$

3. 向量积的量化表示

(1)引入三阶行列式;

(2) 设有两个向量 $\boldsymbol{a}=(a_1,a_2,a_3)=a_1\boldsymbol{i}+a_2\boldsymbol{j}+a_3\boldsymbol{k}$ 和 $\boldsymbol{b}=(b_1,b_2,b_3)=b_1\boldsymbol{i}+b_2\boldsymbol{j}+b_3\boldsymbol{k}$，借助向量积运算性质和注 9.2.8 的(5)，有

$$\boldsymbol{a}\times\boldsymbol{b}=\begin{vmatrix}\boldsymbol{i} & \boldsymbol{j} & \boldsymbol{k}\\ a_1 & a_2 & a_3\\ b_1 & b_2 & b_3\end{vmatrix}$$

$$=(-1)^{1+1}\begin{vmatrix}a_2 & a_3\\ b_2 & b_3\end{vmatrix}\boldsymbol{i}+(-1)^{1+2}\begin{vmatrix}a_1 & a_3\\ b_1 & b_3\end{vmatrix}\boldsymbol{j}+(-1)^{1+3}\begin{vmatrix}a_1 & a_2\\ b_1 & b_2\end{vmatrix}\boldsymbol{k}.$$

关于两个非零向量 $\boldsymbol{a}$ 和 $\boldsymbol{b}$ 共线的充要条件是 $\boldsymbol{a}\times\boldsymbol{b}=\boldsymbol{0}$.

例 9.2.6 已知三角形的顶点 $A(1,2,3)$，$B(3,4,5)$ 和 $C(2,4,7)$，求 $\triangle ABC$ 的面积 S 以及 AB 边上的高 h.

解：依据向量积模的几何意义，有 $S=\frac{1}{2}|\overrightarrow{AB}\times\overrightarrow{AC}|$，

而 $\overrightarrow{AB}=(2,2,2)$，$\overrightarrow{AC}=(1,2,4)$，即

$$\overrightarrow{AB}\times\overrightarrow{AC}=\begin{vmatrix}\boldsymbol{i} & \boldsymbol{j} & \boldsymbol{k}\\ 2 & 2 & 2\\ 1 & 2 & 4\end{vmatrix}=4\boldsymbol{i}-6\boldsymbol{j}+2\boldsymbol{k}.$$

所以，有

$$S=\frac{1}{2}\sqrt{4^2+(-6)^2+2^2}=\sqrt{14},h=\frac{2S}{|\overrightarrow{AB}|}=\frac{\sqrt{42}}{3}.$$

例 9.2.7 设 $\boldsymbol{a}=(1,1,0)$，$\boldsymbol{b}=(0,1,1)$，$\boldsymbol{c}=(1,0,1)$，计算 $\boldsymbol{a}\cdot\boldsymbol{b}$，$\boldsymbol{a}\times\boldsymbol{b}$，$\boldsymbol{a}\times(\boldsymbol{b}\times\boldsymbol{c})$ 和 $(\boldsymbol{a}\times\boldsymbol{b})\times\boldsymbol{c}$.

解：计算

$$\boldsymbol{a}\cdot\boldsymbol{b}=0+1+0=1,$$

$$\boldsymbol{a}\times\boldsymbol{b}=\begin{vmatrix}\boldsymbol{i} & \boldsymbol{j} & \boldsymbol{k}\\ 1 & 1 & 0\\ 0 & 1 & 1\end{vmatrix}=\boldsymbol{i}-\boldsymbol{j}+\boldsymbol{k}=(1,-1,1),$$

$$\boldsymbol{b}\times\boldsymbol{c}=\begin{vmatrix}\boldsymbol{i} & \boldsymbol{j} & \boldsymbol{k}\\ 0 & 1 & 1\\ 1 & 0 & 1\end{vmatrix}=\boldsymbol{i}+\boldsymbol{j}-\boldsymbol{k}=(1,1,-1),$$

进一步,有

$$\boldsymbol{a}\times(\boldsymbol{b}\times\boldsymbol{c})=\begin{vmatrix}\boldsymbol{i}&\boldsymbol{j}&\boldsymbol{k}\\1&1&0\\1&1&-1\end{vmatrix}=-\boldsymbol{i}+\boldsymbol{j}=(-1,1,0),$$

$$(\boldsymbol{a}\times\boldsymbol{b})\times\boldsymbol{c}=\begin{vmatrix}\boldsymbol{i}&\boldsymbol{j}&\boldsymbol{k}\\1&-1&1\\1&0&1\end{vmatrix}=-\boldsymbol{i}+\boldsymbol{k}=(-1,0,1)$$

注意:一般 $\boldsymbol{a}\times(\boldsymbol{b}\times\boldsymbol{c})\neq(\boldsymbol{a}\times\boldsymbol{b})\times\boldsymbol{c}$.

9.2.4 向量的混合积

1. 定义

定义 9.2.9 设有三个向量 $\boldsymbol{a},\boldsymbol{b}$ 和 $\boldsymbol{c}$,定义 $(\boldsymbol{a}\times\boldsymbol{b})\cdot\boldsymbol{c}$,称为三个向量的混合积,记为 $(\boldsymbol{a},\boldsymbol{b},\boldsymbol{c})$.

由 $|(\boldsymbol{a}\times\boldsymbol{b})\cdot\boldsymbol{c}|=|\boldsymbol{a}\times\boldsymbol{b}||\boldsymbol{c}||\cos\angle(\boldsymbol{a}\times\boldsymbol{b},\boldsymbol{c})|$ 知其几何意义为:$(\boldsymbol{a},\boldsymbol{b},\boldsymbol{c})$ 的绝对值等于以三个向量 $\boldsymbol{a},\boldsymbol{b}$ 和 $\boldsymbol{c}$ 为相邻棱的平行六面体的体积.

注 9.2.9 向量 $\boldsymbol{a},\boldsymbol{b}$ 和 $\boldsymbol{c}$ 共面的充要条件是 $(\boldsymbol{a},\boldsymbol{b},\boldsymbol{c})=0$.

2. 混合积的运算性质

(1) $(\boldsymbol{a},\boldsymbol{b},\boldsymbol{c})=(\boldsymbol{b},\boldsymbol{c},\boldsymbol{a})=(\boldsymbol{c},\boldsymbol{a},\boldsymbol{b})$.

(2) $(\boldsymbol{a}\times\boldsymbol{b})\cdot\boldsymbol{c}=\boldsymbol{a}\cdot(\boldsymbol{b}\times\boldsymbol{c})$.

3. 混合积的量化表示

依据

$$\boldsymbol{a}\times\boldsymbol{b}=\begin{vmatrix}\boldsymbol{i}&\boldsymbol{j}&\boldsymbol{k}\\a_1&a_2&a_3\\b_1&b_2&b_3\end{vmatrix}$$

$$=(-1)^{1+1}\begin{vmatrix}a_2&a_3\\b_2&b_3\end{vmatrix}\boldsymbol{i}+(-1)^{1+2}\begin{vmatrix}a_1&a_3\\b_1&b_3\end{vmatrix}\boldsymbol{j}+(-1)^{1+3}\begin{vmatrix}a_1&a_2\\b_1&b_2\end{vmatrix}\boldsymbol{k}$$

$$=\left((-1)^{1+1}\begin{vmatrix}a_2&a_3\\b_2&b_3\end{vmatrix},(-1)^{1+2}\begin{vmatrix}a_1&a_3\\b_1&b_3\end{vmatrix},(-1)^{1+3}\begin{vmatrix}a_1&a_2\\b_1&b_2\end{vmatrix}\right);$$

计算

$$(\boldsymbol{a},\boldsymbol{b},\boldsymbol{c})=(\boldsymbol{a}\times\boldsymbol{b})\cdot\boldsymbol{c}$$

$$=(-1)^{1+1}\begin{vmatrix}a_2 & a_3\\ b_2 & b_3\end{vmatrix}c_1+(-1)^{1+2}\begin{vmatrix}a_1 & a_3\\ b_1 & b_3\end{vmatrix}c_2+(-1)^{1+3}\begin{vmatrix}a_1 & a_2\\ b_1 & b_2\end{vmatrix}c_3$$

$$=\begin{vmatrix}a_1 & a_2 & a_3\\ b_1 & b_2 & b_3\\ c_1 & c_2 & c_3\end{vmatrix}.$$

例 9.2.8 已知四面体的顶点是 $A(0,0,0)$，$B(3,4,-1)$，$C(2,3,5)$和 $D(6,0,-3)$，求此四面体的体积.

解:计算$\overrightarrow{AB}=(3,4,-1)$，$\overrightarrow{AC}=(2,3,5)$，$\overrightarrow{AD}=(6,0,-3)$，依据题意，有$V=\frac{1}{6}|(\overrightarrow{AB},\overrightarrow{AC},\overrightarrow{AD})|$，而$(\overrightarrow{AB},\overrightarrow{AC},\overrightarrow{AD})=\begin{vmatrix}3 & 4 & -1\\ 2 & 3 & 5\\ 6 & 0 & -3\end{vmatrix}=135$，故有$V=22\frac{1}{2}$.

§9.3 空间的平面与直线

9.3.1 空间的平面方程

1. 平面的点法式方程

定义 9.3.1 过空间中一点且与一个已知的非零向量垂直的平面存在且唯一. 该非零向量称为该平面的法向量，这个方程形象地称为平面的点法式方程.

两要素：已知点和非零法向量.

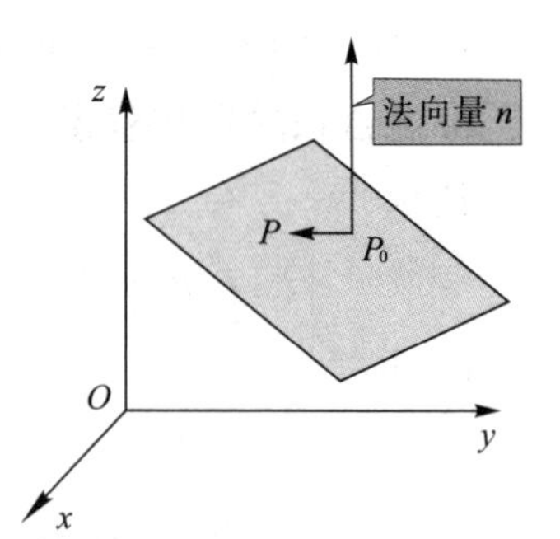

图 9.10

设平面过点 $P_0(x_0,y_0,z_0)$且垂直于一个已知的非零向量$\boldsymbol{n}=(A,B,C)$，设 $P(x,y,z)$是平面上任意一点，依据定义知满足$\boldsymbol{n}\perp\overrightarrow{P_0P}$，所以任意点 P 轨迹满足

$$A(x-x_0)+B(y-y_0)+C(z-z_0)=0, \qquad (9.3.1)$$

称方程 9.3.1 为平面的点法式方程. 如图 9.10 所示.

2. 平面的一般方程

定理 9.3.1 空间中任何平面的方程可以用关于 x,y 和 z 的一次方程来表示;任何关于 x,y 和 z 的一次方程均表示一个平面. 其中关于 x,y 和 z 的一次方程称为三元一次方程. 即

$$Ax+By+Cz+D=0 \tag{9.3.2}$$

称方程 9.3.2 为平面的一般方程. 其中 A,B,C 不全为零. 如图 9.11 所示.

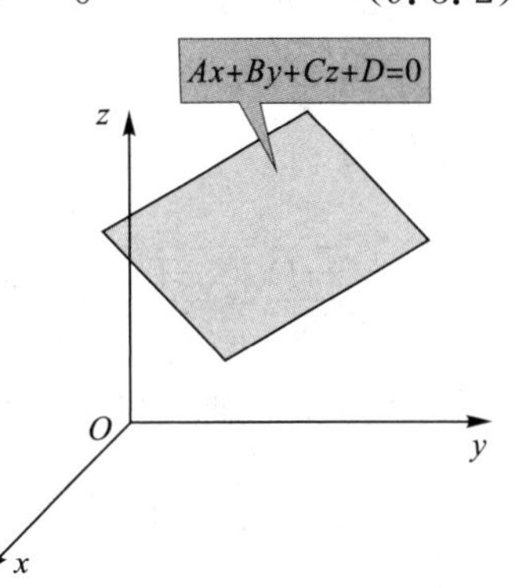

图 9.11

注意这两类方程为平面方程的主要形式.

3. 几类特殊平面方程

(1)三点式方程.

一要素:三个不共线的已知点.

设平面过三个不共线的点 $P_i(x_i,y_i,z_i)$, $i=1,2,3$, 设 $P(x,y,z)$ 是平面上任意一点, 依据定义知满足 $\overrightarrow{P_1P}$, $\overrightarrow{P_1P_2}$, $\overrightarrow{P_1P_3}$ 共面, 即 $(\overrightarrow{P_1P},\overrightarrow{P_1P_2},\overrightarrow{P_1P_3})=0$, 所以任意点 P 轨迹满足

$$\begin{vmatrix} x-x_1 & y-y_1 & z-z_1 \\ x_2-x_1 & y_2-y_1 & z_2-z_1 \\ x_3-x_1 & y_3-y_1 & z_3-z_1 \end{vmatrix}=0, \tag{9.3.3}$$

称方程(9.3.3)为平面的三点式方程. 如图 9.12 所示.

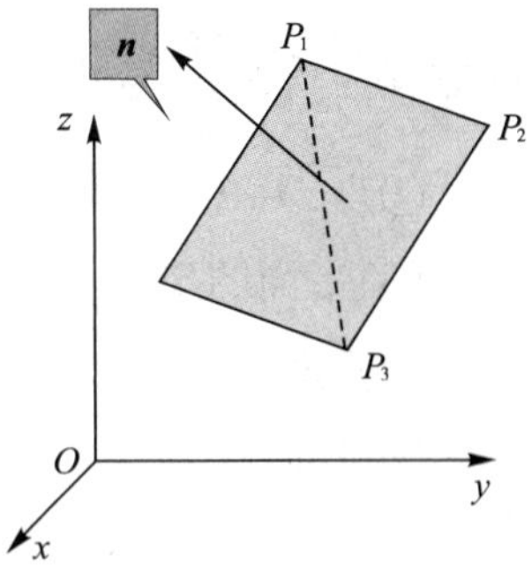

注意: $\boldsymbol{n}=\overrightarrow{P_1P_2}\times\overrightarrow{P_1P_3}$ 为平面的法向量.

(2)截距式方程.

一要素:三坐标轴上三个不同的点.

设平面过三坐标轴上的三个不同的点 $P_1(a,0,0)$, $P_2(0,b,0)$, $P_3(0,0,c)$, $abc\neq 0$, 依据平面的三点式方程有

图 9.12

$$\begin{vmatrix} x-a & y & z \\ -a & b & 0 \\ -a & 0 & c \end{vmatrix}=0,$$

即

$$\frac{x}{a}+\frac{y}{b}+\frac{z}{c}=1, \tag{9.3.4}$$

称方程(9.3.4)为平面的截距式方程.其中 a,b 和 c 分别称为平面在 x 轴,y 轴和 z 轴上的截距.如图 9.13 所示.

注 9.3.1 常利用平面的截距式方程作平面图形.

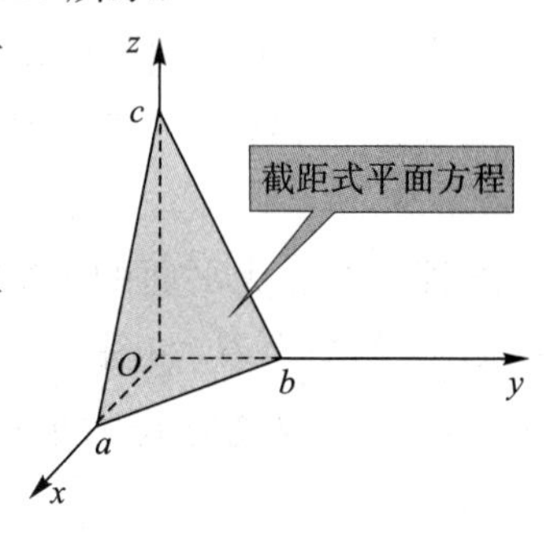

图 9.13

考虑平面方程 $Ax+By+Cz+D=0$,

①当 $D\neq 0$ 时,若 $ABC\neq 0$,则有平面方程为

$$\frac{x}{\frac{-D}{A}}+\frac{y}{\frac{-D}{B}}+\frac{z}{\frac{-D}{C}}=1,$$

这样平面在 x 轴,y 轴和 z 轴上的截距分别为$\frac{-D}{A}$,$\frac{-D}{B}$和$\frac{-D}{C}$,故平面图形易画出.

若 A,B 和 C 中有一个为零,不妨设 $A\neq 0,B\neq 0,C=0$,则有平面方程为$\frac{x}{\frac{-D}{A}}+\frac{y}{\frac{-D}{B}}=1$,显然,平面的法向量 $\boldsymbol{n}=\left(\frac{-A}{D},\frac{-B}{D},0\right)$与 z 轴$\boldsymbol{k}=(0,0,1)$垂直,所以此时平面平行于 z 轴,故平面图形易画出.

若 A,B 和 C 中有两个为零,不妨设 $A\neq 0,B=0,C=0$,则有平面方程为 $x=\frac{D}{A}$,显然平面平行于 yOz 平面,故平面图形易画出.

②当 $D=0$ 时,此时平面过原点,故平面图形易画出.

(3)平面的坐标式参数方程.

两要素:一个已知点和两不共线的向量.

设平面过点 $P_0(x_0,y_0,z_0)$,且平行于两个不共线的向量 $v_i(X_i,Y_i,Z_i)$,$i=1,2$.设 $P(x,y,z)$是平面上任意一点,依据§9.2 定理 9.2.2 知,存在唯一一组实数 λ,μ 满足$\overrightarrow{P_0P}=\lambda\boldsymbol{v}_1+\mu\boldsymbol{v}_2$,所以任意点 P 轨迹满足

$$\begin{cases}x=x_0+\lambda X_1+\mu X_2,\\ y=y_0+\lambda Y_1+\mu Y_2,\\ z=z_0+\lambda Z_1+\mu Z_2,\end{cases}\qquad(9.3.5)$$

称方程(9.3.5)为平面的参数方程. 其中 λ,μ 为参数. 如图 9.14 所示.

注意上面同时也反映$\overrightarrow{P_0P}$,$\boldsymbol{v}_1$ 和 $\boldsymbol{v}_2$ 三个向量共面,有

$(\overrightarrow{P_0P},\boldsymbol{v}_1,\boldsymbol{v}_2)=0$,即

$$\begin{vmatrix} x-x_0 & y-y_0 & z-z_0 \\ X_1 & Y_1 & Z_1 \\ X_2 & Y_2 & Z_2 \end{vmatrix}=0.$$

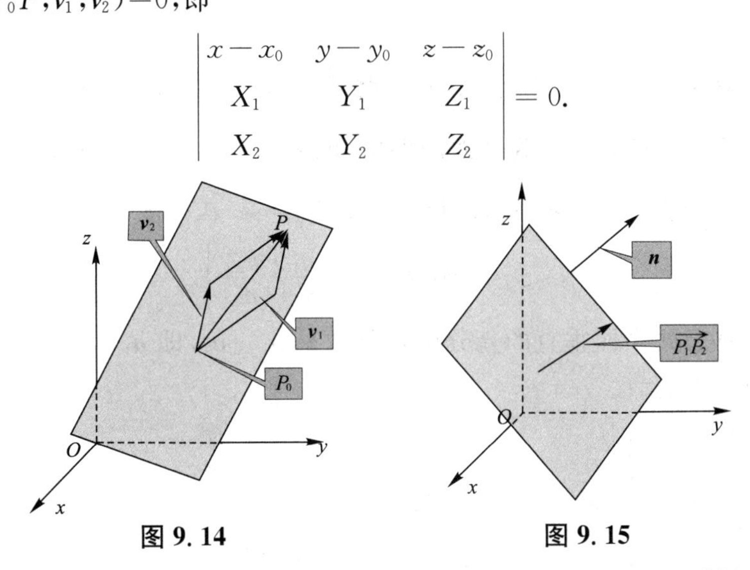

图 9.14　　　　图 9.15

例 9.3.1　求通过点 $P_1(0,4,-3)$和 $P_2(1,-2,6)$且平行于 x 轴的平面方程.

解:方法一,设平面法向量为 $\boldsymbol{n}=(A,B,C)$,由于平面平行于 x 轴,所以有 $\boldsymbol{n}\perp\boldsymbol{i}$,易知 $A=0$. 计算$\overrightarrow{P_1P_2}=(1,-6,9)$,又法向量垂直于$\overrightarrow{P_1P_2}$,所以$-6B+9C=0$,取 $B=3,C=2$ 即可. 故平面方程为 $3(y-4)+2(z+3)=0$,如图 9.15 所示.

方法二,设 $P(x,y,z)$是平面上任意一点,易知$\overrightarrow{P_1P}$,$\overrightarrow{P_1P_2}$和 $\boldsymbol{i}$ 三个向量共面,故平面方程为

$$\begin{vmatrix} x & y-4 & z+3 \\ 1 & -6 & 4 \\ 1 & 0 & 0 \end{vmatrix}=0.$$

4. 两平面的关系

两个平面的关系通常有三种情况:相交,平行和重合. 下面用平面的一般方程来量化.

设两平面 π_1 和 π_2 的方程分别为 $\pi_1:A_1x+B_1y+C_1z+D_1=0$ 和 $\pi_2:A_2x+B_2y+C_2z+D_2=0$.

(1)两平面相交.

要素：两法向量不共线，即 $\boldsymbol{n}_1 \not\parallel \boldsymbol{n}_2$. 所以两平面相交于一直线的充要条件是

$$A_1 : B_1 : C_1 \neq A_2 : B_2 : C_2.$$

定义 9.3.2 设两平面相交(此时有两个二面角)，则称二面角中小于等于$\frac{\pi}{2}$的那角为平面的夹角，记为 $\varphi=\angle(\pi_1,\pi_2)$. 记两法向量的夹角为 $\theta=\angle(\boldsymbol{n}_1,\boldsymbol{n}_2)$，则有 $\varphi=\theta$ 或 $\varphi=\pi-\theta$，因此

$$\cos\varphi = |\cos\theta| = \left|\frac{\boldsymbol{n}_1 \cdot \boldsymbol{n}_2}{|\boldsymbol{n}_1||\boldsymbol{n}_2|}\right|.$$

注意两平面垂直的充分必要条件是 $\boldsymbol{n}_1 \perp \boldsymbol{n}_2$，即 $\boldsymbol{n}_1 \cdot \boldsymbol{n}_2 = 0$. 如图 9.16所示.

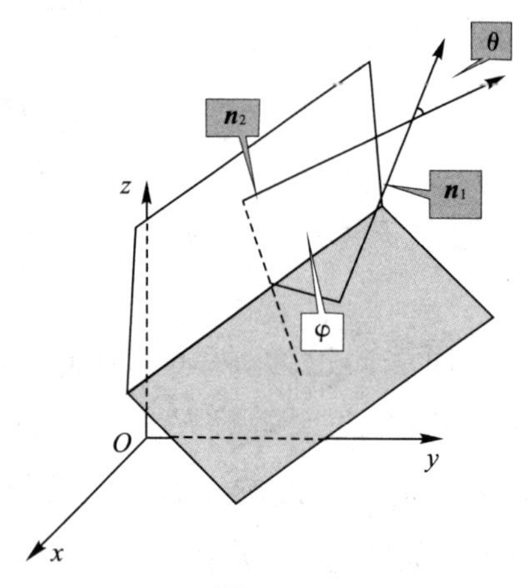

图 9.16

(2)两平面平行.

要素：两法向量共线($\boldsymbol{n}_1 /\!/ \boldsymbol{n}_2$)但两平面方程的系数不成比例. 即两平面平行的充要条件是

$$\frac{A_1}{A_2} = \frac{B_1}{B_2} = \frac{C_1}{C_2} \neq \frac{D_1}{D_2}.$$

(3)两平面重合.

要素：两法向量共线($\boldsymbol{n}_1 /\!/ \boldsymbol{n}_2$)且两平面方程的系数成比例. 即两平面重合的充要条件是

$$\frac{A_1}{A_2} = \frac{B_1}{B_2} = \frac{C_1}{C_2} = \frac{D_1}{D_2}.$$

5. 点到平面的距离

设点 $P_1(x_1,y_1,z_1)$在平面 $\pi: Ax+By+Cz+D=0$ 外，过点 P_1 作平面的垂线，记垂足为 $P_0(x_0,y_0,z_0)$点，于是向量$\overrightarrow{P_0P_1}$与法向量 $\boldsymbol{n}$ 共线，如图 9.17 所示. 即

$$\overrightarrow{P_0P_1}=\lambda\boldsymbol{e}_n,$$

$$\boldsymbol{e}_n=\frac{\boldsymbol{n}}{|\boldsymbol{n}|}=\left(\frac{A}{\sqrt{A^2+B^2+C^2}},\frac{B}{\sqrt{A^2+B^2+C^2}},\frac{C}{\sqrt{A^2+B^2+C^2}}\right).$$

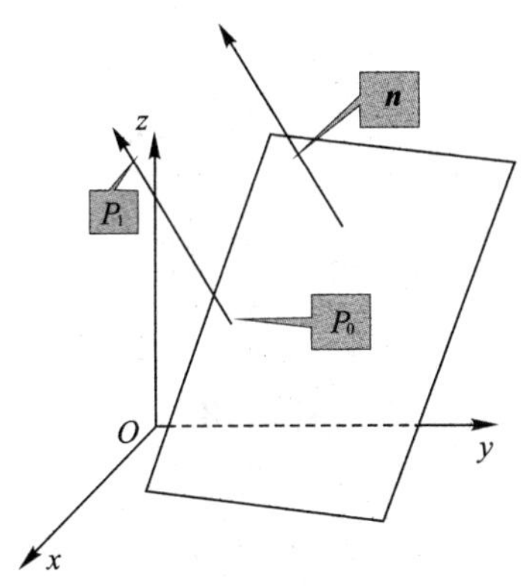

图 9.17

一方面，依据定义有$|\overrightarrow{P_0P_1}|=\sqrt{\overrightarrow{P_0P_1}^2}=|\lambda|$，另一方面有

$$\begin{aligned}\lambda&=\lambda(\boldsymbol{e}_n\cdot\boldsymbol{e}_n)=(\lambda\boldsymbol{e}_n)\cdot\boldsymbol{e}_n\\&=\overrightarrow{P_0P_1}\cdot\boldsymbol{e}_n=\frac{A(x_1-x_0)+B(y_1-y_0)+C(z_1-z_0)}{|\boldsymbol{n}|},\end{aligned}$$

注意：点 P_0 在平面上，即有 $\pi: Ax_0+By_0+Cz_0+D=0$，故有

$$|\lambda|=\frac{|Ax_1+By_1+Cz_1+D|}{\sqrt{A^2+B^2+C^2}}.$$

例 9.3.2 试确定 λ 的值，使得平面 $\pi: x+\lambda y-2z-9=0$

(1)经过点(0,1,1).

(2)平行于平面 $3x+y-6z-9=0$.

(3)垂直于平面 $2x+4y+3z=0$.

解：(1) 如图 9.18 情形 1 所示，以(0,1,1)代入平面方程 $\pi: x+\lambda y-2z-9=0$中，有 $\lambda=11$. 所以所求平面为

$$\pi: x+11y-2z-9=0.$$

(2)如图 9.18 情形 2 所示，依题意有$\frac{1}{3}=\frac{\lambda}{1}=\frac{-2}{-6}$，有$\lambda=\frac{1}{3}$. 所以所求平面为

$$\pi: x+\frac{1}{3}y-2z-9=0.$$

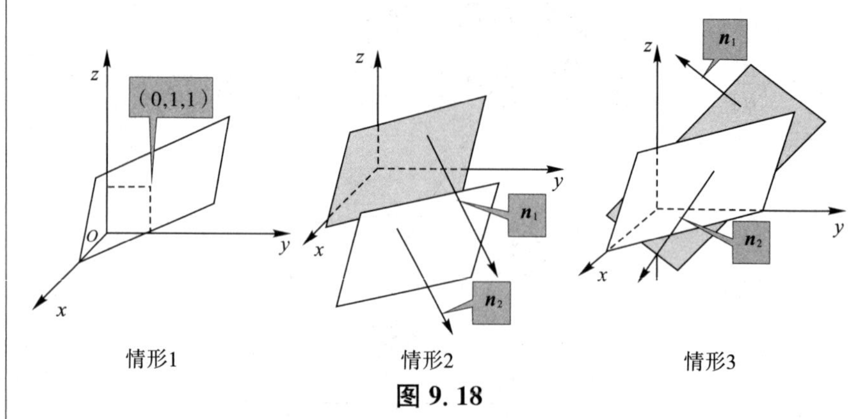

图 9.18

(3)如图 9.18 情形 3 所示，依题意有

$$(1,\lambda,-2)\cdot(2,4,3)=0,$$

$$2+4\lambda-6=0,$$

得 $\lambda=1$. 所以所求平面为

$$\pi: x+y-2z-9=0.$$

9.3.2 空间的直线方程

1. 直线的点向式方程

定义 9.3.3 过空间中一点且与一个已知的非零向量平行的直线存在且唯一. 非零向量称为该直线的方向向量，形象地称该方程为直线的点向式方程.

两要素：一个已知点和一个已知的非零向量.

设直线 l 过点 $P_0(x_0, y_0, z_0)$ 且平行于一个已知的非零向量 $\boldsymbol{v}=(x,y,z)$，设 $P(x,y,z)$ 是直线 l 上任意一点，依据定义知满足 $\boldsymbol{v}/\!/\overrightarrow{P_0P}$，所以任意点 P 的轨迹满足

$$\frac{x-x_0}{X}=\frac{y-y_0}{Y}=\frac{z-z_0}{Z}, \tag{9.3.6}$$

称方程(9.3.6)为直线 l 的点向式方程(或直线的标准方程). X,Y,Z 称为直线的方向向量. 如图 9.19 所示.

注 9.3.2 约定若 X,Y,Z 中有一个为零,则规定分母为零的分式,其相应的分子也为零.

例如,不妨设 $Z=0$,则方程(9.3.6)有$\begin{cases}\dfrac{x-x_0}{X}=\dfrac{y-y_0}{Y},\\ z-z_0=0,\end{cases}$可理解为两个特殊平面的相交线.

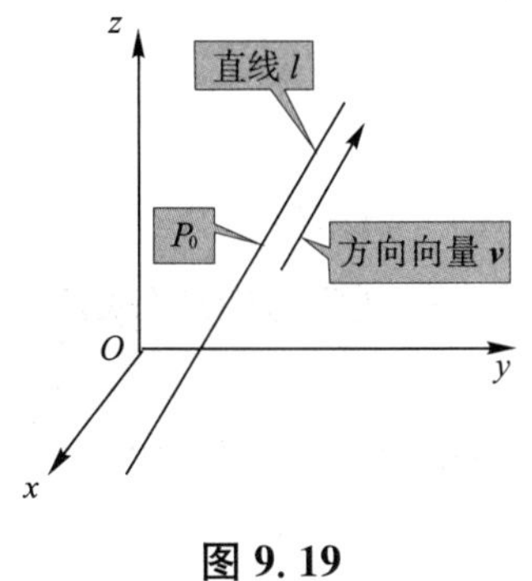

图 9.19

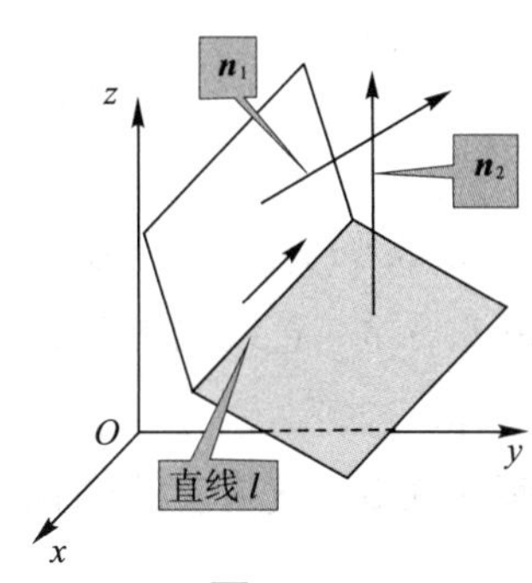

图 9.20

2. 直线的一般方程

定理 9.3.2 空间中任何直线 l 可以看成是两个相交平面的交线,这样可表示为

$$\begin{cases}A_1x+B_1y+C_1z+D_1=0,\\ A_2x+B_2y+C_2z+D_2=0,\end{cases}\tag{9.3.7}$$

称方程(9.3.7)为直线 l 的一般方程.其中 $A_1:B_1:C_1\neq A_2:B_2:C_2$.如图 9.20 所示.

注意:这两类方程为直线的主流方程.两类方程可以互相转化(见例 9.3.3).

3. 几类特殊直线方程

(1)两点式方程.

一要素:两个不相同的已知点.

设直线 l 过两个不相同的点 $P_i(x_i,y_i,z_i)$,$i=1,2$,可取$\overrightarrow{P_1P_2}=(x_2-x_1,y_2-y_1,z_2-z_1)$为直线的方向向量,设 $P(x,y,z)$ 是平面上任意一点,借助直线的点向式方程,所以任意点 P 轨迹满足

$$\frac{x-x_1}{x_2-x_1}=\frac{y-y_1}{y_2-y_1}=\frac{z-z_1}{z_2-z_1},\tag{9.3.8}$$

称方程(9.3.8)为直线的两点式方程.

(2)直线 l 的参数方程.

两要素:一个已知点和一个非零的向量.

设直线过点 $P_0(x_0,y_0,z_0)$,且平行于一个非零的向量 $\boldsymbol{v}=(x,y,z)$. 设 $P(x,y,z)$是平面上任意一点,依据§9.2定理9.2.1知存在唯一 t 满足$\overrightarrow{P_0P}=t\boldsymbol{v}$,所以任意点 P 轨迹满足

$$\begin{cases} x=x_0+tX, \\ y=y_0+tY, \\ z=z_0+tZ, \end{cases} \tag{9.3.9}$$

称方程(9.3.9)为直线 l 的参数方程. 其中 t 为参数.

注 9.3.3 直线的参数方程常用于计算直线与曲线(或曲面)的交点坐标.

例 9.3.3 试将直线的标准方程和一般方程互相转化.

解: 一方面,设直线的标准方程为$\dfrac{x-x_0}{X}=\dfrac{y-y_0}{Y}=\dfrac{z-z_0}{Z}$,则有$\begin{cases} \dfrac{x-x_0}{X}=\dfrac{y-y_0}{Y}, \\ \dfrac{x-x_0}{X}=\dfrac{z-z_0}{Z}. \end{cases}$

另一方面,设直线的一般方程为$\begin{cases} A_1x+B_1y+C_1z+D_1=0, \\ A_2x+B_2y+C_2z+D_2=0, \end{cases}$

其中$A_1:B_1:C_1\neq A_2:B_2:C_2$.

方法一,在直线上取一点 $P_0(x_0,y_0,z_0)$(一般先设 x_0,y_0,z_0 中一个为零,代入直线的一般方程中,然后计算出另两个),计算

$$\begin{aligned} \boldsymbol{v}=\boldsymbol{n}_1\times\boldsymbol{n}_2&=\begin{vmatrix} \boldsymbol{i} & \boldsymbol{j} & \boldsymbol{k} \\ A_1 & B_1 & C_1 \\ A_2 & B_2 & C_2 \end{vmatrix} \\ &=(B_1C_2-B_2C_1)\boldsymbol{i}-(A_1C_2-A_2C_1)\boldsymbol{j}+(A_1B_2-A_2B_1)\boldsymbol{k}, \end{aligned}$$

如图9.20所示.

所以直线的标准方程为

$$\frac{x-x_0}{B_1C_2-B_2C_1}=\frac{y-y_0}{A_2C-A_1C_2}=\frac{z-z_0}{A_1B_2-A_2B_1};$$

方法二,在直线上取两个不同的点 $P_i(x_i,y_i,z_i)$,$i=1,2$,写出

直线的两点式方程,留给读者练习.

4. 两直线的关系

对于两条直线,关系有二:共面、不共面. 下面用直线的标准方程来量化.

设两直线 l_1 和 l_2 的方程分别为

$$l_1: \frac{x-x_1}{X_1}=\frac{y-y_1}{Y_1}=\frac{z-z_1}{Z_1}$$

和

$$l_2: \frac{x-x_2}{X_2}=\frac{y-y_2}{Y_2}=\frac{z-z_2}{Z_2}.$$

(1)两直线共面.

要素:两方向向量 $\boldsymbol{v}_1,\boldsymbol{v}_2$ 与$\overrightarrow{P_1P_2}$共面,即$(\boldsymbol{v}_1,\boldsymbol{v}_2,\overrightarrow{P_1P_2})=0$.

进一步细化为三种情况:相交、平行和重合.

两直线相交于一点:两个方向向量不共线,即两直线相交的充要条件是

$$X_1:Y_1:Z_1 \neq X_2:Y_2:Z_2;$$

两直线平行:两个方向向量共线且$\overrightarrow{P_1P_2}$与 $\boldsymbol{v}_1$ 不共线,即两直线平行的充要条件是

$$\frac{X_1}{X_2}=\frac{Y_1}{Y_2}=\frac{Z_1}{Z_2} \text{ 且 } X_1:Y_1:Z_1 \neq x_2-x_1:y_2-y_1:z_2-z_1;$$

两直线重合:两个方向向量共线且与$\overrightarrow{P_1P_2}$三个共线,即两直线重合的充要条件是

$$\frac{X_1}{X_2}=\frac{Y_1}{Y_2}=\frac{Z_1}{Z_2}=\frac{X_1}{x_2-x_1}=\frac{Y_1}{y_2-y_1}=\frac{Z_1}{z_2-z_1};$$

(2)两直线异面.

要素:两方向向量 $\boldsymbol{v}_1,\boldsymbol{v}_2$ 与$\overrightarrow{P_1P_2}$不共面,即$(\boldsymbol{v}_1,\boldsymbol{v}_2,\overrightarrow{P_1P_2})\neq 0$. 如图 9.21 所示.

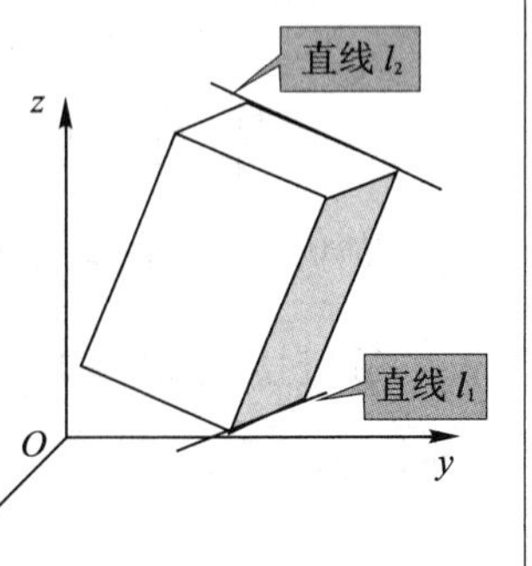

图 9.21

注 9.3.4 向量可以自由平移,直线不能自由平移.

例 9.3.4 求过点 $P_0(0,0,-2)$与

平面 π:$3x-y+2z-1=0$ 平行，且与直线

$$l_1:\frac{x-1}{4}=\frac{y-3}{-2}=\frac{z}{1}$$

相交的直线 l 的方程.

解:方法一，已知过点 $P_0(0,0,-2)$，只要知道直线方向向量即可，如图 9.22 所示. 设直线 l 的方程的方向向量 $\boldsymbol{v}=(x,y,z)$. 依据直线 l 与平面 π:$3x-y+2z-1=0$ 平行，于是有

$$3X-Y+2Z=0.$$

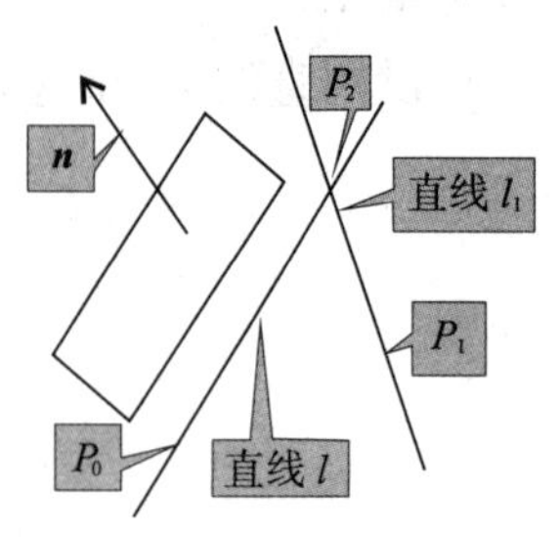

图 9.22

依据直线 l 与直线 l_1 相交，于是有

$(\overrightarrow{P_0P_1},\boldsymbol{v}_1,\boldsymbol{v})=0$，即 $\begin{vmatrix}1 & 3 & 2\\4 & -2 & 1\\X & Y & Z\end{vmatrix}=0$，即 $X+Y-2Z=0$. 联立两方程解得 $X=0,Y=2Z$，取 $Z=1$，有 $Y=2$.

方法二，已知过点 $P_0(0,0,-2)$，只要知道直线上的另一个点即可. 设直线 l 与直线 l_1 相交的交点为 $P_2(x_2,y_2,z_2)$，依据点 $P_2(x_2,y_2,z_2)$在直线 l_1 上，于是有

$$\begin{cases}x_2=1+4t,\\y_2=3-2t,\\z_2=0+t.\end{cases}$$

依据直线 l 与平面 π:$3x-y+2z-1=0$ 平行，于是有$\overrightarrow{P_0P_2}\cdot\boldsymbol{n}=0$，即

$$3(1+4t)-(3-2t)+2(t+2)=0,$$

解得 $t=-\frac{1}{4}$. 可得直线两点式方程(读者自行完成).

例 9.3.5 试求下列直线的方程:

(1)过点 $P_0(0,0,-2)$，且与直线$\frac{x}{1}=\frac{y}{1}=\frac{z}{1}$和直线$\frac{x}{2}=\frac{y}{3}=\frac{z}{4}$同时垂直.

(2)过点 $P_0(-4,-5,3)$且与直线$\frac{x+1}{3}=\frac{y+3}{-2}=\frac{z-2}{-1}$和直线

$\frac{x-2}{2}=\frac{y+1}{3}=\frac{z-1}{-5}$同时相交.

(3)过点 $P_0(a,b,c)$ 与 z 轴相交,且与直线$\frac{x}{m}=\frac{y}{n}=\frac{z}{p}$垂直.

(4)求过点 $P_0(-1,0,4)$ 与平面 π:$3x-4y+z-10=0$ 平行,且与直线 l_1:$\frac{x+1}{3}=\frac{y-3}{1}=\frac{z}{2}$相交的直线 l 的方程.

解:本题留给读者作为练习. 提示如下.

(1)目标:直线的方向向量 $\boldsymbol{v}=(1,1,1)\times(2,3,4)=(1,-2,1)$.

(2)目标:直线的方向向量. 设方向向量为 $\boldsymbol{v}=(x,y,z)$,依据题意于是有$(\overrightarrow{P_0P_1},\boldsymbol{v},\boldsymbol{v}_1)=0$ 且$(\overrightarrow{P_0P_2},\boldsymbol{v},\boldsymbol{v}_2)=0$,解得 $X:Y:Z=3:2:-1$.

(3)方法一,直线的方向向量. 设方向向量为 $\boldsymbol{v}=(x,y,z)$. 依据直线 l 与 z 轴相交,于是有$(\overrightarrow{OP_0},\boldsymbol{v},\boldsymbol{k})=0$. 依据直线 l 与直线$\frac{x}{m}=\frac{y}{n}=\frac{z}{p}$垂直,于是有 $\boldsymbol{v}\cdot\boldsymbol{v}_1=0$. 解得

$$X:Y:Z=-ap:-bp:bn+am.$$

方法二,直线上另一个点. 设直线 l 与 z 轴相交于$P_2(x_2,y_2,z_2)$点,依据点 $P_2(x_2,y_2,z_2)$在 z 轴上,于是有

$$\begin{cases}x_2=0+0t,\\ y_2=0-0t,\\ z_2=0+t.\end{cases}$$

依据直线 l 与直线 l_1:$\frac{x}{m}=\frac{y}{n}=\frac{z}{p}$垂直,于是有$\overrightarrow{P_0P_2}\cdot\boldsymbol{v}_1=0$,

即$(-a,-b,t-c)\cdot(m,n,p)=0$,解得 $t=\frac{an+bm+cp}{p}$,于是有

$\overrightarrow{P_0P_2}=(-a,-b,\frac{an+bm}{p})$.

(4)参见上面例 9.3.4.

5. 点到直线的距离

设点 $P_1(x_1,y_1,z_1)$在直线 l:$\frac{x-x_0}{X}=\frac{y-y_0}{Y}=\frac{z-z_0}{Z}$外,如图 9.23 所示. 过点 P_1 作平面的垂线,故 $P_1(x_1,y_1,z_1)$点到直线的距离为

$$d=d(P_1,l)=\frac{|\overrightarrow{P_0P_1}\times\boldsymbol{v}|}{|\boldsymbol{v}|}.$$

注 9.3.5 过点 $P_1(x_1,y_1,z_1)$，以 $\boldsymbol{n}=(A,B,C)$ 为法向量，作平面

$$\pi:A(x-x_1)+B(y-y_1)+C(z-z_1)=0,$$

计算直线 l(用参数方程表示)与平面 π 的交点 $P_2(x_2,y_2,z_2)$，故 $d=|\overrightarrow{P_1P_2}|$.

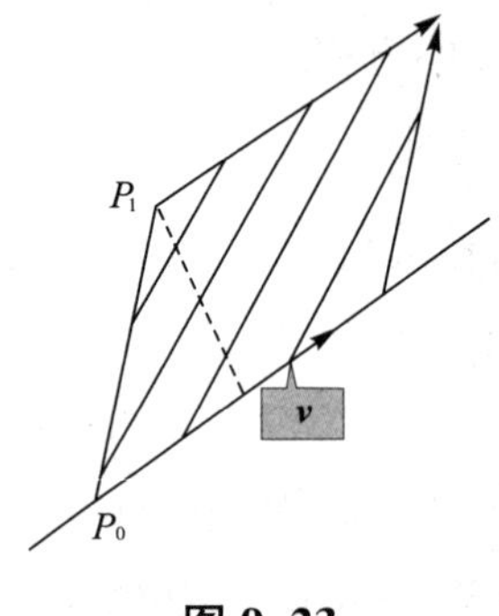

图 9.23

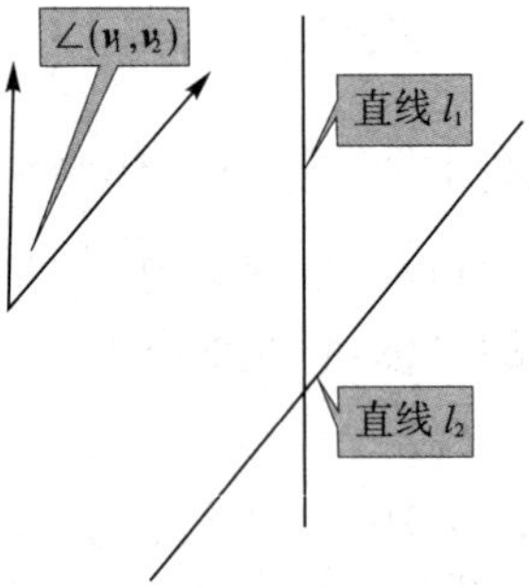

图 9.24

6. 直线与直线的夹角

定义 9.3.4 设两直线 l_1,l_2 的方向向量分别为 $\boldsymbol{v}_1$ 与 $\boldsymbol{v}_2$，记 $\varphi=\angle(l_1,l_2)$ 为锐角，即 $\varphi=\angle(\boldsymbol{v}_1,\boldsymbol{v}_2)$ 或 $\varphi=\pi-\angle(\boldsymbol{v}_1,\boldsymbol{v}_2)$，则称 φ 为两直线的夹角，如图 9.24 所示. 于是有 $\cos\varphi=\left|\dfrac{\boldsymbol{v}_1\cdot\boldsymbol{v}_2}{|\boldsymbol{v}_1||\boldsymbol{v}_2|}\right|$.

7. 直线与直线之间的距离

定义 9.3.5 设有两直线 l_1,l_2，则称两直线上的点之间的最短距离为两直线间的距离，记为 $d(l_1,l_2)$.

设两直线 l_1 和 l_2 的方程分别为

$$l_1:\frac{x-x_1}{X_1}=\frac{y-y_1}{Y_1}=\frac{z-z_1}{Z_1}$$

和

$$l_2:\frac{x-x_2}{X_2}=\frac{y-y_2}{Y_2}=\frac{z-z_2}{Z_2}.$$

(1)两直线共面.

当两直线相交时，则有 $d(l_1,l_2)=0$.

当两直线重合时，则有 $d(l_1,l_2)=0$.

当两直线平行时，则有 $d(l_1,l_2)=d(P_1,l_2)$，其中 $P_1\in l_1$.

(2)两直线异面.

定理 9.3.3 设两异面直线 l_1 和 l_2 的方程分别为

$$l_1:\frac{x-x_1}{X_1}=\frac{y-y_1}{Y_1}=\frac{z-z_1}{Z_1} \text{ 和 } l_2:\frac{x-x_2}{X_2}=\frac{y-y_2}{Y_2}=\frac{z-z_2}{Z_2}.$$

则有 $d(l_1,l_2)=\dfrac{|(\overrightarrow{P_1P_2},\boldsymbol{v}_1,\boldsymbol{v}_2)|}{|\boldsymbol{v}_1\times\boldsymbol{v}_2|}$. 如图 9.25 所示.

证明: 依据混合积和向量积的几何意义即知.

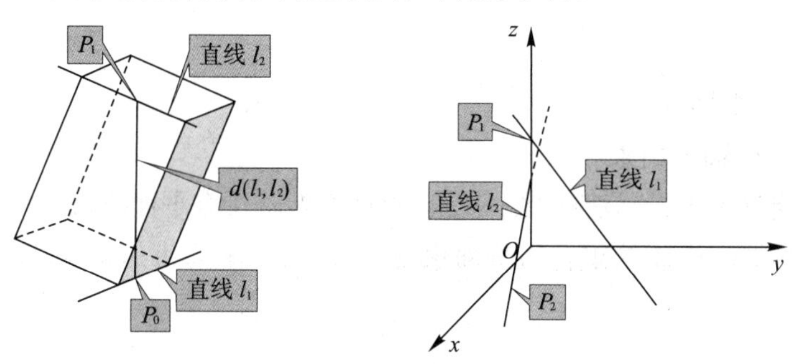

图 9.25　　图 9.26

例 9.3.6 已知直线 l_1 和 l_2 的方程分别为

$$l_1:\begin{cases}\dfrac{y}{b}+\dfrac{z}{c}=1,\\ x=0\end{cases} \text{ 和 } l_2:\begin{cases}\dfrac{x}{a}-\dfrac{z}{c}=1,\\ y=0,\end{cases}$$

其中 $abc\neq0$,试验证直线 l_1 和 l_2 为异面直线,并求 $d(l_1,l_2)$.

解: 首先注意一定把直线写成标准方程形式,即 $l_1:\dfrac{x}{0}=\dfrac{y}{b}=\dfrac{z-c}{-c}$ 和 $l_2:\dfrac{x}{a}=\dfrac{y}{0}=\dfrac{z+c}{c}$,如图 9.26 所示. 其中

$$P_1(0,0,c),P_2(a,0,-c),\boldsymbol{v}_1=(0,b,-c),\boldsymbol{v}_2(a,0,c).$$

其次计算

$$(\overrightarrow{P_1P_2},\boldsymbol{v}_1,\boldsymbol{v}_2)=-2abc\neq0$$

和

$$d(l_1,l_2)=\frac{|(\overrightarrow{P_1P_2},\boldsymbol{v}_1,\boldsymbol{v}_2)|}{|\boldsymbol{v}_1\times\boldsymbol{v}_2|}=\frac{2|abc|}{\sqrt{a^2b^2+b^2c^2+a^2c^2}}.$$

8. 直线与平面的关系

(1)直线与平面夹角.

定义 9.3.6 设直线 l 的方向向量为 $\boldsymbol{v}$，平面 π 的法向量为 $\boldsymbol{n}$，则称直线 l 与它在平面 π 上垂直投影直线的夹角为直线与平面的夹角，记为 $\varphi=\angle(l,\pi)$，易知它为锐角，即有 $\varphi=\frac{\pi}{2}-\angle(\boldsymbol{n},\boldsymbol{v})$ 或 $\varphi=\angle(\boldsymbol{n},\boldsymbol{v})-\frac{\pi}{2}$，于是有 $\sin\varphi=|\cos\angle(\boldsymbol{n},\boldsymbol{v})|=\left|\frac{\boldsymbol{n}\cdot\boldsymbol{v}}{|\boldsymbol{n}||\boldsymbol{v}|}\right|$. 如图 9.27所示.

(2)平面束.

①有轴平面束.

定义 9.3.7 设空间有一已知的直线 l，若所有平面均过直线 l，则称这些平面构成的集合为平面束，称直线为该平面束的轴. 如图 9.28 所示.

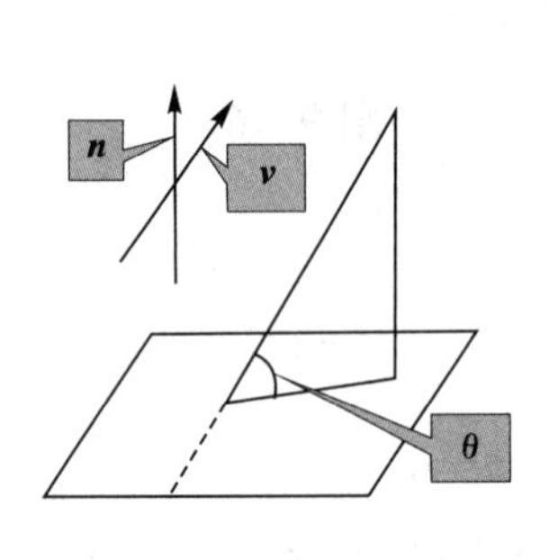

图 9.27

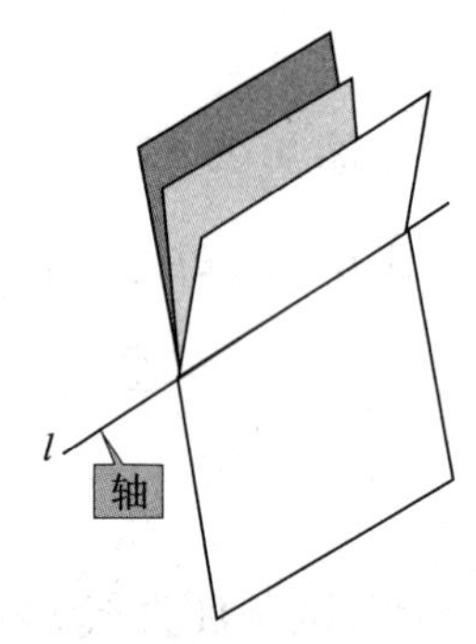

图 9.28

定理 9.3.4 设空间直线 l 的一般方程为

$$\begin{cases}A_1x+B_1y+C_1z+D_1=0,\\A_2x+B_2y+C_2z+D_2=0,\end{cases}$$

则以直线 l 为轴的平面束的方程为

$$\lambda_1(A_1x+B_1y+C_1z+D_1)+\lambda_2(A_2x+B_2y+C_2z+D_2)=0,$$

其中 λ_1 和 λ_2 不全为零.

证明： 一是验证这是一个平面方程，即改写成

$$(\lambda_1A_1+\lambda_2A_2)x+(\lambda_1B_1+\lambda_2B_2)y+(\lambda_1C_1+\lambda_2C_2)z+(\lambda_1D_1+\lambda_2D_2)=0,$$

当 λ_1 和 λ_2 不全为零时，只要说明三元 x,y,z 的前面系数不可能同时为零即可.

二是要说明直线满足这个平面束的方程，即表明所有平面过直线 l.

注 9.3.6 过直线 $l:\begin{cases}A_1x+B_1y+C_1z+D_1=0\\A_2x+B_2y+C_2z+D_2=0\end{cases}$ 的平面束的方程常用如下式

$$A_1x+B_1y+C_1z+D_1+\lambda(A_2x+B_2y+C_2z+D_2)=0$$

(此时不包括平面 $A_2x+B_2y+C_2z+D_2=0$)

或

$$\lambda(A_1x+B_1y+C_1z+D_1)+A_2x+B_2y+C_2z+D_2=0$$

(此时不包括平面 $A_1x+B_1y+C_1z+D_1=0$)表示.

②无轴平面束.

定义 9.3.8 设空间有一已知的平面 π，若所有平面均平行于平面 π，则称这些平面构成的集合为平行平面束(或无轴平面束).

定理 9.3.5 设空间平面的一般方程为 $Ax+By+Cz+D=0$，则平行于平面 π 的平行平面束的方程为 $Ax+By+Cz+\lambda=0$，其中为任意实数(可作为参数).

(3)应用.

例 9.3.7 设有直线 $l:\begin{cases}x-2y+z-9=0,\\3x+By+z+D=0,\end{cases}$ 问当 B,D 为何值时. 直线 l 位于坐标面 xOy 上.

解:图 9.29 所示.

方法一，坐标面 xOy 的有两特征，一是 $z=0$；二是法向量为 $\boldsymbol{n}=\boldsymbol{k}=(0,0,1)$. 首先计算

$$\boldsymbol{v}=\boldsymbol{n}_1\times\boldsymbol{n}_2=\begin{vmatrix}\boldsymbol{i}&\boldsymbol{j}&\boldsymbol{k}\\1&-2&1\\3&B&1\end{vmatrix}$$

$$=(-2-B,2,B+6).$$

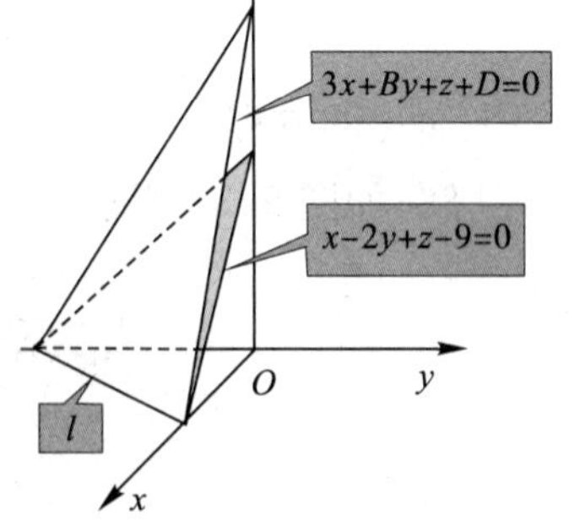

图 9.29

其次，这样有 $\begin{cases}x-2y-9=0,\\3x+By+D=0\end{cases}$ 且 $\boldsymbol{v}\cdot\boldsymbol{n}=0$，联立方程有 $\begin{cases}x-2y-9=0,\\3x+By+D=0,\\6+B=0,\end{cases}$

解得 $B=-6,D=-27$.

方法二，平面 $x-2y+z-9=0$ 可看成过直线

$$l:\begin{cases}z=0,\\3x+By+z+D=0\end{cases}$$

的平面束中一个平面. 首先过直线 l 的平面束方程为

$$\lambda_1 z+\lambda_2(3x+By+z+D)=0.$$

其次，依据平面 $x-2y+z-9=0$ 可看成过直线 $l:\begin{cases}z=0,\\3x+By+z+D=0\end{cases}$ 的平面束中一个平面，有 $x-2y+z-9=\lambda_1 z+\lambda_2(3x+By+z+D)$，比较两边系数得

$$\begin{cases}3\lambda_2=1,\\B\lambda_2=-2,\\\lambda_1+\lambda_2=1,\\-9=\lambda_2 D,\end{cases}$$

解得 $B=-6, D=-27$.

类似地可研究一般情况，设直线：$\begin{cases}A_1x+B_1y+C_1z+D_1=0,\\A_2x+B_2y+C_2z+D_2=0,\end{cases}$ 问当系数满足何条件时，直线 l 位于坐标面 xOy 上. 参见注 9.3.7，留给读者练习.

例 9.3.8 求经过点 $P_0(-1,0,2)$，并且经过直线

$$l:\begin{cases}x+3y-z+1=0,\\2x-y+z-5=0\end{cases}$$

的平面 π 的方程.

解： 如图 9.30 所示.

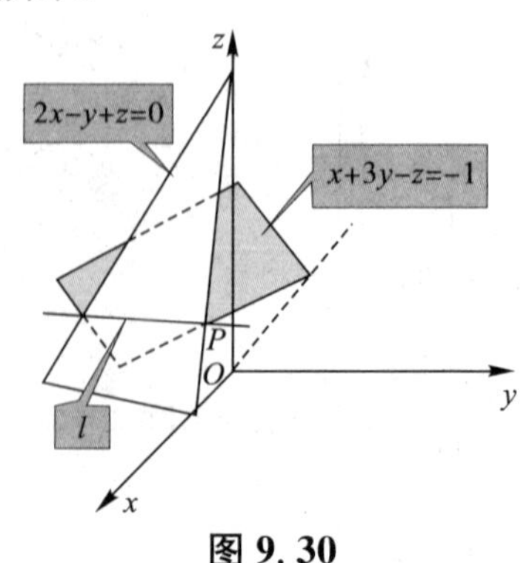

图 9.30

方法一,不共线的三点,即在直线上取两不同的两点.

取 $x=0$,有$\begin{cases}3y-z+1=0,\\-y+z-5=0,\end{cases}$解得 $y=2,z=7$;取 $y=0$,$\begin{cases}x-z+1=0,\\2x+z-5=0,\end{cases}$解得 $x=\frac{4}{3},z=\frac{7}{3}$.

方法二,过直线 l 的平面束. 设过直线 l 的平面束方程为

$$\lambda_1(x+3y-z+1)+\lambda_2(2x-y+z-5)=0,$$

由于 $P_0(-1,0,2)\in\pi$,所以将此点坐标代入上面方程,解得 $\lambda_1=5,\lambda_2=-2$.

例 9.3.9 求直线 l:$\begin{cases}x+y-z-1=0,\\x-y+z+1=0\end{cases}$在平面 π:$x+y+z=0$ 上的投影直线的方程.

解:目标:过直线 l 的平面束,从中找一个与平面 π 垂直. 首先,设过直线 l 的平面束方程为

$$\lambda_1(x+y-z-1)+\lambda_2(x-y+z+1)=0,$$

化简为:

$$(\lambda_1+\lambda_2)x+(\lambda_1-\lambda_2)y+(-\lambda_1+\lambda_2)z+(-\lambda_1+\lambda_2)=0.$$

其次,依据题意有

$$(\lambda_1+\lambda_2)\cdot1+(\lambda_1-\lambda_2)\cdot1+(-\lambda_1+\lambda_2)\cdot1=0,$$

解得 $\lambda_1=1,\lambda_2=-1$.

则投影直线 l'的方程为$\begin{cases}y-z-1=0,\\x+y+z=0.\end{cases}$

注 9.3.7

(1)类似可计算直线 l:$\begin{cases}x+y-z-1=0,\\x-y+z+1=0\end{cases}$在坐标平面 xOy 上的投影直线的方程. 有一种特别方法处理在坐标平面上的投影直线.

对于方程$\begin{cases}x+y-z-1=0,\\x-y+z+1=0,\end{cases}$消去 z 变量,有 $x=0$,所以投影直线方程为$\begin{cases}x=0,\\z=0.\end{cases}$

(2)求直线 $l:\frac{x-1}{2}=\frac{y+1}{-1}=\frac{z-3}{4}$在平面 $\pi:x+2y+z-6=0$ 上的投影直线的方程.

提示:一定要把直线方程写成一般方程,即 $l:\begin{cases}\frac{x-1}{2}=\frac{y+1}{-1},\\ \frac{x-1}{2}=\frac{z-3}{4},\end{cases}$ 有 $l:\begin{cases}x+2y+1=0,\\ 2x-z+1=0.\end{cases}$其余留给读者做练习.

另:求直线 $l:\frac{x-1}{2}=\frac{y+1}{-1}=\frac{z-3}{4}$在坐标平面 xOy 上的投影直线的方程.

首先,把直线写成一般方程 $l:\begin{cases}\frac{x-1}{2}=\frac{z-3}{4},\\ \frac{y+1}{-1}=\frac{z-3}{4},\end{cases}$有 $l:\begin{cases}2x-z+1=0,\\ 4y+z+1=0.\end{cases}$

其次,对于方程$\begin{cases}2x-z+1=0,\\ 4y+z+1=0,\end{cases}$消去 z 变量,有 $x+2y+1=0$.

最后,投影直线方程为$\begin{cases}x+2y+1=0,\\ z=0.\end{cases}$

§9.4　几种常见的二次曲面

9.4.1　柱面

1. 定义

定义 9.4.1　设空间有一非零固定向量 $\boldsymbol{v}$ 和曲线 Γ,若一动直线 l 沿着曲线 Γ 且始终平行于向量 $\boldsymbol{v}$ 运动,则动直线运动所产生的轨迹称为柱面. 曲线称为柱面的准线,运动过程中的直线 l 称为柱面的母线.

例如,空间中有一曲线 $\Gamma:\begin{cases}x^2+y^2=1,\\ z=0\end{cases}$ 和一非零固定向量 $\boldsymbol{v}=\boldsymbol{k}=(0,0,1)$,动直线 l 沿曲线 Γ 且始终平行于 $\boldsymbol{v}$ 运动,所产生的轨迹是一个柱面,称为圆柱面. 其中曲线 Γ 称为圆柱面的准线,动直

线 l 运动的每一个位置称为母线. 其实向量 $\boldsymbol{v}$ 为母线的方向向量.

要素:一个非零向量和一个曲线.

2. 正柱面的方程

定义 9.4.2 在定义 9.4.1 中,若 $\boldsymbol{v}$ 取 $\boldsymbol{i},\boldsymbol{j},\boldsymbol{k}$ 中之一,则称此时的柱面为正柱面.

为简便计算,不妨设 $\boldsymbol{v}=\boldsymbol{k}$,$\Gamma:\begin{cases}f(x,y)=0,\\z=0.\end{cases}$ 设 $P(x,y,z)$ 为柱面上任意一点,记过此点以 $\boldsymbol{v}$ 为方向向量的直线 l 与曲线 Γ 相交于 $P_1(x_1,y_1,0)$ 点.

这样,直线 l 的方程为 $\begin{cases}x_1=x,\\y_1=y,\quad t\in\mathbf{R},\\z_1=z+t,\end{cases}$

由于 $P_1(x_1,y_1,0)\in\Gamma$,即有

$\Gamma:\begin{cases}f(x_1,y_1)=0,\\z_1=0,\end{cases}$ 于是有 $\begin{cases}f(x,y)=0,\\z+t=0,\end{cases}$ 因此柱面方程为 $f(x,y)=0,z\in\mathbf{R}$. 如图 9.31 所示.

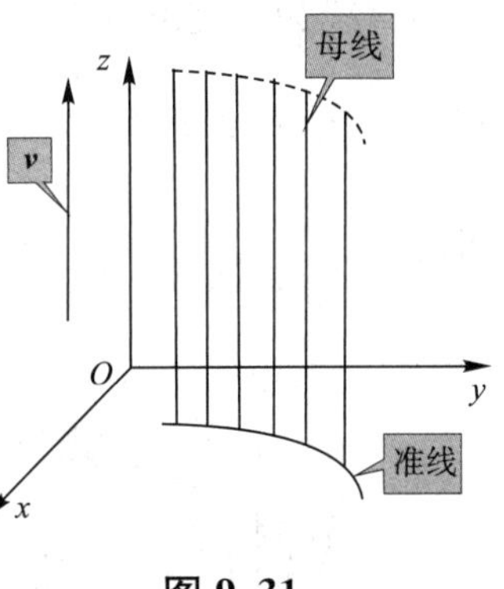

图 9.31

例 9.4.1 设空间中有一曲线 $\Gamma:\begin{cases}x^2+y^2=1,\\z=0\end{cases}$ 和一非零固定向量 $\boldsymbol{v}=\boldsymbol{k}=(0,0,1)$,若动直线 l 沿曲线 Γ 且始终平行于 $\boldsymbol{v}$ 运动,求动直线运动轨迹方程.

解:运动轨迹为圆柱面,目标:准线方程和母线的方向向量. 注意两点,一是准线在 $\Gamma:\begin{cases}x^2+y^2=1,\\z=0\end{cases}$ 在坐标平面上,二是母线的方向向量平行于 z 轴. 故依据上面知圆柱面的方程为 $x^2+y^2=1,z\in\mathbf{R}$. 如图 9.32 所示.

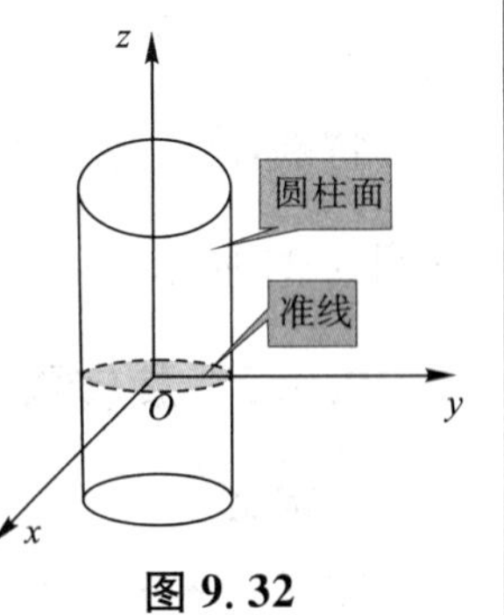

图 9.32

9.4.2 锥面

1. 定义

定义 9.4.3 设空间有一固定点和曲线 Γ,若一动直线 l 始终过

固定点且沿着曲线运动，则动直线运动所产生的轨迹称为锥面. 固定点称为锥面的顶点，曲线 Γ 称为锥面的准线，运动过程中的直线 l 称为锥面的母线.

2. 一类特殊的锥面方程

设顶点为原点，准线(不在坐标面上)与坐标面平行，不妨设准线方程为 $\Gamma:\begin{cases} f(x,y)=0, \\ z=c\neq 0. \end{cases}$ 设 $P(x,y,z)$ 为锥面上任一点，过两点 O，P 的直线为 l 交准线为 $P_0(x_0,y_0,z_0)$，则有 $\overrightarrow{OP}\parallel\overrightarrow{OP_0}$，即 $x_0=tx$，$y_0=ty$，$z_0=tz$. 又点 P_0 在准线上，则有 $\Gamma:\begin{cases} f(x_0,y_0)=0, \\ z_0=c\neq 0, \end{cases}$ 于是锥面方程为 $f\left(\dfrac{cx}{z},\dfrac{cy}{z}\right)=0$，如图 9.33 所示.

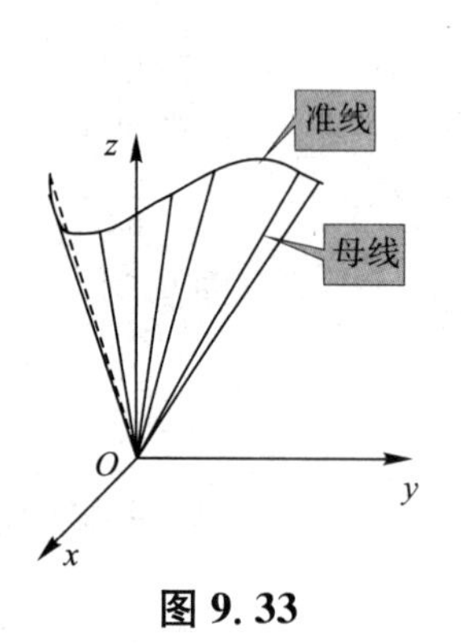

图 9.33

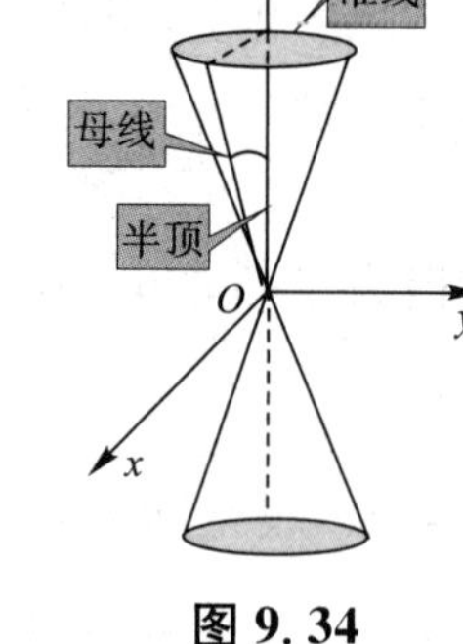

图 9.34

特别，准线方程为 $\begin{cases} x^2+y^2=1, \\ z=2, \end{cases}$ 则圆锥面方程为 $x^2+y^2=\dfrac{1}{4}z^2$，如图 9.34 所示.

9.4.3 旋转面

1. 定义

定义 9.4.4 设空间有一条曲线 Γ 和一条直线 l，曲线绕直线旋转一周形成的曲面称为旋转面. 称曲线 Γ 为母线，直线 l 为轴.

2. 一类特殊的旋转曲面

设母线在坐标面上，轴为坐标轴，求此旋转面方程. 不妨设母线方程为 $\begin{cases} f(x,z)=0, \\ y=0, \end{cases}$ 绕 z 轴旋转. 设 $P(x,y,z)$ 为旋转面上任一点，

它是由母线上点 $P_1(x_1,y_1,z_1)$旋转得到的，则满足

$$\begin{cases} z=z_1, \\ \sqrt{x^2+y^2}=|x_1|, \\ f(x_1,z_1)=0, y_1=0, \end{cases}$$

于是旋转面的方程为 $f(\pm\sqrt{x^2+y^2},z)=0$. 如图 9.35 所示. 同理若此曲线绕 x 轴而成的旋转面方程为 $f(x,\pm\sqrt{y^2+z^2})=0$. 特别地，母线方程为$\begin{cases} x^2+z^2=1, \\ y=0, \end{cases}$则旋转面(球面)方程为$(\pm\sqrt{x^2+y^2})^2+z^2=1$，如图 9.36 所示. 特别地，母线方程为$\begin{cases} z=x, \\ y=0, \end{cases}$$(x\geqslant 0)$，则旋转面方程(圆锥面)为 $z=\pm\sqrt{x^2+y^2}$，如图 9.37 所示. 特别地，母线方程为$\begin{cases} x=1, \\ y=0, \end{cases}$则旋转面方程(圆柱面)为$\sqrt{x^2+y^2}=1$，如图 9.38 所示.

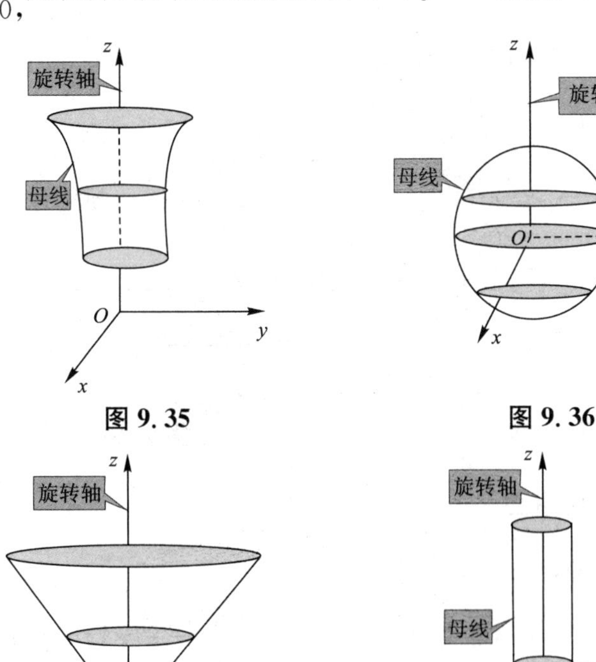

图 9.35　　图 9.36

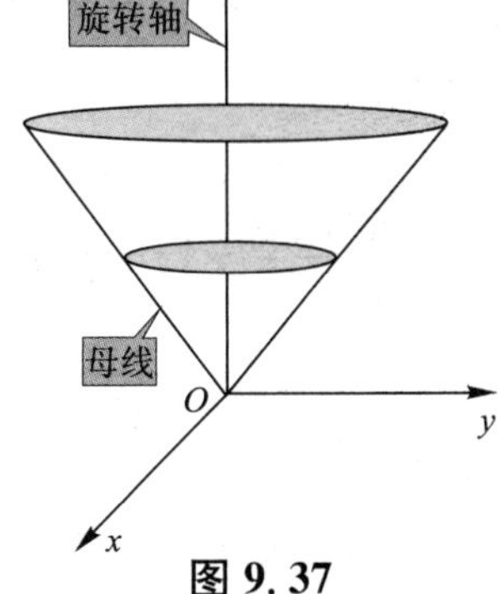

图 9.37

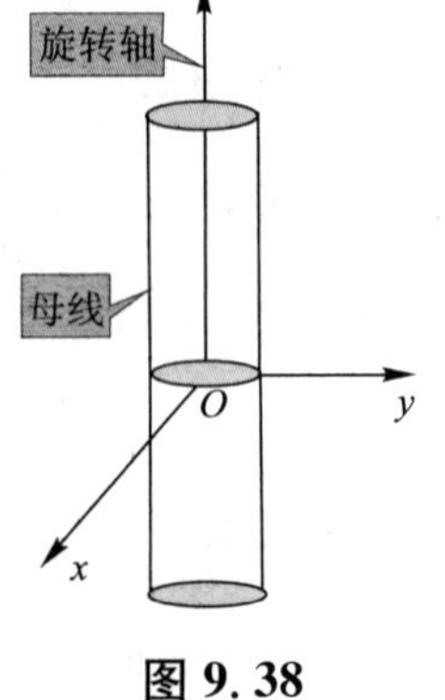

图 9.38

注 9.4.1 若母线方程为$\begin{cases} f(x,y)=0, \\ z=0, \end{cases}$绕 x 轴旋转而成的旋转面方程为$f(x,\pm\sqrt{y^2+z^2})=0$；绕 y 轴旋转而成的旋转面方程为$f(\pm\sqrt{x^2+z^2},y)=0$. 若母线方程为$\begin{cases} f(y,z)=0, \\ x=0, \end{cases}$分别写出绕 y 轴和 z 轴旋转而成旋转面方程，留给读者练习.

9.4.4 椭球面

定义 9.4.5 若曲面 S 的方程形如$\frac{x^2}{a^2}+\frac{y^2}{b^2}+\frac{z^2}{c^2}=1$，则称曲面为椭圆面. 如图 9.39 所示.

特别地，母线方程为$\begin{cases} \frac{y^2}{a^2}+\frac{z^2}{c^2}=1, \\ x=0, \end{cases}$则旋转椭球面方程为$\frac{x^2+y^2}{a^2}+\frac{z^2}{c^2}=1$，如图 9.40 所示.

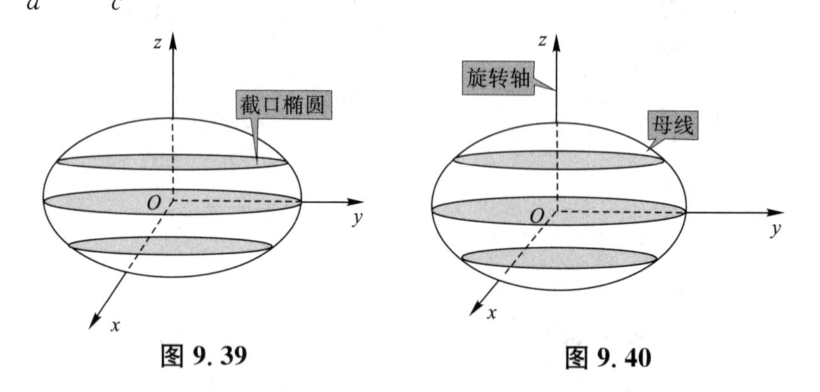

图 9.39　　图 9.40

9.4.5 双曲面

1. 单叶双曲面

定义 9.4.6 若曲面 S 的方程形如$\frac{x^2}{a^2}+\frac{y^2}{b^2}-\frac{z^2}{c^2}=1$，则称曲面为单叶双曲面. 如图 9.41 所示.

2. 双叶双曲面

定义 9.4.7 若曲面 S 的方程形如$\frac{x^2}{a^2}+\frac{y^2}{b^2}-\frac{z^2}{c^2}=-1$，则称曲面

为双叶双曲面.如图 9.42 所示.

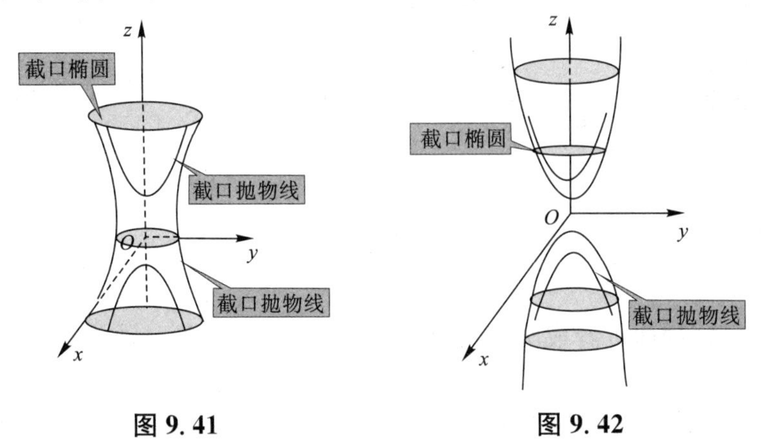

图 9.41　　图 9.42

9.4.6　抛物面

1. 椭圆抛物面

定义 9.4.8　若曲面 S 的方程形如 $2z=\frac{x^2}{a^2}+\frac{y^2}{b^2}$,则称曲面为单叶双曲面.如图 9.43 所示.

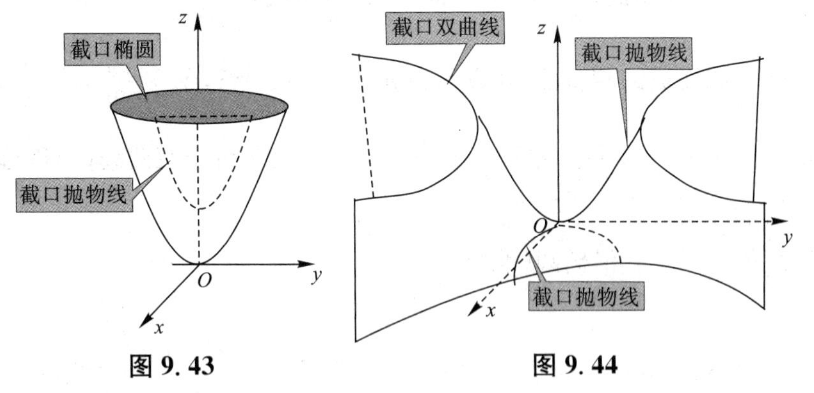

图 9.43　　图 9.44

2. 双曲抛物面

定义 9.4.9　若曲面 S 的方程形如 $2z=\frac{x^2}{a^2}-\frac{y^2}{b^2}$,则称曲面为单叶双曲面.如图 9.44 所示.

拓展:

(1)圆锥面可看成直线(简称母线)$\begin{cases} w=v, \\ u=0 \end{cases}$绕 w 轴旋转一周而

成的旋转面，其圆锥面方程为 $w^2=u^2+v^2$. 令 $u=\frac{x}{a}$，$v=\frac{y}{b}$，$w=\frac{z}{c}$ 有锥面方程 $\frac{z^2}{c^2}=\frac{x^2}{a^2}+\frac{y^2}{b^2}$. 其等价于直线（简称母线）$\begin{cases} z=\frac{c}{b}y, \\ x=0, \end{cases}$ 沿椭圆（准线）$\begin{cases} \frac{x^2}{a^2}+\frac{y^2}{b^2}=1, \\ z=c\neq 0 \end{cases}$ 移动扫过的面.

(2)球面可看成圆（简称母线）$\begin{cases} v^2+w^2=1, \\ u=0 \end{cases}$ 绕 w 轴旋转一周而成的旋转面，其球面方程为 $u^2+v^2+w^2=1$. 令 $u=\frac{x}{a}$，$v=\frac{y}{b}$，$w=\frac{z}{c}$，有椭球面方程 $\frac{x^2}{a^2}+\frac{y^2}{b^2}+\frac{z^2}{c^2}=1$. 其等价于椭圆（简称母线）$\begin{cases} \frac{y^2}{b^2}+\frac{z^2}{c^2}=1, \\ x=0, \end{cases}$ 沿椭圆（准线）$\begin{cases} \frac{x^2}{a^2}+\frac{y^2}{b^2}=1, \\ z=0 \end{cases}$ 移动扫过的面.

(3)单叶双曲面可看成双曲线（简称母线）$\begin{cases} v^2-w^2=1, \\ u=0 \end{cases}$ 绕 w 轴旋转一周而成的旋转面，其方程为 $u^2+v^2-w^2=1$，令 $u=\frac{x}{a}$，$v=\frac{y}{b}$，$w=\frac{z}{c}$，有单叶双曲面方程 $\frac{x^2}{a^2}+\frac{y^2}{b^2}-\frac{z^2}{c^2}=1$. 其等价于双曲线（简称母线）$\begin{cases} \frac{y^2}{b^2}-\frac{z^2}{c^2}=1, \\ x=0, \end{cases}$ 沿椭圆（准线）$\begin{cases} \frac{x^2}{a^2}+\frac{y^2}{b^2}=1, \\ z=0 \end{cases}$ 移动扫过的面.

(4)双叶双曲面可看成双曲线（简称母线）$\begin{cases} w^2-v^2=1, \\ u=0 \end{cases}$ 绕 w 轴旋转一周而成的旋转面，其方程为 $w^2-(u^2+v^2)=1$，令 $u=\frac{x}{a}$，$v=\frac{y}{b}$，$w=\frac{z}{c}$，有双叶双曲面方程 $\frac{z^2}{c^2}-(\frac{x^2}{a^2}+\frac{y^2}{b^2})=1$. 其等价于双曲线（简称母线）$\begin{cases} \frac{z^2}{c^2}-\frac{y^2}{b^2}=1, \\ x=0, \end{cases}$ 沿椭圆（准线）$\begin{cases} \frac{x^2}{a^2}+\frac{y^2}{b^2}=1, \\ z=ch\geqslant c \end{cases}$ 移动扫过的面.

(5)椭圆抛物面可看成抛物线(简称母线)$\begin{cases} w=v^2, \\ u=0 \end{cases}$绕 w 轴旋转一周而成的旋转面,其方程为 $w=u^2+v^2$,令 $u=\dfrac{x}{a}$,$v=\dfrac{y}{b}$,$w=z$,有椭圆抛物面方程 $z=\dfrac{x^2}{a^2}+\dfrac{y^2}{b^2}$. 其等价于抛物线(简称母线)$\begin{cases} z=\dfrac{y^2}{b^2}, \\ x=0, \end{cases}$沿椭圆(准线)$\begin{cases} \dfrac{x^2}{a^2}+\dfrac{y^2}{b^2}=1, \\ z=1 \end{cases}$移动扫过的面.

(6)双曲抛物面(马鞍面)可看成以抛物线(简称母线)$\begin{cases} z=-\dfrac{y^2}{b^2}, \\ x=0 \end{cases}$沿准线$\begin{cases} \dfrac{x^2}{a^2}-\dfrac{y^2}{b^2}=1, \\ z=1 \end{cases}$移动扫过的面. 设 $P(x,y,z)$是面上的任意一点,它是由母线上点 $P_1(0,y_1,z_1)$沿准线得到的,其中满足方程$\begin{cases} \dfrac{x^2}{a^2}-\dfrac{y^2}{b^2}=-\dfrac{y_1^2}{b^2}, \\ z=z_1, \\ z_1=-\dfrac{y_1^2}{b^2}, \end{cases}$有双曲抛物面方程 $z=\dfrac{x^2}{a^2}-\dfrac{y^2}{b^2}$. 其等价于抛物线(可简称母线)$\begin{cases} z=-\dfrac{y^2}{b^2}, \\ x=0 \end{cases}$沿双曲线(准线)$\begin{cases} \dfrac{x^2}{a^2}-\dfrac{y^2}{b^2}=1, \\ z=1 \end{cases}$移动扫过的面.

问题与思考

1. 问:在解析几何中,右手直角坐标系特征可以用向量运算体现吗?

答:可以. 设 $\boldsymbol{e}_1,\boldsymbol{e}_2,\boldsymbol{e}_3$ 分别表示 x,y,z 轴正向的单位向量,则有

$$\begin{cases} \boldsymbol{e}_i\cdot\boldsymbol{e}_j=0, i\neq j, \\ \boldsymbol{e}_i\cdot\boldsymbol{e}_j=1, i=j, \\ \boldsymbol{e}_1\times\boldsymbol{e}_2=\boldsymbol{e}_3, \boldsymbol{e}_2\times\boldsymbol{e}_3=\boldsymbol{e}_1, \boldsymbol{e}_3\times\boldsymbol{e}_1=\boldsymbol{e}_2. \end{cases}$$

2. 问: 两向量数量积与向量积模之间有关系吗?

答: 有. 设 $\boldsymbol{a},\boldsymbol{b}$ 分别为两非零向量,依据定义有 $\dfrac{(\boldsymbol{a}\cdot\boldsymbol{b})^2}{|\boldsymbol{a}|^2\ |\boldsymbol{b}|^2}+\dfrac{|\boldsymbol{a}\times\boldsymbol{b}|^2}{|\boldsymbol{a}|^2\ |\boldsymbol{b}|^2}=1$. 其应用如下:

例 证明三角形的海伦公式.

证: 在三角形 $\triangle ABC$ 中,记 $\boldsymbol{c}=\overrightarrow{AB}$, $\boldsymbol{a}=\overrightarrow{BC}$, $\boldsymbol{b}=\overrightarrow{AC}$, $p=\dfrac{|\boldsymbol{a}|+|\boldsymbol{b}|+|\boldsymbol{c}|}{2}$,易知

$$S_{\triangle ABC}=\frac{1}{2}|\boldsymbol{c}\times\boldsymbol{a}|=\frac{1}{2}\sqrt{|\boldsymbol{a}|^2\ |\boldsymbol{c}|^2-(\boldsymbol{c}\cdot\boldsymbol{a})^2},$$

而 $\boldsymbol{b}=\boldsymbol{c}+\boldsymbol{a}$,即

$$|\boldsymbol{b}|^2=\boldsymbol{b}^2=|\boldsymbol{c}|^2+2\boldsymbol{c}\cdot\boldsymbol{a}+|\boldsymbol{a}|^2,$$

所以有

$$S_{\triangle ABC}=\frac{1}{2}|\boldsymbol{c}\times\boldsymbol{a}|=\frac{1}{4}\sqrt{4\ |\boldsymbol{a}|^2\ |\boldsymbol{c}|^2-(|\boldsymbol{b}|^2-|\boldsymbol{c}|^2-|\boldsymbol{a}|^2)^2}$$

$$=\sqrt{p(p-|\boldsymbol{a}|)(p-|\boldsymbol{b}|)(p-|\boldsymbol{c}|)},$$

证毕.

3. 设三角形$\triangle ABC$三顶点分别为 $A(x_1,y_1,z_1)$,$B(x_2,y_2,z_2)$,$C(x_3,y_3,z_3)$,问:三角形的重心可以用三顶点的坐标表示吗?

答: 可以. 记 D 为 BC 边的中心,则 D 的坐标为 $\left(\dfrac{x_2+x_3}{2},\dfrac{y_2+y_3}{2},\dfrac{z_2+z_3}{2}\right)$. 记三角形的重心为 $E(\bar{x},\bar{y},\bar{z})$,则有$\overrightarrow{AD}=2\,\overrightarrow{DE}$,即

$$(x_1-\bar{x},y_1-\bar{y},z_1-\bar{z})=2\left(\bar{x}-\frac{x_2+x_3}{2},\bar{y}-\frac{y_2+y_3}{2},\bar{z}-\frac{z_2+z_3}{2}\right),$$

故有

$$\bar{x}=\frac{x_1+x_2+x_3}{3},\bar{y}=\frac{y_1+y_2+y_3}{3},\bar{z}=\frac{z_1+z_2+z_3}{3}.$$

4. 设三角形$\triangle ABC$三顶点分别为 $A(x_1,y_1,z_1)$,$B(x_2,y_2,z_2)$,$C(x_3,y_3,z_3)$,问:过 A 点的角平分线方程可以写出吗?

答: 可以. 记$\overrightarrow{AB}=(x_2-x_1,y_2-y_1,z_2-z_1)$,$\overrightarrow{AC}=(x_3-x_1,y_3-y_1,z_3-z_1)$,其单位向量分别为 $\boldsymbol{a}=(a_1,a_2,a_3)$,$\boldsymbol{b}=(b_1,b_2,b_3)$,

则问过 A 点的角平分线方程为

$$\frac{x-x_1}{a_1+b_1}=\frac{y-y_1}{a_2+b_2}=\frac{z-z_1}{a_3+b_3}.$$

5. 问:在三角形△ABC 中,是否可以用向量运算证明三角形的正弦定理和余弦定理?

答:可以. 记 $\boldsymbol{c}=\overrightarrow{AB},\boldsymbol{a}=\overrightarrow{BC},\boldsymbol{b}=\overrightarrow{AC}$,依据向量积模性质,有 $|\boldsymbol{a}\times\boldsymbol{b}|=|\boldsymbol{b}\times\boldsymbol{c}|=|\boldsymbol{c}\times a|$,

即 $|\boldsymbol{a}|\cdot|\boldsymbol{b}|\sin\angle C=|\boldsymbol{b}|\cdot|\boldsymbol{c}|\sin\angle A=|\boldsymbol{c}|\cdot|\boldsymbol{a}|\sin\angle B$,故有正弦定理

$$\frac{|\boldsymbol{a}|}{\sin\angle A}=\frac{|\boldsymbol{b}|}{\sin\angle B}=\frac{|\boldsymbol{c}|}{\sin\angle C}.$$

易知 $\boldsymbol{b}=\boldsymbol{c}+\boldsymbol{a}$,所以有余弦定理

$$\begin{aligned}|\boldsymbol{b}|^2&=\boldsymbol{b}\cdot\boldsymbol{b}=(\boldsymbol{c}+\boldsymbol{a})\cdot(\boldsymbol{c}+\boldsymbol{a})=\boldsymbol{c}\cdot\boldsymbol{c}+2\boldsymbol{c}\cdot\boldsymbol{a}+\boldsymbol{a}\cdot\boldsymbol{a}\\&=|\boldsymbol{c}|^2+2|\boldsymbol{c}|\cdot|\boldsymbol{a}|\cos(\pi-\angle B)+|\boldsymbol{a}|^2.\end{aligned}$$

6. 空间直角坐标系中,曲线一般方程为

$$l:\begin{cases}F(x,y,z)=0,\\G(x,y,z)=0.\end{cases}$$

问:是否可以写出其在坐标面 xOy 平面上的投影方程?

答:可以. 首先,从$\begin{cases}F(x,y,z)=0,\\G(x,y,z)=0\end{cases}$中消去变量 z,记为 $H(x,y)=0$,则 l 在柱面 $H(x,y)=0$ 上.

其次,l 在坐标面 xOy 平面上的投影方程为 $l':\begin{cases}H(x,y)=0,\\z=0.\end{cases}$

此问也给出空间曲线 l 参数方程表示的一般方法,对于坐标面 xOy 平面上曲线 $l':\begin{cases}H(x,y)=0,\\z=0,\end{cases}$ 可以写出适当的参数方程 $\begin{cases}x=x(t),\\y=y(t),t\in I.\\z=0,\end{cases}$ 把$\begin{cases}x=x(t),\\y=y(t)\end{cases}$代入 $F(x,y,z)=0$ 或 $G(x,y,z)=0$ 中解出 $z=z(t)$,则直线 l 的参数方程为

$$\begin{cases}x=x(t),\\y=y(t),t\in I.\\z=z(t),\end{cases}$$

另,曲线参数方程时常用在继后的第一、二类曲线积分计算中.

7. 设直线的一般方程为

$$l:\begin{cases}A_1x+B_1y+C_1z+D_1=0,\\A_2x+B_2y+C_2z+D_2=0,\end{cases}$$

问:是否可以写出其在平面 $\pi: A_3x+B_3y+C_3z+D_3=0$ 上投影方程?

答: 可以.

方法一:首先,过直线的平面束方程为

$$\lambda_1(A_1x+B_1y+C_1z+D_1)+\lambda_2(A_2x+B_2y+C_2z+D_2)=0$$

其中 λ_1,λ_2 不全为零. 整理为

$$(\lambda_1A_1+\lambda_2A_2)x+(\lambda_1B_1+\lambda_2B_2)y+(\lambda_1C_1+\lambda_2C_2)z+\lambda_1D_1+\lambda_2D_2=0.$$

其次,依据题意有

$$(\lambda_1A_1+\lambda_2A_2)A_3+(\lambda_1B_1+\lambda_2B_2)B_3+(\lambda_1C_1+\lambda_2C_2)C_3=0,$$

求出 λ_1,λ_2.

最后,投影直线为

$$\begin{cases}(\lambda_1A_1+\lambda_2A_2)x+(\lambda_1B_1+\lambda_2B_2)y+(\lambda_1C_1+\lambda_2C_2)z+\lambda_1D_1+\lambda_2D_2=0\\A_3x+B_3y+C_3z+D_3=0.\end{cases}$$

方法二:首先,在直线 l 上找适当两点 $P_1(x_1,y_1,z_1)$,$P_2(x_2,y_2,z_2)$,分别写出过 P_1,P_2,以 $\boldsymbol{n}=(A_3,B_3,C_3)$ 为方向向量的直线参数方程,

$$l_1:\begin{cases}x=x_1+A_3t,\\y=y_1+B_3t,\\z=z_1+C_3t\end{cases}$$

和

$$l_2:\begin{cases}x=x_2+A_3t,\\y=y_2+B_3t,\\z=z_2+C_3t.\end{cases}$$

其次,分别求出直线 l_1,l_2 与平面 π 的交点 Q_1,Q_2,其即为 P_1,P_2 在平面 π 上的投影点.

最后,利用两点式写出过 Q_1,Q_2 得直线方程即可.

8. 问：依据平面常见的曲线名称，能否利用旋转曲面形式上快速记忆空间曲面称呼和特征？

答：可以(除了双曲抛物面).

如：(1)直线 $l:\begin{cases}z=ay,\\x=0\end{cases}$ 绕 z 轴旋转而成的旋转锥面方程 $z^2=a^2(x^2+y^2)$，一般二次锥面方程为 $z^2=\dfrac{x^2}{a^2}+\dfrac{y^2}{b^2}$；

(2)抛物线 $l:\begin{cases}z=a^2y^2,\\x=0\end{cases}$ 绕 z 轴旋转而成的旋转抛物面方程 $z=a^2(x^2+y^2)$，一般抛物面方程为 $z=\dfrac{x^2}{a^2}+\dfrac{y^2}{b^2}$；

(3)椭圆 $l:\begin{cases}\dfrac{y^2}{a^2}+\dfrac{z^2}{c^2}=1,\\x=0\end{cases}$ 绕 z 轴旋转而成的旋转椭圆面方程 $\dfrac{x^2+y^2}{a^2}+\dfrac{z^2}{c^2}=1$，一般椭圆面方程 $\dfrac{x^2}{a^2}+\dfrac{y^2}{b^2}+\dfrac{z^2}{c^2}=1$；

(4)双曲线 $l:\begin{cases}\dfrac{y^2}{a^2}-\dfrac{z^2}{c^2}=1,\\x=0\end{cases}$ 绕 z 轴旋转而成的旋转单叶双曲面方程 $\dfrac{x^2+y^2}{a^2}-\dfrac{z^2}{c^2}=1$，一般单叶双曲面方程 $\dfrac{x^2}{a^2}+\dfrac{y^2}{b^2}-\dfrac{z^2}{c^2}=1$；双曲线 $l:\begin{cases}\dfrac{y^2}{a^2}-\dfrac{z^2}{c^2}=-1,\\x=0\end{cases}$ 绕 z 轴旋转而成的旋转双叶双曲面方程 $\dfrac{x^2+y^2}{a^2}-\dfrac{z^2}{c^2}=-1$，一般双叶双曲面方程 $\dfrac{x^2}{a^2}+\dfrac{y^2}{b^2}-\dfrac{z^2}{c^2}=-1$.

第10章

多元函数微分学

本章的重点是多元函数的概念;偏导数和全微分的概念;多元复合函数一阶、二阶偏导数的求法;多元函数极值和条件极值的概念. 难点是复合函数的高阶偏导数;隐函数的偏导数;求曲线的切线和法平面及曲面的切平面和法线;求条件极值的拉格朗日乘数法.

本章要求学生掌握多元复合函数一阶、二阶偏导数的求法;多元函数极值存在的必要条件;会求全微分;方向导数与梯度的计算(也可放在场论处讲);多元隐函数的偏导数;会求二元函数极值;会用拉格朗日乘数法求条件极值;会求简单多元函数最值,并会解决一些简单应用问题.

§10.1　多元函数的基本概念

10.1.1　平面点集与 n 维空间 $\mathbf{R}^n$

简单介绍平面点集,δ 邻域,内点,外点,边界点,极限点(聚点),开集,闭集,连通集,区域,有界集,n 维空间.

1. 平面定义

(1)集合 $U(P_0,\delta)=\{(x,y)\mid\sqrt{(x-x_0)^2+(y-y_0)^2}<\delta\}$ 称为 P_0 点的 δ 邻域.

借助邻域，刻画点 P_0 与数集 D 的关系，研拓出内点，极限点（聚点），边界点和外点概念. 如图 10.1 所示.

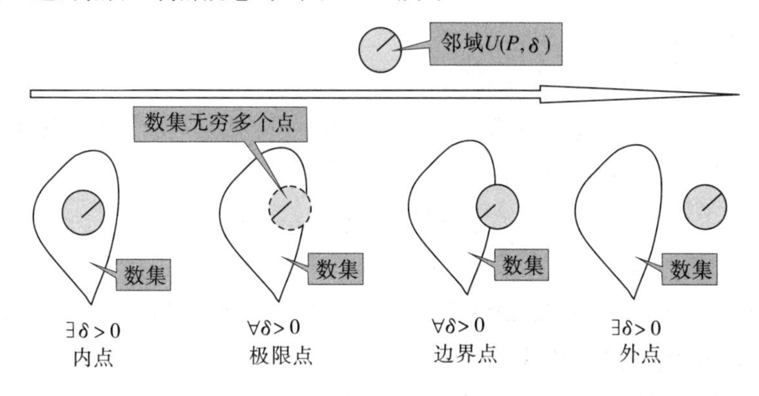

图 10.1

(2) 设 $D\subset\mathbf{R}^2$ 为平面点集，且 $P_0\in D$. 若存在 $\delta>0$，满足 $U(P_0,\delta)\subseteq D$，则称点 P_0 为数集 D 的内点. 进一步，如数集 D 中的每一点均为内点，则称数集 D 为开集.

(3) 设 $D\subset\mathbf{R}^2$ 为平面点集，且 $P_0\notin D$. 若存在 $\delta>0$，满足 $U(P_0,\delta)\cap D=\varphi$，则点 P_0 为数集 D 的外点（即点 P_0 为数集 D^C 的内点）. 其中集合 D^C 为 D 的余集. 进一步，如数集 D 中的余集为开集，则称数集 D 为闭集.

(4) 设 $D\subset\mathbf{R}^2$ 为平面点集. 若 $\forall\delta>0$，满足 $U(P_0,\delta)\cap D\neq\varphi$，$U(P_0,\delta)\cap D^C\neq\varphi$，则称点 P_0 为数集 D 的边界点. 集合 D 的所有边界点构成集合，称为 D 的边界，记为∂D. 进一步，有$\partial D\cup D$ 一定为闭集（不加证明）.

(5) 设 $D\subset\mathbf{R}^2$ 为平面点集. 若 $\forall\delta>0$，满足 $U(P_0,\delta)\cap D=$ {无穷多个点}，则称点 P_0 为数集 D 的聚点或极限点.

(6) 设 $D\subset\mathbf{R}^2$ 为平面点集. 若 $\forall P_1,P_2\in D$，都存在连接这两点的折线，使得折线包含在 D 中，则称数集 D 为连通集.

(7) 连通的开集称为区域或开区域. 连通的闭集称为闭集，即开区域与其边界一起构成闭区域.

10.1.2　二元函数的概念

1. 定义

定义 10.1.1　设 $D\subset\mathbf{R}^2$ 为平面点集，f 为某个对应法则，若 $\forall(x,y)\in D$，通过 f 存在唯一的 $z\in\mathbf{R}$ 与其对应，则称 f 为定义在 D 上的一个二元函数，即

$$f:D\longrightarrow\mathbf{R},$$
$$\forall(x,y)\longmapsto\text{唯一 } z,$$

记作 $z=f(x,y)$. 点集 $D=D(f)$ 和 $f(D)=R(f)$ 分别称为二元函数 $f(x,y)$ 的定义域和值域.

点集 $M=\{(x,y,z)\mid\forall(x,y)\in D,z=f(x,y)\}$ 称为 $z=f(x,y)$ 的图像. 变量(或坐标)x,y 称作二元函数的两个自变量，变量 z 称为因变量. 如图 10.2 所示.

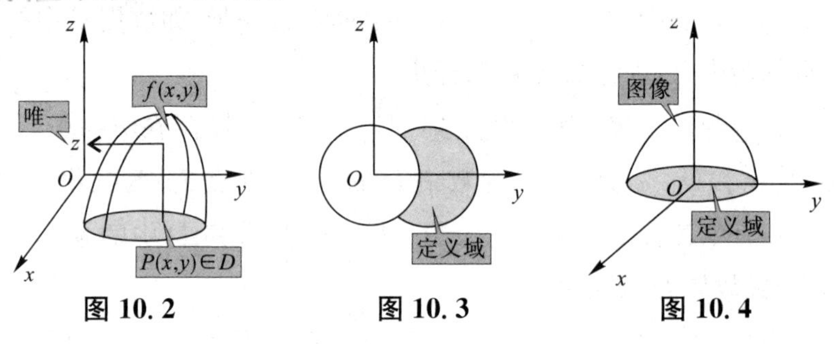

图 10.2　　图 10.3　　图 10.4

例 10.1.1　求二元函数 $z=f(x,y)=\dfrac{\sqrt{2x-x^2-y^2}}{\sqrt{x^2+y^2-1}}$ 的定义域.

解：略. 如图 10.3 所示.

例 10.1.2　画出二元函数 $z=\sqrt{1-x^2-y^2}$ 的图像.

解：略. 如图 10.4 所示.

2. 二元函数的极限

定义 10.1.2　设 $D\subset\mathbf{R}^2$ 为一个区域，f 是定义在 D 上的二元函数，P_0 为 D 的一个聚点，A 为一个确定的实数，若 $\forall\varepsilon>0$. $\exists\delta>0$，使得当 $0<\rho(P,P_0)=|P-P_0|<\delta$ 且 $P\in D$ 时，有 $|f(P)-A|<\varepsilon$，则称函数 $f(P)$ 在当 P 趋于 P_0 时以 A 为极限，记为 $\lim\limits_{P\to P_0}f(P)=A$，或 $\lim\limits_{\substack{x\to x_0\\y\to y_0}}f(x,y)=A$ 或 $\lim\limits_{(x,y)\to(x_0,y_0)}f(x,y)=A$.

注 10.1.1

(1)平面上任一曲线(包括直线)都是一条路径.

(2)对于二元函数在 $P_0(x_0,y_0)$ 点的极限,要求动点 $P(x,y)$ 在 D 内沿任何路径趋于 $P_0(x_0,y_0)$ 点时,函数都趋于同一值.可知,若动点 $P(x,y)$ 沿不同路径趋于此定点 $P_0(x_0,y_0)$ 时,函数的极限不同或不存在,则可以断定在该点的极限一定不存在.

3. 证明或计算二元函数极限

(1)一般用极坐标计算函数极限.

例 10.1.3 设 $f(x,y)=(x^2+y^2)\sin\dfrac{1}{x^2+y^2}$,求证 $\lim\limits_{(x,y)\to(0,0)}f(x,y)=0$.

解:设 $\begin{cases}x=r\cos\theta,\\ y=r\sin\theta.\end{cases}$

方法一,计算 $f(r\cos\theta,r\sin\theta)=r^2\sin\left(\dfrac{1}{r^2}\right)$,所以有 $|f(x,y)-0|\leqslant r^2$,于是 $\forall\varepsilon>0$,$\exists\delta=\sqrt{\varepsilon}$,当 $0<r<\delta$ 时,满足 $|f(x,y)-0|<\varepsilon$.

故有 $\lim\limits_{(x,y)\to(0,0)}f(x,y)=0$.

方法二,设 $\begin{cases}x=r\cos\theta,\\ y=r\sin\theta,\end{cases}$ 有

$$\lim_{r\to0}f(r\cos\theta,r\sin\theta)=\lim_{r\to0}r^2\sin\left(\frac{1}{r^2}\right)=0.$$

例 10.1.4 设 $f(x,y)=(x+y)\sin\dfrac{y}{x^2+y^2}$,计算 $\lim\limits_{(x,y)\to(0,0)}f(x,y)=0$.

解:设 $\begin{cases}x=r\cos\theta,\\ y=r\sin\theta,\end{cases}$ 有

$$\lim_{r\to0}f(r\cos\theta,r\sin\theta)=\lim_{r\to0}r(\cos\theta+\sin\theta)\sin\left(\frac{\sin\theta}{r}\right)=0.$$

(2)一些特殊类型可以化为一元函数求极限.

例 10.1.5 求极限 $\lim\limits_{\substack{x\to0\\ y\to0}}\dfrac{xy}{\sqrt{xy+1}-1}$.

解:设 $u=xy+1$,计算

$$\lim_{\substack{x\to0\\ y\to0}}\frac{xy}{\sqrt{xy+1}-1}=\lim_{u\to1}\frac{u-1}{\sqrt{u}-1}=\lim_{u\to1}(\sqrt{u}+1)=2.$$

(3)利用一元函数和二元函数的极限性质求极限.

例 10.1.6 求极限$\lim\limits_{\substack{x\to 0\\ y\to 1}}\dfrac{\sin xy^2}{x}$.

解:有$\lim\limits_{\substack{x\to 0\\ y\to 1}}\dfrac{\sin xy^2}{x}=\lim\limits_{\substack{x\to 0\\ y\to 1}}\dfrac{\sin xy^2}{xy^2}y^2=\lim\limits_{\substack{x\to 0\\ y\to 1}}\dfrac{\sin xy^2}{xy^2}\lim\limits_{\substack{x\to 0\\ y\to 1}}y^2=1\cdot 1=1$.

例 10.1.7 计算极限$\lim\limits_{\substack{x\to +\infty\\ y\to +\infty}}\left(\dfrac{xy}{x^2+y^2}\right)^{x^2}$.

解:基于$\dfrac{xy}{x^2+y^2}\leqslant\dfrac{1}{2}$,当$x>1,y>1$时,有$0<\left(\dfrac{xy}{x^2+y^2}\right)^{x^2}\leqslant\left(\dfrac{1}{2}\right)^{x^2}$,而$\lim\limits_{x\to +\infty}\left(\dfrac{1}{2}\right)^{x^2}=0$,由夹逼定理知$\lim\limits_{\substack{x\to +\infty\\ y\to +\infty}}\left(\dfrac{xy}{x^2+y^2}\right)^{x^2}=0$.

(4)证明二元函数极限不存在.

一般选两个不同的特殊路径,计算沿这两条不同的路径的极限不同或不存在即可.

例 10.1.8 设$f(x,y)=\dfrac{xy}{x^2+y^2}$,证明极限$\lim\limits_{\substack{x\to 0\\ y\to 0}}f(x,y)$不存在.

解:取特殊路径$y=kx$,知当$x\to 0$时,有$y\to 0$,所以计算$\lim\limits_{\substack{x\to 0\\ y=kx}}f(x,y)=\dfrac{k}{1+k^2}$,此极限值随$k$而变,故有极限$\lim\limits_{\substack{x\to 0\\ y\to 0}}f(x,y)$不存在.

例 10.1.9 设$f(x,y)=\dfrac{x^2y^2}{x^2y^2+(x-y)^2}$,证明极限$\lim\limits_{\substack{x\to 0\\ y\to 0}}f(x,y)$不存在.

解:首先取特殊路径直线$y=x$,知当$x\to 0$时,有$y\to 0$,计算$\lim\limits_{\substack{x\to 0\\ y=x}}f(x,y)=1$;

其次取特殊路径直线$y=-x$,知当$x\to 0$时,有$y\to 0$,计算$\lim\limits_{\substack{x\to 0\\ y=-x}}f(x,y)=0$.

所以极限$\lim\limits_{\substack{x\to 0\\ y\to 0}}f(x,y)$不存在.

例 10.1.10 设$f(x,y)=\dfrac{y}{x^2+y}$,证明极限$\lim\limits_{\substack{x\to 0\\ y\to 0}}f(x,y)$不存在.

解:设 $y=kx^2$,$k\neq-1$,知当 $x\to0$ 时,有 $y\to0$,计算 $\lim\limits_{\substack{x\to0\\y=kx^2}}f(x,y)=\dfrac{k}{1+k}$,此极限值随 k 而变,所以极限$\lim\limits_{\substack{x\to0\\y\to0}}f(x,y)$不存在.

4. 极限的四则运算法则

类似于一元函数,极限也有四则运算法则.

定理 10.1.1 若$\lim\limits_{\substack{x\to x_0\\y\to y_0}}f(x,y)$与$\lim\limits_{\substack{x\to x_0\\y\to y_0}}g(x,y)$均存在,则

(1)$\lim\limits_{\substack{x\to x_0\\y\to y_0}}(f(x,y)\pm g(x,y))$存在

且$\lim\limits_{\substack{x\to x_0\\y\to y_0}}(f(x,y)\pm g(x,y))=\lim\limits_{\substack{x\to x_0\\y\to y_0}}f(x,y)\pm\lim\limits_{\substack{x\to x_0\\y\to y_0}}g(x,y)$;

(2)$\lim\limits_{\substack{x\to x_0\\y\to y_0}}(f(x,y)g(x,y))$存在

且$\lim\limits_{\substack{x\to x_0\\y\to y_0}}(f(x,y)g(x,y))=\lim\limits_{\substack{x\to x_0\\y\to y_0}}f(x,y)\cdot\lim\limits_{\substack{x\to x_0\\y\to y_0}}g(x,y)$;

(3)当$\lim\limits_{\substack{x\to x_0\\y\to y_0}}g(x,y)\neq0$ 时,$\lim\limits_{\substack{x\to x_0\\y\to y_0}}\left(\dfrac{f(x,y)}{g(x,y)}\right)$存在

且$\lim\limits_{\substack{x\to x_0\\y\to y_0}}\left(\dfrac{f(x,y)}{g(x,y)}\right)=\dfrac{\lim\limits_{\substack{x\to x_0\\y\to y_0}}f(x,y)}{\lim\limits_{\substack{x\to x_0\\y\to y_0}}g(x,y)}$.

5. 二元函数的连续性

(1)某点连续.

定义 10.1.3 设 $D\subset\mathbf{R}^2$ 为一个区域,f 是定义在 D 上的二元函数,$P(x_0,y_0)\in D$. 若$\lim\limits_{\substack{x\to x_0\\y\to y_0}}f(x,y)=f(x_0,y_0)$,则称 $f(x,y)$ 在点 $P(x_0,y_0)$处连续.

(2)区域连续.

定义 10.1.4 设 $D\subset\mathbf{R}^2$ 为一个区域,f 是定义在 D 上的二元函数. 若 $f(x,y)$在区域 D 上每一点连续,则称 $f(x,y)$在区域 D 上连续.

(3)连续函数的运算法则(包括复合函数连续性).

定理 10.1.2 若 $f(x,y)$与 $g(x,y)$均在点 $P(x_0,y_0)$处连续,则

(1) $f(x,y)\pm g(x,y)$ 在点 $P(x_0,y_0)$ 处连续.

(2) $f(x,y)g(x,y)$ 在点 $P(x_0,y_0)$ 处连续.

(3) 当 $g(x_0,y_0)\neq 0$ 时，$\dfrac{f(x,y)}{g(x,y)}$ 在点 $P(x_0,y_0)$ 处连续.

定理 10.1.3 若 $u=\varphi(x,y)$，$v=\psi(x,y)$ 均在点 $P(x_0,y_0)$ 处连续，$f(u,v)$ 在点 (u_0,v_0) 处连续. 若 $u_0=\varphi(x_0,y_0)$，$v_0=\psi(x_0,y_0)$，则复合函数 $f(\varphi(x,y),\psi(x,y))$ 在点 $P(x_0,y_0)$ 处连续.

6. 二元初等函数

定义 10.1.5 若 $f(x)$，$g(y)$ 分别是 x 和 y 各自的一元初等函数，则它们与常数经过有限次四则运算和有限次复合运算所得到的函数，称为二元初等函数.

二元初等函数的重要命题：二元初等函数在其定义域上是连续的.

二元初等函数的重要计算方法：设 $D\subset\mathbf{R}^2$ 为一个区域，f 是定义在 D 上的二元初等函数，若 $P(x_0,y_0)\in D$，则有 $\lim\limits_{\substack{x\to x_0\\y\to y_0}}f(x,y)=f(x_0,y_0)$.

例 10.1.11 设 $f(x,y)=\ln xy^2+\sin(x+y^2)+3x-1$，计算 $\lim\limits_{\substack{x\to 2\\y\to 1}}f(x,y)$.

解： 易知 $f(x,y)$ 是初等函数且于点 $P(2,1)$ 处有定义，所以 $f(x,y)$ 在点 $P(2,1)$ 处连续，故有 $\lim\limits_{\substack{x\to 2\\y\to 1}}f(x,y)=\ln 2+\sin 3-8$.

§10.2 偏导数与全微分

10.2.1 偏导数的概念与计算

1. 偏导数的概念与计算

定义 10.2.1 设函数 $z=f(x,y)$ 在点 $M_0(x_0,y_0)$ 的一个邻域内有定义，若极限 $\lim\limits_{\Delta x\to 0}\dfrac{f(x_0+\Delta x,y_0)-f(x_0,y_0)}{\Delta x}$ 存在，则称此极

限为函数$f(x,y)$在点 $M_0(x_0,y_0)$处关于 x 的偏导数,记作 $f'_x(x_0,y_0)$, $z'_x(x_0,y_0)$, $\left.\frac{\partial f}{\partial x}\right|_{M_0}$ 或$\left.\frac{\partial z}{\partial x}\right|_{M_0}$.

定义 10.2.2 设函数 $z=f(x,y)$在点 $M_0(x_0,y_0)$的一个邻域内有定义,若极限$\lim\limits_{\Delta y\to 0}\frac{f(x_0,y_0+\Delta y)-f(x_0,y_0)}{\Delta y}$存在,则称此极限为函数 $f(x,y)$在点 $M_0(x_0,y_0)$处关于 y 的偏导数,记作 $f'_y(x_0,y_0)$, $z'_y(x_0,y_0)$, $\left.\frac{\partial f}{\partial y}\right|_{M_0}$ 或$\left.\frac{\partial z}{\partial y}\right|_{M_0}$.

定义 10.2.3 设函数 $z=f(x,y)$在区域 D 上有定义. $\forall M(x,y)\in D$,若极限$\lim\limits_{\Delta x\to 0}\frac{f(x+\Delta x,y)-f(x,y)}{\Delta x}$存在,则称函数关于 x 的偏导函数存在,简称偏导数存在,记作$\frac{\partial f}{\partial x}$, $f'_x(x,y)$, $z'_x(x,y)$或$\frac{\partial z}{\partial x}$.

定义10.2.4 设函数 $z=f(x,y)$在区域 D 上有定义. $\forall M(x,y)\in D$,若极限$\lim\limits_{\Delta y\to 0}\frac{f(x,y+\Delta y)-f(x,y)}{\Delta y}$存在,则称函数 y 关于的偏导函数存在,简称偏导数存在,记作$\frac{\partial f}{\partial x}$, $f'_x(x,y)$, $z'_x(x,y)$或$\frac{\partial z}{\partial x}$.

注 10.2.1

求函数在某点的偏导数一般有三种方法.

方法一:依据定义求某点的偏导数,尤其是求分段函数分段点处偏导数.

例 10.2.1 设函数 $f(x,y)=x^2+2xy$,求 $f'_x(1,1)$.

解:依据定义,计算

$$\begin{aligned} f'_x(1,1) &= \lim_{\Delta x\to 0}\frac{f(1+\Delta x,1)-f(1,1)}{\Delta x} \\ &= \lim_{\Delta x\to 0}\frac{(1+\Delta x)^2+2(1+\Delta x)\cdot 1-3}{\Delta x}=4 \end{aligned}$$

方法二:归结为一元函数求导数. 事实上,设函数 $f(x,y)$在 $P_0(x_0,y_0)$点的一个邻域上有定义,若$\frac{\mathrm{d}f(x,y_0)}{\mathrm{d}x}$于点 x_0 处存在,则有 $f_x(x_0,y_0)=\left.\frac{\mathrm{d}f(x,y_0)}{\mathrm{d}x}\right|_{x=x_0}$. 其余情形类似.

例 10.2.2 设 $f(x,y)=x^{2y}+e^{(x^y+y^x)}\sin(y-1)$，求 $f_x'(1,1)$.

解：首先，函数 $f(x,y)$ 在 $P_0(1,1)$ 点的一个邻域上有定义. 其次 $f(x,1)=x^2$ 在点 $x=1$ 处导数存在且有 $f'(x,1)\big|_{x=1}=2x\big|_{x=1}=2$，于是 $f_x'(1,1)=2$.

注 10.2.2 设函数 $f(x,y)$ 在 $P_0(x_0,y_0)$ 点的一个邻域上有定义，这个条件不能缺少，否则可能出错.

例如，设函数 $f(x,y)=\sqrt{xy}$，一方面，有 $f(x,0)=0$，而 $f(x,0)=0$ 在点 $x=0$ 处导数存在且有 $f'(x,0)\big|_{x=0}=0$. 另一方面，若 $f(x,y)$ 不在 $P_0(0,0)$ 点的任何邻域上有定义，就无法依据定义讨论在 $P_0(0,0)$ 点处的偏导数.

方法三：利用偏导函数求某点偏导数. 事实上，设函数 $f(x,y)$ 在区域 D 上偏导函数存在，若 $P_0(x_0,y_0)\in D$，则有 $f_x'(x_0,y_0)=\left.\dfrac{\partial f(x,y)}{\partial x}\right|_{x=x_0}$. 其余情形类似.

例 10.2.3 设函数 $f(x,y)=x^4+2xy$，求 $f_x'(1,1)$.

解：首先，计算 $f_x'(x,y)=4x^3+2y$，其次，有 $f_x'(1,1)=6$.

2. 偏导函数的计算

一定要先看清对哪个自变量求导，然后把其余的变量看成常数后，再关于那个自变量求导数. 例如，设函数 $f(x,y)=x^4+2xy$，计算 $f_x(x,y)$，先明白是关于自变量 x 的偏导函数，再把 y 看成常数，然后关于 x 求导，有 $f_x'(x,y)=4x^3+2y$.

例 10.2.4 设 $f(x,y)=\begin{cases}\dfrac{xy}{x^2+y^2}, & (x,y)\neq(0,0),\\ a, & (x,y)=(0,0),\end{cases}$ 其中 a 是实常数.

(1) 判别 $f_x'(0,0)$，$f_y'(0,0)$ 是否存在？

(2) 当 $a=0$ 时，计算 $f_x'(x,y)$.

(3) 证明函数 $f(x,y)$ 在 $(0,0)$ 点处不连续.

解：(1) 依据定义，计算

$$f_x'(0,0)=\lim_{\Delta x\to 0}\frac{f(0+\Delta x,0)-f(0,0)}{\Delta x}=\lim_{\Delta x\to 0}\frac{0-a}{\Delta x}，当 a=0 时，$$

有 $f_x'(0,0)=0$；当 $a\neq 0$ 时，则 $f_x(0,0)$ 不存在. 类似可讨论 $f_y(0,0)$.

$$(2)\ f_x'(x,y)=\begin{cases}\dfrac{y(x^2+y^2)-2x^2y}{(x^2+y^2)^2}, & (x,y)\neq(0,0),\\ 0, & (x,y)=(0,0).\end{cases}$$

(3)设 $y=kx$,知当 $x\to0$ 时,有 $y\to0$,所以计算$\lim\limits_{\substack{x\to0\\y=kx}}f(x,y)=\dfrac{k}{1+k^2}$时,此极限值随 k 而变,故有极限 $\lim\limits_{\substack{x\to0\\y\to0}}f(x,y)$ 不存在,所以函数 $f(x,y)$在$(0,0)$点处不连续.

3. 二元函数偏导数的几何意义

二元函数 $z=f(x,y),(x,y)\in D$ 是空间上一曲面 S,$z_1=f(x_0,y)$,$z_2=f(x,y_0)$是曲面 S 上过点 $P_0(x_0,y_0)$的两曲线,$\left.\dfrac{\mathrm{d}z_1}{\mathrm{d}y}\right|_{y=y_0}=f'_y(x_0,y_0)$,$\left.\dfrac{\mathrm{d}z_2}{\mathrm{d}x}\right|_{x_0=x_0}=f_x(x_0,y_0)$ 分别是两曲线在点(x_0,y_0)处切线的斜率. 如图 10.5 所示.

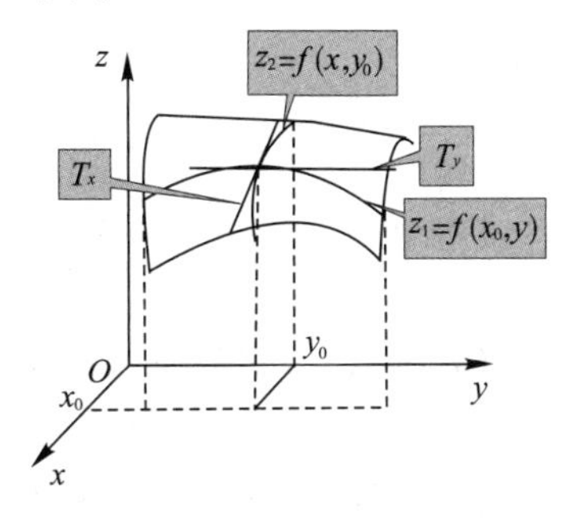

图 10.5

4. 高阶偏导数

定义 10.2.5 设函数 $z=f(x,y)$的一阶偏导数 $f'_x(x,y)$,$f'_y(x,y)$存在,它们一般仍然是 x,y 的函数. 若这两个函数的偏导数存在,则称 $f_x(x,y),f_y(x,y)$的偏导数为函数 $z=f(x,y)$的二阶偏导数. 可分为如下四种形式:

$$\frac{\partial}{\partial x}\left(\frac{\partial z}{\partial x}\right)=\frac{\partial^2 z}{\partial x^2}=z''_{xx}=f''_{xx},\quad \frac{\partial}{\partial y}\left(\frac{\partial z}{\partial x}\right)=\frac{\partial^2 z}{\partial x\partial y}=z''_{xy}=f''_{xy},$$

$$\frac{\partial}{\partial x}\left(\frac{\partial z}{\partial y}\right)=\frac{\partial^2 z}{\partial y\partial x}=z''_{yx}=f''_{yx},\quad \frac{\partial}{\partial y}\left(\frac{\partial z}{\partial y}\right)=\frac{\partial^2 z}{\partial y^2}=z''_{yy}=f''_{yy}.$$

例 10.2.5 (1)设 $u=\dfrac{1}{\sqrt{x^2+y^2+z^2}}$满足方程$\dfrac{\partial^2 u}{\partial x^2}+\dfrac{\partial^2 u}{\partial y^2}+\dfrac{\partial^2 u}{\partial z^2}=0$；

(2)设 $u=x^{\frac{y}{z}}$，其中 $x>0,x\neq 1,z\neq 0$，计算$\dfrac{\partial^2 u}{\partial x\partial y}$；

(3)设 $z=f(x,y)=\begin{cases}\dfrac{xy(x^2-y^2)}{x^2+y^2}, & x^2+y^2\neq 0,\\ 0, & x^2+y^2=0,\end{cases}$ 计算 $f''_{xy}(0,0)$ 和 $f''_{yx}(0,0)$.

解:(1)计算有

$$\frac{\partial u}{\partial x}=\frac{-1}{2}(x^2+y^2+z^2)^{\frac{-3}{2}}\cdot 2x=-x(x^2+y^2+z^2)^{\frac{-3}{2}},$$

$$\frac{\partial u}{\partial y}=\frac{-1}{2}(x^2+y^2+z^2)^{\frac{-3}{2}}\cdot 2y=-y(x^2+y^2+z^2)^{\frac{-3}{2}},$$

$$\frac{\partial u}{\partial z}=\frac{-1}{2}(x^2+y^2+z^2)^{\frac{-3}{2}}\cdot 2z=-z(x^2+y^2+z^2)^{\frac{-3}{2}}.$$

进一步,计算有

$$\frac{\partial^2 u}{\partial x^2}=\frac{\partial}{\partial x}\left(\frac{\partial u}{\partial x}\right)=-(x^2+y^2+z^2)^{\frac{-3}{2}}+3x^2(x^2+y^2+z^2)^{\frac{-5}{2}},$$

$$\frac{\partial^2 u}{\partial y^2}=\frac{\partial}{\partial y}\left(\frac{\partial u}{\partial y}\right)=-(x^2+y^2+z^2)^{\frac{-3}{2}}+3y^2(x^2+y^2+z^2)^{\frac{-5}{2}},$$

$$\frac{\partial^2 u}{\partial z^2}=\frac{\partial}{\partial z}\left(\frac{\partial u}{\partial z}\right)=-(x^2+y^2+z^2)^{\frac{-3}{2}}+3z^2(x^2+y^2+z^2)^{\frac{-5}{2}}.$$

于是,有

$$\frac{\partial^2 u}{\partial x^2}+\frac{\partial^2 u}{\partial y^2}+\frac{\partial^2 u}{\partial z^2}=0.$$

(2)计算有$\dfrac{\partial u}{\partial x}=\dfrac{y}{z}\cdot x^{\frac{y}{z}-1}$,进一步,有

$$\frac{\partial^2 u}{\partial x\partial y}=\frac{\partial}{\partial y}\left(\frac{\partial u}{\partial x}\right)=\cdot\frac{\partial}{\partial y}\left(\frac{y}{z}x^{\frac{y}{z}-1}\right)=\frac{x^{\frac{y}{z}-1}+y\cdot x^{\frac{y}{z}-1}\cdot\ln x\cdot\dfrac{1}{z}}{z}.$$

(3)当 $x^2+y^2\neq 0$ 时,计算有

$$f'_x=\frac{y(x^4+4x^2y^2-y^4)}{(x^2+y^2)^2},f'_y=\frac{x(x^4-4x^2y^2-y^4)}{(x^2+y^2)^2}.$$

当 $x^2+y^2=0$ 时,计算有

$$f'_x(0,0)=\lim_{\Delta x\to 0}\frac{f(0+\Delta x,0)-f(0,0)}{\Delta x}=\lim_{\Delta x\to 0}\frac{0}{\Delta x}=0$$

和

$$f'_y(0,0)=\lim_{\Delta y\to 0}\frac{f(0,0+\Delta y)-f(0,0)}{\Delta y}=\lim_{\Delta y\to 0}\frac{0}{\Delta y}=0.$$

所以有

$$f'_x(x,y)=\begin{cases}\dfrac{y(x^4+4x^2y^2-y^4)}{(x^2+y^2)^2}, & x^2+y^2\neq 0,\\ 0, & x^2+y^2=0,\end{cases}$$

和

$$f'_y(x,y)=\begin{cases}\dfrac{x(x^4-4x^2y^2-y^4)}{(x^2+y^2)^2}, & x^2+y^2\neq 0,\\ 0, & x^2+y^2=0.\end{cases}$$

进一步,有

$$f''_{xy}(0,0)=\lim_{\Delta y\to 0}\frac{f'_x(0,0+\Delta y)-f'_x(0,0)}{\Delta y}=\lim_{\Delta y\to 0}\frac{-(\Delta y)^5}{(\Delta y)^5}=-1$$

和

$$f''_{yx}(0,0)=\lim_{\Delta x\to 0}\frac{f'_y(0+\Delta x,0)-f'_y(0,0)}{\Delta x}=\lim_{\Delta x\to 0}\frac{(\Delta x)^5}{(\Delta x)^5}=1,$$

于是有 $f''_{xy}(0,0)\neq f''_{yx}(0,0)$.

注 10.2.3 对于混合偏导数,一般$\dfrac{\partial^2 z}{\partial x\partial y}\neq\dfrac{\partial^2 z}{\partial y\partial x}$. 但若$\dfrac{\partial^2 z}{\partial x\partial y}$,$\dfrac{\partial^2 z}{\partial y\partial x}$均连续,则有$\dfrac{\partial^2 z}{\partial x\partial y}=\dfrac{\partial^2 z}{\partial y\partial x}$.

10.2.2 全微分

1. 定义

定义 10.2.6 设 $D\subset\mathbf{R}^2$ 为一个区域,$f(x,y)$是定义在 D 上的二元函数. 设 $P_0(x_0,y_0)\in D$,若存在只与点(x_0,y_0)有关而与 Δx,Δy 无关的常数 A 和 B,满足

$$\begin{aligned}\Delta z&=f(x_0+\Delta x,y_0+\Delta y)-f(x_0,y_0)\\&=A\Delta x+B\Delta y+o(\rho)(\rho\to 0).\end{aligned}$$

其中 $\rho=\sqrt{(\Delta x)^2+(\Delta y)^2}$. 则称函数 $z=f(x,y)$ 在点 $P_0(x_0,y_0)$ 处可微，称线性主部 $A\Delta x+B\Delta y$ 为函数 $z=f(x,y)$ 在点 $P_0(x_0,y_0)$ 处的全微分，简称微分，记为 $\mathrm{d}z|_{P_0}$ 或 $\mathrm{d}f(P_0)$.

注 10.2.4 若函数 $z=f(x,y)$ 在点 $P_0(x_0,y_0)$ 处可微，则有 $A=f_x(P_0)$，$B=f_yf(P_0)$.

全微分常常写为

$$\mathrm{d}z|_{p_0}=f'_x(P_0)\Delta x+f'_y(P_0)\Delta y=f'_x(P_0)\mathrm{d}x+f'_y(P_0)\mathrm{d}y.$$

几何意义如图 10.6 所示. 其中

$$\boldsymbol{T}_1=\mathrm{d}y\boldsymbol{j}+f'_y(x_0,y_0)\mathrm{d}y\boldsymbol{k},\boldsymbol{T}_2=\mathrm{d}x\boldsymbol{i}+f'_x(x_0,y_0)\mathrm{d}x\boldsymbol{k},$$

$$\boldsymbol{T}_1+\boldsymbol{T}_2=\mathrm{d}x\boldsymbol{i}+\mathrm{d}y\boldsymbol{j}+\mathrm{d}z\boldsymbol{k}.$$

进一步，有 $\boldsymbol{T}_1\times\boldsymbol{T}_2=\mathrm{d}x\mathrm{d}y(f'_x\boldsymbol{i}+f'_y\boldsymbol{j}-\boldsymbol{k})$，即为切平面的法向量（见 10.5.2）.

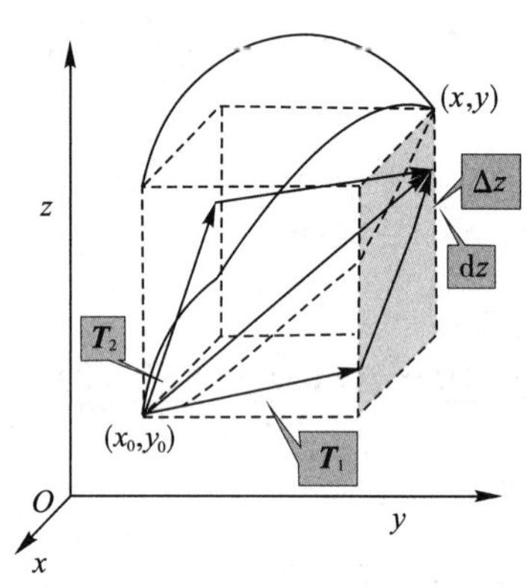

图 10.6

2. 可微、偏导数与连续的关系

(1)设函数 $f(x,y)$ 在 $P_0(x_0,y_0)$ 点的两个偏导数存在，则函数 $f(x,y)$ 在 $P_0(x_0,y_0)$ 点不一定连续.

例如，设 $f(x,y)=\begin{cases}\dfrac{xy}{x^2+y^2}, & x^2+y^2\neq 0,\\ 0, & x^2+y^2=0,\end{cases}$ 一方面，有

$$f'_x(0,0)=\lim_{\Delta x\to 0}\frac{f(\Delta x,0)-f(0,0)}{\Delta x}=\lim_{\Delta x\to 0}\frac{0-0}{\Delta x}=0$$

和

$$f'_y(0,0)=\lim_{\Delta y\to 0}\frac{f(0,\Delta y)-f(0,0)}{\Delta y}=\lim_{\Delta x\to 0}\frac{0-0}{\Delta y}=0,$$

这表明 $f_x(0,0)=0, f_y(0,0)=0$.

另一方面,设$\begin{cases} x=r\cos\theta, \\ y=r\sin\theta, \end{cases}$有

$$\lim_{r\to0}f(r\cos\theta,r\sin\theta)=\lim_{r\to0}\frac{r^2\cos\theta\sin\theta}{r^2}=\sin\theta\cos\theta,$$

所以极限$\lim\limits_{\substack{x\to0\\y\to0}}f(x,y)$不存在,于是函数 $f(x,y)$在 $P_0(0,0)$点不连续.

(2)设函数 $f(x,y)$在 $P_0(x_0,y_0)$点连续,则函数 $f(x,y)$在 $P_0(x_0,y_0)$点的两个偏导数不一定存在.

例如,设 $f(x,y)=|x|+|y|$,一方面,有

$$f_x'(0,0)=\lim_{\Delta x\to0}\frac{f(\Delta x,0)-f(0,0)}{\Delta x}=\lim_{\Delta x\to0}\frac{|\Delta x|-0}{\Delta x}\text{不存在},$$

$$f_y'(0,0)=\lim_{\Delta y\to0}\frac{f(0,\Delta y)-f(0,0)}{\Delta y}=\lim_{\Delta x\to0}\frac{|\Delta y|-0}{\Delta y}\text{不存在}.$$

另一方面,设$\begin{cases} x=r\cos\theta, \\ y=r\sin\theta, \end{cases}$有$\lim\limits_{r\to0}f(r\cos\theta,r\sin\theta)=\lim\limits_{r\to0}r(|\cos\theta|+|\sin\theta|)=0=f(0,0)$,所以函数 $f(x,y)$在 $P_0(0,0)$点连续.

(3)设函数 $f(x,y)$在 $P_0(x_0,y_0)$点可微,则依据定义知函数 $f(x,y)$在 $P_0(x_0,y_0)$点一定连续且存在两个偏导数.

(4)设函数 $f(x,y)$在 $P_0(x_0,y_0)$点连续且存在两个偏导数,则函数 $f(x,y)$在 $P_0(x_0,y_0)$点不一定可微. 例如,设

$$f(x,y)=\begin{cases} \dfrac{xy}{\sqrt{x^2+y^2}}, & x^2+y^2\neq0, \\ 0, & x^2+y^2=0, \end{cases}$$

一方面,有

$$f'_x(0,0)=\lim_{\Delta x\to0}\frac{f(\Delta x,0)-f(0,0)}{\Delta x}=\lim_{\Delta x\to0}\frac{0-0}{\Delta x}=0,$$

和

$$f'_y(0,0)=\lim_{\Delta y\to0}\frac{f(0,\Delta y)-f(0,0)}{\Delta y}=\lim_{\Delta x\to0}\frac{0-0}{\Delta y}=0,$$

设$\begin{cases} x=r\cos\theta, \\ y=r\sin\theta, \end{cases}$有$\lim\limits_{r\to0}f(r\cos\theta,r\sin\theta)=\lim\limits_{r\to0}\dfrac{r^2\cos\theta\sin\theta}{r}=0=f(0,0)$,

所以函数$f(x,y)$在 $P_0(0,0)$点连续.

另一方面,依据定义计算

$$\lim_{\substack{\Delta x\to 0\\ \Delta y\to 0}}\frac{\Delta z-(f_x(0,0)\Delta x+f_y(0,0)\Delta y)}{\sqrt{(\Delta x)^2+(\Delta y)^2}}=\lim_{\substack{\Delta x\to 0\\ \Delta y\to 0}}\frac{\Delta x\cdot\Delta y}{(\Delta x)^2+(\Delta y)^2}$$

设$\begin{cases}\Delta x=r\cos\theta,\\ \Delta y=r\sin\theta,\end{cases}$有$\lim\limits_{r\to 0}\dfrac{r^2\cos\theta\sin\theta}{r^2}=\cos\theta\sin\theta$,所以函数 $f(x,y)$ 在 $P_0(0,0)$点不可微.

(5)设函数 $f(x,y)$在 $P_0(x_0,y_0)$点的一个邻域上存在两个偏导数且 f_x,f_y 在$P_0(x_0,y_0)$点处连续,则函数 $f(x,y)$在 $P_0(x_0,y_0)$点处一定可微.

(6)设函数 $f(x,y)$在 $P_0(x_0,y_0)$点可微,问:函数 $f(x,y)$在 $P_0(x_0,y_0)$点的一个邻域上存在两个偏导数且 f_x',f_y'在$P_0(x_0,y_0)$点处连续吗?

答:不一定.例 $f(x,y)=|xy|$,一方面,有

$$f'_x(0,0)=\lim_{\Delta x\to 0}\frac{f(\Delta x,0)-f(0,0)}{\Delta x}=\lim_{\Delta x\to 0}\frac{0-0}{\Delta x}=0,$$

和

$$f'_y(0,0)=\lim_{\Delta y\to 0}\frac{f(0,\Delta y)-f(0,0)}{\Delta y}=\lim_{\Delta x\to 0}\frac{0-0}{\Delta y}=0$$

依据定义计算

$$\lim_{\substack{\Delta x\to 0\\ \Delta y\to 0}}\frac{\Delta z-(f_x(0,0)\Delta x+f_y(0,0)\Delta y)}{\sqrt{(\Delta x)^2+(\Delta y)^2}}=\lim_{\substack{\Delta x\to 0\\ \Delta y\to 0}}\frac{|\Delta x\cdot\Delta y|}{\sqrt{(\Delta x)^2+(\Delta y)^2}},$$

设$\begin{cases}\Delta x=r\cos\theta,\\ \Delta y=r\sin\theta,\end{cases}$有$\lim\limits_{r\to 0}\dfrac{r^2|\cos\theta\sin\theta|}{r}=0$,所以函数 $f(x,y)$在 $P_0(0,0)$点可微.

另一方面,设 $y_0\neq 0$,有 $f_x'(0,y_0)=\lim\limits_{\Delta x\to 0}\dfrac{f(\Delta x,y_0)-f(0,y_0)}{\Delta x}=$ $\lim\limits_{\Delta x\to 0}\dfrac{|\Delta x||y_0|-0}{\Delta x}$极限不存在.

设$x_0\neq 0$,同理有 $f_y'(x_0,0)=\lim\limits_{\Delta x\to 0}\dfrac{f(x_0,\Delta y)-f(x_0,0)}{\Delta y}=$ $\lim\limits_{\Delta x\to 0}\dfrac{|\Delta y||x_0|-0}{\Delta y}$极限不存在.于是点 $P_0(0,0)$的任何去心邻域上都

不存在函数 $f(x,y)$ 的两个偏导数 f'_x, f'_y.

综上,三者关系如图 10.7 所示.

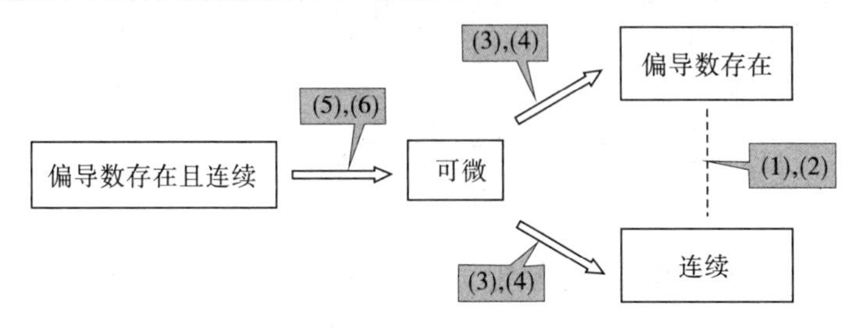

图 10.7

3. 可微函数定义

定义 10.2.7 设 $D\subset\mathbf{R}^2$ 为一个区域,$f(x,y)$ 是定义在 D 上的二元函数. 若 $\forall P_0(x_0,y_0)\in D$,有 $z=f(x,y)$ 在点 $P_0(x_0,y_0)$ 处可微,则称函数 $f(x,y)$ 在区域 D 上可微,且函数 $f(x,y)$ 在区域 D 上的全微分为 $\mathrm{d}z=f'_x(x,y)\mathrm{d}x+f'_y(x,y)\mathrm{d}y$.

4. 应用举例

例 10.2.6 (1)设 $z=x^y$,求 $\mathrm{d}z$.

(2)设 $z=x\mathrm{e}^{x+y}+(x+1)\ln(1+y)$,求 $\mathrm{d}z|_{(1,0)}$.

(3)设函数 $f(x,y)$ 在点 $(0,0)$ 的一个邻域内连续,

若 $\lim\limits_{(x,y)\to(0,0)}\dfrac{f(x,y)}{x^2+y^2}=1$,证明函数在点 $(0,0)$ 处可微并计算 $\mathrm{d}z|_{(0,0)}$.

解:(1)计算 $f'_x=yx^{y-1}$,$f'_y=x^y\ln x$,所以有 $\mathrm{d}z=yx^{y-1}\mathrm{d}x+x^y\ln x\mathrm{d}y$.

(2)计算

$$f'_x(1,0)=\left.\frac{\mathrm{d}f(x,0)}{\mathrm{d}x}\right|_{x=1}=\left.\frac{\mathrm{d}(x\mathrm{e}^x)}{\mathrm{d}x}\right|_{x=1}=2\mathrm{e},$$

$$f'_y(1,0)=\left.\frac{\mathrm{d}f(1,y)}{\mathrm{d}y}\right|_{y=0}=\left.\frac{\mathrm{d}(\mathrm{e}^{1+y}+2\ln(1+y))}{\mathrm{d}y}\right|_{y=0}=\mathrm{e}+2,$$

所以有 $\mathrm{d}z|_{(1,0)}=2\mathrm{e}\mathrm{d}x+(\mathrm{e}+2)\mathrm{d}y$.

(3)首先,由于 $\lim\limits_{(x,y)\to(0,0)}\dfrac{f(x,y)}{x^2+y^2}=1$ 和 $f(x,y)$ 在点 $(0,0)$ 一个邻域内连续,知 $\lim\limits_{(x,y)\to(0,0)}f(x,y)=0$(提示:分子与分母极限均存在,且分母的极限为零,故分子极限也为零). 其次,由于 $\lim\limits_{(x,y)\to(0,0)}\dfrac{f(x,y)}{x^2+y^2}=1$,

所以利用函数与函数极限的关系有

$$\frac{f(x,y)}{x^2+y^2}=1+o(\rho)(\rho\to 0),\text{其中 }\rho=\sqrt{(\Delta x)^2+(\Delta y)^2}.$$

于是有

$$f(x,y)=x^2+y^2+o(\rho^2)(\rho\to 0),$$

故有

$$\begin{aligned}&\lim_{\substack{\Delta x\to 0\\ \Delta y\to 0}}\frac{f(0+\Delta x,0+\Delta y)-f(0,0)-(0\cdot\Delta x+0\cdot\Delta y)}{\sqrt{(\Delta x)^2+(\Delta y)^2}}\\ &=\lim_{\substack{\Delta x\to 0\\ \Delta y\to 0}}\frac{(\Delta x)^2+(\Delta y)^2+o((\Delta x)^2+(\Delta y)^2)}{\sqrt{(\Delta x)^2+(\Delta y)^2}}\\ &=0\end{aligned}$$

因此函数在点(0,0)处可微并有$\mathrm{d}z|_{(0,0)}=0$.

类似题：

(1)设 $z=\arctan\dfrac{x+y}{x-y}$,求 $\mathrm{d}z=\dfrac{x}{x^2+y^2}\mathrm{d}x+\dfrac{-y}{x^2+y^2}\mathrm{d}y$.

(2)设 $z=\mathrm{e}^{\sin xy}$,求 $\mathrm{d}z=\mathrm{e}^{\sin xy}\cos xy(y\mathrm{d}x+x\mathrm{d}y)$.

例 10.2.7 设 $\varphi(x,y)$,$\psi(x,y)$具有一阶偏导数,$g(t)$连续,记 $u=f(x,y)=\int_{\psi(x,y)}^{\varphi(x,y)}g(t)\mathrm{d}t$, 求 $\mathrm{d}u$.

解:计算

$$f'_x=g(\varphi(x,y))\frac{\partial\varphi}{\partial x}-g(\psi(x,y))\frac{\partial\psi}{\partial x}$$

和

$$f'_y=g(\varphi(x,y))\frac{\partial\varphi}{\partial y}-g(\psi(x,y))\frac{\partial\psi}{\partial y}$$

于是有

$$\begin{aligned}\mathrm{d}u=&\left(g(\varphi(x,y))\frac{\partial\varphi}{\partial x}-g(\psi(x,y))\frac{\partial\psi}{\partial x}\right)\mathrm{d}x+\\ &\left(g(\varphi(x,y))\frac{\partial\varphi}{\partial y}-g(\psi(x,y))\frac{\partial\psi}{\partial y}\right)\mathrm{d}y.\end{aligned}$$

类似题：

(1)设 $f(x,y)=\int_0^{xy}\mathrm{e}^{-t^2}\mathrm{d}t$, 求 $\mathrm{d}u$ 和$\dfrac{x}{y}\dfrac{\partial^2 f}{\partial x^2}-2\dfrac{\partial^2 f}{\partial x\partial y}+\dfrac{y}{x}\dfrac{\partial^2 f}{\partial y^2}$.

解:计算

$$f'_x = ye^{-(xy)^2}, f'_y = xe^{-(xy)^2}, f''_{xx} = -2xy^3e^{-(xy)^2},$$

$$f''_{xy} = e^{-(xy)^2} - 2x^2y^2e^{-(xy)^2}, f''_{yy} = -2x^3ye^{-(xy)^2}$$

所以有

$$du = ye^{-(xy)^2}dx + xe^{-(xy)^2}dy$$

和

$$\frac{x}{y}\frac{\partial^2 f}{\partial x^2} - 2\frac{\partial^2 f}{\partial x\partial y} + \frac{y}{x}\frac{\partial^2 f}{\partial y^2} = -2e^{-(xy)^2}.$$

(2)设函数 $z = f(x,y) = \varphi(x+y) + \varphi(x-y) + \int_{x-y}^{x+y}\psi(t)dt$,其中函数 φ 具有二阶导数,ψ 具有一阶导数证明 $z''_{xx} = z''_{yy}$(学过复合函数求导后证明).

例 10.2.8 函数 $f(u,v)$ 由关系式 $f(xg(y),y) = x + g(y)$ 确定,其中函数 $g(y)$ 可微,且 $g(y) \neq 0$,计算 du 和 $\frac{\partial^2 f}{\partial u\partial v}$.

解:设 $u = xg(y), v = y$,则有 $f(u,v) = \frac{u}{g(v)} + g(v)$,仅计算

$$\frac{\partial f}{\partial u} = \frac{1}{g(v)}, \frac{\partial^2 f}{\partial u\partial v} = \frac{-g'(v)}{g^2(v)}.$$

其余留给读者练习.

类似题:

(1)设 $z = e^{-x} - f(x-2y)$,且当 $y=0$ 时 $z = x^2$,计算 dz.

解:令 $y=0$,则有 $z = x^2 = e^{-x} - f(x)$,所以 $f(x) = e^{-x} - x^2$,于是有

$$z = e^{-x} - e^{-(x-2y)} + (x-2y)^2,$$

故有

$$z'_x = -e^{-x} + e^{2y-x} + 2(x-2y).$$

其余留给读者练习.

例 10.2.9 设 $(axy^3 - y^2\cos x)dx + (1 + by\sin x + 3x^2y^2)dy$ 为某函数 $f(x,y)$ 的全微分,计算 a,b.

解:依据微分定义有

$$\begin{aligned} df &= f'_x dx + f'_y dy \\ &= (axy^3 - y^2\cos x)dx + (1 + by\sin x + 3x^2y^2)dy, \end{aligned}$$

有

$$f'_x = axy^3 - y^2\cos x,\ f'_y = 1 + by\sin x + 3x^2y^2.$$

进一步,有 $f''_{xy}=3axy^2-2y\cos x$,$f''_{yx}=by\cos x+6xy^2$ 均连续,所以有

$$f''_{xy} = 3axy^2 - 2y\cos x = f''_{yx} = by\cos x + 6xy^2,$$

故 $a=2,b=-2$.

类似题(读者自行练习):

若 $\dfrac{(x+ay)\mathrm{d}x+y\mathrm{d}y}{(x+y)^2}$ 为某函数 $f(x,y)$ 的全微分,证明 $a=2$.

§10.3 多元复合函数的微分法

10.3.1 复合函数的求导法则

1. 求导法则

定理 10.3.1 设函数 $u=\varphi(x,y)$,$v=\psi(x,y)$ 在点 $(x,y)\in D$ 处偏导数存在,$z=f(u,v)$ 在点 $(u,v)=(\varphi(x,y),\psi(x,y))$ 处可微,则复合函数 $z=f(\varphi(x,y),\psi(x,y))$ 在点 (x,y) 处偏导数存在,且有

$$\frac{\partial z}{\partial x} = \frac{\partial z}{\partial u}\cdot\frac{\partial u}{\partial x} + \frac{\partial z}{\partial v}\cdot\frac{\partial v}{\partial x} = f'_1\cdot\frac{\partial u}{\partial x} + f'_2\cdot\frac{\partial v}{\partial x},$$

$$\frac{\partial z}{\partial y} = \frac{\partial z}{\partial u}\cdot\frac{\partial u}{\partial y} + \frac{\partial z}{\partial v}\cdot\frac{\partial v}{\partial y} = f'_1\cdot\frac{\partial u}{\partial y} + f'_2\cdot\frac{\partial v}{\partial y}.$$

如图 10.8 所示(情形 1). 特别地,若 $u=\varphi(x)$,$v=\psi(x)$,有 $\dfrac{\mathrm{d}z}{\mathrm{d}x}=\dfrac{\partial z}{\partial u}\cdot\dfrac{\mathrm{d}u}{\mathrm{d}x}+\dfrac{\partial z}{\partial v}\cdot\dfrac{\mathrm{d}v}{\mathrm{d}x}$. 如图 10.8 所示(情形 2).

推论 10.3.1 设 $z=f(u_1,u_2,\cdots,u_m)$ 在点处偏导数连续,

$u_k=g_k(x_1,x_2,\cdots,x_n)$ $(k=1,2,\cdots,m)$ 在点处的偏导数(即 $\dfrac{\partial u_k}{\partial x_i}=\dfrac{\partial g_k}{\partial x_i}$,$i=1,2,\cdots,n$)存在,则复合函数 $z=f(g_1(x_1,x_2,\cdots,x_n)$, $g_2(x_1,x_2,\cdots,x_n),\cdots,g_m(x_1,x_2,\cdots,x_n))$ 关于自变量 x_i 的偏导数存在,并且 $\dfrac{\partial z}{\partial x_i}=\dfrac{\partial f}{\partial x_i}=\displaystyle\sum_{k=1}^{m}\dfrac{\partial f}{\partial u_k}\cdot\dfrac{\partial u_k}{\partial x_i}=\sum_{k=1}^{m}f'_k\cdot\dfrac{\partial u_k}{\partial x_i}$.

注 10.3.1

(1)理清复合函数的结构,分清自变量、中间变量和因变量.每个自变量通过中间变量到因变量可以看成一条路,因此有 m 条路.其中 m 是中间变量的个数.如图 10.8 所示.

(2)偏导数公式的构架,复合函数对指定自变量 x_i(即落脚点)的偏导数为

$$\frac{\partial z}{\partial x_i}=\frac{\partial f}{\partial x_i}=\sum_{k=1}^{m}\frac{\partial f}{\partial u_k}\cdot\frac{\partial u_k}{\partial x_i}=\sum_{k=1}^{m}f'_k\cdot\frac{\partial u_k}{\partial x_i},$$

即 $\sum\limits_{i=1}^{m}$ {函数对第 i 个中间变量的偏导数与该中间变量对指定自变量的偏导数乘积},注意左边落脚点是谁,则右边逐项和中每个单式的落脚点也是谁.如图 10.8 所示.

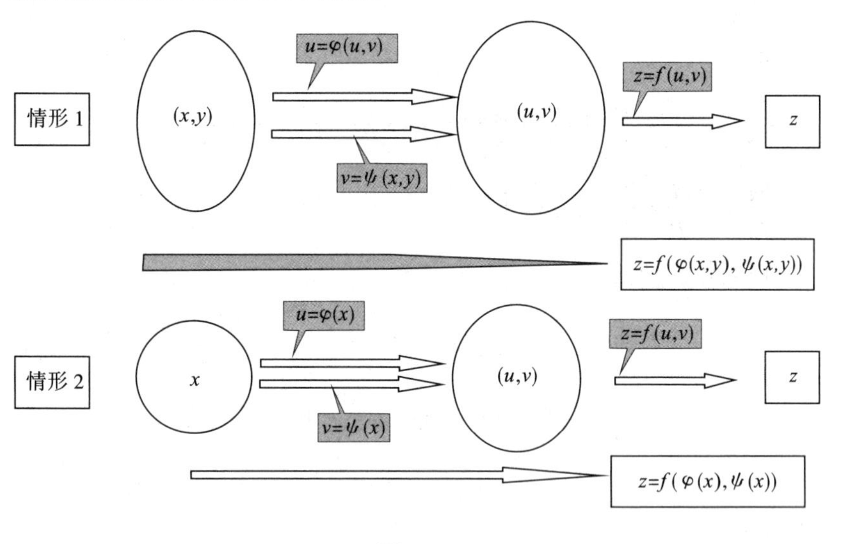

图 10.8

(3)计算完一定带回原变量.

例 10.3.1 求下列复合函数的一阶偏导数(注意函数表达式均具体给出).

(1)$z=e^u\ln v, u=xy, v=x^2+y^2$;

(2)$z=\ln(u^2+v), u=e^x, v=\cos x$;

(3)$H=e^{u^2+v^2+w^2}, u=x+y+z, v=x^2+y^2+z^2, w=xyz$.

类似题：

(1)设 $z=\sin(u+v)$，$u=xy$，$v=x^2+y^2$，计算$\frac{\partial z}{\partial x}$，$\frac{\partial z}{\partial y}$.

例 10.3.2 求下列函数的一阶偏导数(注意部分函数未给出具体表达式).

(1)$z=f\left(2x-y,\varphi\left(\frac{x^2}{y}\right)\right)$，其中具有 f,φ 一阶连续偏导数.

(2)$z=f(x^3,u,v)$，$u=u(x,v)$，$v=\varphi(x,y)$，其中 f,u,φ 具有一阶连续偏导数；

(3)设函数 $z=f(x,y)$在 $\mathbf{R}^2$ 上可微，且满足

$$f(e^x,x+1)=xe^x+e^{2x}+e^x,$$

$$f(2-x,x^2)=-x^3+3x^2-4x+4,$$

计算 $df(1,1)$.

解：(1)计算

$$\frac{\partial z}{\partial x}=\frac{\partial f}{\partial u}\cdot\frac{\partial u}{\partial x}+\frac{\partial f}{\partial v}\cdot\frac{\partial v}{\partial x}=f'_1\cdot 2+f_2\cdot\varphi'\cdot\frac{2x}{y};$$

$$\frac{\partial z}{\partial y}=\frac{\partial f}{\partial u}\cdot\frac{\partial u}{\partial y}+\frac{\partial f}{\partial v}\cdot\frac{\partial v}{\partial y}=f'_1\cdot(-1)+f_2\cdot\varphi'\cdot\left(-\frac{x^2}{y^2}\right).$$

(2)计算

$$\begin{aligned}\frac{\partial z}{\partial x}&=f'_1\cdot 3x^2+f'_2\cdot\frac{\partial u}{\partial x}+f'_3\cdot\frac{\partial v}{\partial x}\\&=f'_1\cdot 3x^2+f'_2\cdot\left(u'_1\cdot 1+u'_2\frac{\partial v}{\partial x}\right)+f'_3\cdot\varphi'_x\\&=f'_1\cdot 3x^2+f'_2\cdot(u'_1+u'_2\cdot\varphi_x)+f'_3\cdot\varphi'_x,\end{aligned}$$

$$\begin{aligned}\frac{\partial z}{\partial x}&=f'_1\cdot 0+f'_2\cdot\frac{\partial u}{\partial y}+f'_3\cdot\frac{\partial v}{\partial y}\\&=f'_2\cdot(0+u'_2\cdot\varphi'_y)+f'_3\cdot\varphi'_y.\end{aligned}$$

(3)首先，由微分计算公式知

$$df(1,1)=f'_1(1,1)\cdot dx+f'_2(1,1)\cdot dy.$$

其次，分别对方程两边关于 x 求导数，有

$$\begin{aligned}\frac{df(e^x,x+1)}{dx}&=f'_1(e^x,x+1)\cdot e^x+f'_2(e^x,x+1)\cdot 1\\&=e^x+xe^x+2e^{2x}+e^x\end{aligned}$$

和

$$\frac{\mathrm{d}f(2-x,x^2)}{\mathrm{d}x}=f_1(2-x,x^2)\cdot(-1)+f_2(2-x,x^2)\cdot(2x)$$
$$=-3x^2+6x-4.$$

进一步,分别把 $x=0,x=1$ 代入上面两式,有

$$\begin{cases}f'_1(1,1)+f'_2(1,1)=4,\\-f'_1(1,1)+2f'_2(1,1)=-1.\end{cases}$$

解得 $f_1'(1,1)=3,f_2'(1,1)=1.$

再者有 $\mathrm{d}f(1,1)=3\mathrm{d}x+\mathrm{d}y.$

类似题:

(1)设 $z=xyf\left(\frac{y}{x}\right)$,其中 f 可导,证明 $xz_x+yz_y=2xyf\left(\frac{y}{x}\right).$

(2)设函数 $z=f(x,y)$在点(1,1)处可微,且 $f(1,1)=1$, $\left.\frac{\partial f}{\partial x}\right|_{(1,1)}=2,\left.\frac{\partial f}{\partial y}\right|_{(1,1)}=3,\varphi(x)=f(x,f(x,x))$,计算$\left.\frac{\mathrm{d}\varphi^3(x)}{\mathrm{d}x}\right|_{x=1}$.

解:首先,计算有$\left.\frac{\mathrm{d}\varphi^3(x)}{\mathrm{d}x}\right|_{x=1}=3\varphi^2(x)\varphi'(x)\big|_{x=1}=3\varphi^2(1)\varphi'(1).$

其次,有

$$\varphi(1)=f(1,f(1,1))=f(1,1)=1$$

和

$$\varphi'(x)=f'_1\cdot 1+f'_2\cdot\frac{\mathrm{d}}{\mathrm{d}x}(f(x,x))$$
$$=f'_1\cdot 1+f'_2\cdot(f'_1\cdot 1+f'_2\cdot 1)$$

所以有

$$\varphi'(1)=f'_1(1,1)+f'_2(1,1)\cdot(f'_1(1,1)+f'_2(1,1))$$
$$=2+3(2+3)=17.$$

最后,有$\left.\frac{\mathrm{d}\varphi^3(x)}{\mathrm{d}x}\right|_{x=1}=51.$

2. 复合函数的全微分

定理 10.3.2 设函数 $z=f(x,y)$具有一阶连续偏导数,若 x,y 为自变量,则有 $\mathrm{d}z=\frac{\partial z}{\partial x}\mathrm{d}x+\frac{\partial z}{\partial y}\mathrm{d}y$. 若 $x=\varphi(s,t),v=\varphi(s,t)$具有一阶连续偏导数,其中 s,t 为自变量,x,y 为中间变量,则有 $\mathrm{d}z=\frac{\partial z}{\partial x}\mathrm{d}x+\frac{\partial z}{\partial y}\mathrm{d}y.$

注意:定理 10.3.2 称为全微分的一阶形式的不变性.

例 10.3.3 设 $z=e^{xy}\ln(x+y)$,求 dz 和$\frac{\partial z}{\partial x},\frac{\partial z}{\partial y}$.

解:设 $u=xy,v=x+y$,则 $z=e^{xy}\ln(x+y)$可看成

$$f(u,v)=e^u\ln v, u=\varphi(x,y)=xy, v=\psi(x,y)=x+y$$

的复合函数,由全微分一阶形式不变性知,有

$$\begin{aligned} dz &= \frac{\partial z}{\partial u}du+\frac{\partial z}{\partial v}dv = e^u\ln v du+\frac{e^u}{v}dv \\ &= e^u\ln v(ydx+xdy)+\frac{e^u}{v}(dx+dy) \\ &= \left(ye^{xy}\ln(x+y)+\frac{e^{xy}}{x+y}\right)dx+\left(xe^{xy}\ln(x+y)+\frac{e^{xy}}{x+y}\right)dy, \end{aligned}$$

所以有

$$\frac{\partial z}{\partial x}=ye^{xy}\ln(x+y)+\frac{e^{xy}}{x+y},\frac{\partial z}{\partial y}=xe^{xy}\ln(x+y)+\frac{e^{xy}}{x+y}.$$

类似题:

(1)已知 $z=u^v,u=\ln\sqrt{x^2+y^2},v=\arctan\frac{y}{x}$,求 dz.

例 10.3.4 计算下列复合函数的 dz 和$\frac{\partial z}{\partial x},\frac{\partial z}{\partial y}$.

(1)$z=f(x-y^2,xy)$,其中 f 可微.

(2)$z=f(x,u,v),u=g(x,y),v=h(x,y,u)$,其中函数 f,g,h 可微.

解:(1)一方面,对于复合函数 $z=f(x-y^2,xy)$,此时 x,y 为自变量,于是由定义有

$$dz=\frac{\partial z}{\partial x}dx+\frac{\partial z}{\partial y}dy.$$

另一方面,依据一阶全微分形式不变性,有

$$\begin{aligned} dz &= \frac{\partial z}{\partial u}du+\frac{\partial z}{\partial v}dv = f'_1\cdot d(x-y^2)+f'_2\cdot d(xy) \\ &= f'_1\cdot(dx-2ydy)+f'_2\cdot(ydx+xdy) \\ &= (f'_1+yf'_2)dx+(-2yf'_1+xf'_2)dy. \end{aligned}$$

同时，有

$$\frac{\partial z}{\partial x}=f'_1+yf'_2,\frac{\partial z}{\partial y}=-2yf'_1+xf'_2.$$

(2)一方面，对于复合函数 $z=f(x,g(x,y),h(x,y,g(x,y)))$，此时 x,y 为自变量，于是由定义有

$$\mathrm{d}z=\frac{\partial z}{\partial x}\mathrm{d}x+\frac{\partial z}{\partial y}\mathrm{d}y.$$

另一方面，依据一阶全微分形式不变性，有

$$\mathrm{d}z=\frac{\partial z}{\partial x}\mathrm{d}x+\frac{\partial z}{\partial u}\mathrm{d}u+\frac{\partial z}{\partial v}\mathrm{d}v=f'_1\cdot\mathrm{d}x+f'_2\cdot\mathrm{d}u+f'_3\mathrm{d}v,$$

$$\mathrm{d}u=g'_x\mathrm{d}x+g'_y\mathrm{d}y,$$

$$\begin{aligned}\mathrm{d}v&=h'_x\mathrm{d}x+h'_y\mathrm{d}y+h'_u\mathrm{d}u\\&=h'_x\mathrm{d}x+h'_y\mathrm{d}y+h'_u\cdot(g'_x\mathrm{d}x+g'_y\mathrm{d}y)\\&=(h'_x+g'_xh'_u)\mathrm{d}x+(h'_y+g'_yh'_u)\mathrm{d}y,\end{aligned}$$

这样，有

$$\begin{aligned}\mathrm{d}z&=f'_1\cdot\mathrm{d}x+f'_2\cdot(g'_x\mathrm{d}x+g'_y\mathrm{d}y)+f'_3\cdot[(h'_x+g'_xh'_u)\mathrm{d}x+\\&\quad(h'_y+g'_yh'_u)\mathrm{d}y]\\&=(f'_1+f'_2\cdot g'_x+f'_3\cdot h'_x+f'_3\cdot g'_x\cdot h'_u)\mathrm{d}x+(f'_2\cdot g'_y+\\&\quad f'_3\cdot h'_y+f'_3\cdot g'_y\cdot h'_u)\mathrm{d}y,\end{aligned}$$

于是，有

$$\begin{aligned}\frac{\partial z}{\partial x}&=f'_1+f'_2\cdot g'_x+f'_3\cdot h'_x+f'_3\cdot g'_x\cdot h'_u,\frac{\partial z}{\partial y}\\&=f'_2\cdot g'_y+f'_3\cdot h'_y+f'_3\cdot g'_y\cdot h'_u.\end{aligned}$$

3. 复合函数的高阶偏导数

计算高阶偏导数时，依据导数四则运算和重复如上注 10.3.1 中第二步计算即可，其中这时每一个 f_i 仍为原来的复合关系.

注 10.3.2 若条件中明确 $f(x,y)$具有二阶连续偏导数，则有 $f_{12}=f_{21}$，于是据此整合简化式子.

例 10.3.5 设 $z=f(u,v)$，$u=\varphi(x,y)$，$v=\varphi(x,y)$具有二阶连续偏导数，求复合函数 $z=f(\varphi(x,y),\varphi(x,y))$的二阶偏导数.

解：仅计算$\frac{\partial z}{\partial x}$，$\frac{\partial^2 z}{\partial x\partial y}$，其余类似.

对于复合函数 $z=f(\varphi(x,y),\varphi(x,y))$，$x,y$ 为自变量，u,v 为中间变量，z 为因变量，所以 $m=2$，同时分别把 $f(u,v)$中的 u,v 记为 1 与 2. 于是 x 到 z 有两条路，即 $x\xrightarrow{\varphi}u\xrightarrow{f}z$ 和 $x\xrightarrow{\varphi}v\xrightarrow{f}z$，分别称为第一条和第二条路，$x$ 为落脚点. 类似 y 到 z 有两条路，即 $y\xrightarrow{\varphi}u\xrightarrow{f}z$和 $y\xrightarrow{\varphi}v\xrightarrow{f}z$，分别称为第一条和第二条路，$y$ 为落脚点. 故有

$$\begin{aligned}\frac{\partial z}{\partial x}&=\frac{\partial f}{\partial u}\cdot\frac{\partial u}{\partial x}+\frac{\partial f}{\partial v}\cdot\frac{\partial v}{\partial x}\\&=f'_1\cdot\frac{\partial\varphi}{\partial x}+f'_2\cdot\frac{\partial\varphi}{\partial x}\\&=f'_1(\varphi(x,y),\varphi(x,y))\cdot\frac{\partial\varphi}{\partial x}+f'_2(\varphi(x,y),\varphi(x,y))\cdot\frac{\partial\varphi}{\partial x}.\end{aligned}$$

进一步，首先依据导数四则运算性质，有

$$\frac{\partial^2 z}{\partial x\partial y}=\frac{\partial}{\partial y}\left(\frac{\partial z}{\partial x}\right)$$

$$=\frac{\partial}{\partial y}\left(f'_1(\varphi(x,y),\varphi(x,y))\cdot\frac{\partial\varphi}{\partial x}\right)+\frac{\partial}{\partial y}\left(f'_2(\varphi(x,y),\varphi(x,y))\cdot\frac{\partial\varphi}{\partial x}\right)$$

$$=\frac{\partial}{\partial y}(f'_1(\varphi(x,y),\varphi(x,y)))\cdot\frac{\partial\varphi}{\partial x}+f'_1(\varphi(x,y),\varphi(x,y))\cdot\frac{\partial}{\partial y}\left(\frac{\partial\varphi}{\partial x}\right)$$

$$+\frac{\partial}{\partial y}(f'_2(\varphi(x,y),\varphi(x,y)))\cdot\frac{\partial\varphi}{\partial y}+f'_2(\varphi(x,y),\varphi(x,y))\cdot\frac{\partial}{\partial y}\left(\frac{\partial\varphi}{\partial x}\right).$$

其次，计算 $\frac{\partial}{\partial y}(f'_1(\varphi(x,y),\varphi(x,y)))$时仍是对复合函数 $f'_1(\varphi(x,y),\varphi(x,y))$关于 y 求偏导数，如上有

$$\begin{aligned}\frac{\partial f_1}{\partial y}&=\frac{\partial f_1}{\partial u}\cdot\frac{\partial u}{\partial y}+\frac{\partial f_1}{\partial v}\cdot\frac{\partial v}{\partial y}=f''_{11}\frac{\partial\varphi}{\partial y}+f''_{12}\cdot\frac{\partial\varphi}{\partial y}\\&=f''_{11}(\varphi(x,y),\varphi(x,y))\cdot\frac{\partial\varphi}{\partial y}+f''_{12}(\varphi(x,y),\varphi(x,y))\cdot\frac{\partial\varphi}{\partial y},\end{aligned}$$

类似地，有

$$\begin{aligned}\frac{\partial f_2}{\partial y}&=\frac{\partial f_2}{\partial u}\cdot\frac{\partial u}{\partial y}+\frac{\partial f_2}{\partial v}\cdot\frac{\partial v}{\partial y}=f''_{21}\frac{\partial\varphi}{\partial y}+f''_{22}\cdot\frac{\partial\varphi}{\partial y}\\&=f''_{21}(\varphi(x,y),\varphi(x,y))\cdot\frac{\partial\varphi}{\partial y}+f''_{22}(\varphi(x,y),\varphi(x,y))\cdot\frac{\partial\varphi}{\partial y},\end{aligned}$$

于是，有

$$\frac{\partial^2 z}{\partial x\partial y}=f''_{11}(\varphi(x,y),\varphi(x,y))\cdot\frac{\partial\varphi}{\partial x}\cdot\frac{\partial\varphi}{\partial y}+f''_{12}(\varphi(x,y),\varphi(x,y))\cdot\frac{\partial\varphi}{\partial x}\cdot\frac{\partial\varphi}{\partial y}+f'_1(\varphi(x,y),\varphi(x,y))\cdot\frac{\partial^2\varphi}{\partial x\partial y}+f''_{21}(\varphi(x,y),\varphi(x,y))\cdot\frac{\partial\varphi}{\partial y}\frac{\partial\varphi}{\partial x}+f''_{22}(\varphi(x,y),\varphi(x,y))\cdot\frac{\partial\varphi}{\partial x}\cdot\frac{\partial\varphi}{\partial y}+f'_2(\varphi(x,y),\varphi(x,y))\cdot\frac{\partial^2\varphi}{\partial x\partial y}$$

$$=f''_{11}(\varphi(x,y),\varphi(x,y))\cdot\frac{\partial\varphi}{\partial x}\cdot\frac{\partial\varphi}{\partial y}+f''_{12}(\varphi(x,y),\varphi(x,y))\cdot\left(\frac{\partial\varphi}{\partial x}\cdot\frac{\partial\varphi}{\partial y}+\frac{\partial\varphi}{\partial y}\frac{\partial\varphi}{\partial x}\right)+f''_{22}(\varphi(x,y),\varphi(x,y))\cdot\frac{\partial\varphi}{\partial x}\cdot\frac{\partial\varphi}{\partial y}+f'_1(\varphi(x,y),\varphi(x,y))\cdot\frac{\partial^2\varphi}{\partial x\partial y}+f'_2(\varphi(x,y),\varphi(x,y))\cdot\frac{\partial^2\varphi}{\partial x\partial y}.$$

例 10.3.6 设 $u=f(x,y,z)$ 具有二阶连续导数，其中 y 由方程 $x=y+\varphi(y)$ 确定，求 $\frac{\partial^2 u}{\partial x^2}$，$\frac{\partial^2 u}{\partial x\partial z}$. 这里 φ'' 存在且 $1+\varphi'\neq 0$.

解：对于复合函数 $u=f(x,g(x),z)$，x,z 是自变量，x,y,z 是中间变量，u 是因变量，记由方程 $x=y+\varphi(y)$ 确定的函数为 $y=g(x)$. 所以 $m=3$，同时分别把 $f(x,y,z)$ 中 x,y,z 记为 1,2 与 3. 于是 x 到 u 有 3 条路，即 $x\xrightarrow{f}u$，$x\xrightarrow{g}y\xrightarrow{f}u$，$x\xrightarrow{\times}z\xrightarrow{f}u$ 分别称为第一条，第二条路和第三条路，x 为落脚点，其中第三条是不通的（因为 x,z 均是自变量）. 因此依据复合函数求导数法则有

$$\frac{\partial u}{\partial x}=\frac{\partial f}{\partial x}\cdot\frac{\mathrm{d}x}{\mathrm{d}x}+\frac{\partial f}{\partial y}\cdot\frac{\mathrm{d}y}{\mathrm{d}x}+\frac{\partial f}{\partial z}\cdot\frac{\partial z}{\partial x}，这里\frac{\mathrm{d}x}{\mathrm{d}x}=1,\frac{\partial z}{\partial x}=0.$$

又两边对方程 $x=y+\varphi(y)$ 关于求导数，得 $1=\frac{\mathrm{d}y}{\mathrm{d}x}+\frac{\mathrm{d}\varphi(y)}{\mathrm{d}y}\cdot\frac{\mathrm{d}y}{\mathrm{d}x}$，从而 $\frac{\mathrm{d}y}{\mathrm{d}x}=\frac{1}{1+\varphi'(y)}$. 于是，有

$$\frac{\partial u}{\partial x}=f'_1+f'_2\cdot\frac{1}{1+\varphi'(y)}=f'_1(x,y,z)+f'_2(x,y,z)\cdot\frac{1}{1+\varphi'(y)},$$

其中 $f'_1(x,y,z)$，$f'_2(x,y,z)$ 仍为复合函数.

进一步，有

$$\frac{\partial^2 u}{\partial x^2}=\frac{\partial}{\partial x}\left(\frac{\partial u}{\partial x}\right)=\frac{\partial}{\partial x}(f'_1+f'_2\cdot\frac{1}{1+\varphi'(y)})$$

$$=\frac{\partial f'_1}{\partial x}+\frac{\partial}{\partial x}\left(f'_2\cdot\frac{1}{1+\varphi'(y)}\right)$$

$$=f''_{11}+f''_{12}\cdot\frac{1}{1+\varphi'(y)}+\left(f''_{21}+f''_{22}\cdot\frac{1}{1+\varphi'(y)}\right)\cdot$$

$$\frac{1}{1+\varphi'(y)}-f'_2\cdot\frac{\varphi''(y)}{(1+\varphi'(y))^3}.$$

类似有

$$\frac{\partial^2 u}{\partial x\partial z}=\frac{\partial}{\partial z}\left(\frac{\partial u}{\partial x}\right)=\frac{\partial}{\partial z}\left(f'_1+f'_2\cdot\frac{1}{1+\varphi'(y)}\right)$$

$$=\frac{\partial f'_1}{\partial z}+\frac{\partial}{\partial z}\left(f'_2\cdot\frac{1}{1+\varphi'(y)}\right)=f''_{13}+f''_{23}\cdot\frac{1}{1+\varphi'(y)}.$$

类似题：

(1)设 $z=\sin(xy)+\varphi\left(x,\frac{x}{y}\right)$，其中 $\varphi(u,v)$ 有二阶偏导数，求 $\frac{\partial^2 z}{\partial x\partial y}$.

解：首先，计算

$$\frac{\partial z}{\partial x}=y\cdot\cos(xy)+\varphi'_1\cdot\frac{\partial x}{\partial x}+\varphi'_2\cdot\frac{\partial}{\partial x}\left(\frac{x}{y}\right)$$

$$=y\cdot\cos(xy)+\varphi'_1\cdot 1+\varphi'_2\cdot\frac{1}{y}.$$

其次，计算

$$\frac{\partial^2 z}{\partial x\partial y}=\frac{\partial}{\partial y}\left(\frac{\partial z}{\partial x}\right)=\frac{\partial}{\partial y}\left(y\cdot\cos(xy)+\varphi'_1\cdot 1+\varphi'_2\cdot\frac{1}{y}\right)$$

$$=\cos(xy)-xy\sin(xy)+\frac{\partial\varphi'_1}{\partial y}+\frac{1}{y}\cdot\frac{\partial\varphi'_2}{\partial y}+\varphi'_2\cdot\frac{-1}{y^2}$$

$$=\cos(xy)-xy\sin(xy)+\left(\varphi''_{11}\cdot\frac{\partial x}{\partial y}+\varphi''_{12}\cdot\frac{\partial}{\partial y}\left(\frac{x}{y}\right)\right)+$$

$$\frac{1}{y}\cdot\left(\varphi''_{21}\cdot\frac{\partial x}{\partial y}+\varphi''_{22}\cdot\frac{\partial}{\partial y}\left(\frac{x}{y}\right)\right)+\varphi'_2\cdot\frac{-1}{y^2}$$

$$=\cos(xy)-xy\sin(xy)+\left(\varphi''_{11}\cdot 0+\varphi''_{12}\cdot\left(\frac{-x}{y^2}\right)\right)+$$

$$\frac{1}{y}\cdot\left(\varphi''_{21}\cdot 0+\varphi''_{22}\cdot\left(\frac{-x}{y^2}\right)\right)+\varphi'_2\cdot\frac{-1}{y^2}$$

$$=\cos(xy)-xy\sin(xy)+\varphi''_{12}\cdot\left(\frac{-x}{y^2}\right)+\varphi''_{22}\cdot\left(\frac{-x}{y^3}\right)+\varphi'_2\cdot\frac{-1}{y^2}$$

(2)设 $f(u)$具有二阶连续导数,且 $g(x,y)=f\left(\frac{y}{x}\right)+yf\left(\frac{x}{y}\right)$,计算 $x^2\frac{\partial^2 g}{\partial x^2}-y^2\frac{\partial^2 g}{\partial y^2}$.

解:设 $u=\frac{y}{x}$,$v=\frac{x}{y}$,计算

$$\begin{aligned}\frac{\partial g}{\partial x}&=f'(u)\cdot\frac{\partial}{\partial x}\left(\frac{y}{x}\right)+yf'(v)\cdot\frac{\partial}{\partial x}\left(\frac{x}{y}\right)\\&=f'(u)\cdot\frac{-y}{x^2}+f'(v),\end{aligned}$$

$$\begin{aligned}\frac{\partial g}{\partial y}&=f'(u)\cdot\frac{\partial}{\partial y}\left(\frac{y}{x}\right)+f(v)+yf'(v)\cdot\frac{\partial}{\partial y}\left(\frac{x}{y}\right)\\&=f'(u)\cdot\frac{1}{x}+f(v)+f'(v)\cdot\frac{-x}{y}.\end{aligned}$$

进一步有

$$\begin{aligned}\frac{\partial^2 g}{\partial x^2}&=\frac{\partial}{\partial x}\left(\frac{\partial g}{\partial x}\right)=\frac{\partial}{\partial x}\left(f'(u)\cdot\frac{-y}{x^2}+f'(v)\right)\\&=-y\left(\frac{1}{x^2}f''(u)\cdot\frac{\partial}{\partial x}\left(\frac{y}{x}\right)+f'(u)\cdot\frac{\partial}{\partial x}\left(\frac{1}{x^2}\right)\right)+f''(v)\frac{\partial}{\partial x}\left(\frac{x}{y}\right)\\&=\frac{f''(u)y^2}{x^4}+\frac{2f'(u)y}{x^3}+\frac{f''(v)}{y},\end{aligned}$$

同理有$\frac{\partial^2 g}{\partial y^2}=\frac{f''(u)}{x^2}+\frac{f''(v)x^2}{y^3}$.故有

$$x^2\frac{\partial^2 g}{\partial x^2}-y^2\frac{\partial^2 g}{\partial y^2}=\frac{2f'\left(\frac{y}{x}\right)y}{x}$$

(3)设 $f(u,v)$具有二阶连续偏导数,且满足$\frac{\partial^2 f}{\partial u^2}+\frac{\partial^2 f}{\partial v^2}=1$,又 $g(x,y)=f(xy,\frac{1}{2}(x^2-y^2))$,证明$\frac{\partial^2 g}{\partial x^2}+\frac{\partial^2 g}{\partial y^2}=x^2+y^2$;(留给读者自行练习)

(4)设 $z=f(xy,\frac{x}{y})+g\left(\frac{y}{x}\right)$,其中 f 具有二阶连续偏导数,g 具有二阶连续导数,求$\frac{\partial^2 z}{\partial x\partial y}$;

解:首先,计算

$$\frac{\partial z}{\partial x}=f'_1\cdot y+f'_2\cdot\frac{1}{y}+g'\cdot\frac{-y}{x^2}.$$

其次,计算

$$\begin{aligned}\frac{\partial^2 z}{\partial x\partial y}&=\frac{\partial}{\partial y}\left(\frac{\partial z}{\partial x}\right)=\frac{\partial}{\partial y}\left(f'_1\cdot y+f'_2\cdot\frac{1}{y}+g'\cdot\frac{-y}{x^2}\right)\\&=\frac{\partial}{\partial y}(f'_1\cdot y)+\frac{\partial}{\partial y}\left(f'_2\cdot\frac{1}{y}\right)-\frac{1}{x^2}\frac{\partial}{\partial y}(g'\cdot y)\\&=\left(f''_{11}\cdot x+f''_{12}\cdot\frac{-x}{y^2}\right)\cdot y+f'+\left(f''_{21}\cdot x+f''_{22}\cdot\frac{-x}{y^2}\right)\cdot\frac{1}{y}\\&\quad+\frac{-f'}{y^2}-\frac{1}{x^2}\left(g''\cdot\frac{y}{x}+g'\right)\end{aligned}$$

(5)设 $z=yf\left(\frac{x}{y}\right)+xg\left(\frac{y}{x}\right)$,其中 f 和 g 具有二阶连续偏导数,证明$\frac{\partial^2 z}{\partial x^2}+y\frac{\partial^2 z}{\partial x\partial y}=0$.(留给读者自行练习)

§10.4 隐函数求导法则

10.4.1 单个方程确定的隐函数的求导法则

1. 定义

定义 10.4.1 对于二元方程 $F(x,y)=0$,若存在函数 $y=y(x)$,$x\in I$,满足 $F(x,y(x))=0$,$x\in I$,则称函数 $y=y(x)$ 是由方程 $F(x,y)=0$所确定的(隐)函数.

即可理解为从方程 $F(x,y)=0$ 中解出 $y=y(x)$.

定义 10.4.2 对于三元方程 $F(x,y,z)=0$,若存在函数 $z=z(x,y)$,$(x,y)\in D$,满足 $F(x,y,z(x,y))=0$,$(x,y)\in D$,则称函数 $z=z(x,y)$是由方程 $F(x,y,z)=0$ 所确定的(隐)函数.

即可理解为从方程 $F(x,y,z)=0$ 中解出 $z=z(x,y)$.

2. 隐函数存在定理

定理 10.4.1 设二元函数 $F(x,y)$在点(x_0,y_0)处的一个邻域内具有连续偏导数,且 $F(x_0,y_0)=0$,$F'_y(x_0,y_0)\neq 0$,则方程 $F(x,y)=0$

在点(x_0,y_0)的某个邻域内能唯一确定一个连续且有连续导数的函数 $y=f(x)$，使得 $y_0=f(x_0)$，并有$\frac{\mathrm{d}y}{\mathrm{d}x}=-\frac{F_x'}{F_y'}$.

定理 10.4.2　设三元函数 $F(x,y,z)$在点(x_0,y_0,z_0)处的一个邻域内具有连续偏导数，且 $F(x_0,y_0,z_0)=0,F_z'(x_0,y_0,z_0)\neq 0$，则方程$F(x,y,z)=0$在点$(x_0,y_0,z_0)$的某个邻域内能唯一确定一个连续且有连续导数的函数 $z=f(x,y)$，使得 $z_0=f(x_0,y_0)$，并有$\frac{\partial z}{\partial x}=-\frac{F_x'}{F_z'},\frac{\partial z}{\partial y}=-\frac{F_y'}{F_z'}$.

注 10.4.1　在定理中若 $F(x_0,y_0,z_0)=0,F_y'(x_0,y_0,z_0)\neq 0$，则方程$F(x,y,z)=0$在点$(x_0,y_0,z_0)$的某个邻域内能唯一确定一个连续且有连续导数的函数 $y=f(x,z)$，使得 $y_0=f(x_0,z_0)$，并有$\frac{\partial y}{\partial x}=-\frac{F_x'}{F_y'},\frac{\partial y}{\partial z}=-\frac{F_z'}{F_y'}$. 其余类似.

例 10.4.1　计算下列由单个方程确定函数的偏导数(方程表达式具体给出).

(1)验证在点(0,0)的一个邻域内，方程 $xy+\mathrm{e}^x-\mathrm{e}^y=0$ 能确定唯一的一个具有连续导数的隐函数 $y=f(x)$，并求$\frac{\mathrm{d}y}{\mathrm{d}x}$.

(2)设二元函数 $z=f(x,y)$，由方程所确定的隐函数

$$x^2+y^2+z^2=4z,$$

计算$\frac{\partial^2 z}{\partial x^2},\frac{\partial^2 z}{\partial x\partial y}$.

解:(1)设 $F(x,y)=xy+\mathrm{e}^x-\mathrm{e}^y$，有 $F_x'=y+\mathrm{e}^x,F_y'=x-\mathrm{e}^y$，且

$$F(0,0)=0,F_y(0,0)=-1\neq 0.$$

则由隐函数定理知在点(0,0)的一个邻域内，方程 $F(x,y)=xy+\mathrm{e}^x-\mathrm{e}^y=0$ 能确定唯一的一个具有连续导数的隐函数 $y=f(x)$.进一步，有$\frac{\mathrm{d}y}{\mathrm{d}x}=-\frac{y+\mathrm{e}^x}{x-\mathrm{e}^y}$.

(2)设 $F(x,y,z)=x^2+y^2+z^2-4z$，有 $F_x'=2x,F_y'=2y,F_z'=2z-4$

则有$\frac{\partial z}{\partial x}=-\frac{F_x'}{F_z'}=-\frac{x}{z-2},\frac{\partial z}{\partial y}=-\frac{F_y'}{F_z'}=-\frac{y}{z-2}$. 进一步，计算

$$\frac{\partial^2 z}{\partial x^2}=\frac{\partial}{\partial x}\left(\frac{\partial z}{\partial x}\right)=\frac{\partial}{\partial x}\left(\frac{x}{2-z}\right)=\frac{1\cdot(2-z)-x\cdot\frac{\partial}{\partial x}(2-z)}{(2-z)^2}$$

$$=\frac{(2-z)+x\frac{\partial z}{\partial x}}{(2-z)^2}=\frac{(2-z)^2+x^2}{(2-z)^3};$$

$$\frac{\partial^2 z}{\partial x\partial y}=\frac{\partial}{\partial y}\left(\frac{\partial z}{\partial x}\right)=\frac{\partial}{\partial y}\left(\frac{x}{2-z}\right)=\frac{-x\cdot\frac{\partial}{\partial y}(2-z)}{(2-z)^2}=\frac{x\frac{\partial z}{\partial y}}{(2-z)^2}$$

$$=\frac{xy}{(2-z)^3}.$$

类似题：

(1)设函数 $z=f(x,y)$ 是由方程 $z-y-x+xe^{z-y-x}=0$ 所确定的二元函数，求 dz.

解：首先，对方程 $z-y-x+xe^{z-y-x}=0$ 两边关于 x 求偏导数，有

$$\frac{\partial z}{\partial x}-0-1+e^{z-x-y}+xe^{z-x-y}\left(\frac{\partial z}{\partial x}-0-1\right)=0,$$

于是有 $\frac{\partial z}{\partial x}=\frac{(x-1)e^{z-y-x}+1}{1+xe^{z-y-x}}$. 同理有 $\frac{\partial z}{\partial y}=1$.

其次，有

$$dz=\frac{\partial z}{\partial x}dx+\frac{\partial z}{\partial y}dy=\frac{(x-1)e^{z-y-x}+1}{1+xe^{z-y-x}}dx+dy.$$

(2)设函数是由方程 $xyz+\sqrt{x^2+y^2+z^2}=\sqrt{2}$ 所确定的函数 $z=f(x,y)$，求 $z=f(x,y)$ 在点 $(1,0,-1)$ 处的全微分 dz.

解：方法一，首先，计算 $\frac{\partial z}{\partial x}$，$\frac{\partial z}{\partial y}$；其次，代入点 $P_0(1,0,-1)$，得 $\left.\frac{\partial z}{\partial x}\right|_{P_0}$，$\left.\frac{\partial z}{\partial y}\right|_{P_0}$，最后有

$$dz|_{P_0}=\left.\frac{\partial z}{\partial x}\right|_{P_0}dx+\left.\frac{\partial z}{\partial y}\right|_{P_0}dy.$$

方法二，首先，有 $0+\sqrt{x^2+0+z^2}=\sqrt{2}$，两边关于 x 求导数，有 $\frac{2x+2z\cdot\frac{dz}{dx}}{2\sqrt{x^2+z^2}}=0$，有 $1-\left.\frac{dz}{dx}\right|_{P_0}=0$，于是得 $\left.\frac{dz}{dx}\right|_{P_0}=1$.

其次，有$yz+\sqrt{1^2+y^2+z^2}=\sqrt{2}$，两边关于 y 求导数，有

$$z+y\cdot\frac{\mathrm{d}z}{\mathrm{d}y}+\frac{2y+2z\cdot\frac{\mathrm{d}z}{\mathrm{d}y}}{2\sqrt{1+y^2+z^2}}=0,$$

有$-1+0+\frac{0-\frac{\mathrm{d}z}{\mathrm{d}y}}{\sqrt{1+0+1}}=0$，于是得$\left.\frac{\mathrm{d}z}{\mathrm{d}y}\right|_{P_0}=-\sqrt{2}$.

最后有 $\mathrm{d}z=\mathrm{d}x-\sqrt{2}\mathrm{d}y$.

(3)设函数 $f(x,y,z)=\mathrm{e}^x yz^2$，其中 $z=z(x,y)$是由 $x+y+z+xyz=0$ 所确定的隐函数，计算 $f_x(0,1,-1)$.

解：方法一，首先，有 $f(x,y,z)=\mathrm{e}^x y\ (z(x,y))^2$.

其次，有$\frac{\partial f}{\partial x}=y\left(\mathrm{e}^x z^2+2\mathrm{e}^x z\ \frac{\partial z}{\partial x}\right)$.

再次，对方程 $x+y+z+xyz=0$ 两边关于 x 求偏导数，有 $1+0+\frac{\partial z}{\partial x}+y\left(z+x\ \frac{\partial z}{\partial x}\right)=0$，有$\frac{\partial z}{\partial x}=\frac{-1-yz}{1+yx}$.

最后，有$\frac{\partial f}{\partial x}=y\left(\mathrm{e}^x z^2+2\mathrm{e}^x z\ \frac{-1-yz}{1+yx}\right)$，得$\left.\frac{\partial f}{\partial x}\right|_{P_0}=1$.

方法二，首先，有 $f(x,1,z)=\mathrm{e}^x\ (z(x,y))^2$.

其次，有$\frac{\partial f}{\partial x}=\left(\mathrm{e}^x z^2+2\mathrm{e}^x z\ \frac{\partial z}{\partial x}\right)$.

再次，对方程 $x+1+z+xz=0$ 两边关于 x 求导数，有 $1+0+\frac{\mathrm{d}z}{\mathrm{d}x}+\left(z+x\ \frac{\mathrm{d}z}{\mathrm{d}x}\right)=0$，有$\frac{\mathrm{d}z}{\mathrm{d}x}=\frac{-1-z}{1+x}$.

最后，有$\frac{\partial f}{\partial x}=\mathrm{e}^x z^2+2\mathrm{e}^x z\ \frac{-1-z}{1+x}$，得$\left.\frac{\partial f}{\partial x}\right|_{P_0}=1$.

例 10.4.2 计算下列由单个方程确定函数的偏导数(方程表达式中部分没有具体给出).

(1)设 $x^2+z^2=y\varphi\left(\frac{z}{y}\right)$，其中 φ 为可微函数，求$\frac{\partial z}{\partial y}$.

(2)设 $u=f(x,y,z)$具有连续一阶偏导数，$y=y(x)$和 $z=z(x)$分别由 $\mathrm{e}^{xy}-y=0$ 和 $\mathrm{e}^z-xz=0$ 所确定，求$\frac{\mathrm{d}u}{\mathrm{d}x}$.

(3)设 $z=f(x,y)$ 由方程 $F\left(x+\frac{z}{y},y+\frac{z}{x}\right)=0$ 所确定，其中 F 可微，计算 dz.

(4)设函数 $u=f(x,y,z)$ 有一阶连续偏导数，且 $z=z(x,y)$ 由方程 $xe^x-ye^y=ze^z$ 所确定，计算 du.

解：(1)首先，由 $x^2+z^2=y\varphi\left(\frac{z}{y}\right)$ 和计算 $\frac{\partial z}{\partial y}$ 知 $z=z(x,y)$，其中 x,y 是自变量. 其次，对 $x^2+z^2=y\varphi\left(\frac{z}{y}\right)$ 两边关于 y 求偏导数，有

$$0+2z\cdot\frac{\partial z}{\partial y}=\varphi\left(\frac{z}{y}\right)+y\cdot\varphi'\left(\frac{z}{y}\right)\cdot\frac{y\cdot\frac{\partial z}{\partial y}-z\cdot 1}{y^2},$$

解得 $\frac{\partial z}{\partial y}=\frac{y^2\cdot\varphi\left(\frac{z}{y}\right)-zy\varphi'\left(\frac{z}{y}\right)}{2zy^2-y^2\varphi'\left(\frac{z}{y}\right)}$.

(2)首先，由题意知 $u=f(x,y(x),z(x))$ 是 x 的函数，为一元函数.

其次，多元复合函数求导法则，有

$$\frac{du}{dx}=f_1'\cdot 1+f_2'\cdot\frac{dy}{dx}+f_3'\cdot\frac{dz}{dx}.$$

再次，对方程 $e^{xy}-y=0$ 两边关于 x 求导数，计算有

$$e^{xy}\left(y+x\cdot\frac{dy}{dx}\right)-\frac{dy}{dx}=0,$$

解得 $\frac{dy}{dx}=\frac{ye^{xy}}{1-xe^{xy}}$.

对方程 $e^z-xz=0$ 两边关于 x 求导数，计算有

$$e^z\cdot\frac{dz}{dx}-z-x\frac{dz}{dx}=0,$$

解得 $\frac{dz}{dx}=\frac{z}{e^{z-x}}$.

最后，有 $\frac{du}{dx}=f_1'\cdot 1+f_2'\cdot\frac{ye^{xy}}{1-xe^{xy}}+f_3'\cdot\frac{z}{e^{z-x}}$.

(3)一方面，有 $dz=\frac{\partial z}{\partial x}dx+\frac{\partial z}{\partial y}dy$. 另一方面，依题意知 $z=f(x,y)$，由方程 $F\left(x+\frac{z}{y},y+\frac{z}{x}\right)=0$ 所确定，对方程 $F\left(x+\frac{z}{y},y+\frac{z}{x}\right)=0$

两边关于 x 求偏导数，计算有

$$f'_1\cdot\left(1+\frac{1}{y}\cdot\frac{\partial z}{\partial x}\right)+f'_2\cdot\left(0+\frac{x\cdot\frac{\partial z}{\partial x}-z\cdot 1}{x^2}\right)=0,$$

解得$\frac{\partial z}{\partial x}=\frac{zyf'_2-x^2yf'_1}{x^2f'_1+xyf'_2}$；同理解得$\frac{\partial z}{\partial y}=\frac{xzf'_1-xy^2f'_2}{y^2f'_2+xyf'_1}$. 故有

$$dz=\frac{yzf'_2-x^2yf'_1}{x^2f'_1+xyf'_2}dx+\frac{xzf'_1-xy^2f'_2}{y^2f'_2+xyf'_1}dy.$$

(4)一方面，首先知 $u=f(x,y,z(x,y))$ 是 x 和 y 的二元函数，其次有 $du=\frac{\partial u}{\partial x}dx+\frac{\partial u}{\partial y}dy$，而

$$\frac{\partial u}{\partial x}=f'_1\cdot 1+f'_2\cdot 0+f'_3\cdot\frac{\partial z}{\partial x},\frac{\partial u}{\partial y}=f'_1\cdot 0+f'_2\cdot 1+f'_3\cdot\frac{\partial z}{\partial y}.$$

另一方面，依题意知 $z=z(x,y)$ 由方程 $xe^x-ye^y=ze^z$ 所确定，对方程 $xe^x-ye^y=ze^z$ 两边关于 x 求偏导数，计算有

$$e^x+xe^x=(e^z+ze^z)\cdot\frac{\partial z}{\partial x},$$

解得$\frac{\partial z}{\partial x}=\frac{e^x+xe^x}{e^z+ze^z}$；同理得$\frac{\partial z}{\partial x}=-\frac{e^y+ye^y}{e^z+ze^z}$.

故有 $du=\left(f'_1+f'_3\frac{e^x+xe^x}{e^z+ze^z}\right)dx+\left(f'_2-\frac{e^y+ye^y}{e^z+ze^z}\right)dy.$

类似题(由读者自行完成)：

(1)已知 $xy=xf(z)+yg(z)$，$xf'(z)+yg'(z)\neq 0$，其中 $z=z(x,y)$ 是 x 和 y 的函数，证明 $(x-g(z))\cdot\frac{\partial z}{\partial x}=(y-f(z))\cdot\frac{\partial z}{\partial y}$.

(2)设 $u=f(x,y,z)$ 具有连续一阶偏导数，$y=y(x)$ 和 $z=z(x)$ 分别由 $e^{xy}-xy=2$ 和 $e^x=\int_0^{x-z}\frac{\sin t}{t}dt$ 所确定，求$\frac{du}{dx}$.

(3)设函数 $z=f(x,y)$ 由方程 $F(x+y,y+z,x+z)=0$ 所确定，其中 F 可微，计算 dz.

10.4.2 多个方程的情形(方程组)

1. 定义

定义 10.4.3 对于方程组$\begin{cases}F(x,y,u,v)=0,\\G(x,y,u,v)=0,\end{cases}$若存在函数 $u=u(x,y)$

和 $v=v(x,y)$，满足$\begin{cases}F(x,y,u(x,y),v(x,y))=0,\\G(x,y,u(x,y),v(x,y))=0,\end{cases}$则称函数 $u=u(x,y)$ 和 $v=v(x,y)$ 为方程组$\begin{cases}F(x,y,u,v)=0,\\G(x,y,u,v)=0,\end{cases}$确定的(隐)函数组.

定义 10.4.4　对于方程组$\begin{cases}u=f(x,y),\\v=g(x,y),\end{cases}$若存在函数 $x=x(u,v)$ 和$y=y(u,v)$，满足$\begin{cases}u=f(x(u,v),y(u,v)),\\v=g(x(u,v),y(u,v)),\end{cases}$则称函数 $x=x(u,v)$ 和 $y=y(u,v)$ 为方程组$\begin{cases}u=f(x,y)\\v=g(x,y)\end{cases}$的反函数组.

2. 定理与例题

定理 10.4.3　设四元函数 $F(x,y,u,v)$ 和 $G(x,y,u,v)$ 在点 $P_0(x_0,y_0,u_0,v_0)$处的一个邻域内对各个变量具有连续偏导数，且 $F(P_0)=0$，$G(P_0)=0$，和$\left.\dfrac{\partial(F,G)}{\partial(u,v)}\right|_{P_0}=\left.\begin{vmatrix}F'_u & F'_v\\G'_u & G'_v\end{vmatrix}\right|_{P_0}\neq 0$，则方程组$\begin{cases}F(x,y,u,v)=0,\\G(x,y,u,v)=0,\end{cases}$在点 P_0 的某个邻域内能唯一确定一个连续且有连续偏导数的函数 $u=u(x,y)$ 和 $v=v(x,y)$，使得 $u_0=u(x_0,y_0)$，$v_0=v(x_0,y_0)$，并有

$$\frac{\partial u}{\partial x}=-\frac{\begin{vmatrix}F'_x & F'_v\\G'_x & G'_v\end{vmatrix}}{\begin{vmatrix}F'_u & F'_v\\G'_u & G'_v\end{vmatrix}},\quad \frac{\partial u}{\partial y}=-\frac{\begin{vmatrix}F'_y & F'_v\\G'_y & G'_v\end{vmatrix}}{\begin{vmatrix}F'_u & F'_v\\G'_u & G'_v\end{vmatrix}},$$

$$\frac{\partial v}{\partial x}=-\frac{\begin{vmatrix}F'_u & F'_x\\G'_u & G'_x\end{vmatrix}}{\begin{vmatrix}F'_u & F'_v\\G'_u & G'_v\end{vmatrix}},\quad \frac{\partial v}{\partial y}=-\frac{\begin{vmatrix}F'_u & F'_y\\G'_u & G'_y\end{vmatrix}}{\begin{vmatrix}F'_u & F'_v\\G'_u & G'_v\end{vmatrix}}.$$

该偏导公式推导是在存在定理条件下，想象成从方程组$\begin{cases}F(x,y,u,v)=0,\\G(x,y,u,v)=0\end{cases}$中可“解得”二元函数组$\begin{cases}u=u(x,y),\\v=v(x,y).\end{cases}$

注 10.4.2　克莱姆法则：对于线性方程组$\begin{cases}a_{11}x+a_{12}y=b_1,\\a_{21}x+a_{22}y=b_2,\end{cases}$用

消元法解得

$$x=\frac{b_1a_{22}-b_2a_{12}}{a_{11}a_{22}-a_{12}a_{21}},y=\frac{b_2a_{11}-b_1a_{21}}{a_{11}a_{22}-a_{12}a_{21}}.$$

记

$$\Delta=\begin{vmatrix}a_{11}&a_{12}\\a_{21}&a_{22}\end{vmatrix}=a_{11}a_{22}-a_{12}a_{21},$$

$$\Delta_1=\begin{vmatrix}b_1&a_{12}\\b_2&a_{22}\end{vmatrix}=b_1a_{22}-b_2a_{12},$$

$$\Delta_2=\begin{vmatrix}a_{11}&b_1\\a_{21}&b_2\end{vmatrix}=b_2a_{11}-b_1a_{21}.$$

则有 $x=\frac{\Delta_1}{\Delta}$, $y=\frac{\Delta_2}{\Delta}$,这称为克莱姆法则.

例 10.4.3 设两个二元函数 $u=u(x,y)$, $v=v(x,y)$ 是由 $xu-yv=0$, $yu+xv=1$ 所确定的,计算 $\frac{\partial u}{\partial x}$, $\frac{\partial u}{\partial y}$, $\frac{\partial v}{\partial x}$ 和 $\frac{\partial v}{\partial y}$.

解:方法一,首先,依题意知 x,y 为自变量,u,v 为因变量,所以这里 $xu-yv=0$, $yu+xv=1$ 中的 u,v 为 $u=u(x,y)$, $v=v(x,y)$ 的简写. 其次,对方程组 $xu-yv=0$, $yu+xv=1$ 两边关于 x 求偏导数,有 $\begin{cases}u+xu_x'-yv_x'=0,\\yu_x'+v+xv_x'=0,\end{cases}$ 改写为 $\begin{cases}xu_x'-yv_x'=-u,\\yu_x'+xv_x'=-v,\end{cases}$ 有

$$\Delta=\begin{vmatrix}x&-y\\y&x\end{vmatrix}=x^2+y^2,$$

$$\Delta_1=\begin{vmatrix}-u&-y\\-v&x\end{vmatrix}=-xu-yv,$$

$$\Delta_2=\begin{vmatrix}x&-u\\y&-v\end{vmatrix}=-xv+yu,$$

由克莱姆法则,有 $u_x'=\frac{\Delta_1}{\Delta}=-\frac{xu+yv}{x^2+y^2}$, $v_x'=\frac{\Delta_2}{\Delta}=\frac{-xv+yu}{x^2+y^2}$.

同理有 $u_y'=\frac{xv-yu}{x^2+y^2}$, $v_y'=-\frac{xu+yv}{x^2+y^2}$.

方法二,一方面,对方程组 $\begin{cases}xu-yv=0,\\yu+xv=1\end{cases}$ 两边微分,

有

$$\begin{cases} u\mathrm{d}x + x\mathrm{d}u - v\mathrm{d}y - y\mathrm{d}v = 0, \\ u\mathrm{d}y + y\mathrm{d}u + v\mathrm{d}x + x\mathrm{d}v = 0. \end{cases}$$

(提示:这里用到微分运算法则 $\mathrm{d}(f\cdot g)=g\cdot \mathrm{d}f+f\cdot \mathrm{d}g$ 和一阶微分不变性),用消元法解得

$$\begin{cases} \mathrm{d}u = -\dfrac{xu+yv}{x^2+y^2}\mathrm{d}x + \dfrac{xv-yu}{x^2+y^2}\mathrm{d}y, \\ \mathrm{d}v = \dfrac{-xv+yu}{x^2+y^2}\mathrm{d}x - \dfrac{xu+yv}{x^2+y^2}\mathrm{d}y. \end{cases}$$

另一方面,知

$$\mathrm{d}u = \frac{\partial u}{\partial x}\mathrm{d}x + \frac{\partial u}{\partial y}\mathrm{d}y, \mathrm{d}v = \frac{\partial v}{\partial x}\mathrm{d}x + \frac{\partial v}{\partial y}\mathrm{d}y,$$

所以,有

$$u'_x = -\frac{xu+yv}{x^2+y^2},\ v'_x = \frac{-xv+yu}{x^2+y^2},$$

$$u'_y = \frac{xv-yu}{x^2+y^2},\ v'_y = -\frac{xu+yv}{x^2+y^2}.$$

方法三,由于方程组 $\begin{cases} xu-yv=0, \\ yu+xv=1 \end{cases}$ 的表达式具体给出且简单,易用消元法或克莱姆法则解出 $u=\dfrac{y}{x^2+y^2}=u(x,y)$, $v=\dfrac{x}{x^2+y^2}=v(x,y)$,有

$$u'_x = \frac{-2xy}{(x^2+y^2)^2},\ u'_y = \frac{x^2-y^2}{(x^2+y^2)^2},$$

$$v'_x = \frac{y^2-x^2}{(x^2+y^2)^2},\ v'_y = \frac{-2xy}{(x^2+y^2)^2}.$$

定理 10.4.4 若 $u=f(x,y)$, $v=g(x,y)$ 在点 $P_0(x_0,y_0)$ 处的一个邻域内关于 x,y 变量具有连续偏导数,满足

$$u_0 = f(P_0), v_0 = g(P_0), \left.\frac{\partial(f,g)}{\partial(x,y)}\right|_{P_0} = \left.\begin{vmatrix} f'_x & f'_y \\ g'_x & g'_y \end{vmatrix}\right|_{P_0} \neq 0.$$

则在点 (u_0,v_0) 处的一个邻域内由方程组 $\begin{cases} u=f(x,y), \\ v=g(x,y) \end{cases}$ 确定反函数组 $x=x(u,v)$ 和 $y=y(u,v)$,它们也具有连续偏导数,且有

$$\frac{\partial x}{\partial u}=\frac{1}{J}\cdot\frac{\partial g}{\partial y},\frac{\partial y}{\partial u}=-\frac{1}{J}\cdot\frac{\partial g}{\partial x},\frac{\partial x}{\partial v}=-\frac{1}{J}\cdot\frac{\partial f}{\partial y},\frac{\partial y}{\partial v}=\frac{1}{J}\cdot\frac{\partial f}{\partial x},$$

其中 $J=\frac{\partial(f,g)}{\partial(x,y)}=\begin{vmatrix} f_x & f_y \\ g_x & g_y \end{vmatrix}$.

即想象成从四元方程组 $\begin{cases} u=f(x,y), \\ v=g(x,y) \end{cases}$ 中“解得”二元函数组 $\begin{cases} x=x(u,v) \\ y=y(u,v). \end{cases}$

例 10.4.4 求函数组 $u=x\cos y, v=x\sin y$ 的反函数组的偏导数. 其中 $0\leqslant x, y\leqslant 2\pi$.

解:方法一,一方面,关于函数组 $u=x\cos y, v=x\sin y$,首先对“正”函数而言,知 x,y 为自变量,u,v 为因变量,其次对反函数组而言,知 u,v 为自变量,x,y 为因变量. 另一方面,在函数组 $u=x\cos y$,$v=x\sin y$ 中,此时把 u,v 作为自变量,x,y 作为因变量处理,即 $x=x(u,v), y=y(u,v)$,于是两边关于 u 求偏导数,有

$$\begin{cases} 1 = x'_u\cos y + x\cdot(-\sin y)\cdot y'_u, \\ 0 = x'_u\sin y + x\cdot(\cos y)\cdot y'_u. \end{cases}$$

用消元法或克莱姆法则,得

$$x'_u=\cos y=\frac{u}{\sqrt{u^2+v^2}},\ y'_u=-\frac{\sin y}{x}=-\frac{v}{u^2+v^2}.$$

同理有

$$x'_v=\frac{v}{\sqrt{u^2+v^2}}, y'_v=\frac{u}{u^2+v^2}.$$

方法二,一方面,对方程组 $\begin{cases} u=x\cos y, \\ v=x\sin y \end{cases}$ 两边微分,有

$$\begin{cases} \mathrm{d}u = \cos y\cdot \mathrm{d}x + x\cdot \mathrm{d}\cos y = \cos y\cdot \mathrm{d}x + x\cdot(-\sin y)\mathrm{d}y, \\ \mathrm{d}v = \sin y\cdot \mathrm{d}x + x\mathrm{d}\sin y = \sin y\cdot \mathrm{d}x + x\cdot(\cos y)\mathrm{d}y. \end{cases}$$

(提示:这里用到微分运算法则 $\mathrm{d}(f\cdot g)=g\cdot \mathrm{d}f+f\cdot \mathrm{d}g$ 和一阶微分不变性),利用消元法或克莱姆法则,解得

$$\begin{cases} \mathrm{d}x = \cos y\mathrm{d}u + \sin y\mathrm{d}v, \\ \mathrm{d}y = \frac{-\sin y}{x}\mathrm{d}u + \frac{\cos y}{x}\mathrm{d}v. \end{cases}$$

另一方面,对于反函数组,有

$$\begin{cases}dx = x'_u \cdot du + x'_v \cdot dv,\\ dy = y'_u \cdot du + y'_v \cdot dv,\end{cases}$$

于是,有

$$x'_u = \cos y, x'_v = \sin y, y'_u = -\frac{\sin y}{x}, y'_v = \frac{\cos y}{x}.$$

方法三,由于方程组$\begin{cases}u = x\cos y,\\ v = x\sin y\end{cases}$的表达式具体给出且简单,易解出反函数组

$$\begin{cases}x = \sqrt{u^2+v^2} = x(u,v),\\ y = \arctan\dfrac{v}{u} = y(u,v),\end{cases}$$

这样有

$$x'_u = \frac{u}{\sqrt{u^2+v^2}}, x'_v = \frac{v}{\sqrt{u^2+v^2}}, y'_u = -\frac{v}{u^2+v^2}, y'_v = \frac{u}{u^2+v^2}.$$

§10.5 偏导数在几何上的应用

10.5.1 空间曲线的切线与法平面

根据曲线方程的表达式可分为三类情况.

1. 曲线方程为参数形式

设空间曲线 Γ 的方程为

$$\begin{cases}x = x(t),\\ y = y(t), \quad t \in [a,b].\\ z = z(t),\end{cases}$$

定义 10.5.1 若 $x'(t), y'(t), z'(t)$ 均存在,则称曲线为光滑曲线.

定义 10.5.2 对于光滑曲线,记 $\boldsymbol{T}(t) = (x'(t), y'(t), z'(t))$,则称它为曲线的切向量.

对于光滑曲线上一点 $P_0(x_0, y_0, z_0)$,其中 $x_0 = x(t_0), y_0 = y(t_0)$,

$z_0=z(t_0)$且$(x'(t_0))^2+(y'(t_0))^2+(z'(t_0))^2\neq 0$,则过点 $P_0(x_0,y_0,z_0)$的切线方程为

$$\frac{x-x_0}{x'(t_0)}=\frac{y-y_0}{y'(t_0)}=\frac{z-z_0}{z'(t_0)}.$$

过点 $P_0(x_0,y_0,z_0)$的法平面方程为

$$x'(t_0)(x-x_0)+y'(t_0)(y-y_0)+z'(t_0)(z-z_0)=0.$$

其中切线和法平面如图 10.9 所示.

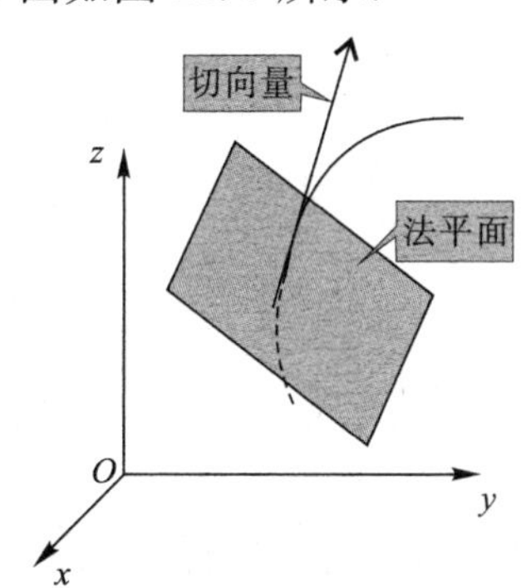

图 10.9

2. 曲线方程为显示方程

设空间光滑曲线 Γ 的方程为 $y=f(x),z=g(x),x\in[a,b]$,则曲线方程可改写为$\begin{cases}x=x,\\ y=f(x),\\ z=g(x),\end{cases}$ $x\in[a,b]$,其中 x 作为参数.

这样过点 $P_0(x_0,f(x_0),g(x_0))$的切线方程为

$$\frac{x-x_0}{1}=\frac{y-f(x_0)}{f'(x_0)}=\frac{z-g(x_0)}{g'(x_0)}.$$

过点 $P_0(x_0,f(x_0),g(x_0))$的法平面方程为

$$(x-x_0)+f'(x_0)(y-f(x_0))+g'(x_0)(z-g(x_0))=0.$$

3. 曲线方程为由方程组所确定隐函数

设空间光滑曲线 Γ 的方程为方程组

$$\begin{cases}F(x,y,z)=0,\\ G(x,y,z)=0,\end{cases}$$

所确定的隐函数,可想象成从三元方程组“解得”两个一元函数组

$\begin{cases} y=f(x), \\ z=g(x), \end{cases} x\in[a,b]$，即曲线方程想象为$\begin{cases} x=x, \\ y=f(x), \\ z=g(x), \end{cases} x\in[a,b]$，所以求出$\boldsymbol{T}(x)=(1,f'(x),g'(x))$即可.

对方程组$\begin{cases} F(x,y,z)=0, \\ G(x,y,z)=0 \end{cases}$两边关于$x$求导数，有

$$\begin{cases} F'_1+F'_2\cdot\dfrac{\mathrm{d}f}{\mathrm{d}x}+F'_3\cdot\dfrac{\mathrm{d}g}{\mathrm{d}x}=0, \\ G'_1+G'_2\cdot\dfrac{\mathrm{d}f}{\mathrm{d}x}+G'_3\cdot\dfrac{\mathrm{d}g}{\mathrm{d}x}=0, \end{cases} \text{（这是复合函数求导法则），}$$

改写为

$$\begin{cases} F'_2\cdot\dfrac{\mathrm{d}f}{\mathrm{d}x}+F'_3\cdot\dfrac{\mathrm{d}g}{\mathrm{d}x}=-F'_1, \\ G'_2\cdot\dfrac{\mathrm{d}f}{\mathrm{d}x}+G'_3\cdot\dfrac{\mathrm{d}g}{\mathrm{d}x}=-G'_1, \end{cases}$$

用消元法或克莱姆法则，解得

$$\frac{\mathrm{d}f}{\mathrm{d}x}=\frac{-F'_1G'_3+F'_3G'_1}{F'_2G'_3-F'_3G'_2},\frac{\mathrm{d}g}{\mathrm{d}x}=\frac{-F'_2G'_1+F'_1G'_2}{F'_2G'_3-F'_3G'_2}.$$

注 10.5.1

若方程组

$$\begin{cases} F(x,y,z)=0, \\ G(x,y,z)=0. \end{cases}$$

所确定的隐函数，即想象成从三元方程组中“解得”二个一元函数组$\begin{cases} x=f(y), \\ z=g(y), \end{cases} y\in[a,b]$，即曲线方程想象为$\begin{cases} x=f(y), \\ y=y, \\ z=g(y), \end{cases} y\in[a,b]$，所以求出$\boldsymbol{T}(y)=(f'(y),1,g'(y))$即可. 留给读者练习. 其余类似.

4. 应用举例

例 10.5.1 求曲线 $x=\mathrm{e}^t,y=t^2,z=t^3$ 在点$(\mathrm{e},1,1)$处的切线方程和法平面方程.

解：首先，易知 $t_0=1$. 其次，有 $\boldsymbol{T}(t)=(\mathrm{e}^t,2t,3t^2)$，$\boldsymbol{T}(1)=(\mathrm{e},2,3)$.

最后，过点(e,1,1)处的切线方程为

$$\frac{x-\mathrm{e}}{\mathrm{e}}=\frac{y-1}{2}=\frac{z-1}{3};$$

过点(e,1,1)处的法平面方程为

$$\mathrm{e}(x-\mathrm{e})+2(y-1)+3(z-1)=0.$$

例 10.5.2 设曲线由方程组由

$$\begin{cases}x^2+y^2+z^2-2y=4,\\ x+y+z=0\end{cases}$$

表示，求曲线在点(1,1,−2)处的切线方程和法平面方程.

解:首先，方程组$\begin{cases}x^2+y^2+z^2-2y=4,\\ x+y+z=0\end{cases}$可以确定函数 $y=f(x)$，$z=g(x)$，即它为曲线的表达式.

其次，对方程组$\begin{cases}x^2+y^2+z^2-2y=4,\\ x+y+z=0\end{cases}$两边关于 x 求导数，有

$$\begin{cases}2x+2y\dfrac{\mathrm{d}f}{\mathrm{d}x}+2z\dfrac{\mathrm{d}g}{\mathrm{d}x}-2\dfrac{\mathrm{d}f}{\mathrm{d}x}=0,\\ 1+\dfrac{\mathrm{d}f}{\mathrm{d}x}+\dfrac{\mathrm{d}g}{\mathrm{d}x}=0.\end{cases}$$

(提示:此时，方程组中 y,z 分别为 $y=f(x)$，$z=g(x)$的简写，所以$\dfrac{\mathrm{d}y^2}{\mathrm{d}x}=\dfrac{\mathrm{d}y^2}{\mathrm{d}y}\cdot\dfrac{\mathrm{d}y}{\mathrm{d}x}=2y\dfrac{\mathrm{d}f}{\mathrm{d}x}$，其余类似).

改写为

$$\begin{cases}(y-1)\dfrac{\mathrm{d}f}{\mathrm{d}x}+z\dfrac{\mathrm{d}g}{\mathrm{d}x}=-x,\\ \dfrac{\mathrm{d}f}{\mathrm{d}x}+\dfrac{\mathrm{d}g}{\mathrm{d}x}=1.\end{cases}$$

用消元法或克莱姆法则，解得

$$\frac{\mathrm{d}f}{\mathrm{d}x}=\frac{-x+z}{y-z-1},\frac{\mathrm{d}g}{\mathrm{d}x}=\frac{x-y+1}{y-z-1},$$

所以有

$$\boldsymbol{T}(1)=(1,f'(1),g'(1))=\left(1,-\frac{3}{2},\frac{1}{2}\right)$$

所以过点的切线方程为

$$\frac{x-1}{2}=\frac{y-1}{-3}=\frac{z+2}{1}$$

过点的法平面方程为

$$2(x-1)-3(y-1)+(z+1)=0.$$

类似题：

(1)在曲线 $x=t,y=-t^2,z=t^3$ 的所有切线中，与平面 $x+2y+z=4$ 平行的切线有几条？

解：首先，计算曲线的切向量 $\boldsymbol{T}(t)=(1,-2t,3t^2)$. 其次，平面的法向量为 $\boldsymbol{n}=(1,2,1)$，依题意知 $\boldsymbol{T}(t)\cdot\boldsymbol{n}=0$，即有 $1-4t+3t^2=0$，有 $t_1=1,t_2=\dfrac{1}{3}$，故有两条.

(2)设由方程组 $\begin{cases}x+y+z=0,\\x^2+y^2+z^2=1\end{cases}$ 所确定的函数的导数 $\dfrac{\mathrm{d}x}{\mathrm{d}z},\dfrac{\mathrm{d}y}{\mathrm{d}z}$.

解：首先，依题意求 $\dfrac{\mathrm{d}x}{\mathrm{d}z},\dfrac{\mathrm{d}y}{\mathrm{d}z}$，这表明方程组 $\begin{cases}x+y+z=0,\\x^2+y^2+z^2=1\end{cases}$ 确定 $x=f(z),y=g(z)$（提示：导数一定是因变量对自变量求导）. 其次，对方程组 $\begin{cases}x+y+z=0,\\x^2+y^2+z^2=1\end{cases}$ 两边关于 z 求导数，有

$$\begin{cases}\dfrac{\mathrm{d}f}{\mathrm{d}z}+\dfrac{\mathrm{d}g}{\mathrm{d}z}+1=0,\\2x\dfrac{\mathrm{d}f}{\mathrm{d}z}+2y\dfrac{\mathrm{d}g}{\mathrm{d}z}+2z=0,\end{cases}$$

解出 $\dfrac{\mathrm{d}f}{\mathrm{d}z},\dfrac{\mathrm{d}g}{\mathrm{d}z}$ 即可（读者自行完成）.

10.5.2 曲面的切平面与法线

按曲面方程的表达式可分为两种情况：

1. 曲面方程表达式为方程 $F(x,y,z)=0$ 所确定的隐函数

设曲面 S 的方程为 $F(x,y,z)=0$，即曲面方程表达式由方程 $F(x,y,z)=0$ 所确定的隐函数 $z=f(x,y)$，$x=f(y,z)$ 或 $y=f(z,x)$（这里写法考虑空间为右手系）.

定义 10.5.3 若F'_x,F'_y,F'_z存在且连续,则称曲面S为光滑曲面.

以下均假设曲面S为光滑曲面.

定义 10.5.4 记$\boldsymbol{n}=(F'_x,F'_y,F'_z)$,则称它为曲面的法向量.

定义 10.5.5 设$P_0(x_0,y_0,z_0)$是曲面S上一点,则过点P_0的所有切线组成的平面称为曲面于点P_0处的切平面.

设$P_0(x_0,y_0,z_0)$是曲面上一点,则过点P_0的切平面方程为

$$F'_x(P_0)(x-x_0)+F'_y(P_0)(y-y_0)+F'_z(P_0)(z-z_0)=0,$$

过点P_0的法线方程为

$$\frac{x-x_0}{F'_x(P_0)}=\frac{y-y_0}{F'_y(P_0)}=\frac{z-z_0}{F'_z(P_0)}.$$

2. 曲面方程表达式为显示方程 $z=f(x,y)$

此时,曲面方程可表示为$F(x,y,z)=f(x,y)-z$,有$\boldsymbol{n}=(F'_x,F'_y,F'_z)=(f'_x,f'_y,-1)$,所以过$P_0(x_0,y_0,f(x_0,y_0))$点的切平面方程为

$$f'_x(P_0)(x-x_0)+f'_y(P_0)(y-y_0)-(z-z_0)=0,$$

过$P_0(x_0,y_0,f(x_0,y_0))$点的法线方程为

$$\frac{x-x_0}{f'_x(P_0)}=\frac{y-y_0}{f'_y(P_0)}=\frac{z-z_0}{-1},$$

如图10.10所示.

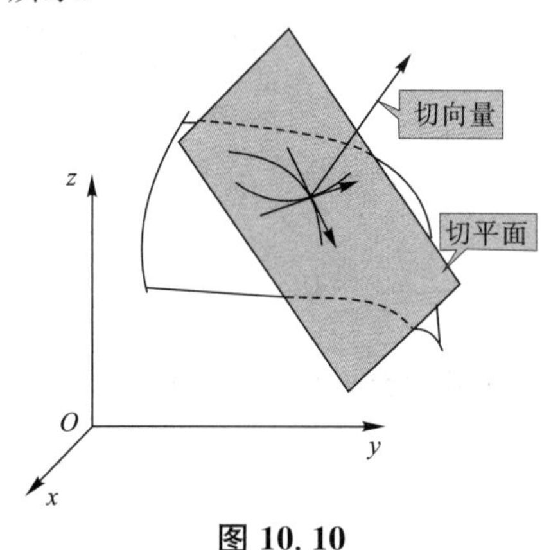

图 10.10

注 10.5.2

(1)曲面方程也可表示为$F(x,y,z)=z-f(x,y)$,有

$$\boldsymbol{n}_1=(F'_x,F'_y,F'_z)=(-f'_x,-f'_y,1)$$

为切向量.

(2)当取 $\boldsymbol{n}=(F_x',F_y',F_z')=(f_x',f_y',-1)$时,有

$$\boldsymbol{e_n} = (\cos\alpha,\cos\beta,\cos\gamma)$$
$$=\left(\frac{f_x'}{\sqrt{(f_x')^2+(f_y')^2+1}},\frac{f_y'}{\sqrt{(f_x')^2+(f_y')^2+1}},\frac{-1}{\sqrt{(f_x')^2+(f_y')^2+1}}\right)$$

这表示,此法向量与 z 轴的正向夹角为钝角;

当取 $\boldsymbol{n}_1=(F_x',F_y',F_z')=(-f_x',-f_y',1)$时,有

$$\boldsymbol{e}_{\boldsymbol{n}_1} = (\cos\alpha,\cos\beta,\cos\gamma)$$
$$=\left(\frac{-f_x'}{\sqrt{(f_x')^2+(f_y')^2+1}},\frac{-f_y'}{\sqrt{(f_x')^2+(f_y')^2+1}},\frac{1}{\sqrt{(f_x')^2+(f_y')^2+1}}\right)$$

这表示,此法向量与 z 轴的正向夹角为锐角.

3. 应用举例

例 10. 5. 3 设空间曲面 S 的方程为 $e^z-z+xy=3$,求在点 $P_0(2,1,0)$处的切平面与法线方程.

解:记 $F(x,y,z)=e^z-z+xy-3$,有 $F_x'=y,F_y'=x,F_z'=e^z-1$,所以点 $P_0(2,1,0)$处的法向量为 $\boldsymbol{n}(P_0)=(1,2,0)$,于是在点 $P_0(2,1,0)$处曲面的切平面与法线方程分别为

$$1\cdot(x-2)+2\cdot(y-1)+0\cdot(z-0)=0$$

和

$$\begin{cases}\dfrac{x-2}{1}=\dfrac{y-1}{2},\\ z=0.\end{cases}$$

例 10. 5. 4 求曲面 $z=\arctan\dfrac{y}{x}$在点 $P_0\left(1,1,\dfrac{\pi}{4}\right)$处的切平面方程和法线方程.

解:令 $z=f(x,y)=\arctan\dfrac{y}{x}$,计算有

$$f_x=\frac{-\dfrac{y}{x^2}}{1+\left(\dfrac{y}{x}\right)^2}=\frac{-y}{x^2+y^2},f_y=\frac{\dfrac{1}{x}}{1+\left(\dfrac{y}{x}\right)^2}=\frac{x}{x^2+y^2},$$

所以点 $P_0(2,1,0)$ 处的法向量为 $\boldsymbol{n}(P_0)=\left(-\frac{1}{2},\frac{1}{2},-1\right)$，于是在点 $P_0\left(1,1,\frac{\pi}{4}\right)$ 处曲面的切平面与法线方程分别为

$$\frac{-1}{2}\cdot(x-1)+\frac{1}{2}\cdot(y-1)+(-1)\cdot\left(z-\frac{\pi}{4}\right)=0$$

和

$$\frac{x-1}{\frac{-1}{2}}=\frac{y-1}{\frac{1}{2}}=\frac{z-\frac{\pi}{4}}{-1}.$$

类似题：

(1)设曲线 $\begin{cases}\frac{y^2}{a^2}+\frac{z^2}{b^2}=1,\\ x=0,\end{cases}$ $(a>0,b>0)$ 绕 z 轴旋转一周得到的旋转面，计算旋转面在点 $P_0\left(\frac{a}{\sqrt{2}},0,\frac{b}{\sqrt{2}}\right)$ 处指向外面的单位法向量.

(2)设直线 $L\begin{cases}x+y+b=0,\\ x+ay-z-3=0\end{cases}$ 在平面 π 上，且平面 π 又与曲面 $z=x^2+y^2$ 相切于点 $P_0(1,1,2)$，求 a,b 值.

(3)设有曲面 $z=x^2+y^2$，计算与平面 $x+y+z=1$ 平行的切平面方程.

(4)设函数 $z=f(x,y)$ 在点 $(0,0)$ 的一个邻域内有定义，且 $f_x(0,0)=3,f_y(0,0)=1$，则以下正确的是(　　)

A. $\mathrm{d}z=3\mathrm{d}x+\mathrm{d}y$；

B. 曲面 $z=f(x,y)$ 在点 $(0,0,f(0,0))$ 处的法向量为 $(3,1,1)$；

C. 曲线 $\begin{cases}z=f(x,y),\\ y=0\end{cases}$ 在点 $(0,0,f(0,0))$ 处的切向量为 $(1,0,3)$；

D. 曲线 $\begin{cases}z=f(x,y),\\ y=0\end{cases}$ 在点 $(0,0,f(0,0))$ 处的切向量为 $(3,0,1)$；

(5)设曲面方程为 $\sqrt{x}+\sqrt{y}+\sqrt{z}=\sqrt{a}(a>0)$，证明该曲面上任何点处(三个坐标均大于零)的切平面各坐标轴的截距之和等于 a.

解:(1)在第 9 章解析几何中,知旋转面的方程为$\frac{x^2+y^2}{a^2}+\frac{z^2}{b^2}=1$,记 $F(x,y,z)=\frac{x^2+y^2}{a^2}+\frac{z^2}{b^2}-1$,计算有 $F_x'=\frac{2x}{a^2},F_y'=\frac{2y}{a^2},F_z'=\frac{2z}{b^2}$. 进一步,有法向量为 $\boldsymbol{n}(P_0)=\pm\left(\frac{\sqrt{2}}{a},0,\frac{\sqrt{2}}{b}\right)$,依题意取指向外面的法向量,所以有 $\boldsymbol{n}(P_0)=\left(\frac{\sqrt{2}}{a},0,\frac{\sqrt{2}}{b}\right)$,于是有

$$\boldsymbol{e_n}=\frac{\boldsymbol{n}(P_0)}{|\boldsymbol{n}(P_0)|}=\frac{1}{\sqrt{a^2+b^2}}\left(\frac{1}{b},0,\frac{1}{a}\right).$$

(2)首先,依题意知平面 π 为曲面在点处的切平面,计算有 $f_x=2x,f_y=2y$,所以在点 P_0 处的法向量为 $\boldsymbol{n}(P_0)=(2,2,-1)$,于是平面 π 的方程为$2(x-1)+2(y-1)-(z-2)=0$,即为 $2x+2y-z-2=0$. 其次,直线在平面上,即在直线上找两个不同点 P_1,P_2 满足 P_1,$P_2\in\pi$. 于是不妨取 $P_1(0,-b,-ab-3)$,$P_2(-b,0,-b-3)$,有

$$\begin{cases}-2b+ab+3-2=0,\\-2b+b+3-2=0,\end{cases}$$

解得 $a=1,b=1$.

(3)首先,曲面的法向量为 $\boldsymbol{n}=(2x,2y,-1)$,平面的法向量为 $\boldsymbol{n}_0=(1,1,1)$. 其次,依题意知 $\boldsymbol{n}/\!/\boldsymbol{n}_0$,即 $2x=\lambda,2y=\lambda,-1=\lambda$,解得 $x=-\frac{1}{2},y=-\frac{1}{2}$. 进一步,有 $z=\frac{1}{2}$,所以过点的切平面方程为

$$\left(x+\frac{1}{2}\right)+\left(y+\frac{1}{2}\right)+\left(z-\frac{1}{2}\right)=0.$$

(4)首先,知偏导数存在不一定可微,所以排除 A;其次,偏导数存在不能保证偏导数连续,即不是光滑曲面,一般不讨论法向量. 即使讨论也有 $\boldsymbol{n}(P_0)=(3,1,-1)$,于是排除 B;进一步,对于曲线 $\begin{cases}z=f(x,y),\\y=0,\end{cases}$即可写成参数形式$\begin{cases}x=x,\\y=0,\\z=f(x,0),\end{cases}$作为参数,则有 $x'(0)=1$,

$y'(0)=0, z'(0)=\left.\dfrac{\mathrm{d}f(x,0)}{\mathrm{d}x}\right|_{x=0}=f'_x(0,0)=3$，于是 C 正确；(这里也可以这样计算：方程组$\begin{cases}z=f(x,y),\\ y=0\end{cases}$确定函数 $y=y(x), z=z(x)$，于是对方程组$\begin{cases}z=f(x,y),\\ y=0\end{cases}$两边关于 x 求导数，有

$$\begin{cases}\dfrac{\mathrm{d}z}{\mathrm{d}x}=f'_1\cdot 1+f'_2\cdot\dfrac{\mathrm{d}y}{\mathrm{d}x},\\ \dfrac{\mathrm{d}y}{\mathrm{d}x}=0,\end{cases}$$

即有

$$x'(0)=1, y'(0)=0, z'(0)=f'_x(0,0)=3.$$

(5)设 $P_0(x_0,y_0,z_0)$为曲面上一点，其中 $x_0>0, y_0>0, z_0>0$，则点 P_0 处的法向量为

$$\boldsymbol{n}(P_0)=\left(\frac{1}{2\sqrt{x_0}},\frac{1}{2\sqrt{y_0}},\frac{1}{2\sqrt{z_0}}\right),$$

所以过点 P_0 处的切平面方程为

$$\frac{1}{2\sqrt{x_0}}(x-x_0)+\frac{1}{2\sqrt{y_0}}(y-y_0)+\frac{1}{2\sqrt{z_0}}(z-z_0)=0,$$

整理为

$$\frac{1}{\sqrt{x_0}}x+\frac{1}{\sqrt{y_0}}y+\frac{1}{\sqrt{z_0}}z=\sqrt{x_0}+\sqrt{y_0}+\sqrt{z_0}=\sqrt{a},$$

改写成截距式方程为

$$\frac{1}{\sqrt{ax_0}}x+\frac{1}{\sqrt{ay_0}}y+\frac{1}{\sqrt{az_0}}z=1,$$

于是有

$$\sqrt{ax_0}+\sqrt{ay_0}+\sqrt{az_0}=a.$$

§10.6 多元函数的泰勒公式

本节仅需知道泰勒公式的表达式这一个知识点，对证明不作要求，略.

§10.7 多元函数的极值

10.7.1 多元函数的极值及其必要条件与充分条件(无条件极值)

1. 极值定义

此处以二元函数为主加以表述.

定义 10.7.1 设函数 $f(x,y)$ 的定义域 D 为区域，$P_0(x_0,y_0)\in D$. 若存在点 $P_0(x_0,y_0)$ 的一个邻域 $U(P_0)\subset D$，满足 $\forall P\in U(P_0)$，有 $f(P)\leqslant f(P_0)$ 或 $f(P)\geqslant f(P_0)$，则称点 $P_0(x_0,y_0)$ 为极大值点(或极小值点)，$f(P_0)$ 为相应的极大值(或极小值)，极大值点和极小值点统称为极值点，极大值和极小值统称为极值.

定义 10.7.2 设函数 $f(x,y)$ 具有一阶偏导数，若存在点 $P_0(x_0,y_0)$，满足 $\begin{cases} f_x'(P_0)=0, \\ f_y'(P_0)=0, \end{cases}$ 则称点 $P_0(x_0,y_0)$ 为函数 $f(x,y)$ 的驻点.

注 10.7.1

(1)设函数 $f(x,y)$ 在点 $P_0(x_0,y_0)$ 处取极值，问：

$z_1(x)=f(x,y_0)$，$z_2(y)=f(x_0,y)$ 分别在点 x_0 和点 y_0 处取同类型极值吗?

答：一定. 不妨设二元函数 $f(x,y)$ 在点 $P_0(x_0,y_0)$ 处取极小值，由定义知，存在 P_0 点的一邻域 $U(P_0,\delta)$，使得 $\forall (x,y)\in U(P_0,\delta)$，有 $f(x_0,y_0)\leqslant f(x,y)$. 于是，有 $z_1(x_0)\leqslant z_1(x)$ 和 $z_2(y_0)\leqslant z_2(y)$.

(2)设 $z_1(x)=f(x,y_0)$，$z_2(y)=f(x_0,y)$ 分别在点 x_0 和点 y_0 处取同类型极值，问：函数 $f(x,y)$ 在点 $P_0(x_0,y_0)$ 处取极值吗?

答：不一定. 例如，考虑函数 $f(x,y)=x^2-3xy+y^2$，取 $x_0=y_0=0$. 一方面，有 $z_1(x)=x^2$，$z_2(y)=y^2$ 分别在点 $x_0=0$ 和 $y_0=0$ 均取极

小值. 另一方面，$\forall \delta>0$，取 $a=\frac{\delta}{4}$，有点 $P_1(a,a)\in U(P_0,\delta)$，$P_2(-a,a)\in U(P_0,\delta)$，计算有 $f(P_1)=-a^2<0$，$f(P_2)=5a^2>0$ 和 $f(P_0)=0$，易知点 $P_0(0,0)$ 不为极值点.

2. 极值的必要条件

定理 10.7.1 设函数 $f(x,y)$ 具有一阶偏导数，若 $P_0(x_0,y_0)$ 为函数 $f(x,y)$ 的极值点，则 $P_0(x_0,y_0)$ 必为函数 $f(x,y)$ 的驻点.

证明： 由注 10.7.1(1) 和一元函数的费尔马定理知结论成立.

注 10.7.2

(1) 函数 $f(x,y)$ 的可疑极值点分为两类，一是驻点，二是偏导数不存在. 注意：这里只是可疑的.

例如，设 $z=f(x,y)=x^2-y^2$，令 $\begin{cases} f_x'=2x=0, \\ f_y'=-2y=0, \end{cases}$ 有驻点 $P_0(0,0)$. 同时 $\forall \delta>0$，取 $a=\frac{\delta}{4}$，有点 $P_1(2a,a)\in U(P_0,\delta)$，$P_2(a,2a)\in U(P_0,\delta)$，计算有 $f(P_1)=3a^2>0$，$f(P_2)=-3a^2<0$ 和 $f(P_0)=0$，易知点 $P_0(0,0)$ 不为极值点.

例如，设 $z=f(x,y)$，$\mathrm{d}z=2x\mathrm{d}x+2y\mathrm{d}y$，令 $\begin{cases} f_x'=2x=0, \\ f_y'=2y=0, \end{cases}$ 有驻点 $P_0(0,0)$. 同时 $f(x,y)=x^2+y^2+c\geqslant c$ 且 $f(0,0)=c$，即 $P_0(0,0)$ 为极小值点.

例如，设 $f(x,y)=|x|+|y|$，有 f_x'，f_y' 在点 $P_0(0,0)$ 处不存在，而 $f(x,y)=|x|+|y|\geqslant 0$，$f(0,0)=0$，即 $P_0(0,0)$ 为极小值点.

(2) 极值点的几何意义：设函数 $f(x,y)$ 具有一阶偏导数，若点 $P_0(x_0,y_0)$ 为函数 $f(x,y)$ 的极值点，则 $P_0(x_0,y_0)$ 必为函数 $f(x,y)$ 的驻点，即 $\begin{cases} f_x'(P_0)=0, \\ f_y'(P_0)=0, \end{cases}$ 于是曲面 $z=f(x,y)$ 在点处的切平面为 $f_x'(P_0)(x-x_0)+f_y'(P_0)(y-y_0)-(z-z_0)=0$，即切平面 $z=z_0$ 平行于坐标面 xOy.

3. 极值的充分条件

定理 10.7.2 设函数 $f(x,y)$ 在点 $P_0(x_0,y_0)$ 的一个邻域内具有二阶连续偏导数，且 $P_0(x_0,y_0)$ 是其驻点. 记

$$A=f''_{xx}(P_0),B=f''_{xy}(P_0),C=f''_{yy}(P_0),$$

$$H=\begin{vmatrix}A & B\\ B & C\end{vmatrix}=AC-B^2.$$

(1)若 $H>0$,则 $f(P_0)$为极值.

当 $A>0$ 时,$f(P_0)$为极小值;当 $A<0$ 时,$f(P_0)$为极大值.

(2)若 $H<0$,则 $f(P_0)$不为极值.

(3)若 $H=0$,则定理失效.

注 10.7.3 以上这些都是无条件极值的有关问题.

例 10.7.1 求函数 $f(x,y)=xy(a-x-y)(a\neq 0)$的极值.

解:首先,函数 $f(x,y)$于 $\mathbf{R}^2$ 上具有连续偏导数,所以可疑极值点为驻点.然后计算

$$\begin{cases}f'_x=y(a-x-y)-xy=0,\\ f'_y=x(a-x-y)-xy=0,\end{cases}$$

解得四个驻点$(0,0)$,$(a,0)$,$(0,a)$,$\left(\frac{a}{3},\frac{a}{3}\right)$.

最后,计算函数的二阶偏导数,有 $f''_{xx}=-2y$,$f''_{xy}=a-2x-2y$,$f''_{yy}=-2x$.

同时画表 10.1.

表 10.1

	A	B	C	H
$(0,0)$	0	a	0	$-a^2$
$(a,0)$	0	$-a$	$-2a$	$-a^2$
$(0,a)$	$-2a$	$-a$	0	$-a^2$
$\left(\frac{a}{3},\frac{a}{3}\right)$	$-\frac{2}{3}a$	$-\frac{a}{3}$	$-\frac{2}{3}a$	$\frac{a^2}{3}$

由表 10.1 易知函数仅在点$\left(\frac{a}{3},\frac{a}{3}\right)$处取极值,当 $a>0$ 时,$f\left(\frac{a}{3},\frac{a}{3}\right)=\left(\frac{a}{3}\right)^3$ 为极大值;当 $a<0$ 时,$f\left(\frac{a}{3},\frac{a}{3}\right)=\left(\frac{a}{3}\right)^3$ 为极小值.

类似题:

(1)求函数 $f(x,y)=x^4+y^4-(x+y)^2$ 的极值.

解:首先,函数 $f(x,y)$于 $\mathbf{R}^2$ 上具有连续偏导数,所以可疑极值

点为驻点.然后计算

$$\begin{cases} f'_x = 4x^3 - 2(x+y) = 0, \\ f'_y = 4y^3 - 2(x+y) = 0, \end{cases}$$

解得三个驻点(0,0),(−1,−1),(1,1).

最后,计算函数的二阶偏导数,有

$$f''_{xx} = 12x^2 - 2, f''_{xy} = -2, f''_{yy} = 12y^2 - 2.$$

同时画表10.2.

表10.2

	A	B	C	H
(−1,−1)	10	−2	10	96
(0,0)	−2	−2	−2	0
(1,1)	10	−2	10	96

由表10.2易知函数在点(−1,−1)和(1,1)处取极小值−2.而在点(0,0)处定理10.7.2失效,进一步,取两点$P_1(\varepsilon,\varepsilon)$,$P_2(\varepsilon,-\varepsilon)$($\varepsilon>0,\varepsilon\to 0$),有

$$f(P_1) = 2\varepsilon^2(\varepsilon^2 - 2) < 0, f(0,0) = 0, f(P_2) = 2\varepsilon^4 > 0,$$

于是点(0,0)不是极值点.

(2)设函数$f(x,y)=(1+e^y)\cos x - ye^y$,证明函数有无穷多个极大点,而无极小点.(读者自行练习)

(3)设函数$f(x,y)$在点(0,0)的一个邻域内连续,若$\lim\limits_{(x,y)\to(0,0)} \dfrac{f(x,y)-xy}{(x^2+y^2)^2}=1$,证明点(0,0)不是极值点.

解:首先,由于$\lim\limits_{(x,y)\to(0,0)} \dfrac{f(x,y)-xy}{(x^2+y^2)^2}=1$和$f(x,y)$在点(0,0)的一个邻域内连续,知$\lim\limits_{(x,y)\to(0,0)} f(x,y)=0$(提示:分子与分母极限均存在,且分母的极限为零,故分子极限也为零).其次,由于$\lim\limits_{(x,y)\to(0,0)} \dfrac{f(x,y)-xy}{(x^2+y^2)^2}=1$,所以对于$\varepsilon_0=\dfrac{1}{2}$,存在$\delta>0$,

当$\sqrt{x^2+y^2}<\delta$时,有$\left|\dfrac{f(x,y)-xy}{(x^2+y^2)^2}-1\right|<\dfrac{1}{2}$,

即有

$$\frac{1}{2}(x^2+y^2)^2 + xy < f(x,y) < \frac{3}{2}(x^2+y^2)^2 + xy.$$

取两点 $P_1(\varepsilon,\varepsilon)$，$P_2(\varepsilon,-\varepsilon)(\varepsilon>0,\varepsilon\to 0)$，有

$$f(P_1)>2\varepsilon^4+\varepsilon^2>0, f(0,0)=0, f(P_2)<6\varepsilon^4-\varepsilon^2<0,$$

于是点$(0,0)$不是极值点.

10.7.2 条件极值

1. 类型

求函数 $z=f(x,y)$，在约束条件 $\varphi(x,y)=0$ 之下的极值，这就是条件极值问题.

2. 方法

(1)当约束条件 $\varphi(x,y)=0$ 中函数 $\varphi(x,y)$ 表示比较简单时，直接从 $\varphi(x,y)=0$，解出 $y=g(x)$ 且代入 $z=f(x,y)$ 中，这样有一元函数 $z=f(x,g(x))$，可按照上册第 4 章所讲的内容求一元函数的极值.

(2)当约束条件 $\varphi(x,y)=0$ 中函数 $\varphi(x,y)$ 表示比较复杂或 $\varphi(x,y)=0$ 解不出 $y=g(x)$ 时，用拉格朗日乘数法. 即构造拉格朗日辅助函数，具体步骤如下：

第一步，作拉格朗日辅助函数 $L(x,y,\lambda)=f(x,y)+\lambda\varphi(x,y)$，其中 λ 称为拉格朗日乘数.

第二步，把 $L(x,y,\lambda)$ 作为 x,y,λ 的三元函数，计算驻点（可疑极值点），即

$$\begin{cases} L'_x=f'_x+\lambda\varphi'_x=0, \\ L'_y=f'_y+\lambda\varphi'_y=0, \\ L'_\lambda=\varphi(x,y)=0, \end{cases}$$

一般消去 λ，解出 x,y，则点(x,y)就是 $z=f(x,y)$ 的可疑极值点.

第三步，这通常是应用题，所以根据问题的实际意义来确定极值（或最值）.

注 10.7.4 推广：求 n 元函数 $u=f(x,x,\cdots,x_n)$，在 m 个约束条件

$$\begin{cases} \varphi_1(x_1,x_2,\cdots,x_n)=0, \\ \varphi_2(x_1,x_2,\cdots,x_n)=0, \\ \quad\vdots \\ \varphi_m(x_1,x_2,\cdots,x_n)=0 \end{cases}$$

之下的极值，这是条件极值问题.

计算类似上面三步，具体如下：

第一步，作拉格朗日辅助函数

$$L(x_1,x_2,\cdots,x_n,\lambda_1,\lambda_2,\cdots,\lambda_m)=f+\sum_{k=1}^{m}\lambda_k\varphi_k,$$

其中 $\lambda_k(k=1,2,\cdots,m)$称为拉格朗日乘数.

第二步，把 $L(x_1,x_2,\cdots,x_n,\lambda_1,\lambda_2,\cdots,\lambda_m)$作为 $x_1,x_2,\cdots,x_n,\lambda_1,\lambda_2,\cdots,\lambda_m$ 的 $n+m$ 元函数，计算驻点(可疑极值点)，即

$$\begin{cases}L'_{x_i}=\dfrac{\partial f}{\partial x_i}+\sum\limits_{k=1}^{m}\lambda_k\dfrac{\partial\varphi_k}{\partial x_i}=0,\quad i=1,2,\cdots,n,\\ L'_{\lambda_k}=\varphi_k(x_1,x_2,\cdots,x_n)=0,\ k=1,2,\cdots,m,\end{cases}$$

一般消去 $\lambda_1,\lambda_2,\cdots,\lambda_m$，解出 $x_1,x_2,\cdots,x_n$，则点$(x_1,x_2,\cdots,x_n)$就是 $u=f(x,x,\cdots,x_n)$的可疑极值点.

第三步，此类题通常是应用题，所以可根据问题的实际意义来确定极值(或最值).

例 10.7.2 要制造一个体积一定的无盖长方形水箱，问水箱的长、宽、高为多少时用料最省？

解：设水箱的体积为 a(立方米)，长宽高分别为 x,y,z(米). 依题意求 $S(x,y,z)=xy+2xz+2yz(x>0,y>0,z>0)$在约束条件 $xyz=a$之下的最小值，为条件极值问题，按如下三步计算. 首先，作拉格朗日辅助函数 $L(x,y,z,\lambda)=xy+2xz+2yz+\lambda(xyz-a)$，其次，解方程组

$$\begin{cases}L'_x=y+2z+\lambda yz=0,\\ L'_y=x+2z+\lambda xz=0,\\ L'_z=2x+2y+\lambda xy=0,\\ L'_\lambda=xyz-a=0,\end{cases}$$

求得唯一解 $x=\sqrt[3]{2a}$，$y=\sqrt[3]{2a}$，$z=\dfrac{\sqrt[3]{2a}}{2}$.

最后，此题为实际应用题，可知一定有材料最省，于是当 $x=\sqrt[3]{2a}$，$y=\sqrt[3]{2a}$，$z=\dfrac{\sqrt[3]{2a}}{2}$时，材料最省.

类似题:

(1)如何把正数 a 分为三个正数 x,y,z 之和,使得 $u(x,y,z)=x^m y^n z^p$ 最大? 其中 m,n,p 为已知的正数.

(2)平面 $x+y+z=0$ 与椭球面 $x^2+y^2+4z^2=1$ 相交成一个椭圆,求该椭圆的面积.

解:(1)依题意求 $u(x,y,z)=x^m y^n z^p$,在约束条件 $x+y+z=a$ 之下为最大值,为条件极值问题. 按如下三步计算. 首先,作拉格朗日辅助函数 $L(x,y,z,\lambda)=x^m y^n z^p+\lambda(x+y+z-a)$. 然后,解方程组

$$\begin{cases} L'_x = mx^{m-1}y^n z^p + \lambda = 0, \\ L'_y = nx^m y^{n-1} z^p + \lambda = 0, \\ L'_z = px^m y^n z^{p-1} + \lambda = 0, \\ L'_\lambda = x + y + z - a = 0, \end{cases}$$

求得唯一解

$$x = \frac{ma}{m+n+p}, y = \frac{na}{m+n+p}, z = \frac{pa}{m+n+p}.$$

最后,由题意知一定存在最大值,于是当 $x=\dfrac{ma}{m+n+p}$, $y=\dfrac{na}{m+n+p}$, $z=\dfrac{pa}{m+n+p}$ 时,$u(x,y,z)=x^m y^n z^p$ 取最大值.

(2)提示:一方面,若已知椭圆的长短半径 a,b,则面积为 πab. 所以计算面积,仅需计算长短半径 a,b. 另一方面,由椭圆长短半径的几何意义知 $d=|\overrightarrow{OP}|^2=x^2+y^2+z^2$,在约束条件 $\begin{cases} x+y+z=0, \\ x^2+y^2+4z^2-1=0 \end{cases}$ 之下求最大值与最小值,为条件极值问题.(提示:因为若取距离 $|\overrightarrow{OP}|=\sqrt{x^2+y^2+z^2}$ 计算量大,所以取 $d=|\overrightarrow{OP}|^2=x^2+y^2+z^2$. 故计算完别忘了要开根号才是长短半径.)后读解题作为读者练习.

10.7.3 最值问题

1. 定义与原理

定义 10.7.3 设 $\overline{D}=D\cup\partial D$ 为平面闭区域,若函数 $f(x,y)$ 在 $\overline{D}$ 上连续,求函数 $f(x,y)$ 在 $\overline{D}$ 的上最大值和最小值. 这就是最值问题.

原理：求最值一般分两步做. 首先，一方面，在 D 内求函数 $f(x,y)$ 的无条件极值. 一般求出其所有可疑极值 $f(P_1),f(P_2),\cdots,f(P_k)$ 即可（提示：偏导数不存在点与驻点构成可疑极值点）；另一方面，在 ∂D 上，求函数 $f(x,y)$ 在 $\varphi(x,y)=0$ 条件下的条件极值，其中记边界 ∂D 的方程为 $\varphi(x,y)=0$. 利用拉格朗日辅助函数求出所有可疑极值 $f(Q_1),f(Q_2),\cdots,f(Q_l)$. 其次，知最大值和最小值为

$$M=\max\{f(P_1),f(P_2),\cdots,f(P_k),f(Q_1),f(Q_2),\cdots,f(Q_l)\},$$
$$m=\min\{f(P_1),f(P_2),\cdots,f(P_k),f(Q_1),f(Q_2),\cdots,f(Q_l)\}.$$

2. 应用举例

例 10.7.3 设函数 $f(x,y)=x^2-xy+y^2$，求其在闭区域 $x^2+y^2\leqslant 1$ 上的最大值和最小值.

解：易知 $f(x,y)=x^2-xy+y^2$ 为二元初等函数，于是在闭区域 $x^2+y^2\leqslant 1$ 上连续，因此在其上存在最大值和最小值. 一方面，在区域 $x^2+y^2<1$ 上计算所有可疑极值. 计算 $\begin{cases}f'_x=2x-y=0,\\ f'_y=-x+2y=0,\end{cases}$ 有唯一可疑极值 $f(0,0)$. 另一方面，在 $x^2+y^2=1$ 上计算所有可疑极值，即求 $f(x,y)=x^2-xy+y^2$ 在 $x^2+y^2-1=0$ 条件下的条件极值. 作拉格朗日函数 $L(x,y,\lambda)=x^2-xy+y^2+\lambda(x^2+y^2-1)$，令

$$\begin{cases}L'_x=2x-y+2\lambda x=0,\\ L'_y=-x+2y+2\lambda y=0,\\ L'_\lambda=x^2+y^2-1=0,\end{cases}$$

有可疑极值 $f\left(\frac{\sqrt{2}}{2},\frac{\sqrt{2}}{2}\right),f\left(\frac{\sqrt{2}}{2},\frac{-\sqrt{2}}{2}\right),f\left(\frac{-\sqrt{2}}{2},\frac{-\sqrt{2}}{2}\right),f\left(\frac{\sqrt{2}}{2},\frac{-\sqrt{2}}{2}\right)$，

这样有最大值 $M=\max\left\{0,\frac{1}{2},\frac{3}{2}\right\}=\frac{3}{2}$，最小值 $m=\min\left\{0,\frac{1}{2},\frac{3}{2}\right\}=0$.

类似题：

求函数 $z=x^2y(4-x-y)$ 在由直线 $x+y=6$，x 轴和 y 轴所围成的区域 D 上的最大值和最小值.

解：这是闭区域 D 上连续函数的最值问题.

分两步：首先，在 D 内部，作为无条件极值问题. 计算

$$\frac{\partial z}{\partial x}=xy(8-3x-2y),\frac{\partial z}{\partial y}=x^2(4-x-2y),$$

令 $\begin{cases}z'_x=0,\\ z'_y=0,\end{cases}$ 求得驻点 $P_0(2,1)$.

其次，在 D 的边界 ∂D 上，作为条件极值问题. 边界为三段直线组成，在 $l_1: y=0(0\leqslant x\leqslant 6)$ 上，有 $z(x,0)=0$，在 $l_2: x=0(0\leqslant y\leqslant 6)$ 上，有 $z(0,y)=0$. 在 $l_3: x+y=6(0\leqslant x\leqslant 6)$ 上，有 $h(x)=z(x,6-x)=2(x^3-6x^2)$，有 $h'(x)=6(x^2-4x)$. 令 $h'(x)=0$，求得驻点 $x_0=0, x_1=4$.

于是 $M=\max(z(2,1), z(0,6), z(4,2))=4$，
$m=\min(z(2,1), z(0,6), z(4,2))=-64$.

注意：在 $l_3: x+y=6(0\leqslant x\leqslant 6)$ 上，也可以用拉格朗日乘数法，构成拉格朗日函数 $L(x,y,\lambda)=x^2y(4-x-y)+\lambda(x+y-6)$，计算 $L'_x=xy(8-3x-2y)+\lambda$，$L'_y=x^2(4-x-2y)+\lambda$，$L'_\lambda=x+y-6$，令

$$\begin{cases} L'_x=0, \\ L'_y=0, \\ L'_\lambda=0, \end{cases}$$

求得驻点 $Q_0(0,6,0)$，$Q_1(4,2,64)$.

于是 $M=\max(z(2,1), z(0,6), z(4,2))=4$，
$m=\min(z(2,1), z(0,6), z(4,2))=-64$.

问题与思考

设函数 $f(x,y)$ 在 $P_0(x_0,y_0)$ 点处取极值，其在 $\varphi(x,y)=0$ 的条件下于 $P_1(x_1,y_1)$ 点处取极值，问：P_0 与 P_1 为同一点吗？

解：不一定. 例如，函数 $f(x,y)=x^2+y^2-1$，知函数在 $P_0(0,0)$ 点处取极小值. 其在 $\varphi(x,y)=y-x-1=0$ 的条件下，有一元函数 $g(x)=x^2+(x+1)^2-1$，计算 $g'(x)=4x+2$，$g''(x)=4>0$，可知函数 $f(x,y)$ 在 $\varphi(x,y)=0$ 的条件下于 $P_1\left(\frac{-1}{2},\frac{1}{2}\right)$ 点处取极小值.

第 11 章

重 积 分

本章的重点是二重、三重积分的概念，直角坐标系、极坐标系下二重积分的计算；直角坐标、柱面坐标、球面坐标下求解三重积分. 难点是利用一般的变量代换求解二重、三重积分问题.

本章要求学生掌握二重积分(直角坐标、极坐标)的计算方法；并会计算三重积分(直角坐标、柱面坐标、球面坐标).

§11.1　二重积分的概念与性质

11.1.1　二重积分的概念

1. 引入

定义 11.1.1　设 D 是平面上一个有界闭区域，$z=f(x,y)$ 是 D 上的非负连续函数. 以 $z=f(x,y)$ 为顶，D 为底，D 的边界 ∂D 为准线，与母线平行于 z 轴的柱面为侧面所围成的空间立体记为 Ω，称 Ω 为曲顶柱体.

实例 11.1.1　(几何意义)计算曲顶柱体的体积 V.

解: 类似定积分的几何意义.

(1)当 $f(x,y)=h$ 时，其中 h 为常数，此时 Ω 称为平顶柱体，其体积 V 等于底面积乘以高.

(2)当 $f(x,y)$ 为变量时，按照分割、近似、求和、取极限四个步骤计算，具体如下：

第一步，用一组曲线网把 D 分割成 n 个小闭区域 $\sigma_1,\sigma_2,\cdots,\sigma_n$. 以 $z=f(x,y)$ 为顶，σ_i 为底，σ_i 的边界 $\partial\sigma_i$ 为准线，与母线平行于 z 轴的柱面为侧面所围成的空间立体记为 Ω_i，这样曲顶柱体 Ω 分割成为 n 个小曲顶柱体 $\Omega_1,\Omega_2,\cdots,\Omega_n$. 记 $\Delta\sigma_i$ 为小区域 σ_i 的面积，$\lambda=\max\limits_{1\leqslant i\leqslant n}\{d_i\}$，其中 $d_i=\max\{d(P_1,P_2),\forall P_1,P_2\in\sigma_i\}$ 为 σ_i 直径.

第二步，当 $\lambda\to0$ 时，由于 $f(x,y)$ 连续，所以 Ω_i 可看成平顶柱体，因此其体积 $V_i\approx f(\xi_i,\eta_i)\cdot\Delta s_i$，其中 $\forall(\xi_i,\eta_i)\in\sigma_i$. 如图 11.1 所示.

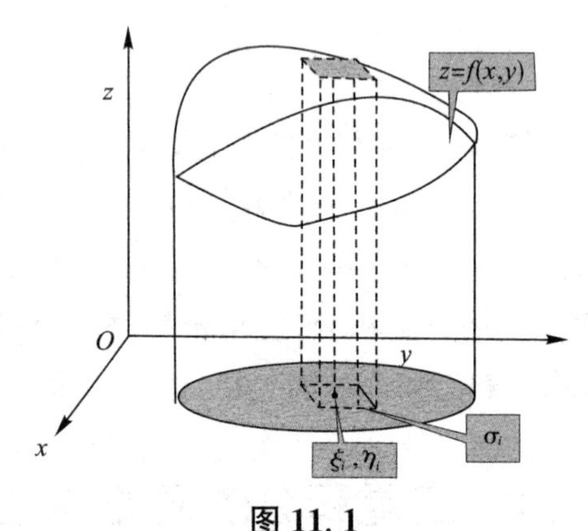

图 11.1

第三步，可知曲顶柱体 Ω 的体积 $V=\sum\limits_{i=1}^{n}V_i\approx\sum\limits_{i=1}^{n}f(\xi_i,\eta_i)\cdot\Delta\sigma_i$.

第四步，直观上看，分割越细时上面的精确度越高. 同时又知极限存在时则必唯一. 于是有 $V=\lim\limits_{\lambda\to0}\sum\limits_{i=1}^{n}f(\xi_i,\eta_i)\cdot\Delta\sigma_i$，记极限值 $V=\iint\limits_{D}f(x,y)\mathrm{d}\sigma$，称其为函数 $f(x,y)$ 在区域 D 上的二重积分.

实例 11.1.2 （物理意义）求平面薄板的质量.

设有一平面薄板，理想化为坐标平面 xOy 上的有界闭区域 D，此薄板在点 $P(x,y)$ 处面密度为 $\rho(x,y)$，这里假设 $\rho(x,y)$ 连续且大于零. 求该薄板的质量 m.

解：(1)当 $\rho(x,y)$ 为常数时，则称薄板为匀质的，其质量等于密度乘以 D 的面积.

(2)当$\rho(x,y)$为变量时,按照分割、近似、求和、取极限四个步骤计算,具体如下:

第一步,用一组曲线网把D分割成n个小闭区域$\sigma_1,\sigma_2,\cdots,\sigma_n$. 记$\Delta\sigma_i$为小区域$\sigma_i$的面积,$\lambda=\max\limits_{1\leqslant i\leqslant n}\{d_i\}$,其中$d_i=\max\{d(P_1,P_2)\ \forall P_1,P_2\in\sigma_i\}$为$\sigma_i$直径.

第二步,当$\lambda\to 0$时,由于$\rho(x,y)$连续,所以σ_i可看成匀质薄板,因此其质量为$m_i\approx\rho(\xi_i,\eta_i)\cdot\Delta\sigma_i$,其中$\forall(\xi_i,\eta_i)\in\sigma_i$. 如图11.2所示.

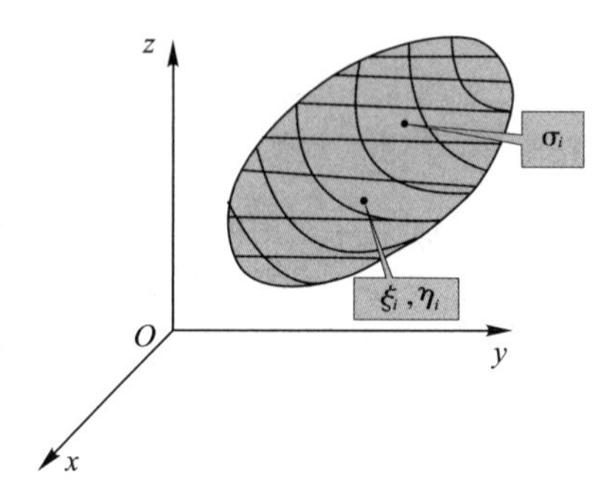

图11.2

第三步,可知薄板D的质量$m=\sum\limits_{i=1}^{n}m_i\approx\sum\limits_{i=1}^{n}\rho(\xi_i,\eta_i)\cdot\Delta\sigma_i$.

第四步,直观上看,分割越细时上面的精确度越高. 同时又知极限存在时则必唯一. 于是有$m=\lim\limits_{\lambda\to 0}\sum\limits_{i=1}^{n}\rho(\xi_i,\eta_i)\cdot\Delta\sigma_i$,记极限值$m=\iint\limits_{D}\rho(x,y)\mathrm{d}\sigma$,则称其为函数$\rho(x,y)$在区域$D$上的二重积分.

2. 定义

定义11.1.2 设函数$f(x,y)$是有界闭区域D上的有界函数,用一组曲线网把D分割成n个小闭区域$\sigma_1,\sigma_2,\cdots,\sigma_n$. 记$\Delta\sigma_i$为小区域$\sigma_i$的面积,$\lambda=\max\limits_{1\leqslant i\leqslant n}\{d_i\}$,其中$d_i=\max\{d(P_1,P_2)\ \forall P_1,P_2\in\sigma_i\}$为$\sigma_i$直径. 若$I=\lim\limits_{\lambda\to 0}\sum\limits_{i=1}^{n}f(\xi_i,\eta_i)\cdot\Delta\sigma_i$存在且与分割和$(\xi_i,\eta_i)\in\sigma_i$的选取无关,则称$f(x,y)$在$D$上可积,记极限值为$I=\iint\limits_{D}f(x,y)\mathrm{d}\sigma$,称其为函数$f(x,y)$在区域$D$上的二重积分. 其中$f(x,y)$称为被积函

数，$f(x,y)\mathrm{d}\sigma$称为被积表达式，x,y 称为积分变量，D 称为积分区域，$\mathrm{d}\sigma$ 称为面积元素.

注 11.1.1

(1)若函数 $f(x,y)$在区域 D 上的二重积分存在，当函数和区域给定时，则 $I=\iint\limits_{D}f(x,y)\mathrm{d}\sigma$ 为一个确定的数.

(2)设函数 $f(x,y)$连续，且当函数大于等于零时，则 $I=\iint\limits_{D}f(x,y)\mathrm{d}\sigma$ 为曲顶柱体的体积；当 $f(x,y)$大于零且为面密度时，则 $I=\iint\limits_{D}f(x,y)\mathrm{d}\sigma$ 为薄板的质量. 其分别为二重积分的几何意义和物理意义.

特别当 $f(x,y)=1$ 时，则有 $I=\iint\limits_{D}f(x,y)\mathrm{d}\sigma=1\cdot S(D)=S(D)$，其中 $S(D)$为区域 D 的面积.

11.1.2　二重积分性质

1. 存在性问题

(1)必要条件.

定理 11.1.1　若函数 $f(x,y)$在区域 D 上可积，则 $f(x,y)$在 D 上有界.

(2)充分条件.

定理 11.1.2　若函数 $f(x,y)$在区域 D 上连续，则 $f(x,y)$在 D 上可积，即二重积分 $I=\iint\limits_{D}f(x,y)\mathrm{d}\sigma$ 存在.

2. 运算性质

(1)线性性：若$\iint\limits_{D}f(x,y)\mathrm{d}\sigma$ 和 $\iint\limits_{D}g(x,y)\mathrm{d}\sigma$ 均存在，则有

$$\iint\limits_{D}(k_1f(x,y)+k_2g(x,y))\mathrm{d}\sigma=k_1\iint\limits_{D}f(x,y)\mathrm{d}\sigma+k_2\iint\limits_{D}g(x,y)\mathrm{d}\sigma.$$

其中 k_1,k_2 为实常数.

(2)可加性：设 D_1,D_2 为两个闭区域满足内部不相交，且 $D=D_1\cup D_2$.

若$\iint\limits_D f(x,y)\mathrm{d}\sigma$存在，则有$\iint\limits_D f(x,y)\mathrm{d}\sigma=\iint\limits_{D_1} f(x,y)\mathrm{d}\sigma+\iint\limits_{D_2} f(x,y)\mathrm{d}\sigma$.
反之也成立.

(3)保序性：设函数 $f(x,y)$，$g(x,y)$在区域 D 上连续，若在 D 上满足 $f(x,y)\leqslant g(x,y)$，则有$\iint\limits_D f(x,y)\mathrm{d}\sigma\leqslant\iint\limits_D g(x,y)\mathrm{d}\sigma$.

特别，若存在一点 $P_0(x_0,y_0)\in D$，满足 $f(x_0,y_0)<g(x_0,y_0)$，则有$\iint\limits_D f(x,y)\mathrm{d}\sigma<\iint\limits_D g(x,y)\mathrm{d}\sigma$.

推论 11.1.1 若函数 $f(x,y)$在区域 D 上连续，则有

$$\left|\iint\limits_D f(x,y)\mathrm{d}\sigma\right|\leqslant\iint\limits_D |f(x,y)|\mathrm{d}\sigma.$$

推论 11.1.2 设函数 $f(x,y)$在区域 D 上连续，若在 D 上满足 $f(x,y)\geqslant 0$，则有$\iint\limits_D f(x,y)\mathrm{d}\sigma\geqslant 0$. 特别，若存在一点 $P_0(x_0,y_0)\in D$，满足 $f(x_0,y_0)>0$，则有$\iint\limits_D f(x,y)\mathrm{d}\sigma>0$.

推论 11.1.3(估值定理) 若函数 $f(x,y)$在区域 D 上连续，记 $f(x,y)$在区域 D 上最大值和最小值分别为 M 和 m，则有

$$m\cdot S(D)\leqslant\iint\limits_D f(x,y)\mathrm{d}\sigma\leqslant M\cdot S(D).$$

(4)积分中值定理：若函数 $f(x,y)$在区域 D 上连续，则在区域 D 上至少存在一点(ξ,η)，满足$\iint\limits_D f(x,y)\mathrm{d}\sigma=f(\xi,\eta)\cdot S(D)$.

11.1.3 应用举例

例 11.1.1 比较下列二重积分的大小.

(1)$I_1=\iint\limits_D \cos\sqrt{x^2+y^2}\mathrm{d}\sigma$，$I_2=\iint\limits_D \cos(x^2+y^2)\mathrm{d}\sigma$，

$I_3=\iint\limits_D \cos(x^2+y^2)^2\mathrm{d}\sigma$，其中 $D=\{(x,y)\,|\,x^2+y^2\leqslant 1\}$；

(2) $I_1=\iint\limits_D (x+y)^3\mathrm{d}\sigma$，$I_2=\iint\limits_D (x+y)^2\mathrm{d}\sigma$，

其中 $D=\{(x,y)\,|\,(x-2)^2+(y-1)^2\leqslant 2\}$；

(3) $I_1=\iint\limits_{x^2+y^2\leqslant 1}(x^2+y^2)\mathrm{d}\sigma,\quad I_2=\iint\limits_{|x|+|y|\leqslant 1}2|xy|\mathrm{d}\sigma,$

$I_3=\iint\limits_{|x|+|y|\leqslant 1}(x^2+y^2)\mathrm{d}\sigma.$

解:(1)观察知三个二重积分的被积区域均为

$$D=\{(x,y)\,|\,x^2+y^2\leqslant 1\},$$

且有 $\cos\sqrt{x^2+y^2}\leqslant\cos(x^2+y^2)\leqslant\cos(x^2+y^2)^2$.

三个被积函数连续且不相等,故有 $I_1<I_2<I_3$.

(2)观察知两个二重积分的被积区域均为

$$D=\{(x,y)\,|\,(x-2)^2+(y-1)^2\leqslant 2\},$$

两个被积函数连续且有$(x+y)^3-(x+y)^2=(x+y)^2((x+y)-1)$.

方法一:根据两个被积函数特征,设直线 l:$x+y=k$,其中 k 待定,目的是使得直线 l 与区域 D 相交得到最小值 k_1 和最大值 k_2.

首先,计算$\begin{cases}x+y=k,\\(x-2)^2+(y-1)^2=2,\end{cases}$有 $2x^2-2(k+1)x+(k-1)^2+2=0$.

其次,当直线 l 与区域 D 相切时,知有最小值 k_1 和最大值 k_2,于是计算 $\Delta=4(k+1)^2-8((k-1)^2+2)=0$,解得 $k_1=1,k_2=5$. 最后,有 $(x+y)^3-(x+y)^2=(x+y)^2((x+y)-1)\geqslant 0$,于是有 $I_2>I_1$.

方法二,目的是求函数 $z=x+y$ 在区域 D 上最小值 m 和最大值 M. 首先,在 D 内求无条件极值,易知无驻点,即没有无条件极值. 其次,求函数 $z=x+y$ 在约束条件$(x-2)^2+(y-1)^2=2$ 下的条件极值,做拉格朗日函数 $L(x,y,\lambda)=x+y+\lambda((x-2)^2+(y-1)^2-2)$,计算

$$\begin{cases}L'_x=1+2\lambda(x-2)=0,\\L'_y=1+2\lambda(y-1)=0,\\L'_\lambda=(x-2)^2+(y-1)^2-2=0,\end{cases}$$

解得 $x_1=1,y_1=0;x_2=3,y_2=2$. 于是 $m=1,M=5$.

故有 $I_2>I_1$.

(3)首先,I_2,I_3 中被积区域是一样的,且易知 $2|xy|\leqslant x^2+y^2$,于是 $I_2<I_3$.

其次,I_1, I_3 中被积函数是一样的,且被积函数大于等于零,由几何意义(提示:曲顶柱体的体积,顶曲面的方程是一样,且 $D_3 \subset D_1$)知,$I_3 < I_1$.

故有 $I_2 < I_3 < I_1$.

类似题:比较二重积分的大小.

(1)设 $I_1 = \iint\limits_D \frac{x+y}{4} \mathrm{d}\sigma, I_2 = \iint\limits_D \sqrt{\frac{x+y}{4}} \mathrm{d}\sigma, I_3 = \iint\limits_D \sqrt[3]{\frac{x+y}{4}} \mathrm{d}\sigma$,

其中 $D = \{(x,y) \mid (x-1)^2 + (y-1)^2 \leqslant 2\}$.

(2)设 $I_i = \iint\limits_{D_i} \mathrm{e}^{-(x^2+y^2)} \mathrm{d}\sigma$,

其中 $D_1 = \{(x,y) \mid x^2 + y^2 \leqslant R^2\}, D_2 = \{(x,y) \mid x^2 + y^2 \leqslant 2R^2\}$,
$D_3 = \{(x,y) \mid |x| \leqslant R, |y| \leqslant R\}$.

解:(1)首先,类似例 11.1.1 中(2)的做法,知 $0 \leqslant \frac{x+y}{4} \leqslant 1$. 其次三个二重积分的被积区域一样,故有 $I_1 < I_2 < I_3$.

(2)首先,三个二重积分的被积函数一样,连续且大于零. 其次易知 $D_1 \subset D_3 \subset D_2$,类似例 11.1.1 中(3),由几何意义有 $I_1 < I_3 < I_2$.

例 11.1.2 计算 $\lim\limits_{t \to 0^+} \frac{1}{\pi t^2} \iint\limits_D f(x,y) \mathrm{d}x\mathrm{d}y$,

其中 $D(t) = \{(x,y) \mid x^2 + y^2 \leqslant t^2, t > 0\}$,$f(x,y)$为连续函数.

解:利用中值定理知,有

$$\lim_{t \to 0^+} \frac{1}{\pi t^2} \iint\limits_D f(x,y) \mathrm{d}x\mathrm{d}y = \lim_{t \to 0^+} \frac{f(\xi(t), \eta(t)) \cdot S(D)}{\pi t^2} = f(0,0).$$

这里 $S(D) = \pi t^2$ 是区域 D 的面积.

§11.2 二重积分的计算

11.2.1 直角坐标系下计算二重积分

1. 定义与记号

(1)面积元.

$$\mathrm{d}\sigma = \mathrm{d}x\mathrm{d}y.$$

(2)x-型区域构架特征.

设平面区域 D 是由 $y=\varphi_1(x)$，$y=\varphi_2(x)(\varphi_1(x)\leqslant\varphi_2(x))$ 及直线 $x=a$，$x=b(a<b)$ 所围成，若区域 D 满足平行于 y 轴的直线 $x=x_0(a<x_0<b)$ 与 D 的边界至多相交于两点，则称区域 D 为 x-型区域. 依据其几何构架，则用扫描法表示：

首先，沿着 x 轴方向找区域 D 的最小值 a 和最大值 b，在区间 (a,b) 上任选取一点 $p(x)$，过 $p(x)$ 点做一条平行于 y 轴的直线由下向上分别相交 D 的边界于两点 p_1，p_2，这样直线段 $\overline{p_1p_2}$ 可表示为 $\varphi_1(x)\leqslant y\leqslant\varphi_2(x)(a<x<b)$. 然后，让点 $p(x)$ 从 $x=a$ 点运动到 $x=b$ 点时，则直线段 $\overline{p_1p_2}$ 扫过区域 D. 最后，其几何构架为

$$D(x,y)=\{(x,y)\,|\,a\leqslant x\leqslant b,\varphi_1(x)\leqslant y\leqslant\varphi_2(x)\}.$$

如图 11.3 所示.

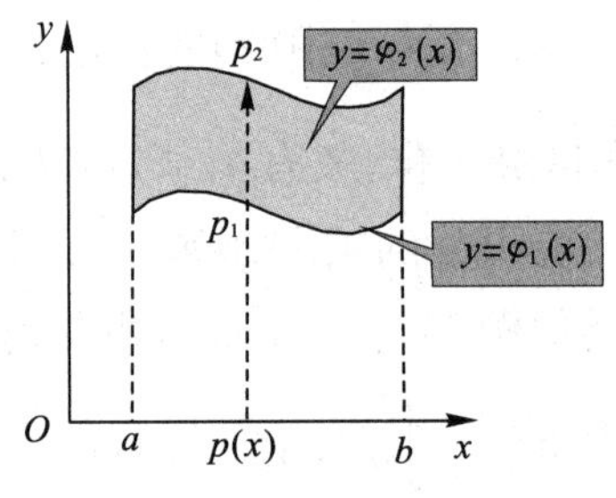

图 11.3

(3)y-型区域构架特征.

设平面区域 D 是由 $x=\psi_1(y)$，$x=\psi_2(y)(\psi_1(y)\leqslant\psi_2(y))$ 及直线 $y=c$，$y=d(c<d)$ 所围成，若区域 D 满足平行于 x 轴的直线 $y=y_0(c<y_0<d)$ 与 D 的边界至多相交于两点，则称区域 D 为 y-型区域. 依据其几何构架，则可用扫描法表示：

首先，沿着 y 轴方向找区域 D 的最小值 c 和最大值 d，在区间 (c,d) 上任选取一点 $p(y)$，过 $p(y)$ 点做一条平行于 x 轴的直线，由左向右分别相交 D 的边界于两点 p_1，p_2，这样直线段 $\overline{p_1p_2}$ 可表示为 $\psi_1(y)\leqslant\psi_2(y)(c<y<d)$. 然后，让点 $p(y)$ 从 $y=c$ 点运动到 $y=d$ 点时，则直线段 $\overline{p_1p_2}$ 扫过区域 D. 最后，其几何构架为

$$D(x,y)=\{(x,y)\,|\,c<y<d,\psi_1(y)\leqslant x\leqslant\psi_2(y)\}.$$

如图 11.4 所示.

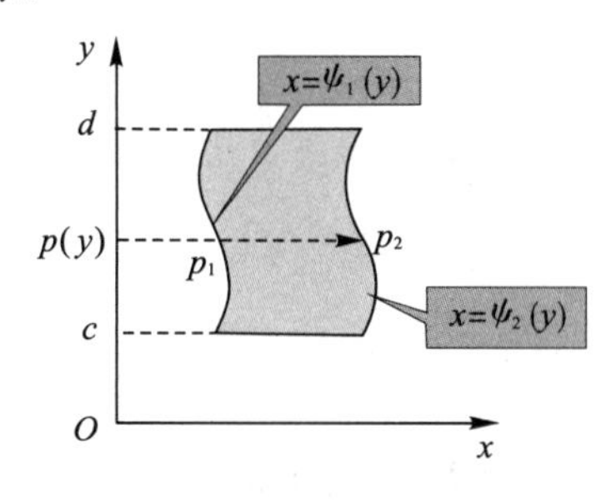

图 11.4

2. 定理

定理 11.2.1 设平面区域 D 是 x-型区域(如上),若函数 $f(x,y)$ 于 D 上连续,则有

$$\iint_D f(x,y)\mathrm{d}x\mathrm{d}y=\int_a^b \mathrm{d}x\int_{\varphi_1(x)}^{\varphi_2(x)} f(x,y)\mathrm{d}y$$
$$=\int_a^b\left(\int_{\varphi_1(x)}^{\varphi_2(x)} f(x,y)\mathrm{d}y\right)\mathrm{d}x.$$

定理 11.2.2 设平面区域 D 是 y-型区域(如上),若函数 $f(x,y)$ 于 D 上连续,则有

$$\iint_D f(x,y)\mathrm{d}x\mathrm{d}y=\int_c^d \mathrm{d}y\int_{\psi_1(y)}^{\psi_2(y)} f(x,y)\mathrm{d}x$$
$$=\int_c^d\left(\int_{\psi_1(y)}^{\psi_2(y)} f(x,y)\mathrm{d}x\right)\mathrm{d}y.$$

注 11.2.1

(1)若区域 D 是x-型区域或y-型区域,则称为简单区域.定理 11.2.1 称为先算 y 后算 x,定理 11.2.2 称为先算 x 后算 y.

(2)若区域 D 不是简单区域,则一般可以分割成若干简单区域.继后可以利用可分性计算二重积分.

3. 常规练习

例 11.2.1 交换二重积分次序(设函数 $f(x,y)$连续):

(1) $I=\int_1^{\mathrm{e}}\mathrm{d}x\int_0^{\ln x} f(x,y)\mathrm{d}y.$

(2) $I=\int_{-1}^0\mathrm{d}y\int_{1-y}^2 f(x,y)\mathrm{d}x.$

(3) $I=\int_0^1 \mathrm{d}y\int_{\sqrt{y}}^{3-2y} f(x,y)\mathrm{d}x.$

(4) $I=\int_0^1 \mathrm{d}x\int_{-\sqrt{x}}^{\sqrt{x}} f(x,y)\mathrm{d}y+\int_1^4 \mathrm{d}x\int_{x-2}^{\sqrt{x}} f(x,y)\mathrm{d}y.$

解:(1)首先,画出 $x=1,x=\mathrm{e},y=0,y=\ln x$ 所围成的区域 D,如图 11.5 所示. 这样有 $I=\int_1^{\mathrm{e}}\mathrm{d}x\int_0^{\ln x} f(x,y)\mathrm{d}y=\iint\limits_D f(x,y)\mathrm{d}x\mathrm{d}y$. 然后,沿 y 轴方向,找到区域 D 的最小值 $c=0$ 和最大值 $d=1$,在 y 轴上任取一点 $P(0,y)$,$y\in[0,1]$,过点 P 作一直线平行 x 轴,从左到右交区域 D 的边界方程分别为 $x=x_1(y)=\mathrm{e}^y$,$x=x_2(y)=\mathrm{e}$. 最后,有

$$
\begin{aligned}
I&=\int_1^{\mathrm{e}}\mathrm{d}x\int_0^{\ln x} f(x,y)\mathrm{d}y=\iint\limits_D f(x,y)\mathrm{d}x\mathrm{d}y\\
&=\int_0^1\mathrm{d}y\int_{\mathrm{e}^y}^{\mathrm{e}} f(x,y)\mathrm{d}x.
\end{aligned}
$$

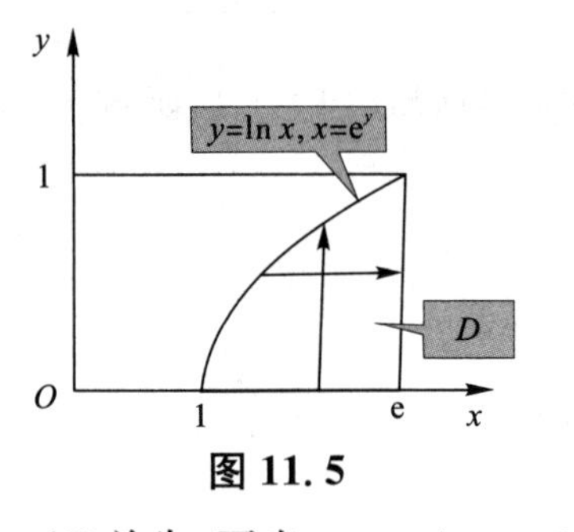

图 11.5

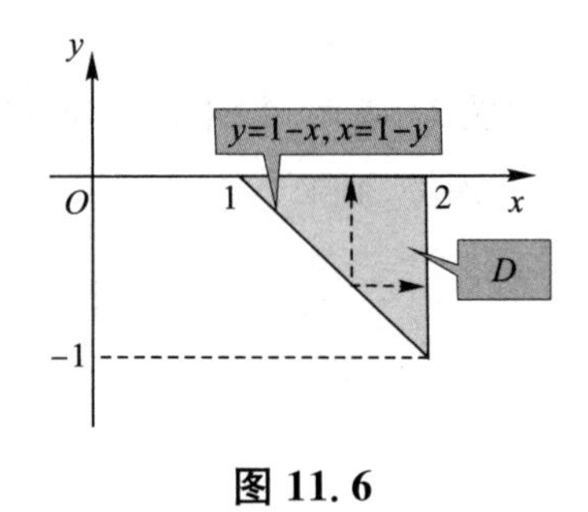

图 11.6

(2)首先,画出 $y=-1,y=0,x=1-y,x=2$ 所围成的区域 D,如图 11.6 所示. 这样有 $I=\int_{-1}^0\mathrm{d}y\int_{1-y}^2 f(x,y)\mathrm{d}x=\iint\limits_D f(x,y)\mathrm{d}x\mathrm{d}y$. 然后,沿 x 轴方向,找到区域 D 的最小值 $a=1$ 和最大值 $b=2$,在 x 轴上任取一点 $P(x,0)$,$x\in[1,2]$,过点 P 作一直线平行 y 轴,从下到上交区域 D 的边界方程分别为 $y=y_1(x)=1-x$,$y=y_2(x)=0$. 最后,有

$$
\begin{aligned}
I&=\int_{-1}^0\mathrm{d}y\int_{1-y}^2 f(x,y)\mathrm{d}x=\iint\limits_D f(x,y)\mathrm{d}x\mathrm{d}y\\
&=\int_1^2\mathrm{d}x\int_{1-x}^0 f(x,y)\mathrm{d}y.
\end{aligned}
$$

(3)首先,画出 $y=0,y=1,x=\sqrt{y},x=3-2y$ 所围成的区域 D,如图 11.7 所示. 这样有 $I=\int_0^1 \mathrm{d}y\int_{\sqrt{y}}^{3-2y} f(x,y)\mathrm{d}x=\iint\limits_D f(x,y)\mathrm{d}x\mathrm{d}y$. 然后,沿 x 轴方向,找到区域 D 的最小值 $a=0$ 和最大值 $b=3$,在 x 轴上任取一点 $P(x,0)$,$x\in[0,1]$,过点 P 作一直线平行 y 轴,从下到上交区域 D 的边界方程分别为 $y=y_1(x)=0,y=y_2(x)=x^2$;在 x 轴上任取一点 $P(x,0)$,$x\in[1,3]$,过点 P 作一直线平行 y 轴,从下到上交区域 D 的边界方程分别为 $y=y_1(x)=0,y=y_2(x)=\frac{3-x}{2}$. 最后,有

$$\begin{aligned}I&=\int_0^1 \mathrm{d}y\int_{\sqrt{y}}^{3-2y} f(x,y)\mathrm{d}x=\iint\limits_D f(x,y)\mathrm{d}x\mathrm{d}y\\&=\iint\limits_{D_1} f(x,y)\mathrm{d}x\mathrm{d}y+\iint\limits_{D_2} f(x,y)\mathrm{d}x\mathrm{d}y\\&=\int_0^1 \mathrm{d}x\int_0^{x^2} f(x,y)\mathrm{d}y+\int_1^3 \mathrm{d}x\int_0^{\frac{3-x}{2}} f(x,y)\mathrm{d}y\end{aligned}$$

(提示:区域 D 既是 x-型区域又是 y-型区域,作为 x-型区域处理时,由于区域 D 的边界方程不同,所以 D 由内部不相交的 D_1 和 D_2 组成,利用可加性计算. 其中 D_1 和 D_2 为两个小的 x-型区域.)

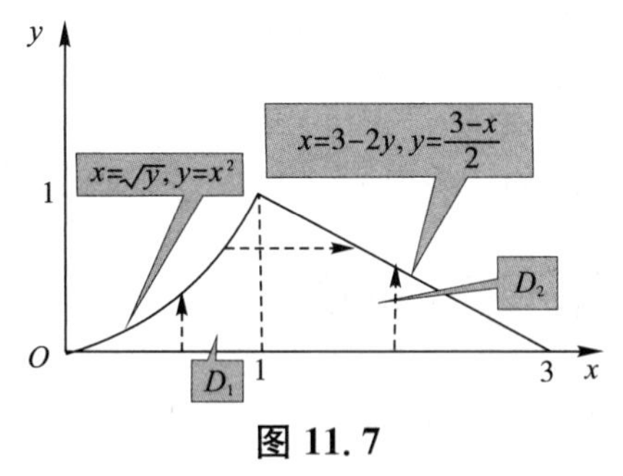

图 11.7

(4)首先,画出 $x=0,x=1,y=-\sqrt{x},y=\sqrt{x}$ 所围成的区域 D_1,然后画出 $x=1,x=4,y=x-2,y=\sqrt{x}$ 所围成的区域 D_2,其中 D 由内部不相交的 D_1 和 D_2 组成,如图 11.8 所示. 这样有

$$\begin{aligned}I&=\int_0^1 \mathrm{d}x\int_{-\sqrt{x}}^{\sqrt{x}} f(x,y)\mathrm{d}y+\int_1^4 \mathrm{d}x\int_{x-2}^{\sqrt{x}} f(x,y)\mathrm{d}y\\&=\iint\limits_{D_1} f(x,y)\mathrm{d}x\mathrm{d}y+\iint\limits_{D_2} f(x,y)\mathrm{d}x\mathrm{d}y=\iint\limits_D f(x,y)\mathrm{d}x\mathrm{d}y.\end{aligned}$$

然后，沿 y 轴方向，找到区域 D 的最小值 $c=-1$ 和最大值 $d=2$，然后在 y 轴上任取一点 $P(0,y)\ y\in[-1,2]$，过点 P 作一直线平行 x 轴，从左到右交区域 D 的边界方程分别为 $x=x_1(y)=y^2$，$x=x_2(y)=2+y$，最后，有

$$I=\int_0^1 \mathrm{d}x\int_{-\sqrt{x}}^{\sqrt{x}} f(x,y)\mathrm{d}y+\int_1^4 \mathrm{d}x\int_{x-2}^{\sqrt{x}} f(x,y)\mathrm{d}y$$

$$=\iint_D f(x,y)\mathrm{d}x\mathrm{d}y=\int_{-1}^2 \mathrm{d}y\int_{y^2}^{2+y} f(x,y)\mathrm{d}x.$$

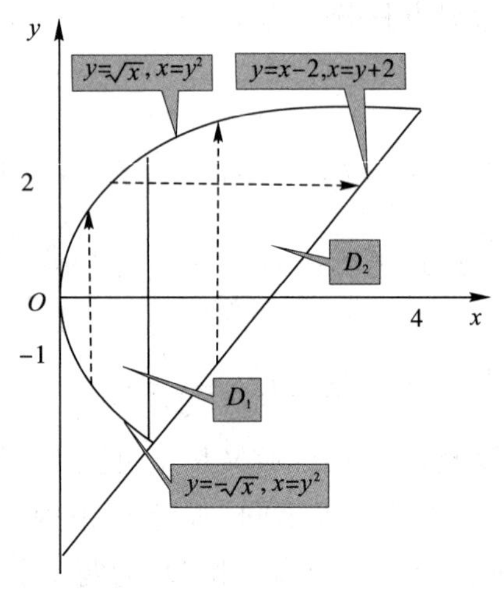

图 11.8

类似题：

(1) $I=\int_0^2 \mathrm{d}y\int_{y^2}^{2y} f(x,y)\mathrm{d}x.$

(2) $I=\int_0^1 \mathrm{d}y\int_{\sqrt{y}}^{\sqrt{2-y}} f(x,y)\mathrm{d}x.$

(3) $I=\int_{\frac{\pi}{2}}^{\pi} \mathrm{d}x\int_{\sin x}^{1} f(x,y)\mathrm{d}y.$

(4) $I=\int_0^1 \mathrm{d}y\int_{-y}^{y} f(x,y)\mathrm{d}x+\int_1^2 \mathrm{d}y\int_{-\sqrt{2-y}}^{\sqrt{2-y}} f(x,y).$

解：(1) 首先，画出 $y=0$，$y=2$，$x=y^2$，$x=2y$ 所围成的区域 D，这样有 $I=\int_0^2 \mathrm{d}y\int_{y^2}^{2y} f(x,y)\mathrm{d}x=\iint_D f(x,y)\mathrm{d}x\mathrm{d}y$. 然后，沿 x 轴方向找到区域 D 的最小值 $a=0$ 和最大值 $b=4$，在 x 轴上任取一点 $P(x,0)\ x\in[0,4]$，过点 P 作一直线平行 y 轴，从下到上交区域 D 的

边界方程分别为 $y=y_1(x)=\dfrac{x}{2}$，$y=y_2(x)=\sqrt{x}$. 最后，有

$$I=\int_0^2\mathrm{d}y\int_{y^2}^{2y}f(x,y)\mathrm{d}x=\iint\limits_D f(x,y)\mathrm{d}x\mathrm{d}y=\int_0^4\mathrm{d}x\int_{\frac{\pi}{2}}^{\sqrt{x}}f(x,y)\mathrm{d}y.$$

(2)留给读者练习.

(3)首先，画出 $x=\dfrac{\pi}{2}$，$x=\pi$，$y=\sin x$，$y=1$ 所围成的区域 D，这样有 $I=\int_1^{\mathrm{e}}\mathrm{d}x\int_0^{\ln x}f(x,y)\mathrm{d}y=\iint\limits_D f(x,y)\mathrm{d}x\mathrm{d}y$. 然后，沿 y 轴方向找到区域 D 的最小值 $c=0$ 和最大值 $d=1$，在 y 轴上任取一点 $P(0,y)$，$y\in[0,1]$，过点 P 作一直线平行 x 轴，从左到右交区域 D 的边界方程分别为 $x=x_1(y)=\pi-\arcsin y$，$x=x_2(y)=\pi$.

(提示：由于 $\arcsin y$ 是专门符号，$\forall\, y\in[-1,1]$ 有 $x=\arcsin y\in\left[-\dfrac{\pi}{2},\dfrac{\pi}{2}\right]$. 所以当 $y=\sin x$，$x\in\left[\dfrac{\pi}{2},\pi\right]$时，令 $y=\sin(\pi-x)$，$\pi-x\in\left[0,\dfrac{\pi}{2}\right]$，于是有 $\pi-x=\arcsin y$).

最后，有

$$\begin{aligned}I&=\int_1^{\mathrm{e}}\mathrm{d}x\int_0^{\ln x}f(x,y)\mathrm{d}y=\iint\limits_D f(x,y)\mathrm{d}x\mathrm{d}y\\&=\int_0^1\mathrm{d}y\int_{\pi-\arcsin y}^{\pi}f(x,y)\mathrm{d}x.\end{aligned}$$

(4)首先，画出 $y=0$，$y=1$，$x=-y$，$x=y$ 所围成的区域 D_1，然后画出 $y=1$，$y=2$，$x=-\sqrt{2-y}$，$x=\sqrt{2-y}$所围成的区域 D_2，其中 D 由内部不相交的 D_1 和 D_2 组成. 这样有

$$\begin{aligned}I&=\int_0^1\mathrm{d}y\int_{-y}^{y}f(x,y)\mathrm{d}x+\int_1^2\mathrm{d}y\int_{-\sqrt{2-y}}^{\sqrt{2-y}}f(x,y)\mathrm{d}x\\&=\iint\limits_{D_1}f(x,y)\mathrm{d}x\mathrm{d}y+\iint\limits_{D_2}f(x,y)\mathrm{d}x\mathrm{d}y=\iint\limits_D f(x,y)\mathrm{d}x\mathrm{d}y.\end{aligned}$$

其次，沿 x 轴方向，找到区域 D 的最小值 $a=-1$ 和最大值 $b=1$. 然后在 x 轴上任取一点 $P(x,0)$，$x\in[-1,0]$，过点 P 作一直线平行 y 轴，从下到上交区域 D 的边界方程分别为 $y=y_1(x)=-x$，$y=y_2(x)=2-x^2$，所以 $x=-1$，$x=0$，$y=-x$，$y=2-x^2$ 围成区域

D_3. 然后在 x 轴上任取一点 $P(x,0)$，$x\in[0,1]$，过点 P 作一直线平行 y 轴，从下到上交区域 D 的边界方程分别为 $y=y_1(x)=x$，$y=y_2(x)=2-x^2$，所以 $x=0$，$x=1$，$y=x$，$y=2-x^2$ 围成区域 D_4. 最后，有

$$\iint\limits_D f(x,y)\mathrm{d}x\mathrm{d}y=\iint\limits_{D_3} f(x,y)\mathrm{d}x\mathrm{d}y+\iint\limits_{D_4} f(x,y)\mathrm{d}x\mathrm{d}y$$
$$=\int_{-1}^0\mathrm{d}x\int_{-x}^{2-x^2}f(x,y)\mathrm{d}y+\int_0^1\mathrm{d}x\int_x^{2-x^2}f(x,y)\mathrm{d}y.$$

于是有

$$I=\int_0^1\mathrm{d}y\int_{-y}^{y}f(x,y)\mathrm{d}x+\int_1^2\mathrm{d}y\int_{-\sqrt{2-y}}^{\sqrt{2-y}}f(x,y)\mathrm{d}x$$
$$=\int_{-1}^0\mathrm{d}x\int_{-x}^{2-x^2}f(x,y)\mathrm{d}y+\int_0^1\mathrm{d}x\int_x^{2-x^2}f(x,y)\mathrm{d}y$$

例 11.2.2 计算二重积分 $I=\iint\limits_D xy\,\mathrm{d}x\mathrm{d}y$.

(1)D 是直线 $x=2$，$y=1$ 和 $y=x$ 所围成的区域.

(2)D 是直线 $y=x-2$ 和抛物线 $y^2=x$ 所围成的区域.

解:(1)方法一(称为先算 y 后算 x)，首先，画出直线 $x=2$，$y=1$ 和 $y=x$ 所围成的区域 D，如图 11.9 所示. 然后，沿 x 轴方向，找到区域 D 的最小值 $a=1$ 和最大值 $b=2$，在 x 轴上任取一点 $P(x,0)$，$x\in[1,2]$，过点 P 作一直线平行 y 轴，从下到上交区域 D 的边界方程分别为 $y=y_1(x)=1$，$y=y_2(x)=x$. 最后，有

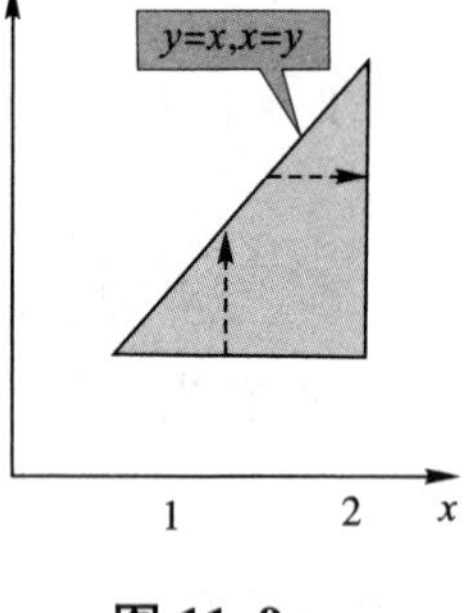

图 11.9

$$I=\iint\limits_D f(x,y)\mathrm{d}x\mathrm{d}y=\int_1^2\mathrm{d}x\int_1^x xy\,\mathrm{d}y=\int_1^2\left(\int_1^x xy\,\mathrm{d}y\right)\mathrm{d}x$$
$$=\int_1^2 x\left.\frac{y^2}{2}\right|_1^x\mathrm{d}x=\int_1^2\frac{x(x^2-1)}{2}\mathrm{d}x=\frac{9}{8}.$$

方法二(称为先算 x 后算 y)，首先，画出直线 $x=2$，$y=1$ 和 $y=x$ 所围成的区域 D. 然后，沿 y 轴方向，找到区域 D 的最小值 $c=1$ 和最大值 $d=2$，在 y 轴上任取一点 $P(0,y)$，$y\in[1,2]$，过点 P 作一直线

平行 x 轴，从左到右交区域 D 的边界方程分别为 $x=x_1(y)=y$，$x=x_2(y)=2$. 最后，有

$$I=\iint\limits_D f(x,y)\mathrm{d}x\mathrm{d}y=\int_1^2\mathrm{d}y\int_y^2 xy\mathrm{d}x$$

$$=\int_1^2\left(\int_y^2 xy\mathrm{d}x\right)\mathrm{d}y=\int_1^2 y\cdot\frac{x^2}{2}\Big|_y^2\mathrm{d}y=\int_1^2\frac{y(4-y^2)}{2}\mathrm{d}y=\frac{9}{8}.$$

(2)方法一(称为先算 y 后算 x)，首先，画出直线 $y=x-2$ 和抛物线 $y^2=x$ 所围成的区域 D，如图 11.10 所示. 然后，沿 x 轴方向，找到区域 D 的最小值 $a=0$ 和最大值 $b=4$，在 x 轴上任取一点 $P(x,0)$，$x\in[0,1]$，过点 P 作一直线平行 y 轴，从下到上交区域 D 的边界方程分别为 $y=y_1(x)=-\sqrt{x}$，$y=y_2(x)=\sqrt{x}$，所以 $x=0$，$x=1$，$y=-\sqrt{x}$，$y=\sqrt{x}$ 围成的区域 D_1；然后在 x 轴上任取一点 $P(x,0)$，$x\in[1,4]$，过点 P 作一直线平行 y 轴，从下到上交区域 D 的边界方程分别为 $y=y_1(x)=x-2$，$y=y_2(x)=\sqrt{x}$，所以 $x=1$，$x=4$，$y=x-2$，$y=\sqrt{x}$ 围成的区域 D_2. 最后，有

$$I=\iint\limits_D f(x,y)\mathrm{d}x\mathrm{d}y=\iint\limits_{D_1} f(x,y)\mathrm{d}x\mathrm{d}y+\iint\limits_{D_2} f(x,y)\mathrm{d}x\mathrm{d}y$$

$$=\int_0^1\mathrm{d}x\int_{-\sqrt{x}}^{\sqrt{x}} xy\mathrm{d}y+\int_1^4\mathrm{d}x\int_{x-2}^{\sqrt{x}} xy\mathrm{d}y=\frac{45}{8}.$$

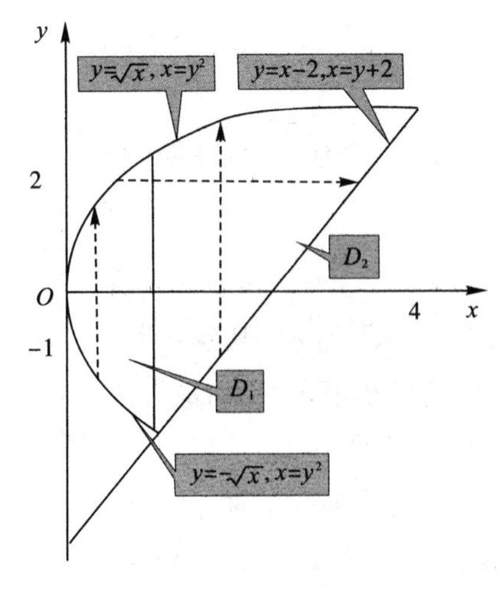

图 11.10

方法二（称为先算 x 后算 y），首先，画出直线 $y=x-2$ 和抛物线 $y^2=x$ 所围成的区域 D. 然后，沿 y 轴方向，找到区域 D 的最小值 $c=-1$和最大值 $d=2$，然后在 y 轴上任取一点 $P(0,y)$，$y\in[-1,2]$，过点 P 作一直线平行 x 轴，从左到右交区域 D 的边界方程分别为 $x=x_1(y)=y^2$，$x=x_2(y)=y+2$. 最后，有

$$I=\iint_D f(x,y)\mathrm{d}x\mathrm{d}y=\int_{-1}^{2}\mathrm{d}y\int_{y^2}^{y+2}xy\mathrm{d}x=\frac{45}{8}.$$

4. 主题练习

（Ⅰ）由于 $\int \mathrm{e}^{x^2}\mathrm{d}x, \int \mathrm{e}^{\frac{1}{x}}\mathrm{d}x, \int \frac{\sin x}{x}\mathrm{d}x, \int \sin x^2\mathrm{d}x, \int \frac{\mathrm{d}x}{\ln x}$ 等积分存在，但不能用初等函数表示（通俗称积不出来）；或积分计算复杂，如 $\int \frac{x}{\sqrt{1+x^3}}\mathrm{d}x$ 等. 则一般要选择先算 x 后算 y 或先算 y 后算 x，然后再计算.

例 11.2.3 交换次序后计算二重积分.

(1) $I=\iint_D x^2\mathrm{e}^{-y^2}\mathrm{d}x\mathrm{d}y$，其中 D 是由直线 $x=0$，$y=1$ 和 $y=x$ 所围成的区域.

(2) $I=\int_{\frac{1}{4}}^{\frac{1}{2}}\mathrm{d}x\int_{\frac{1}{2}}^{\sqrt{x}}\mathrm{e}^{\frac{x}{y}}\mathrm{d}y+\int_{\frac{1}{2}}^{1}\mathrm{d}x\int_{x}^{\sqrt{x}}\mathrm{e}^{\frac{x}{y}}\mathrm{d}y$.

(3) $I=\int_0^a\mathrm{d}x\int_0^x \frac{f'(y)}{\sqrt{(a-x)(x-y)}}\mathrm{d}y, (a>0)$.

解：(1) 目标：由于 $\int \mathrm{e}^{-y^2}\mathrm{d}y$ 积不出来，所以选择先算 x 后算 y.

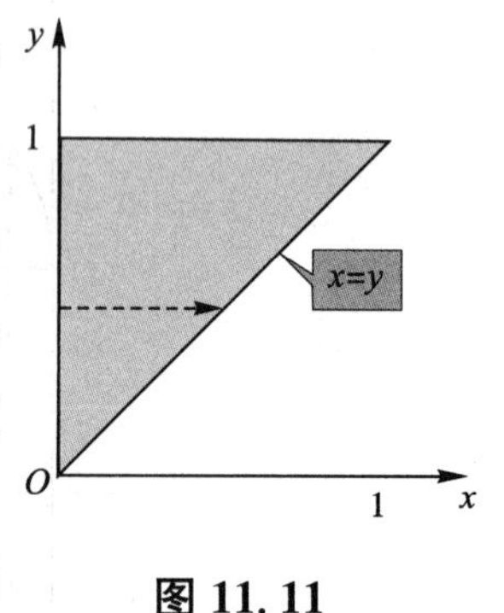

图 11.11

首先，画出直线 $x=0$，$y=1$ 和 $y=x$ 所围成的区域 D，如图 11.11 所示. 其次，沿 y 轴方向，找到区域 D 的最小值 $c=0$ 和最大值 $d=1$，然后在 y 轴上任取一点 $P(0,y)$，$y\in[0,1]$，过点 P 作一直线平行 x 轴，从左到右交区域 D 的边界方程分别为 $x=x_1(y)=0$，$x=x_2(y)=y$. 最后，有

$$I=\iint\limits_D x^2 e^{-y^2}\,dxdy=\int_0^1 dy\int_0^y x^2 e^{-y^2}\,dx=\int_0^1(\int_0^y x^2 e^{-y^2}\,dx)dy$$

$$=\int_0^1 e^{-y^2}\frac{x^3}{3}\bigg|_0^y dy=\frac{1}{3}\int_0^1 e^{-y^2}y^3 dy=\frac{1}{6}\int_0^1 e^{-y^2}y^2 dy^2=\frac{1}{6}-\frac{1}{3e}.$$

(2)目标:由于$\int e^{\frac{1}{y}}dy$积不出来,所以选择先算x后算y,即要交换次序后再计算.

首先,画出$x=\frac{1}{4}$,$x=\frac{1}{2}$和$y=y_1(x)=\frac{1}{2}$,$y=y_2(x)=\sqrt{x}$所围成的区域D_1,然后画出$x=\frac{1}{2}$,$x=1$和$y=y_1(x)=x$,$y=y_2(x)=\sqrt{x}$所围成的区域D_2.这里区域D是由内部不相交的D_1和D_2组成,如图11.12所示.其次,沿y轴方向,找到区域D的最小值$c=\frac{1}{2}$和最大值$d=1$,然后在y轴上任取一点$P(0,y)$ $y\in\left[\frac{1}{2},1\right]$,过点$P$作一直线平行$x$轴,从左到右交区域$D$的边界方程分别为$x=x_1(y)=y^2$,$x=x_2(y)=y$.

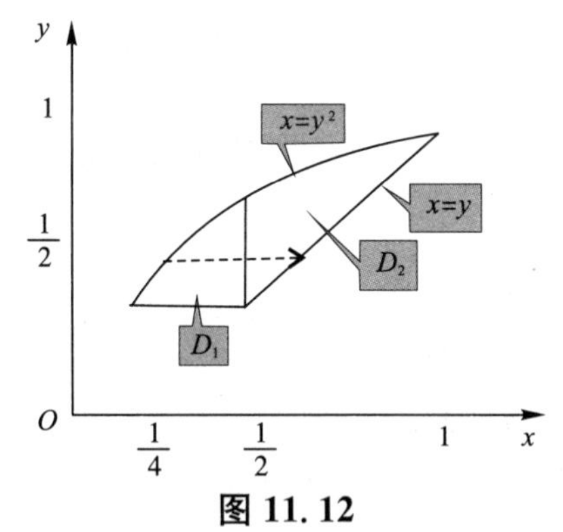

图11.12

最后,有

$$I=\int_{\frac{1}{4}}^{\frac{1}{2}}dx\int_{\frac{1}{2}}^{\sqrt{x}}e^{\frac{x}{y}}dy+\int_{\frac{1}{2}}^{1}dx\int_{x}^{\sqrt{x}}e^{\frac{x}{y}}dy=\int_{\frac{1}{2}}^{1}dy\int_{y^2}^{y}e^{\frac{x}{y}}dx$$

$$=\int_{\frac{1}{2}}^{1}\left(\int_{y^2}^{y}e^{\frac{x}{y}}dx\right)dy=\int_{\frac{1}{2}}^{1}y e^{\frac{x}{y}}\bigg|_{y^2}^{y}dy=\int_{\frac{1}{2}}^{1}y(e-e^y)dy=\frac{3e}{8}-\frac{\sqrt{e}}{2}.$$

(3)目标:由于$\int\frac{f'(y)}{\sqrt{b-y}}dy$积不出来,所以选择先算$x$后算$y$,即要交换次序后再计算.

这里b为常数.

首先，画出 $x=0, x=a$ 和 $y=y_1(x)=0, y=y_2(x)=x$ 所围成的区域D. 其次，沿 y 轴方向，找到区域 D 的最小值 $c=0$ 和最大值 $d=a$，然后在 y 轴上任取一点 $P(0,y), y\in[0,a]$，过点 P 作一直线平行 x 轴，从左到右交区域 D 的边界方程分别为 $x=x_1(y)=y$，$x=x_2(y)=a$. 最后，有

$$I=\int_0^a \mathrm{d}x\int_0^x \frac{f'(y)}{\sqrt{(a-x)(x-y)}}\mathrm{d}y=\int_0^a \mathrm{d}y\int_y^a \frac{f'(y)}{\sqrt{(a-x)(x-y)}}\mathrm{d}x$$

$$=\int_0^a\left[\int_y^a \frac{f'(y)}{\sqrt{(a-x)(x-y)}}\mathrm{d}x\right]\mathrm{d}y$$

$$=\int_0^a f'(y)\left(\int_y^a \frac{1}{\sqrt{(a-x)(x-y)}}\mathrm{d}x\right)\mathrm{d}y,$$

而

$$\int_b^a \frac{1}{\sqrt{(a-x)(x-b)}}\mathrm{d}x=2\int_b^a \frac{1}{\sqrt{a-x}}\mathrm{d}\sqrt{x-b}$$

$$=2\int_b^a \frac{1}{\sqrt{(a-b)-(\sqrt{x-b})^2}}\mathrm{d}\sqrt{x-b}$$

$$=2\arcsin\sqrt{\frac{x-b}{a-b}}\Bigg|_b^a=\pi(0\leqslant b<a),$$

于是有

$$I=\int_0^a f'(y)\left(\int_y^a \frac{1}{\sqrt{(a-x)(x-y)}}\mathrm{d}x\right)\mathrm{d}y=\int_0^a \pi f'(y)\mathrm{d}y$$

$$=\pi(f(a)-f(0)).$$

（提示：这里是对 x 积分，y 看成常数 b）

类似题：计算二重积分.

(1) $I=\int_0^1 \mathrm{d}x\int_{x^2}^1 \frac{xy}{\sqrt{1+y^3}}\mathrm{d}y$.

(2) $I=\iint\limits_D \frac{\sin y}{y}\mathrm{d}x\mathrm{d}y$，其中 D 是由直线 $y=x$ 和抛物线 $y=\sqrt{x}$ 所围成的区域.

（Ⅱ）利用被积函数的奇偶性与积分区域的对称性化简二重积分计算.

原理 11.2.1

(1)若区域 D 关于 x 轴对称,则有

$$\iint\limits_{D} f(x,y)\mathrm{d}x\mathrm{d}y=\begin{cases}0, & f(x,-y)=-f(x,y),\\ 2\iint\limits_{D_1} f(x,y)\mathrm{d}x\mathrm{d}y, & f(x,-y)=-f(x,y),\end{cases}$$

其中 $D_1=D\cap\{y\geqslant 0\}$. 如图 11.13 情形 1 所示.

(2)若区域 D 关于 y 轴对称,则有

$$\iint\limits_{D} f(x,y)\mathrm{d}x\mathrm{d}y=\begin{cases}0, & f(-x,y)=-f(x,y)\\ 2\iint\limits_{D_1} f(x,y)\mathrm{d}x\mathrm{d}y, & f(-x,y)=f(x,y),\end{cases}$$

其中 $D_1=D\cap\{x\geqslant 0\}$. 如图 11.13 情形 2 所示.

(3)若区域 D 关于原点对称,则有

$$\iint\limits_{D} f(x,y)\mathrm{d}x\mathrm{d}y=\begin{cases}0, & f(-x,-y)=-f(x,y),\\ 2\iint\limits_{D_1} f(x,y)\mathrm{d}x\mathrm{d}y, & f(-x,-y)=f(x,y),\end{cases}$$

其中 $D_1=D\cap\{x\geqslant 0\}$ 或 $D_1=D\cap\{y\geqslant 0\}$. 如图 11.13 情形 3 所示.

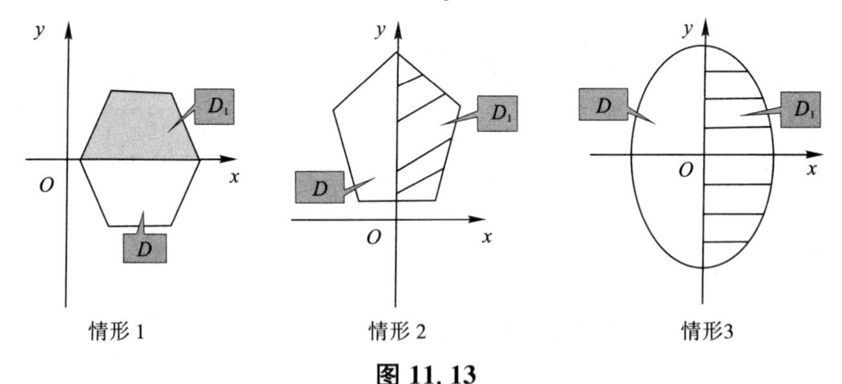

图 11.13

例 11.2.4 设 D 是由曲线 $y=x^3$ 与直线 $x=-1$、$y=1$ 所围成的区域,D_1 是 D 在第一象限的部分,则 $\iint\limits_{D}(xy+\cos x\sin y)\mathrm{d}x\mathrm{d}y=($ $)$.

A. $2\iint\limits_{D_1}\cos x\sin y\mathrm{d}x\mathrm{d}y$; B. $2\iint\limits_{D_1}xy\mathrm{d}x\mathrm{d}y$;

C. $4\iint\limits_{D_1}(xy+\cos x\sin y)\mathrm{d}x\mathrm{d}y$; D. 0.

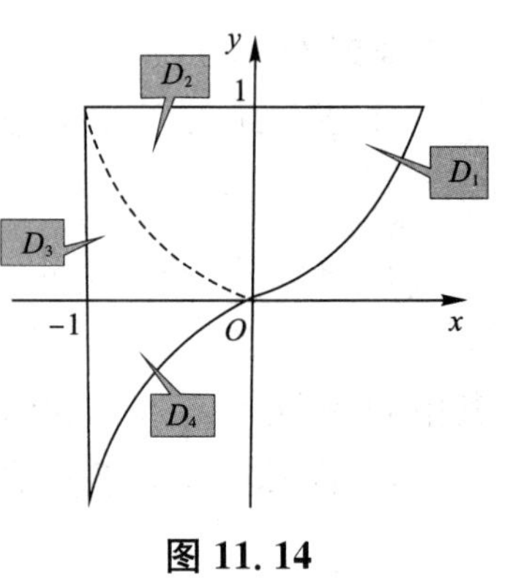

图 11.14

解:用曲线段

$\Gamma=\{(x,y)\mid y=-x^3,-1\leqslant x\leqslant 0\}$

与 x 轴,y 轴将区域 D 分成 D_1,D_2,D_3,D_4 四个部分,于是 D_1 与 D_2 关于 y 轴对称,D_3 与 D_4 关于 x 轴对称,如图 11.14 所示.同时函数 xy 既对 x 为奇函数又对 y 为奇函数,函数 $\cos x\sin y$ 对 x 为偶函数且对 y 为奇函数,因此有

$$\iint_D(xy+\cos x\sin y)\mathrm{d}x\mathrm{d}y=\iint_D\cos x\sin y\mathrm{d}x\mathrm{d}y$$

$$=\iint_{D_1+D_2}\cos x\sin y\mathrm{d}x\mathrm{d}y+\iint_{D_3+D_4}\cos x\sin y\mathrm{d}x\mathrm{d}y$$

$$=2\iint_{D_1}\cos x\sin y\mathrm{d}x\mathrm{d}y+0=2\iint_{D_1}\cos x\sin y\mathrm{d}x\mathrm{d}y$$

所以应选 A.

例 11.2.5 计算二重积分

$$I=\iint_D\frac{1+xy}{1+x^2+y^2}\mathrm{d}x\mathrm{d}y,$$

其中 $D=\{(x,y)\mid x^2+y^2\leqslant 1,x\geqslant 0\}$.

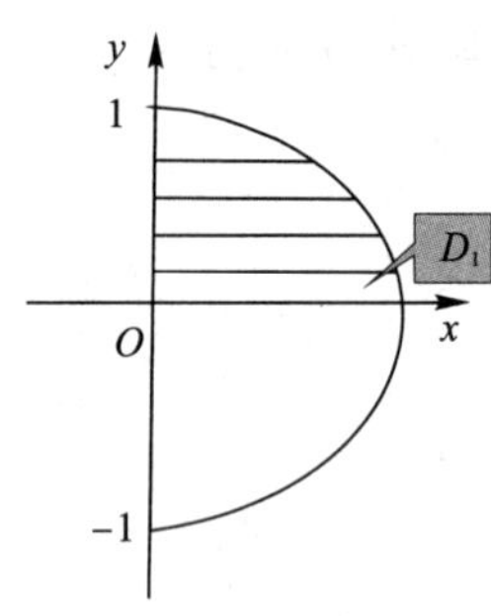

图 11.15

解:首先,画出区域 D,如图 11.15 所示.易知其关于 x 轴对称,而$\dfrac{xy}{1+x^2+y^2}$为 y 的奇函数,$\dfrac{1}{x^2+y^2}$为 y 的偶函数,所以有

$$\iint_D\frac{xy}{1+x^2+y^2}\mathrm{d}x\mathrm{d}y=0$$

$$\iint_D\frac{1}{1+x^2+y^2}\mathrm{d}x\mathrm{d}y=2\iint_{D_1}\frac{1}{1+x^2+y^2}\mathrm{d}x\mathrm{d}y,$$

其中 $D_1=\{(x,y)\mid x^2+y^2\leqslant 1,x\geqslant 0,y\geqslant 0\}$.然后,在极坐标系下计算二重积分,设$\begin{cases}x=r\cos\theta\\y=r\sin\theta\end{cases}$,有 $D(r,\theta)=\left\{(r,\theta)\mid 0\leqslant r\leqslant 1,0\leqslant\theta\leqslant\dfrac{\pi}{2}\right\}$,

所以有

$$I = 2\iint\limits_{D_1} \frac{1+xy}{1+x^2+y^2}\mathrm{d}x\mathrm{d}y = 2\int_0^{\frac{\pi}{2}}\mathrm{d}\theta\int_0^1 \frac{r}{1+r^2}\mathrm{d}r = \frac{\pi\ln 2}{2}.$$

类似题：

(1)设平面区域 D_1，D_2 和 D_3 分别为 $\{(x,y)\mid x^2+y^2\leqslant R^2\}$，$\{(x,y)\mid x^2+y^2\leqslant R^2, x\geqslant 0\}$，$\{(x,y)\mid x^2+y^2\leqslant R^2, x\geqslant 0, y\geqslant 0\}$，则必有(　　).

A. $\iint\limits_{D_1} x\mathrm{d}\sigma = 2\iint\limits_{D_2} x\mathrm{d}\sigma$;　　B. $\iint\limits_{D_2} x\mathrm{d}\sigma = 2\iint\limits_{D_3} x\mathrm{d}\sigma$;

C. $\iint\limits_{D_1} y\mathrm{d}\sigma = 2\iint\limits_{D_2} y\mathrm{d}\sigma$;　　D. $\iint\limits_{D_2} y\mathrm{d}\sigma = 2\iint\limits_{D_3} y\mathrm{d}\sigma$.

(2)设区域 D 为矩形，被积函数形如 $f(x,y)=g(x)h(y)$，这里 $g(x)$，$h(y)$ 均连续. 我们给出如下特别的结论.

原理 11.2.2　设区域 $D=\{(x,y)\mid a\leqslant x\leqslant b, c\leqslant y\leqslant d\}$ 为矩形，$f(x,y)=g(x)h(y)$，其中 g，h 连续. 于是一般有表达式

$$\iint\limits_{D} f(x,y)\mathrm{d}x\mathrm{d}y = \left(\int_a^b g(x)\mathrm{d}x\right)\left(\int_c^d h(y)\mathrm{d}y\right).$$

在证明中一般结合被积函数特征用.

例 11.2.6　设 $f(x)$ 在区间 $[a,b]$ 上连续，证明：

$$\left(\int_a^b f(x)\mathrm{d}x\right)^2 \leqslant (b-a)\int_a^b f^2(x)\mathrm{d}x.$$

解：记正方形 $D=\{(x,y)\mid a\leqslant x\leqslant b, a\leqslant y\leqslant b\}$，

依据 $2f(x)f(y)\leqslant f^2(x)+f^2(y)$，于是，有

$$2\iint\limits_{D} f(x)f(y)\mathrm{d}x\mathrm{d}y \leqslant \iint\limits_{D} f^2(x)\mathrm{d}x\mathrm{d}y + \iint\limits_{D} f^2(y)\mathrm{d}x\mathrm{d}y = 2\iint\limits_{D} f^2(x)\mathrm{d}x\mathrm{d}y,$$

进一步，有

$$\left(\int_a^b f(x)\mathrm{d}x\right)^2 \leqslant \int_a^b \mathrm{d}x\int_a^b f^2(x)\mathrm{d}y = (b-a)\int_a^b f^2(x)\mathrm{d}x.$$

例 11.2.7　设 $f(x)$ 在区间 $[a,b]$ 上连续且 $f(x)>0$，证明：

$$(b-a)^2 \leqslant \int_a^b f(x)\mathrm{d}x\int_a^b \frac{1}{f(x)}\mathrm{d}x.$$

解：记正方形 $D=\{(x,y)\mid a\leqslant x\leqslant b,a\leqslant y\leqslant b\}$，

依据 $2\leqslant\dfrac{f(x)}{f(y)}+\dfrac{f(y)}{f(x)}$，于是，有

$$2\iint_D \mathrm{d}x\mathrm{d}y\leqslant\iint_D \frac{f(x)}{f(y)}\mathrm{d}x\mathrm{d}y+\iint_D \frac{f(y)}{f(x)}\mathrm{d}x\mathrm{d}y=2\iint_D \frac{f(x)}{f(y)}\mathrm{d}x\mathrm{d}y,$$

进一步，有

$$(b-a)^2\leqslant\int_a^b f(x)\mathrm{d}x\int_a^b \frac{1}{f(y)}\mathrm{d}y=\int_a^b f(x)\mathrm{d}x\int_a^b \frac{1}{f(x)}\mathrm{d}x.$$

注 11.2.2 这两题也可用施瓦兹不等式证明.

类似题：

(1)设 $f(x)$在区间$[0,1]$上连续，证明：$\left(\int_0^1 f(x)\mathrm{d}x\right)^2\leqslant\int_0^1 f^2(x)\mathrm{d}x$.

(2)证明 $1\leqslant\int_0^1 \mathrm{e}^{x^2}\mathrm{d}x\int_0^1 \mathrm{e}^{-x^2}\mathrm{d}x$.

(3)当被积函数是分段函数时，一般用可分性性质加以计算二重积分.

例 11.2.8 设函数 $f(x)=g(x)=\begin{cases}1, & 0\leqslant x\leqslant 1,\\ 0, & \text{其他},\end{cases}$ 区域 D 表示正方形$0\leqslant x\leqslant 2,0\leqslant y\leqslant 2$. 计算二重积分 $\iint_D f(x)g(y-x)\mathrm{d}x\mathrm{d}y$.

解：依据定义可知被积函数

$f(x)g(y-x)=\begin{cases}1, & 0\leqslant x\leqslant 1,0\leqslant y-x\leqslant 1,\\ 0, & \text{其他},\end{cases}$ 于是，有

$$\iint_D f(x)g(y-x)\mathrm{d}x\mathrm{d}y=\iint_{D_1} 1\mathrm{d}x\mathrm{d}y+\iint_{D-D_1} 0\mathrm{d}x\mathrm{d}y=\int_0^1 \mathrm{d}x\int_x^{x+1}\mathrm{d}y=1.$$

其中 $D_1=\{(x,y)\mid 0\leqslant x\leqslant 1,0\leqslant y-x\leqslant 1\}$.

例 11.2.9 计算$\iint_D |x^2-y|\mathrm{d}x\mathrm{d}y$，其中区域 D 为正方形 $0\leqslant x\leqslant 1$，$0\leqslant y\leqslant 1$.

解：依据绝对值的定义知 $f(x,y)=\begin{cases}x^2-y, & x^2-y\geqslant 0,\\ y-x^2, & x^2-y<0,\end{cases}$ 记

$$D_1=D\cap\{(x,y)\mid x^2-y\geqslant 0\},$$
$$D_2=D\cap\{(x,y)\mid x^2-y<0\},$$

如图 11.16 所示. 于是,有

$$\iint\limits_{D}|x^2-y|\,\mathrm{d}x\mathrm{d}y=\iint\limits_{D_1}(x^2-y)\,\mathrm{d}x\mathrm{d}y+\iint\limits_{D_2}(y-x^2)\,\mathrm{d}x\mathrm{d}y$$

$$=\int_0^1\mathrm{d}x\int_0^{x^2}(x^2-y)\,\mathrm{d}y+\int_0^1\mathrm{d}x\int_{x^2}^1(y-x^2)\,\mathrm{d}y=\frac{11}{30}.$$

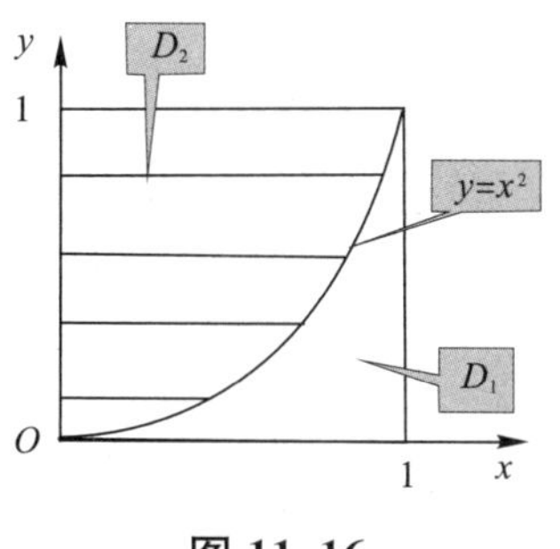

图 11.16

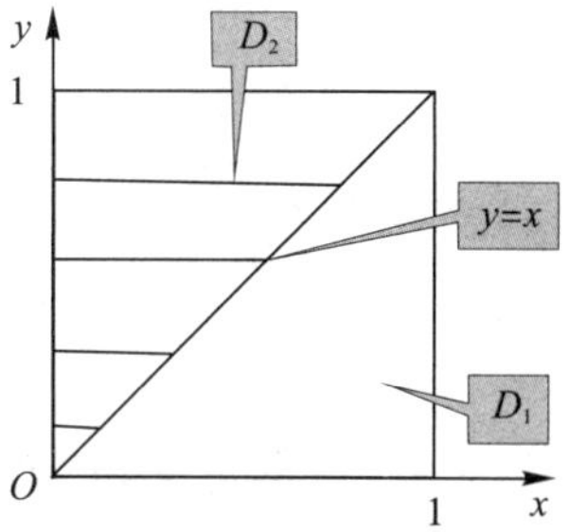

图 11.17

例 11.2.10 计算 $\iint\limits_{D}\max\{x,y\}\,\mathrm{d}x\mathrm{d}y$, 其中区域 D 为正方形 $0\leqslant x\leqslant 1,0\leqslant y\leqslant 1$.

解: 依据最大值的定义知 $f(x,y)=\begin{cases}y, & y\geqslant x,\\ x, & y<x,\end{cases}$ 记

$$D_1=D\cap\{(x,y)\mid y\geqslant x\},D_2=D\cap\{(x,y)\mid y<x\},$$

如图 11.17 所示. 于是,有

$$\iint\limits_{D}\max\{x,y\}\,\mathrm{d}x\mathrm{d}y=\iint\limits_{D_1}y\,\mathrm{d}x\mathrm{d}y+\iint\limits_{D_2}x\,\mathrm{d}x\mathrm{d}y$$

$$=\int_0^1\mathrm{d}y\int_0^y y\,\mathrm{d}x+\int_0^1\mathrm{d}x\int_0^x x\,\mathrm{d}y=\frac{2}{3}.$$

类似题:

(1)计算 $\iint\limits_{D}\sqrt{x^2+y^2}\cdot[1+x^2+y^2]\,\mathrm{d}x\mathrm{d}y$, 其中 $D=\{(x,y)\mid x^2+y^2<2\}$,符号 $[x]$ 是指不超 x 的最大整数.

解: 首先,依据定义知 $f(x,y)=\begin{cases}\sqrt{x^2+y^2}, & x^2+y^2<1,\\ 2\sqrt{x^2+y^2}, & 1\leqslant x^2+y^2<2,\end{cases}$ 记

$$D_1=\{(x,y)\mid x^2+y^2<1\},$$

$$D_2=\{(x,y)\mid 1\leqslant x^2+y^2<2\}.$$

然后,有

$$\begin{aligned}&\iint_D \sqrt{x^2+y^2}\cdot[1+x^2+y^2]\mathrm{d}x\mathrm{d}y\\&=\iint_{D_1}\sqrt{x^2+y^2}\mathrm{d}x\mathrm{d}y+\iint_{D_2}2\sqrt{x^2+y^2}\mathrm{d}x\mathrm{d}y\\&=\int_0^{2\pi}\mathrm{d}\theta\int_0^1 r^2\mathrm{d}r+\int_0^{2\pi}\mathrm{d}\theta\int_1^{\sqrt{2}}2r^2\mathrm{d}r=\frac{8\sqrt{2}-2}{3}\pi.\end{aligned}$$

(2)计算 $I=\iint_D|x^2+y^2-1|\mathrm{d}x\mathrm{d}y$,其中 $D=\{(x,y)|0\leqslant x\leqslant 1,0\leqslant y\leqslant 1\}$.

解:首先,依据定义知 $f(x,y)=\begin{cases}1-x^2-y^2,&(x,y)\in D_1,\\x^2+y^2-1,&(x,y)\in D_2,\end{cases}$记

$$D_1=\{(x,y)|x^2+y^2<1\}\cap D,$$
$$D_2=\{(x,y)|1\leqslant x^2+y^2\}\cap D.$$

其次,有

$$\begin{aligned}I&=\iint_D|x^2+y^2-1|\mathrm{d}x\mathrm{d}y\\&=\iint_{D_1}(1-x^2+y^2)\mathrm{d}x\mathrm{d}y+\iint_{D_2}(x^2+y^2-1)\mathrm{d}x\mathrm{d}y=I_1+I_2.\end{aligned}$$

最后,有

$$I_1=\int_0^{\frac{\pi}{2}}\mathrm{d}\theta\int_0^1(1-r^2)\cdot r\mathrm{d}r=\frac{\pi}{8}$$

和

$$\begin{aligned}I_2&=\iint_{D_2}(x^2+y^2-1)\mathrm{d}x\mathrm{d}y\\&=\iint_D(x^2+y^2-1)\mathrm{d}x\mathrm{d}y-\iint_{D_1}(x^2+y^2-1)\mathrm{d}x\mathrm{d}y\\&=\int_0^1\mathrm{d}x\int_0^1(x^2+y^2-1)\mathrm{d}y-(-I_1)=\int_0^1\left(x^2-\frac{2}{3}\right)\mathrm{d}x+I_1\\&=-\frac{1}{3}+\frac{\pi}{8}.\end{aligned}$$

(提示:用了可加性并注意被积函数的正负号,这样计算简单)

于是,有 $I=I_1+I_2=\frac{\pi}{4}-\frac{1}{3}$.

11.2.2 在平面极坐标系下，计算二重积分

1. 定义与记号

(1)直角坐标系与极坐标系坐标的关系为$\begin{cases}x=r\cos\theta,\\y=r\sin\theta.\end{cases}$

(2)设平面区域 $D(x,y)$，其边界方程为 $F(x,y)=0$，则有 $F(r\cos\theta,r\sin\theta)=0$. 一般可以解出 $r=r(\theta)$ 或 $\theta=\theta(r)$，则称 $D(x,y)=D(r,\theta)$ 由 $r=r(\theta)$ 或由 $\theta=\theta(r)$ 所围成.

(3)面积元. $\mathrm{d}\sigma=r\mathrm{d}r\mathrm{d}\theta$.

(4)θ-型区域架构.

设平面区域 D 是由 $r=r_1(\theta)$，$r=r_2(\theta)$ $(r_1(\theta)\leqslant r_2(\theta))$ 及射线 $\theta=\alpha$，$x=\beta(\alpha<\beta)$ 所围成，若区域 D 满足过极点 O 的射线 $\theta=\theta_0$ $(\alpha<\theta_0<\beta)$ 与 D 的边界至多相交于两点，则称区域 D 为 θ-型区域. 依据其几何构架，则用扫描法表示：

首先，沿着 θ-轴方向找区域 D 的最小值 α 和最大值 β，在射线 $\theta=\alpha$，$\theta=\beta(\alpha<\beta)$ 之间做射线 $\theta(\alpha<\theta<\beta)$，由内向外分别相交 D 的边界于两点 p_1，p_2，这样直线段$\overline{p_1p_2}$可表示为 $r_1(\theta)\leqslant r\leqslant r_2(\theta)(\alpha<\theta<\beta)$. 其次，让极角 θ 从 α 运动到 β 时，则直线段$\overline{p_1p_2}$扫过区域 D，如图11.18情形 1 所示. 最后，其几何构架为

$$D(r,\theta)=\{(r,\theta)\mid\alpha\leqslant\theta\leqslant\beta,r_1(\theta)\leqslant r\leqslant r_2(\theta)\}.$$

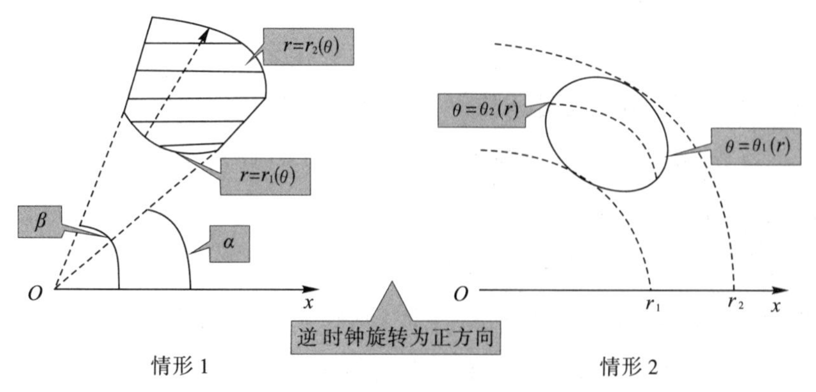

图 11.18

具体依据极点 O 与区域 D 的关系而定，例如，当极点在区域内部时，如图 11.19 情形 1 所示. 有

$$D(r,\theta)=\{(r,\theta)\mid 0\leqslant\theta\leqslant 2\pi, 0\leqslant r\leqslant r_2(\theta)\},$$

其中 $r(\theta)=r_1(\theta)=r_2(\theta)$ 且注意射线仅交边界于一点，此时 $\overline{p_1p_2}$ 改成 $\overline{Op_2}$ 即可.

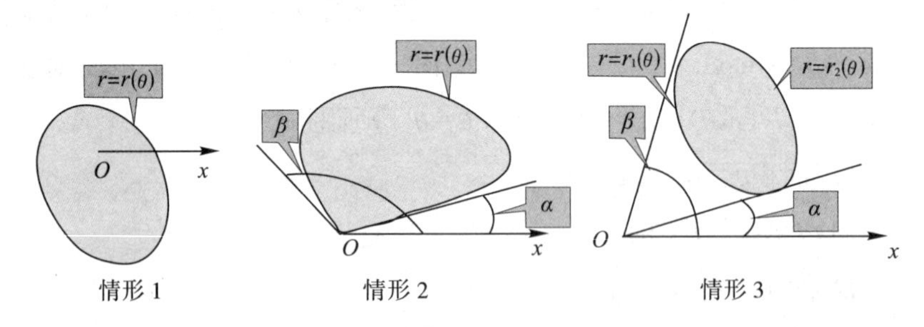

图 11.19

当极点在区域的边界上时，如图 11.19 情形 2 所示. 有

$$D(r,\theta)=\{(r,\theta)\mid \alpha\leqslant\theta\leqslant\beta, 0\leqslant r\leqslant r_2(\theta)\},$$

$$\text{其中 } r_1(\theta)=0, r(\theta)=r_2(\theta).$$

当极点在区域外部时，如图 11.19 情形 3 所示. 有

$$D(r,\theta)=\{(r,\theta)\mid \alpha\leqslant\theta\leqslant\beta, r_1(\theta)\leqslant r\leqslant r_2(\theta)\}.$$

(5) r-型区域构架（仅限物理，电子等专业）.

设平面区域 D 是由 $\theta=\theta_1(r)$，$\theta=\theta_2(r)$（$\theta_1(r)\leqslant\theta_2(r)$）及两个圆弧 $r=r_1$，$r=r_2$（$r_1<r_2$）所围成，若区域 D 满足以极点 O 为圆心做同心圆 $r=r_0$（$r_1<r_0<r_2$）与 D 的边界至多相交于两点，则称区域 D 为 r-型区域. 依据其几何构架，则用扫描法表示：

首先，沿着向径 r 方向找区域 D 的最小值 r_1 和最大值 r_2，在两同心圆之间任做一同心圆 $r=r$（$r_1<r<r_2$），由逆时针分别相交 D 的边界于两点 p_1，p_2，这样圆弧段 p_1p_2 可表示为 $\theta_1(r)\leqslant\theta\leqslant\theta_2(r)$. 其次，让圆 r 从圆 r_1 运动到圆 r_2 时，则圆弧段 p_1p_2 扫过区域 D，如图 11.18 情形 2 所示. 最后，有其几何构架为

$$D(r,\theta)=\{(r,\theta)\mid r_1\leqslant r\leqslant r_2, \theta_1(r)\leqslant\theta\leqslant\theta_2(r)\}.$$

2. 定理

定理 11.2.3 设平面区域 D 是 θ-型区域(如上),若函数 $f(x,y)$ 在 D 上连续,则有

$$\begin{aligned}\iint_{D(x,y)} f(x,y)\mathrm{d}x\mathrm{d}y &= \iint_{D(r,\theta)} f(r\cos\theta, r\sin\theta) r\mathrm{d}r\mathrm{d}\theta \\ &= \int_{\alpha}^{\beta}\mathrm{d}\theta\int_{r_1(\theta)}^{r_2(\theta)} f(r\cos\theta, r\sin\theta) r\mathrm{d}r \\ &= \int_{\alpha}^{\beta}\left(\int_{r_1(\theta)}^{r_2(\theta)} f(r\cos\theta, r\sin\theta) r\mathrm{d}r\right)\mathrm{d}\theta.\end{aligned}$$

定理 11.2.4 设平面区域 D 是 r-型区域(如上),若函数 $f(x,y)$ 在 D 上连续,则有

$$\begin{aligned}\iint_{D(x,y)} f(x,y)\mathrm{d}x\mathrm{d}y &= \iint_{D(r,\theta)} f(r\cos\theta, r\sin\theta) r\mathrm{d}r\mathrm{d}\theta \\ &= \int_{r_1}^{r_2}\mathrm{d}r\int_{\theta_1(r)}^{\theta_2(r)} f(r\cos\theta, r\sin\theta) r\mathrm{d}\theta \\ &= \int_{r_1}^{r_2}\left(\int_{\theta_1(r)}^{\theta_2(r)} f(r\cos\theta, r\sin\theta) r\mathrm{d}\theta\right)\mathrm{d}r.\end{aligned}$$

注 11.2.3

(1)定理 11.2.3 称为先算 r 后算 θ,定理 11.2.4 称为先算 θ 后算 r.

(2)$D(x,y)$,$D(r,\theta)$是指同一区域,只不过一个是在直角坐标系下的表示,一个是在极坐标系下的表示.

(3)当被积函数表达式中出现 x^2+y^2 因子时,或当区域的边界方程出现 x^2+y^2 因子时,宜采用极坐标计算二重积分.

(4)沿着 θ-轴方向是指沿逆时针方向.

3. 应用举例

例 11.2.11 将极坐标系转化为直角坐标系

$$I=\int_0^{\frac{\pi}{4}}\mathrm{d}\theta\int_0^1 f(r\cos\theta, r\sin\theta) r\mathrm{d}r,$$

其中函数 $f(x,y)$为连续函数.

解:首先,沿着 θ-轴方向知区域 D 的最小值 $\alpha=0$ 和最大值

$\beta=\frac{\pi}{4}$，画出曲线 $r=1(0\leqslant\theta\leqslant\frac{\pi}{4})$，如图 11.20 所示. 则有

$$D(r,\theta)=\left\{(r,\theta)\,\middle|\,0\leqslant\theta\leqslant\frac{\pi}{4},0\leqslant r\leqslant 1\right\}=D(x,y)$$
$$=\left\{(x,y)\,\middle|\,x^2+y^2\leqslant 1,x\geqslant 0,y\geqslant 0,y\geqslant x\right\}.$$

进一步，有

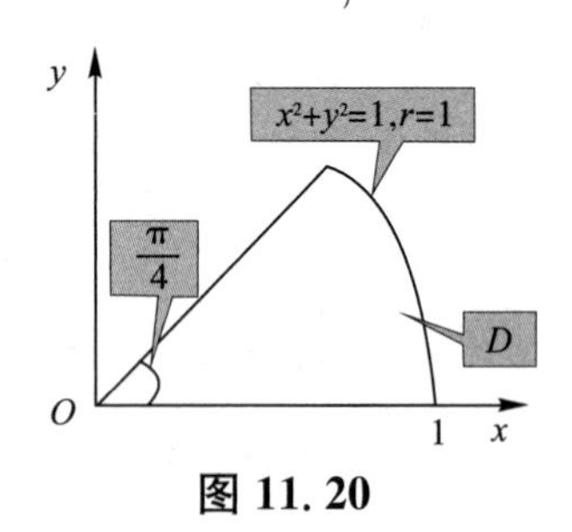

图 11.20

$$I=\int_0^{\frac{\pi}{4}}\mathrm{d}\theta\int_0^1 f(r\cos\theta,r\sin\theta)r\mathrm{d}r$$
$$=\iint_D f(x,y)\mathrm{d}x\mathrm{d}y$$
$$=\int_0^{\frac{\sqrt{2}}{2}}\mathrm{d}y\int_y^{\sqrt{1-y^2}}f(x,y)\mathrm{d}x.$$

例 11.2.12 设函数 $f(x,y)$ 在区域 D 上连续，且满足

$$f(x,y)=6\sqrt{1-x^2-y^2}-\frac{8}{\pi}\iint_D f(u,v)\mathrm{d}u\mathrm{d}v,$$

其中 $D=\{(x,y)\mid x^2+y^2\leqslant y,x\geqslant 0\}$. 求 $f(x,y)$.

解： 当被积函数和积分区域给定时，则二重积分表示一个确定的数. 记 $I=\iint_D f(x,y)\mathrm{d}x\mathrm{d}y$，则对

$$f(x,y)=6\sqrt{1-x^2-y^2}-\frac{8}{\pi}\iint_D f(u,v)\mathrm{d}u\mathrm{d}v$$

两边进行二重积分，有

$$I=\iint_D f(x,y)\mathrm{d}x\mathrm{d}y=6\iint_D\sqrt{1-x^2-y^2}\mathrm{d}x\mathrm{d}y-\frac{8}{\pi}\iint_D I\mathrm{d}x\mathrm{d}y$$
$$=6\iint_D\sqrt{1-x^2-y^2}\mathrm{d}x\mathrm{d}y-\frac{8I}{\pi}S(D)$$
$$=6\iint_D\sqrt{1-x^2-y^2}\mathrm{d}x\mathrm{d}y-I.$$

其中 $S(D)=\frac{1}{2}\cdot\pi\cdot\left(\frac{1}{2}\right)^2=\frac{\pi}{8}$ 为区域 D 的面积.

首先，由于被积函数表达式和区域的边界方程中出现 x^2+y^2 因子，宜采用极坐标计算二重积分，设 $\begin{cases}x=r\cos\theta,\\ y=r\sin\theta,\end{cases}$ 则区域的边界方程

的一部分为 $r^2=r\sin\theta$,即 $r=\sin\theta$. 其次画出区域,沿着 θ-轴方向找区域 D 的最小值 $\alpha=0$ 和最大值 $\beta=\frac{\pi}{2}$,在射线 $\theta=0,\theta=\frac{\pi}{2}$ 之间做射线 $\theta\left(0<\theta<\frac{\pi}{2}\right)$,由内向外分别相交 D 的边界于两点 $p_1=O,p_2$,这样直线段 $\overline{p_1p_2}$ 可表示为 $0\leqslant r\leqslant\sin\theta\left(0<\theta<\frac{\pi}{2}\right)$,如图 11.21 所示. 则有

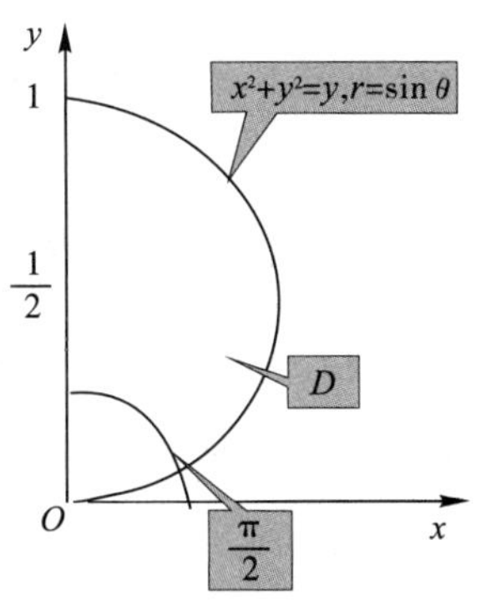

图 11.21

$$D(x,y)=\left\{(x,y)\mid x^2+y^2\leqslant y,x\geqslant 0\right\}$$

$$=D(r,\theta)=\left\{(r,\theta)\mid 0\leqslant\theta\leqslant\frac{\pi}{2},0\leqslant r\leqslant\sin\theta\right\}$$

且极点在边界上. 最后,有

$$3\iint_D\sqrt{1-x^2-y^2}\,\mathrm{d}x\mathrm{d}y=3\int_0^{\frac{\pi}{2}}\mathrm{d}\theta\int_0^{\sin\theta}\sqrt{1-r^2}\,r\mathrm{d}r$$

$$=3\int_0^{\frac{\pi}{2}}\left(\int_0^{\sin\theta}\sqrt{1-r^2}\,r\mathrm{d}r\right)\mathrm{d}\theta$$

$$=\frac{\pi}{2}-\frac{2}{3}.$$

于是,有 $f(x,y)=6\sqrt{1-x^2-y^2}-\frac{8}{\pi}\left(\frac{\pi}{2}-\frac{2}{3}\right)$.

例 11.2.13 计算 $I=\iint_D(\sqrt{x^2+y^2}+y)\mathrm{d}\sigma$,其中 D 是由 $x^2+y^2=4$ 和 $(x+1)^2+y^2=1$ 所围成的平面区域.

解: 首先,画出区域 D,易知关于 x 轴对称,则有 $\iint_D y\,\mathrm{d}\sigma=0$,即计算 $I=\iint_D\sqrt{x^2+y^2}\,\mathrm{d}\sigma$.

其次被积函数表达式和区域的边界方程均含有 x^2+y^2 因子,宜采用极坐标计算二重积分. 设 $\begin{cases}x=r\cos\theta,\\ y=r\sin\theta.\end{cases}$ 最后,由可加性知有

$$I=\iint\limits_{D}\sqrt{x^2+y^2}\mathrm{d}\sigma=\iint\limits_{D_1}\sqrt{x^2+y^2}\mathrm{d}\sigma-\iint\limits_{D_2}\sqrt{x^2+y^2}\mathrm{d}\sigma$$

$$=\int_0^{2\pi}\mathrm{d}\theta\int_0^2 r\cdot r\mathrm{d}r-\int_{\frac{\pi}{2}}^{\frac{3\pi}{2}}\mathrm{d}\theta\int_0^{-2\cos\theta}r\cdot r\mathrm{d}r=\frac{16\pi}{3}-\frac{32}{9}.$$

其中 $D_1=\left\{(x,y)\mid x^2+y^2\leqslant 4\right\}$ 和 $D_2=\left\{(x,y)\mid (x+1)^2+y^2\leqslant 1\right\}$，如图 11.22 所示.

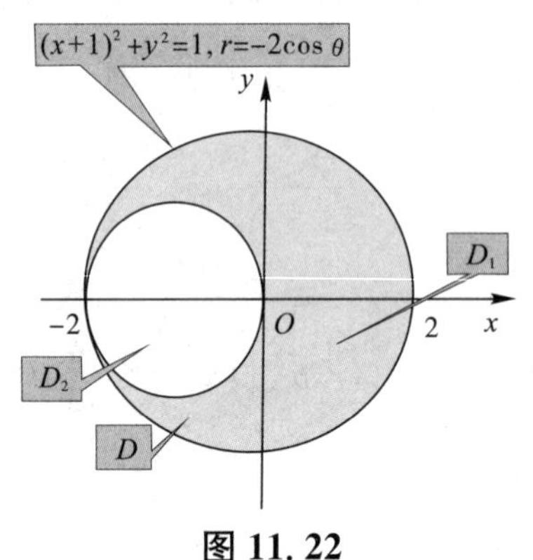

图 11.22

提示：对于区域 D_1，边界方程 $r^2=4$，即 $r=2$. 沿着 θ-轴方向找区域 D 的最小值 $\alpha=0$ 和最大值 $\beta=2\pi$，在射线 $\theta=0,\theta=2\pi$ 之间做射线 $\theta(0<\theta<2\pi)$，由内向外分别相交 D_1 的边界于一点 p_2，这样直线段 $\overline{Op_2}$ 可表示为 $0\leqslant r\leqslant 2(0<\theta<2\pi)$，且极点在区域内部. 则有

$$\begin{aligned}D_1(x,y)&=\{(x,y)\mid x^2+y^2\leqslant 4\}\\&=D_1(r,\theta)\\&=\{(r,\theta)\mid 0\leqslant\theta\leqslant 2\pi,0\leqslant r\leqslant 2\}.\end{aligned}$$

对于区域 D_2，边界方程 $x^2+y^2=-2x$ 化为 $r^2=-2r\cos\theta$，即 $r=-2\cos\theta$. 沿着 θ-轴方向找区域 D 的最小值 $\alpha=\frac{\pi}{2}$ 和最大值 $\beta=\frac{3\pi}{2}$，在射线 $\theta=\frac{\pi}{2},\theta=\frac{3\pi}{2}$ 之间做射线 $\theta\left(\frac{\pi}{2}<\theta<\frac{3\pi}{2}\right)$，由内向外分别相交 D 的边界于两点 $p_1=O,p_2$，这样直线段 $\overline{Op_2}$ 可表示为 $0\leqslant r\leqslant -2\cos(\frac{\pi}{2}<\theta<\frac{3\pi}{2})$，且极点在区域边界. 则有

$$\begin{aligned}D_2(x,y)&=\{(x,y)\mid x^2+y^2\leqslant -2x\}=D_2(r,\theta)\\&=\left\{(r,\theta)\mid \frac{\pi}{2}\leqslant\theta\leqslant\frac{3\pi}{2},0\leqslant r\leqslant -2\cos\theta\right\}.\end{aligned}$$

例 11.2.14 证明 $\int_0^{+\infty} e^{-x^2} dx = \frac{\sqrt{\pi}}{2}$.

解: 由广义积分定义知,有 $I=\int_0^{+\infty} e^{-x^2} dx = \lim\limits_{R\to+\infty}\int_0^R e^{-x^2} dx$, 而积分与积分变量的符号无关,所以有(提示:利用原理 11.2.2)

$$I^2 = \lim_{R\to+\infty}\int_0^R e^{-x^2} dx \cdot \lim_{R\to+\infty}\int_0^R e^{-y^2} dy = \lim_{R\to+\infty}\left(\int_0^R e^{-x^2} dx \int_0^R e^{-y^2} dy\right)$$

$$= \lim_{R\to+\infty}\iint_D e^{-x^2-y^2} dxdy.$$

其中区域 $D=\{(x,y)\mid 0\leqslant x\leqslant R, 0\leqslant y\leqslant R\}$ 为正方形.

首先,

记 $D_1 = \{(x,y)\mid x^2+y^2\leqslant 2R^2, x\geqslant 0, y\geqslant 0\}$

和

$$D_2 = \{(x,y)\mid x^2+y^2\leqslant R^2, x\geqslant 0, y\geqslant 0\},$$

且有 $D_2\subset D\subset D_1$,如图 11.23 所示. 而被积函数大于零,依据几何意义,有

$$\iint_{D_2} e^{-x^2-y^2} dxdy < \iint_D e^{-x^2-y^2} dxdy < \iint_{D_1} e^{-x^2-y^2} dxdy.$$

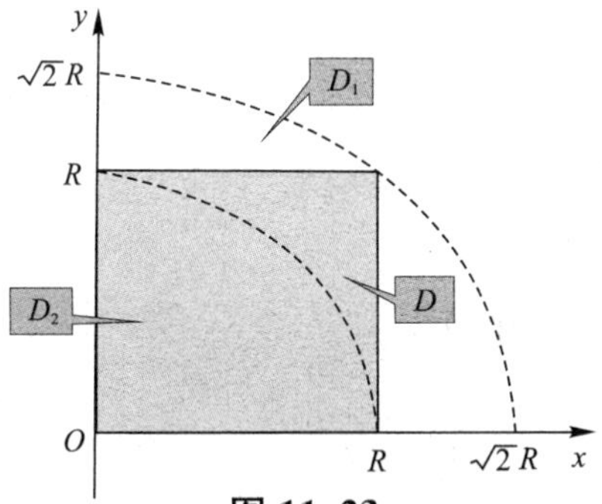

图 11.23

其次,由于被积函数与区域 D_1, D_2 的部分边界方程均含有 x^2+y^2 因子,适宜采用极坐标计算二重积分,设 $\begin{cases} x=r\cos\theta, \\ y=r\sin\theta, \end{cases}$ 有

$$I_1 = \iint_{D_1} e^{-x^2-y^2} dxdy = \int_0^{\frac{\pi}{2}} d\theta \int_0^{\sqrt{2}R} e^{-r^2}\cdot r dr = (1-e^{-2R^2}),$$

$$I_2 = \iint_{D_2} e^{-x^2-y^2} dxdy = \int_0^{\frac{\pi}{2}} d\theta \int_0^{R} e^{-r^2}\cdot r dr = \frac{\pi}{4}(1-e^{-R^2}).$$

最后，由两边夹定理，有 $\int_0^{+\infty} \mathrm{e}^{-x^2}\,\mathrm{d}x = \frac{\sqrt{\pi}}{2}$.

类似题：

(1)将极坐标系转化为直角坐标系

$$I = \int_0^{\frac{\pi}{2}} \mathrm{d}\theta \int_0^{\cos\theta} f(r\cos\theta, r\sin\theta) r\mathrm{d}r,$$

其中 $f(x,y)$ 为连续函数.

解：首先，沿着 θ-轴方向知区域 D 的最小值 $\alpha=0$ 和最大值 $\beta=\frac{\pi}{2}$，画出曲线 $r=\cos\theta\left(0\leqslant\theta\leqslant\frac{\pi}{4}\right)$，即 $x^2+y^2=x, x\geqslant0, y\geqslant0$，则有

$$I = \int_0^{\frac{\pi}{2}} \mathrm{d}\theta \int_0^{\cos\theta} f(r\cos\theta, r\sin\theta) r\mathrm{d}r = \iint\limits_D f(x,y)\mathrm{d}x\mathrm{d}y$$

$$= \int_0^1 \mathrm{d}x \int_0^{\sqrt{x-x^2}} f(x,y)\mathrm{d}x.$$

(2)计算 $I=\iint\limits_D |x^2+y^2-1|\mathrm{d}x\mathrm{d}y$，其中 $D=\{(x,y)\,|\,x^2+y^2\leqslant4\}$.

解：去绝对值，有 $f(x,y)=\begin{cases}1-x^2-y^2, (x,y)\in D_1,\\ x^2+y^2-1, (x,y)\in D_2,\end{cases}$ 其中 $D_1=\{(x,y)\,|\,x^2+y^2\leqslant1\}, D_2=\{(x,y)\,|\,1\leqslant x^2+y^2\leqslant4\}$.

依据可加性，有

$$I = \iint\limits_D |x^2+y^2-1|\mathrm{d}x\mathrm{d}y$$

$$= \iint\limits_{D_1} (1-x^2-y^2)\mathrm{d}x\mathrm{d}y + \iint\limits_D (x^2+y^2-1)\mathrm{d}x\mathrm{d}y$$

$$= \int_0^{2\pi} \mathrm{d}\theta \int_0^1 (1-r^2)\cdot r\mathrm{d}r + \int_0^{2\pi} \mathrm{d}\theta \int_1^2 (r^2-1)\cdot r\mathrm{d}r.$$

(3)设 $f(x)$ 连续，$f(1)=1$，$F(t)=\iint\limits_{D(t)} f(x^2+y^2)\mathrm{d}x\mathrm{d}y$，计算 $F'(1)$. 其中 $D(t)=\{(x,y)\,|\,x^2+y^2\leqslant t^2, t>0\}$.

解：适宜采用极坐标计算二重积分，设 $\begin{cases}x=r\cos\theta,\\ y=r\sin\theta,\end{cases}$ 则

$$D(r,\theta)=\{(r,\theta)\,|\,0\leqslant\theta\leqslant2\pi, 0\leqslant r\leqslant t\}.$$

进一步，有

$$F(t)=\int_0^{2\pi}\mathrm{d}\theta\int_0^t f(r^2)\cdot r\mathrm{d}r=2\pi\int_0^t f(r^2)\cdot r\mathrm{d}r,$$

于是有 $F'(t)=2\pi t f(t^2)$，故有 $F'(1)=2\pi$.

11.2.3 二重积分的变量变换

当被积函数为一些特殊形式不宜积分或当被积区域为规则图形但不宜分解成 x-型或 y-型区域时，可采用变量变换计算.

1. 定理

定理 11.2.5 设变量变换$\begin{cases}x=x(u,v),\\y=y(u,v),\end{cases}$将 uOv 平面上区域 $D'(u,v)$（简记为 D'）一对一地映射到 xOy 平面上区域 $D(x,y)$（简记为 D），$x(u,v)$，$y(u,v)$在 D' 上具有一阶连续偏导数且

$$J=\frac{\partial(x,y)}{\partial(u,v)}=\begin{vmatrix}x'_u & y'_u\\x'_v & y'_v\end{vmatrix}\neq 0.$$

若 $f(x,y)$ 在 D 上连续，则有 $\iint\limits_D f(x,y)\mathrm{d}x\mathrm{d}y=f(x(u,v),y(u,v))\,|J|\,\mathrm{d}u\mathrm{d}v$.

注 11.2.4

(1)这里是直角坐标系到直角坐标系的变换，所以区域 D' 与区域 D 一般是不同的.

例如，$D(x,y)=\{(x,y)\mid x^2+y^2\leqslant 1\}$在 xOy 平面上为闭圆盘，令$\begin{cases}x=u\cos v,\\y=u\sin v,\end{cases}$而 $D'(u,v)=\{(u,v)\mid 0\leqslant v\leqslant 2\pi,0\leqslant u\leqslant 1\}$在 uOv 平面上为一矩形，如图 11.24 所示. 注意其与注 11.2.3 中(2)的比较.

(2)式子中$|J|$是指 J 的绝对值.

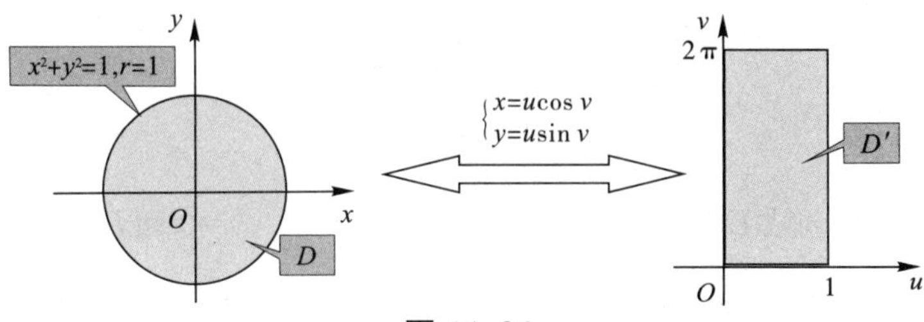

图 11.24

2. 应用举例

例 11.2.15 利用适当变量变换计算二重积分.

(1)计算 $I=\iint\limits_{D}e^{\frac{x-y}{x+y}}\mathrm{d}x\mathrm{d}y$, 其中 D 是由直线 $x=0,y=0$ 和 $x+y=1$ 所围成的区域.

(2)计算 $I=\iint\limits_{D}\sqrt{\frac{x^2}{a^2}+\frac{y^2}{b^2}}\mathrm{d}x\mathrm{d}y$,其中 D 是由椭圆 $\frac{x^2}{a^2}+\frac{y^2}{b^2}=4$ 和直线 $y=0,y=x$ 所围成的区域.

(3)计算 $I=S(D)=\iint\limits_{D}\mathrm{d}x\mathrm{d}y$, 其中 D 是由曲线 $xy=4,xy=8,xy^3=5,xy^3=15$ 所围成的位于第一象限的闭区域.

解:(1)画出区域 D,发现不论是先算 x 还是先算 y 都不容易,所以想利用变量变换.

首先,根据被积函数表达式的特征,设 $u=x-y,v=x+y$,这样有 $x=x(u,v)=\frac{u+v}{2},y=y(u,v)=\frac{v-u}{2}$,计算

$$J=\frac{\partial(x,y)}{\partial(u,v)}=\begin{vmatrix}x'_u & y'_u\\ x'_v & y'_v\end{vmatrix}=\begin{vmatrix}\frac{1}{2} & \frac{-1}{2}\\ \frac{1}{2} & \frac{1}{2}\end{vmatrix}=\frac{1}{2}.$$

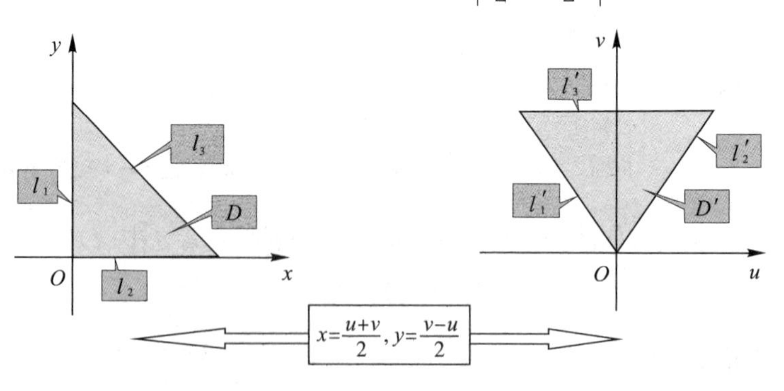

图 11.25

其次,区域 D 的边界分别记为是 $l_1:x=0,l_2:y=0$ 和 $l_3:x+y=1$,则区域 D' 的三个相应边界为 $l'_1:x=\frac{u+v}{2}=0,l'_2:y=\frac{v-u}{2}=0$ 和

$l'_3: x+y=v=1$,如图 11.25 所示.最后,有

$$I=\iint\limits_D e^{\frac{x-y}{x+y}}\mathrm{d}x\mathrm{d}y=\iint\limits_D e^{\frac{u}{v}}\cdot\frac{1}{2}\mathrm{d}u\mathrm{d}v=\frac{1}{2}\int_0^1\mathrm{d}v\int_{-v}^{v}e^{\frac{u}{v}}\mathrm{d}u$$

$$=\frac{1}{2}\int_0^1 v(e-e^{-1})\mathrm{d}v=\frac{e-e^{-1}}{4}.$$

(由于被积函数 $e^{\frac{u}{v}}$ 中的 v 在分母上,所以只能先算 u 后算 v)

(2)画出区域 D,不论是先算 x 还是先算 y 都不容易,所以想利用变量变换.

首先,根据被积函数表达式的特征,设 $x=x(u,v)=au\cos v$,$y=y(u,v)=bu\sin v$,其中 $u\geqslant 0$ 计算

$$J=\frac{\partial(x,y)}{\partial(u,v)}=\begin{vmatrix}x'_u & y'_u\\ x'_v & y'_v\end{vmatrix}=\begin{vmatrix}a\cos v & b\sin v\\ -au\sin v & bu\cos v\end{vmatrix}=abu.$$

其次,区域 D 的边界分别记为是 $l_1: y=0$,$l_2: y=x$ 和 $l_3: \frac{x^2}{a^2}+\frac{y^2}{b^2}=4$,则区域 D' 的三个相应边界为 $l'_1: y=bu\sin v=0$,$l'_2: y=bu\sin v=x=au\cos v$ 和 $l'_3: \frac{x^2}{a^2}+\frac{y^2}{b^2}=u^2=4$.即 $l'_1: u=0$,或 $v=0$,$l'_2: v=\arctan\frac{a}{b}$ 和 $l'_3: u=2$,即区域 D' 为 uOv 平面上的矩形,如 11.26 所示.

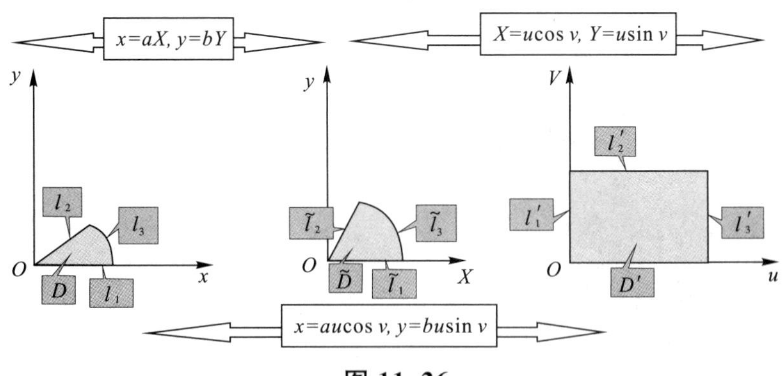

图 11.26

也可以这样理解:第一步,设 $X=\frac{x}{a}$,$Y=\frac{y}{b}$,有 $\tilde{l}_1: Y=0$,$\tilde{l}_2: Y=\frac{a}{b}X$ 和 $\tilde{l}_3: X^2+Y^2=4$,第二步,设 $X=u\cos v$,$Y=u\sin v$,有 $l'_1: Y=u\sin v=0$,$l'_2: Y=u\sin v=\frac{a}{b}X=\frac{a}{b}u\cos v$ 和 $l'_3: u=2$.

最后，有

$$I=\iint_D \sqrt{\frac{x^2}{a^2}+\frac{y^2}{b^2}}\mathrm{d}x\mathrm{d}y = u\cdot abu\,\mathrm{d}u\mathrm{d}v = ab\int_0^{\arctan\frac{a}{b}}\mathrm{d}v\int_0^2 u^2\,\mathrm{d}u$$

$$=\frac{8ab\arctan\dfrac{a}{b}}{3}.$$

(3)画出区域 D，它不是简单区域，分解成 x-型或 y-型区域都不容易，所以想利用变量变换.

首先，根据被积区域边界方程表达式的特征，设 $u=xy, v=xy^3$，这样有 $x=x(u,v)=u\sqrt{\frac{u}{v}}, y=y(u,v)=\sqrt{\frac{v}{u}}$，计算

$$J=\frac{\partial(x,y)}{\partial(u,v)}=\begin{vmatrix} x'_u & y'_u \\ x'_v & y'_v \end{vmatrix}=\begin{vmatrix} \dfrac{3}{2}\sqrt{\dfrac{u}{v}} & \dfrac{-1}{2u}\sqrt{\dfrac{v}{u}} \\ \dfrac{-u}{2v}\sqrt{\dfrac{u}{v}} & \dfrac{1}{2}\sqrt{\dfrac{1}{uv}} \end{vmatrix}=\frac{1}{2v}.$$

其次，区域 D 的边界分别记为 $l_1: xy=4, l_2: xy=8, l_3: xy^3=5, l_4: xy^3=15$，则区域 D'的四个相应边界为 $l'_1: u=4, l'_2: u=8, l'_3: v=5, l'_4: v=15$. 即区域 D' 为 uOv 平面上的矩形，如图 11.27 所示. 最后，有

$$I=S(D)=\iint_D \mathrm{d}x\mathrm{d}y=\frac{1}{2v}\mathrm{d}u\mathrm{d}v=\int_4^8\mathrm{d}u\int_5^{15}\frac{1}{2v}\mathrm{d}v$$

$$=\frac{1}{2}\cdot 4(\ln 15-\ln 5)=2\ln 3.$$

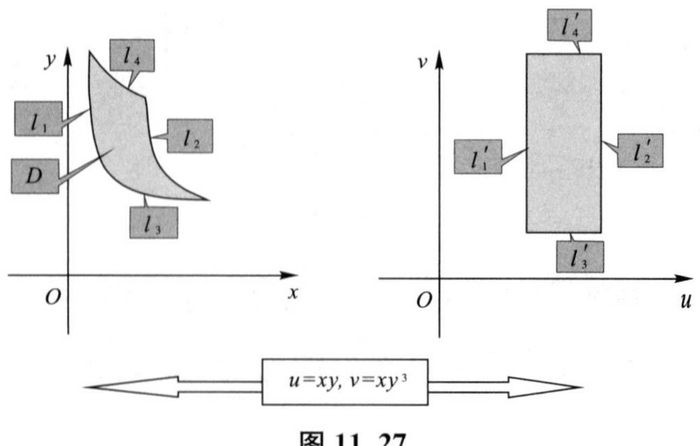

图 11.27

例 11.2.16 证明 $I=\iint\limits_D f(x+y)\mathrm{d}x\mathrm{d}y=\int_{-1}^{1}f(u)\mathrm{d}u$，其中函数 $f(x,y)$ 在区域 D 上连续，这里 $D=\{(x,y)\mid |x|+|y|\leqslant 1\}$.

证：由于左边被积函数为 $f(x+y)$，不论是先算 x 还是先算 y 都不可能出现右边的被积函数 $f(u)$ 的形式. 而区域 D 的边界方程呈规则特征，适宜采用变量变换.

首先，根据被积函数表达式与区域 D 的边界方程特征，设 $u=x+y,v=x-y$，有 $x=x(u,v)=\dfrac{u+v}{2},y=y(u,v)=\dfrac{u-v}{2}$，计算

$$J=\frac{\partial(x,y)}{\partial(u,v)}=\begin{vmatrix} x'_u & y'_u \\ x'_v & y'_v \end{vmatrix}=\begin{vmatrix} \frac{1}{2} & \frac{1}{2} \\ \frac{1}{2} & -\frac{1}{2} \end{vmatrix}=-\frac{1}{2}.$$

其次，区域 D 的边界分别记为是 $l_1:x+y=-1,l_2:x+y=1,l_3:x-y=-1,l_4:x-y=1$，则区域 D' 的是个相应边界为 $l'_1:u=-1,l'_2:u=1,l'_3:v=-1,l'_4=1$. 如图 11.28 所示.

最后，有

$$\begin{aligned} I&=\iint\limits_D f(x+y)\mathrm{d}x\mathrm{d}y=f(u)\cdot\frac{1}{2}\mathrm{d}u\mathrm{d}v \\ &=\frac{1}{2}\int_{-1}^{1}\mathrm{d}v\int_{-1}^{1}f(u)\mathrm{d}u \\ &=\int_{-1}^{1}f(u)\mathrm{d}u. \end{aligned}$$

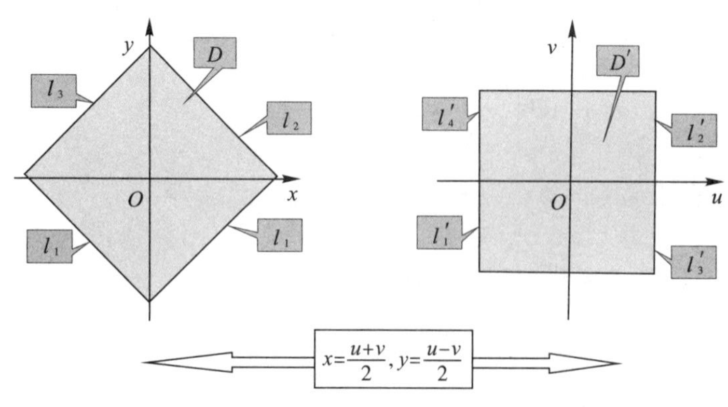

图 11.28

类似题：

(1)计算 $I=\iint\limits_D x(x+y)\mathrm{d}x\mathrm{d}y$，其中

$D=\{(x,y)\,|\,(x-a)^2+(y-b)^2\leqslant R^2\}$，这里 $R>0,a,b$ 为实常数.

解：由于区域 D 不是标准圆，适宜用变量变换化为标准后再计算.

首先，根据区域 D 的边界方程特征，作平移变换，设 $u=x-a$，$v=y-b$，有 $x=x(u,v)=u+a,y=y(u,v)=v+b$，计算

$$J=\frac{\partial(x,y)}{\partial(u,v)}=\begin{vmatrix}x'_u & y'_u\\ x'_v & y'_v\end{vmatrix}=\begin{vmatrix}1 & 0\\ 0 & 1\end{vmatrix}=1.$$

其次，区域 D 的边界为 $l:(x-a)^2+(y-b)^2\leqslant R^2$，则区域 D' 的相应边界为 $l'_1:u^2+v^2\leqslant R^2$. 最后，有

$$\begin{aligned}I&=\iint\limits_D x(x+y)\mathrm{d}x\mathrm{d}y=(u+a)(u+v+a+b)\cdot 1\mathrm{d}u\mathrm{d}v\\&=u^2\mathrm{d}u\mathrm{d}v+uv\mathrm{d}u\mathrm{d}v+(2a+b)u\mathrm{d}u\mathrm{d}v+av\mathrm{d}u\mathrm{d}v+a(a+b)\mathrm{d}u\mathrm{d}v\\&=I_1+I_2+I_3+I_4+I_5.\end{aligned}$$

进一步，依据几何意义，易知 $I_5=a(a+b)R^2\pi$；区域 D' 既关于 u 轴又关于 v 轴对称，依据被积函数关于 u 或 v 的奇函数，可知 $I_2=I_3=I_4=0$；再依据区域 D' 既关于 u 轴又关于 v 轴对称，有 $I_1=u^2\mathrm{d}u\mathrm{d}v=v^2\mathrm{d}u\mathrm{d}v$，所以

$$\begin{aligned}2I_1&=u^2\mathrm{d}u\mathrm{d}v+v^2\mathrm{d}u\mathrm{d}v=(u^2+v^2)\mathrm{d}u\mathrm{d}v\\&=\int_0^{2\pi}\mathrm{d}\theta\int_0^R r^2\cdot r\mathrm{d}r=\frac{2\pi R^4}{4}.\end{aligned}$$

故有 $I=a(a+b)R^2\pi+\dfrac{\pi R^4}{4}$.

(2)计算 $I=\iint\limits_D \mathrm{d}x\mathrm{d}y$，其中 D 是由直线

$x+y=c,x+y=d,y=ax,y=bx(0<c<d,0<a<b)$

所围成的闭区域.

解：作变换 $u=x+y,v=\dfrac{y}{x}$.

(3)计算 $I=\iint\limits_D xy\mathrm{d}x\mathrm{d}y$，其中 D 是由曲线

$$xy=a, xy=b, y^2=cx, y^2=dx(0<c<d, 0<a<b)$$

所围成的第一象限部分闭区域.

解:作变换 $u=xy, v=\dfrac{y^2}{x}$.

(4)计算 $\iint\limits_D |\cos(x+y)|\mathrm{d}x\mathrm{d}y$，其中 D 是由 $0\leqslant x\leqslant\pi, 0\leqslant y\leqslant\pi-x$ 确定的区域.

解:由于涉及变量 $x+y$，所以去绝对值比较复杂，适宜采用先作变量替换进行优化. 设 $u=x, v=x+y$，计算 $J=\begin{vmatrix} 1 & 0 \\ -1 & 1 \end{vmatrix}=1$，于是，有

$$\begin{aligned}\iint\limits_{D(x,y)} |\cos(x+y)|\mathrm{d}x\mathrm{d}y &= \iint\limits_{D(u,v)} |\cos v|\cdot|J|\mathrm{d}u\mathrm{d}v \\ &= \int_0^{\pi}\mathrm{d}v\int_0^{v}|\cos v|\mathrm{d}u \\ &= \int_0^{\frac{\pi}{2}} v\cos v\mathrm{d}v-\int_{\frac{\pi}{2}}^{\pi} v\cos v\mathrm{d}v \\ &= \pi.\end{aligned}$$

§ 11.3　三重积分

11.3.1　三重积分的概念

1. 引入

实例(物理意义)

设有一空间立体 Ω，为有界闭区域，其在点 $P(x,y,z)$ 处体密度为 $\rho(x,y,z)$，这里假设 $\rho(x,y,z)$ 连续且大于零. 求该立体 Ω 的质量 m.

解:(1)当 $\rho(x,y,z)$ 为常数时，则称立体为匀质，其质量等于密度乘以 Ω 的体积.

（2）当 $\rho(x,y,z)$ 为变量时，按照分割、近似、求和、取极限四步骤计算，具体如下：

第一步，将立体 Ω 分割成 n 个小闭区域（立体）$\Omega_1,\Omega_2,\cdots,\Omega_n$. 记 ΔV_i 为小区域 Ω_i 的体积，$\lambda=\max\limits_{1\leqslant i\leqslant n}\{d_i\}$，其中 $d_i=\max\{d(P_1,P_2)\ \forall P_1,P_2\in\Omega_i\}$ 为 Ω_i 直径.

第二步，当 $\lambda\to 0$ 时，由于 $\rho(x,y,z)$ 连续，所以 Ω_i 可看成匀质的，因此其质量为 $m_i\approx\rho(\xi_i,\eta_i,\zeta_i)\cdot\Delta V_i$，其中 $\forall(\xi_i,\eta_i,\zeta_i)\in\Omega_i$.

第三步，可知立体 Ω 的质量 $m=\sum\limits_{i=1}^{n}m_i\approx\sum\limits_{i=1}^{n}\rho(\xi_i,\eta_i,\zeta_i)\cdot\Delta V_i$.

第四步，直观上看，当分割越细时上面的精确度越高. 同时又知极限存在时则必唯一. 于是有 $m=\lim\limits_{\lambda\to 0}\sum\limits_{i=1}^{n}\rho(\xi_i,\eta_i,\zeta_i)\cdot\Delta V_i$，记极限值 $m=\iiint\limits_{\Omega}\rho(x,y,z)\mathrm{d}V$，称其为函数 $\rho(x,y,z)$ 在区域 Ω 上的三重积分.

2. 定义

定义 11.3.1　设函数 $f(x,y,z)$ 是有界闭区域 Ω 上的有界函数，用一组曲面将 Ω 分割成 n 个小闭区域（立体）$\Omega_1,\Omega_2,\cdots,\Omega_n$. 记 ΔV_i 为小区域 Ω_i 的体积，$\lambda=\max\limits_{1\leqslant i\leqslant n}\{d_i\}$，其中 $d_i=\max\{d(P_1,P_2),\forall P_1,P_2\in\Omega_i\}$ 为 Ω_i 直径. 若 $I=\lim\limits_{\lambda\to 0}\sum\limits_{i=1}^{n}f(\xi_i,\eta_i,\zeta_i)\cdot\Delta V_i$ 存在且与分割和 $(\xi_i,\eta_i,\zeta_i)\in\Omega_i$ 的选取无关，则称 $f(x,y,z)$ 在 Ω 上可积，记极限值为 $I=\iiint\limits_{\Omega}f(x,y,z)\mathrm{d}V$，称其为函数 $f(x,y,z)$ 在区域 Ω 上的三重积分. 其中 $f(x,y,z)$ 称为被积函数，$f(x,y,z)\mathrm{d}V$ 称为被积表达式，x,y,z 称为积分变量，Ω 称为积分区域，$\mathrm{d}V$ 称为体积元素.

注 11.3.1

（1）若函数 $f(x,y,z)$ 在区域 Ω 上的三重积分存在，当函数和区域给定时，则 $I=\iiint\limits_{\Omega}f(x,y,z)\mathrm{d}V$ 为一个确定的数.

（2）设函数 $f(x,y,z)$ 连续，当 $f(x,y,z)$ 大于且为体密度时，则 $I=\iiint\limits_{\Omega}f(x,y,z)\mathrm{d}V$ 为立体 Ω 的质量. 此称为三重积分的物理意

义. 特别当 $f(x,y,z)=1$ 时,则有 $I=\iiint\limits_{\Omega} f(x,y,z)\mathrm{d}V=V(\Omega)$,其中 $V(\Omega)$ 为区域(立体)Ω 的体积.

11.3.2　三重积分性质

1. 存在性问题

(1)必要条件.

定理 11.3.1　若函数 $f(x,y,z)$ 在区域 Ω 上可积,则 $f(x,y,z)$ 在 Ω 上有界.

(2)充分条件.

定理 11.3.2　若函数 $f(x,y,z)$ 在区域 Ω 上连续,则 $f(x,y,z)$ 在 Ω 上可积,即三重积分 $I=\iiint\limits_{\Omega} f(x,y,z)\mathrm{d}V$ 存在.

2. 运算性质

(1)线性性:若 $\iiint\limits_{\Omega} f(x,y,z)\mathrm{d}V$ 和 $\iiint\limits_{\Omega} g(x,y,z)\mathrm{d}V$ 均存在,则有

$$\iiint\limits_{\Omega}(k_1 f(x,y,z)+k_2 g(x,y,z))\mathrm{d}V=k_1\iiint\limits_{\Omega} f(x,y,z)\mathrm{d}V+k_2\iiint\limits_{\Omega} g(x,y,z)\mathrm{d}V.$$

其中 k_1,k_2 为实常数.

(2)可加性:设 Ω_1,Ω_2 为两个闭区域(立体)满足内部不相交,且 $\Omega=\Omega_1\cup\Omega_2$,若 $I=\iiint\limits_{\Omega} f(x,y,z)\mathrm{d}V$ 存在,则有

$$\iiint\limits_{\Omega} f(x,y,z)\mathrm{d}V=\iiint\limits_{\Omega_1} f(x,y,z)\mathrm{d}V+\iiint\limits_{\Omega_2} f(x,y,z)\mathrm{d}V.$$

反之也成立.

11.3.3　三重积分的计算

计算三重积分的基本方法是将三重积分化为累次定积分来计算.

1. 在直角坐标系下计算三重积分

(1)定义与记号.

Ⅰ. $\mathrm{d}V=\mathrm{d}x\mathrm{d}y\mathrm{d}z$.

Ⅱ. 纤维法下简单(体)区域 Ω 的表示.

仅考虑空间直角坐标系区域 Ω 往平面 xOy 上投影. 设区域 Ω 在平面 xOy 上投影为 D,在 D 上任给一点 $p(x,y,0)$,过 p 点做平行于 z 轴的直线,由下向上与 Ω 的边界至多相交于两点 $p_1(x,y,z_1(x,y))$ 和 $p_2(x,y,z_2(x,y))$,则称区域 Ω 为简单区域. 依据其几何构架,则用扫描法表示:

首先,在 D 上任选取一点 $p(x,y,0)$,过 $p(x,y,0)$ 点做一条平行于 z 轴的直线,由下朝上分别相交简单区域 Ω 的边界于两点 p_1,p_2,这样直线段 $l(p)$:$\overline{p_1p_2}$ 可表示为 $z_1(x,y)\leqslant z\leqslant z_2(x,y)$,$\forall(x,y,0)\in D$. 其次,让 p 点在 D 上运动一遍时,则直线段 $l(p)$ 扫过简单区域 Ω. 最后,其几何构架为

$$\Omega(x,y,z)=\left\{(x,y,z)\,\middle|\,\forall(x,y,0)\in D,z_1(x,y)\leqslant z\leqslant z_2(x,y)\right\}.$$

此方法称为纤维法(也称投影法).

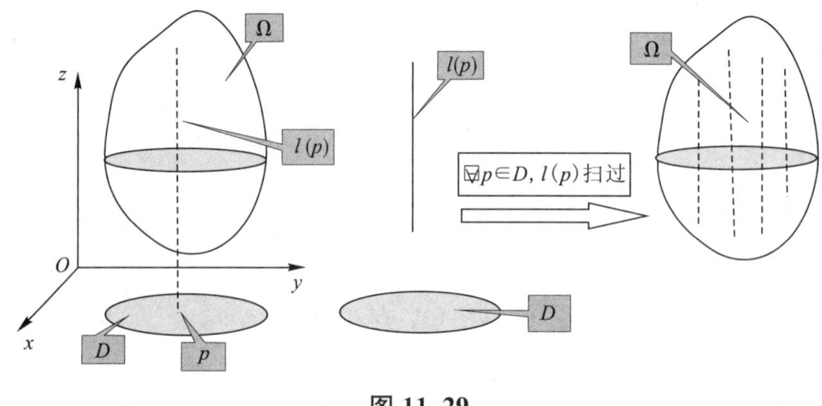

图 11.29

注 11.3.2

(1)分别称 $S_2:z=z_2(x,y)$,$S_1:z=z_1(x,y)$ 为区域 Ω 的上,下侧曲面. 特别,若区域 Ω 是由曲面 S_1 和 S_2 所围成,则平行于坐标平面 xOy 最大截面的边界方程为 $\begin{cases}z=z_1(x,y),\\z=z_2(x,y),\end{cases}$ 此截面在坐标平面 xOy 上的投影为 D,也就是区域 Ω 在平面 xOy 上的投影.

(2)类似也可考虑区域 Ω 往平面 yOz 上投影或平面 zOx 上投影. 留给读者思考.

Ⅲ. 提升法(截面法)下简单(体)区域 Ω 的表示.

仅考虑沿 z 轴方向. 在空间直角坐标系下,对于区域(体)Ω,找到 Ω 沿 z 轴方向的最小值 c 和最大值 d. 沿 z 轴,在区间(c,d)上任取一点 $p(0,0,z)$,过 p 点做一平行于坐标平面 xOy 的平面,其与 Ω 体的截面为 $D(p)=D_z$. 让 p 点由下朝上运动时,则截面 D_z 扫过 Ω 体. 最后,其几何构架为

$$\Omega(x,y,z)=\left\{(x,y,z)\mid \forall z\in[c,d],(x,y,z)\in D_z\right\}.$$

此方法称为提升法(也称截面法). 如图 11.30 所示.

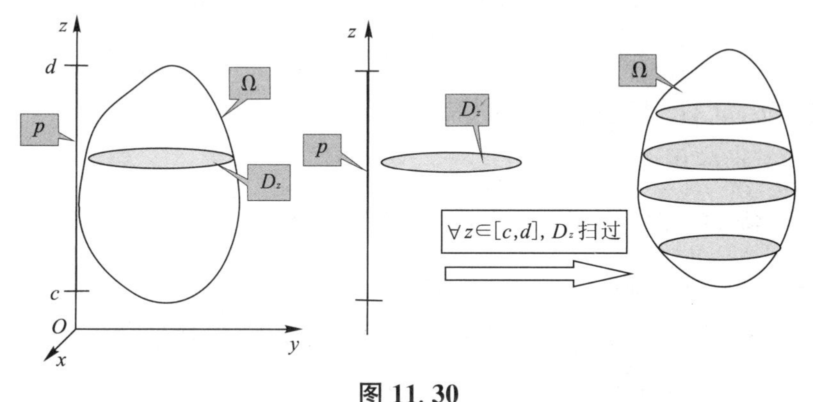

图 11.30

注 11.3.3 类似也可沿 x 轴或 y 轴方向. 留给读者思考.

3. 定理

定理 11.3.3 设 Ω 为空间直角坐标系下的简单区域,几何构架为

$$\Omega(x,y,z)=\left\{(x,y,z)\mid \forall (x,y,0)\in D, z_1(x,y)\leqslant z\leqslant z_2(x,y)\right\}.$$

若函数 $f(x,y,z)$在 Ω 上连续,则有

$$\begin{aligned}\iiint_{\Omega} f(x,y,z)\mathrm{d}V &= \iint_{D}\mathrm{d}x\mathrm{d}y\int_{z_1(x,y)}^{z_2(x,y)} f(x,y,z)\mathrm{d}z\\ &=\iint_{D}\left(\int_{z_1(x,y)}^{z_2(x,y)} f(x,y,z)\mathrm{d}z\right)\mathrm{d}x\mathrm{d}y.\end{aligned}$$

进一步,若 D 为 x-型$\left(如 D(x,y)=\left\{(x,y)\mid a\leqslant x\leqslant b,\varphi_1(x)\leqslant y\leqslant\varphi_2(x)\right\}\right)$,则有

$$\iiint_{\Omega} f(x,y,z)\mathrm{d}V=\int_a^b\mathrm{d}x\int_{\varphi_1(x)}^{\varphi_2(x)}\mathrm{d}y\int_{z_1(x,y)}^{z_2(x,y)} f(x,y,z)\mathrm{d}z.$$

若 D 为 y-型（如 $D(x,y)=\left\{(x,y)\mid c\leqslant y\leqslant d,\varphi_1(y)\leqslant x\leqslant\varphi_2(y)\right\}$），则有

$$\iiint\limits_{\Omega} f(x,y,z)\mathrm{d}V=\int_c^d \mathrm{d}y\int_{\varphi_1(y)}^{\varphi_2(y)}\mathrm{d}x\int_{z_1(x,y)}^{z_2(x,y)} f(x,y,z)\mathrm{d}z.$$

定理 11.3.4 设 Ω 为空间直角坐标系下的区域，几何构架为

$$\Omega(x,y,z)=\left\{(x,y,z)\mid \forall z\in[c,d],(x,y,z)\in D_z\right\}.$$

若函数 $f(x,y,z)$ 在 Ω 上连续，则有

$$\iiint\limits_{\Omega} f(x,y,z)\mathrm{d}V=\int_c^d \mathrm{d}z\iint\limits_{D_z} f(x,y,z)\mathrm{d}x\mathrm{d}y.$$

尤其当被积分函数为 $f(x,y,z)=f_1(x)+f_2(y)+f_3(z)$ 形式，且 D_x,D_y,D_z 的面积易计算，适宜采用此方法计算.

(3)应用举例.

例 11.3.1 计算 $\iiint\limits_{\Omega} x\mathrm{d}x\mathrm{d}y\mathrm{d}z$，其中 Ω 是平面 $x+2y+z-1=0$ 与三个坐标平面所围成的闭区域.

解:方法一，易知闭区域 Ω 是一简单区域，其记在坐标平面 xOy 上的投影为 D，如图 11.31 所示.

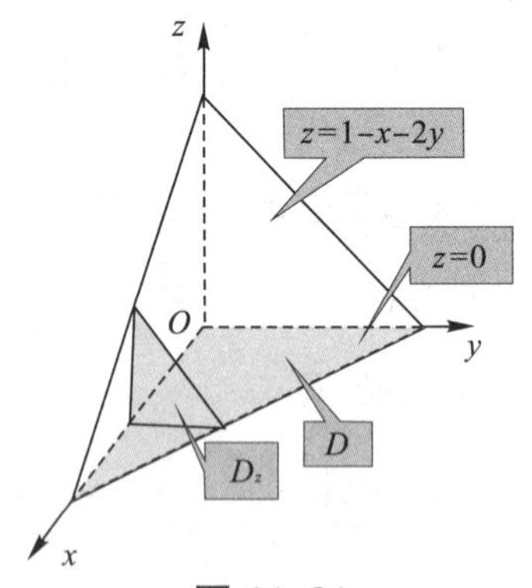

图 11.31

可知

$$D=\left\{(x,y,0)\mid 0\leqslant x\leqslant 1,0\leqslant y\leqslant \frac{1-x}{2}\right\},$$

于是，有

$$\iiint\limits_{\Omega} x\mathrm{d}x\mathrm{d}y\mathrm{d}z=\iint\limits_{D}\mathrm{d}x\mathrm{d}y\int_0^{1-x-2y} x\mathrm{d}z=\int_0^1\mathrm{d}x\int_0^{\frac{1-x}{2}}\mathrm{d}y\int_0^{1-x-2y} x\mathrm{d}z=\frac{1}{48}.$$

方法二，易知 $f(x,y,z)=x$ 仅含有一变量 x，Ω 沿 x 轴方向的最小值和最大值分别为 0 与 1，沿 x 轴在区间 $(0,1)$ 上任取一点 $p(x,0,0)$，过 p 点做一平行于坐标平面 yOz 的平面，其与 Ω 体的截面为 D_x. 其面积记为 $S(D_x)$，于是有 $S(D_x)=\frac{1}{2}\left(\frac{1-x}{2}\right)(1-x)$，这样有

$$\iiint\limits_{\Omega} x\mathrm{d}x\mathrm{d}y\mathrm{d}z=\int_0^1\mathrm{d}x\iint\limits_{D_x}x\,\mathrm{d}y\mathrm{d}z=\int_0^1\left(\iint\limits_{D_x}x\,\mathrm{d}y\mathrm{d}z\right)\mathrm{d}x$$
$$=\int_0^1 xS(D_x)\,\mathrm{d}x=\frac{1}{48}.$$

例 11.3.2 计算 $I=\iiint\limits_{\Omega}\left(\frac{x^2}{a^2}+\frac{y^2}{b^2}+\frac{z^2}{c^2}\right)\mathrm{d}x\mathrm{d}y\mathrm{d}z$，其中 Ω 是椭圆体 $\frac{x^2}{a^2}+\frac{y^2}{b^2}+\frac{z^2}{c^2}\leqslant 1$.

解: 方法一，

$$I=\iiint\limits_{\Omega}\left(\frac{x^2}{a^2}+\frac{y^2}{b^2}+\frac{z^2}{c^2}\right)\mathrm{d}x\mathrm{d}y\mathrm{d}z$$
$$=\iiint\limits_{\Omega}\frac{x^2}{a^2}\mathrm{d}x\mathrm{d}y\mathrm{d}z+\iiint\limits_{\Omega}\frac{y^2}{b^2}\mathrm{d}x\mathrm{d}y\mathrm{d}zI+\iiint\limits_{\Omega}\frac{z^2}{c^2}\mathrm{d}x\mathrm{d}y\mathrm{d}z$$
$$=I_1+I_2+I_3$$

仅计算 I_3，其余类似.

被积函数仅有一个变量 z，且立体 Ω 的截面 D_z 易计算，所以适宜采用提升法(截面法). 首先，知 Ω 沿 z 轴方向的最小值 $-c$ 和最大值 c. 其次，沿 z 轴在区间 $(-c,c)$ 上任取一点 $p(0,0,z)$，过 p 点做一平行于坐标平面 xOy 的平面，其与 Ω 体的截面为 D_z，如图 11.32 所

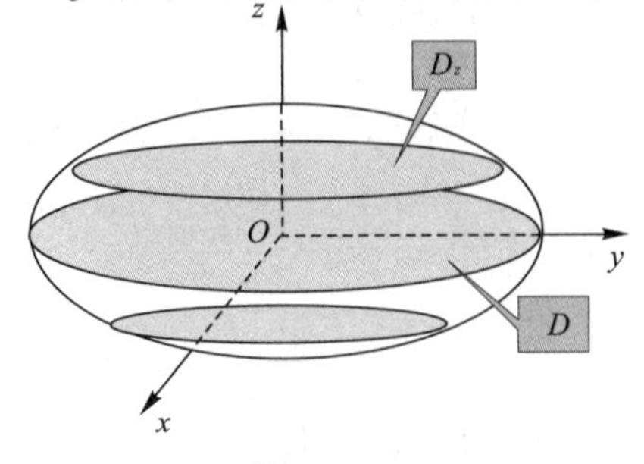

图 11.32

示.记 D_z 的面积为 $S(D_z)$，于是有

$$S(D_z)=\pi\left(a\sqrt{1-\frac{z^2}{c^2}}\right)\left(b\sqrt{1-\frac{z^2}{c^2}}\right)=\pi ab\left(1-\frac{z^2}{c^2}\right),$$

这样有

$$I_3=\iiint\limits_{\Omega}\frac{z^2}{c^2}\mathrm{d}x\mathrm{d}y\mathrm{d}z=\int_{-c}^{c}\left(\iint\limits_{D_z}\frac{z^2}{c^2}\mathrm{d}x\mathrm{d}y\right)\mathrm{d}z=\int_{-c}^{c}\frac{z^2}{c^2}S(D_z)\mathrm{d}z$$
$$=\frac{4\pi abc}{15}.$$

所以有 $I=\iiint\limits_{\Omega}\left(\frac{x^2}{a^2}+\frac{y^2}{b^2}+\frac{z^2}{c^2}\right)\mathrm{d}x\mathrm{d}y\mathrm{d}z=\frac{4\pi abc}{5}.$

（提示：千万记住不能把区域（立体）Ω 的边界方程 $\frac{x^2}{a^2}+\frac{y^2}{b^2}+\frac{z^2}{c^2}=1$ 代入进行计算，即计算 $I=\iiint\limits_{\Omega}1\mathrm{d}x\mathrm{d}y\mathrm{d}z$ 是错误的，这是因为三重积分的积分区域是立体 Ω 而不是其边界）

方法二，学过变量变换后可采用变量变换计算，计算过程简单.

设广义球面坐标变换 $\begin{cases}x=ar\sin\varphi\cos\theta,\\ y=br\sin\varphi\sin\theta,\\ z=cr\cos\varphi,\end{cases}$ 有

$$\frac{\partial(x,y,z)}{\partial(r,\varphi,\theta)}=\begin{vmatrix}\frac{\partial x}{\partial r}&\frac{\partial y}{\partial r}&\frac{\partial z}{\partial r}\\ \frac{\partial x}{\partial\varphi}&\frac{\partial y}{\partial\varphi}&\frac{\partial z}{\partial\varphi}\\ \frac{\partial x}{\partial\theta}&\frac{\partial y}{\partial\theta}&\frac{\partial z}{\partial\theta}\end{vmatrix}=abcr^2\sin\varphi.$$

所以有

$\Omega'(r,\varphi,\theta)=\left\{(r,\varphi,\theta)\mid 0\leqslant\theta\leqslant 2\pi,0\leqslant\varphi\leqslant\pi,0\leqslant r\leqslant 1\right\}$. 于是，有

$$I=\iiint\limits_{\Omega}\left(\frac{x^2}{a^2}+\frac{y^2}{b^2}+\frac{z^2}{c^2}\right)\mathrm{d}x\mathrm{d}y\mathrm{d}z=\iiint\limits_{\Omega'(r,\varphi,\theta)}abcr^4\sin\varphi\mathrm{d}r\mathrm{d}\varphi\mathrm{d}\theta$$
$$=abc\int_0^{2\pi}\mathrm{d}\theta\int_0^{\pi}\mathrm{d}\varphi\int_0^1 r^4\sin\varphi\mathrm{d}r=\frac{4\pi abc}{5}.$$

类似题：

(1)计算 $I=\iiint\limits_{\Omega}x\mathrm{d}V$，其中 Ω 是由三个坐标面和平面 $x+y+2z=2$

所围成的区域(立体).

解: 方法一,易知闭区域 Ω 是一简单区域,其记在坐标平面 xOy 上的投影为 D,可知 $D=\left\{(x,y,0)\mid 0\leqslant x\leqslant 2,0\leqslant y\leqslant 2-x\right\}$,于是,有

$$\iiint\limits_{\Omega} x\mathrm{d}x\mathrm{d}y\mathrm{d}z=\iint\limits_{D}\mathrm{d}x\mathrm{d}y\int_0^{\frac{2-x-y}{2}}x\mathrm{d}z=\int_0^2\mathrm{d}x\int_0^{2-x}\mathrm{d}y\int_0^{\frac{2-x-y}{2}}x\mathrm{d}z=\frac{1}{3}.$$

方法二,易知 $f(x,y,z)=x$ 仅含有一变量 x,Ω 沿 x 轴方向的最小值和最大值分别为 0 与 2,沿 x 轴,在区间(0,2)上任取一点 $p(x,0,0)$,过 p 点做一平行于坐标平面 yOz 的平面,其与 Ω 体的截面为 D_x,其面积记为 $S(D_x)$,于是有 $S(D_x)=\frac{1}{2}\left(\frac{2-x}{2}\right)(2-x)$,这样有

$$\begin{aligned}\iiint\limits_{\Omega} x\mathrm{d}x\mathrm{d}y\mathrm{d}z&=\int_0^2\mathrm{d}x\iint\limits_{D_x}x\,\mathrm{d}y\mathrm{d}z=\int_0^2\left(\iint\limits_{D_x}x\,\mathrm{d}y\mathrm{d}z\right)\mathrm{d}x\\&=\int_0^2 xS(D_x)\mathrm{d}x=\frac{1}{3}.\end{aligned}$$

(2)计算 $I=\iiint\limits_{\Omega}xy^2z^3\mathrm{d}V$,其中 Ω 是由曲面 $z=xy,y=x,z=0,x=1$所围成的区域.

解: 区域(立体)Ω 的图形不太容易画出,但是它在坐标平面 xOy 上投影为 D,它是由直线 $y=0,y=x,x=1$ 所围成的三角形,即 $D=\left\{(x,y,0)\mid 0\leqslant x\leqslant 1,0\leqslant y\leqslant x\right\}$. 又可知的上,下侧曲面方程分别为 $S_2:z=z_2(x,y)=xy,S_1:z=z_1(x,y)=0$. 于是,有

$$\begin{aligned}\iiint\limits_{\Omega} x\mathrm{d}x\mathrm{d}y\mathrm{d}z&=\iint\limits_{D}\mathrm{d}x\mathrm{d}y\int_0^{xy}xy^2z^3\,\mathrm{d}z=\int_0^1\mathrm{d}x\int_0^x\mathrm{d}y\int_0^{xy}xy^2z^3\,\mathrm{d}z\\&=\frac{1}{364}.\end{aligned}$$

(3)计算 $I=\iiint\limits_{\Omega}z\mathrm{d}V$,其中 Ω 是由椭圆抛物面 $z=\frac{x^2}{a^2}+\frac{y^2}{b^2}$ 和平面$z=1$所围成的区域(立体).

解: 被积函数仅有一个变量 z,且立体 Ω 的截面 D_z 易计算,所以适宜采用提升法(截面法). 首先,知 Ω 沿 z 轴方向的最小值 0 和最大值 1. 其次,沿 z 轴在区间(0,1)上任取一点 $p(0,0,z)$,过 p 点做一

平行于坐标平面 xOy 的平面，其与 Ω 体的截面为 D_z. 记 D_z 的面积为 $S(D_z)$，于是有 $S(D_z)=\pi(a\sqrt{z})(b\sqrt{z})=\pi abz$. 这样有

$$I=\iiint_{\Omega} z\mathrm{d}x\mathrm{d}y\mathrm{d}z=\int_0^1\left(\iint_{D_z} z\,\mathrm{d}x\mathrm{d}y\right)\mathrm{d}z=\int_0^1 zS(D_z)\mathrm{d}z=\frac{\pi ab}{3}.$$

(4)计算 $I=\iiint_{\Omega} z^2\mathrm{d}V$，其中 Ω 是由两个球面 $x^2+y^2+z^2=R^2$ 和 $x^2+y^2+z^2=2Rz$ 所围成的区域(立体).

解：方法一，被积函数仅有一个变量 z，且立体 Ω 的截面 D_z 易计算，所以适宜采用提升法(截面法). 首先，知 Ω 沿 z 轴方向的最小值 0 和最大值 R. 由于所围成 Ω 的上下侧曲面方程不同，因此要用可加性计算. 这样，有 $I=\iiint_{\Omega} z^2\mathrm{d}V=\iiint_{\Omega_1} z^2\mathrm{d}V+\iiint_{\Omega_2} z^2\mathrm{d}V$，其中$\Omega_1$ 由曲面 $x^2+y^2+z^2=2Rz$ 和平面 $z=\dfrac{R}{2}$ 所围成，Ω_2 由曲面 $x^2+y^2+z^2=R^2$ 和平面 $z=\dfrac{R}{2}$ 所围成. 其次，沿 z 轴，在区间 $\left(0,\dfrac{R}{2}\right)$ 上任取一点 $p(0,0,z)$，过 p 点做一平行于坐标平面 xOy 的平面，其与 Ω_1 体的截面为 D_z^1. 这里 D_z^1 的面积为 $S(D_z^1)$. 其次，沿 z 轴，在区间 $\left(\dfrac{R}{2},R\right)$ 上任取一点 $p(0,0,z)$，过 p 点做一平行于坐标平面 xOy 的平面，其与 Ω_2 体的截面为 D_z^2. 这里 D_z 的面积为 $S(D_z^2)$. 于是，有$S(D_z^1)=\pi(2Rz-z^2)$和 $S(D_z^2)=\pi(R^2-z^2)$. 这样有

$$I=\int_0^{\frac{R}{2}} z^2S(D_z^1)\mathrm{d}z+\int_{\frac{R}{2}}^{R} z^2S(D_z^2)\mathrm{d}z=\frac{59}{480}\pi R^5.$$

方法二，(提示：在学过柱坐标系后)由于 Ω 是由两个球面 $x^2+y^2+z^2=R^2$ 和 $x^2+y^2+z^2=2Rz$ 所围成的区域(立体)，可知上、下侧面均含有 x^2+y^2 因子，适宜采用柱坐标系计算. 沿坐标平面 xOy 方向空间区域 Ω(立体)的最大截面的边界方程为 $\begin{cases}x^2+y^2+z^2=R^2,\\x^2+y^2+z^2=2Rz,\end{cases}$ 所以空间区域在坐标平面 xOy 上投影区域

$$D:\begin{cases}x^2+y^2\leqslant\dfrac{3R^2}{4},\\z=0.\end{cases}$$

这样,有

$$\Omega(r,\theta,z)=\left\{(r,\theta,z)\,|\,0\leqslant\theta\leqslant 2\pi,0\leqslant r\leqslant\frac{\sqrt{3}R}{2},R-\sqrt{R^2-r^2}\leqslant z\leqslant\sqrt{R^2-r^2}\right\}.$$

于是,有

$$I=\iiint_{\Omega}z^2\cdot r\mathrm{d}r\mathrm{d}\theta\mathrm{d}z=\int_0^{2\pi}\mathrm{d}\theta\int_0^{\frac{\sqrt{3}R}{2}}\mathrm{d}r\int_{R-\sqrt{R^2-r^2}}^{\sqrt{R^2-r^2}}z^2\cdot r\mathrm{d}z=\frac{59}{480}\pi R^5.$$

(提示:将直角坐标系与柱坐标系之间的关系$\begin{cases}x=r\cos\theta,\\ y=r\sin\theta,\\ z=z,\end{cases}$代入到上、下侧曲面方程 $x^2+y^2+z^2=R^2$ 和 $x^2+y^2+z^2=2Rz$ 中,有柱坐标系下相应的上、下侧曲面方程为 $z=z_2(r,\theta)=\sqrt{R^2-r^2}$ 和$z=z_1(r,\theta)=R-\sqrt{R^2-r^2}$.)

方法三,(在学过球面坐标系后)由于 Ω 是由两个球面 $x^2+y^2+z^2=R^2$和 $x^2+y^2+z^2=2Rz$ 所围成的区域(立体),可知上、下侧面均含有 $x^2+y^2+z^2$ 因子,适宜采用球面坐标系计算.沿坐标平面 xOy 方向空间区域 Ω(立体)的最大截面的边界方程为 $\begin{cases}x^2+y^2+z^2=R^2,\\ x^2+y^2+z^2=2Rz,\end{cases}$计算有 $z=\frac{R}{2}$.记

$$\Omega_1(r,\varphi,\theta)=\left\{(r,\varphi,\theta)\,|\,0\leqslant\theta\leqslant 2\pi,\frac{\pi}{3}\leqslant\varphi\leqslant\frac{\pi}{2},0\leqslant r\leqslant 2R\cos\varphi\right\}$$

和

$$\Omega_2(r,\varphi,\theta)=\left\{(r,\varphi,\theta)\,|\,0\leqslant\theta\leqslant 2\pi,0\leqslant\varphi\leqslant\frac{\pi}{3},0\leqslant r\leqslant R\right\}.$$

于是,依据可加性(提示:根据球面坐标系特征把 Ω 分割成 Ω_1 和 Ω_2),有

$$\begin{aligned}I&=\iiint_{\Omega}(r\cos\varphi)^2\cdot r^2\sin\varphi\mathrm{d}r\mathrm{d}\varphi\mathrm{d}\theta\\&=\iiint_{\Omega_2}(r\cos\varphi)^2\cdot r^2\sin\varphi\mathrm{d}r\mathrm{d}\varphi\mathrm{d}\theta+\iiint_{\Omega_1}(r\cos\varphi)^2\cdot r^2\sin\varphi\mathrm{d}r\mathrm{d}\varphi\mathrm{d}\theta\\&=\int_0^{2\pi}\mathrm{d}\theta\int_0^{\frac{\pi}{3}}\mathrm{d}\varphi\int_0^{R}(r\cos\varphi)^2\cdot r^2\sin\varphi\mathrm{d}r\\&\quad+\int_0^{2\pi}\mathrm{d}\theta\int_{\frac{\pi}{3}}^{\frac{\pi}{2}}\mathrm{d}\varphi\int_0^{2R\cos\varphi}(r\cos\varphi)^2\cdot r^2\sin\varphi\mathrm{d}r=\frac{59}{480}\pi R^5.\end{aligned}$$

（提示：将直角坐标系与球面坐标系之间的关系$\begin{cases}x=r\sin\varphi\cos\theta,\\ y=r\sin\varphi\sin\theta,\\ z=r\cos\varphi,\end{cases}$代入到上、下侧曲面方程 $x^2+y^2+z^2=R^2$ 和 $x^2+y^2+z^2=2Rz$ 中，有球面坐标系下相应的上、下侧曲面方程为 $r=r_2(\varphi,\theta)=R$ 和$r=r_1(\varphi,\theta)=2R\cos\varphi$.）

注 11.3.4 由于三重积分是在立体 Ω 内计算，所以千万不能把区域（立体）Ω 的边界方程 $z=z(x,y)$代入进行计算.

2. 在空间柱坐标系下计算三重积分

（1）定义与记号.

Ⅰ. 直角坐标系与柱坐标系坐标之间的关系：$\begin{cases}x=r\cos\theta,\\ y=r\sin\theta,\\ z=z,\end{cases}$如图 11.33所示.

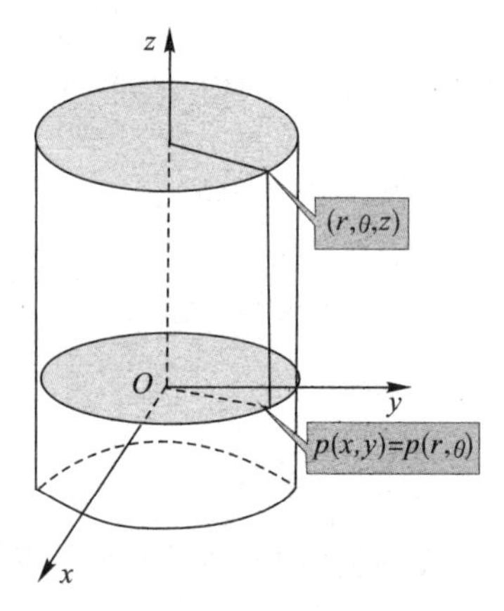

图 11.33

Ⅱ. $\mathrm{d}V=r\mathrm{d}r\mathrm{d}\theta\mathrm{d}z$.

Ⅲ. 简单（体）闭区域 Ω 的表示.

首先，若曲面 S 方程是 $F(x,y,z)=0$，则把直角坐标系与柱坐标系之间的关系$\begin{cases}x=r\cos\theta,\\ y=r\sin\theta,\\ z=z,\end{cases}$代入方程，解得柱坐标系下相应曲面方程为 $z=z(r,\theta)$.

其次，空间区域 Ω 在平面 xOy 上投影为 $D(r,\theta)=D(x,y)$，$D(r,\theta)$中任给一点 p 写成极坐标 $p(r,\theta,0)$. 过 p 点做平行于 z 轴的直线，由下朝上与 Ω 的边界至多相交于两点 $p_1(r,\theta,z_1(r,\theta))$和 $p_2(r,\theta,z_2(r,\theta))$. 这样直线段$\overline{p_1p_2}$可表示为

$$z_1(r,\theta)\leqslant z\leqslant z_2(r,\theta),\ \forall(r,\theta,0)\in D(r,\theta).$$

注意：这里 $z=z_1(r,\theta)$，$z=z_2(r,\theta)$，$\forall(r,\theta,0)\in D(r,\theta)$为区域 Ω 的边界方程.

最后，让 p 点在$D(r,\theta)$上运动一遍时，则直线段 $l(p)$：$\overline{p_1p_2}$扫过简单区域 $\Omega(r,\theta,z)$，如图 11.34 所示. 依据其几何构架，则用扫描法表示为

$$\Omega(r,\theta,z)=\{(r,\theta,z)\mid \forall(r,\theta,0)\in D(r,\theta),z_1(r,\theta)\leqslant z\leqslant z_2(r,\theta)\}.$$

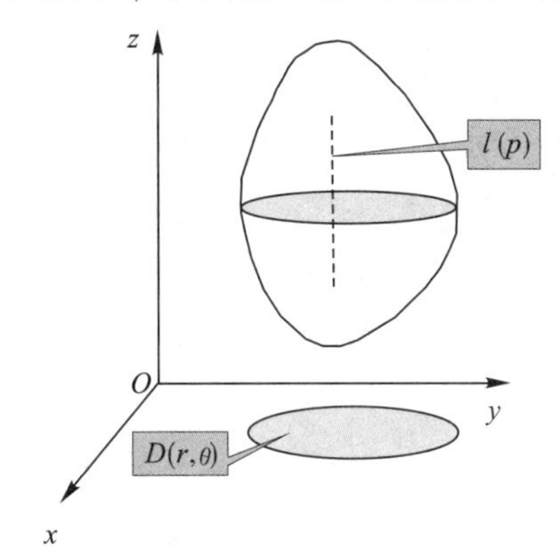

图 11.34

注 11.3.5 称空间区域 $\Omega(r,\theta,z)=\Big\{(r,\theta,z)\mid \forall(r,\theta,0)\in D(r,\theta),$ $z_1(r,\theta)\leqslant z\leqslant z_2(r,\theta)\Big\}$为简单区域.

(2)定理.

定理 11.3.5 设 $\Omega(r,\theta,z)$为柱坐标系下的空间简单闭区域(如上)，若函数 $f(x,y,z)$在 $\Omega(r,\theta,z)$上连续，则有

$$\begin{aligned}\iiint\limits_{\Omega(r,y,z)} f(x,y,z)\mathrm{d}V &= \iiint\limits_{\Omega(r,\theta,z)} f(r\cos\theta,r\sin\theta,z)r\mathrm{d}r\mathrm{d}\theta\mathrm{d}z\\ &=\iint\limits_{D(r,\theta)} r\mathrm{d}r\mathrm{d}\theta\int_{z_1(r,\theta)}^{z_2(r,\theta)} f(r\cos\theta,r\sin\theta,z)\mathrm{d}z\\ &=\iint\limits_{D(r,\theta)} r\left(\int_{z_1(r,\theta)}^{z_2(r,\theta)} f(r\cos\theta,r\sin\theta,z)\right)\mathrm{d}z)\mathrm{d}r\mathrm{d}\theta.\end{aligned}$$

注 11.3.6 当被积函数 $f(x,y,z)$ 含有因子 x^2+y^2 的形式，或 D 的边界方程中含有因子 x^2+y^2，此时适合用此方法计算.

例 11.3.3 计算 $I=\iiint\limits_{\Omega} z\mathrm{d}x\mathrm{d}y\mathrm{d}z$，其中 Ω 是由曲线 $\begin{cases}x=0,\\ z=y^2\end{cases}$ 绕 z 轴旋转一周生成的旋转面与平面 $z=4$ 所围成的区域.

解：在解析几何中，曲线 $\begin{cases}x=0,\\ z=y^2\end{cases}$ 绕 z 轴旋转一周生成的旋转面方程为 $z=(\pm\sqrt{x^2+y^2})^2=x^2+y^2$.

方法一，在直角坐标系下，记 Ω 在坐标平面 xOy 上的投影区域为 $D(x,y)$，于是有 $D(x,y)=\left\{(x,y)\mid x^2+y^2\leqslant 4\right\}$. 进一步，有

$$\Omega(x,y,z)=\left\{(x,y,z)\mid \forall(x,y,0)\in D(x,y),x^2+y^2\leqslant z\leqslant 4\right\}.$$

易知 D 的边界方程中含有因子 x^2+y^2，此时适合用柱坐标系计算.

利用直角坐标系与柱坐标系之间的关系 $\begin{cases}x=r\cos\theta,\\ y=r\sin\theta,\\ z=r,\end{cases}$ 代入空间区域 Ω 的边界曲面方程 $z=x^2+y^2$，$z=4$，有柱坐标系下相应曲面方程为 $z=z_2(r,\theta)=4$ 和 $z=z_1(r,\theta)=r^2$. 此时，有

$$D(r,\theta)=\left\{(r,\theta)\mid 0\leqslant\theta<2\pi,r\leqslant 2\right\},$$

和

$$\Omega(r,\theta,z)=\left\{(r,\theta,z)\mid \forall(r,\theta,0)\in D(r,\theta),r^2\leqslant z\leqslant 4\right\},$$

如图 11.35 情形 1 所示.

因此有

$$\begin{aligned}\iiint\limits_{\Omega(x,y,z)} z\mathrm{d}x\mathrm{d}y\mathrm{d}z&=\iiint\limits_{\Omega(r,\theta,z)} zr\,\mathrm{d}r\mathrm{d}\theta\mathrm{d}z=\iint\limits_{D(r,\theta)} r\mathrm{d}r\mathrm{d}\theta\int_{r^2}^{4} z\mathrm{d}z\\&=\iint\limits_{D(r,\theta)} r\left(\int_{r^2}^{4} z\mathrm{d}z\right)\mathrm{d}r\mathrm{d}\theta\\&=\frac{1}{2}\int_0^{2\pi}\mathrm{d}\theta\int_0^2 r(16-r^4)\mathrm{d}r=\frac{64}{3}\pi.\end{aligned}$$

方法二，被积函数仅有一个变量 z，且立体 Ω 的截面 D_z 易计算，所以适宜采用提升法（截面法）. 首先，知 Ω 沿 z 轴方向的最小值 0 和最大值 4. 然后，沿 z 轴，在区间 $(0,4)$ 上任取一点 $p(0,0,z)$，过 p 点做一平行于坐标平面 xOy 的平面，其与 Ω 体的截面为 D_z，如图 11.35 情形 2 所示. 记 D_z 的面积为 $S(D_z)$，于是有 $S(D_z)=\pi(\sqrt{z})(\sqrt{z})=\pi z$. 这样有

$$I=\iiint_{\Omega} z\mathrm{d}x\mathrm{d}y\mathrm{d}z=\int_0^4\left(\iint_{D_z} z\mathrm{d}x\mathrm{d}y\right)\mathrm{d}z=\int_0^4 zS(D_z)\mathrm{d}z=\frac{64\pi}{3}.$$

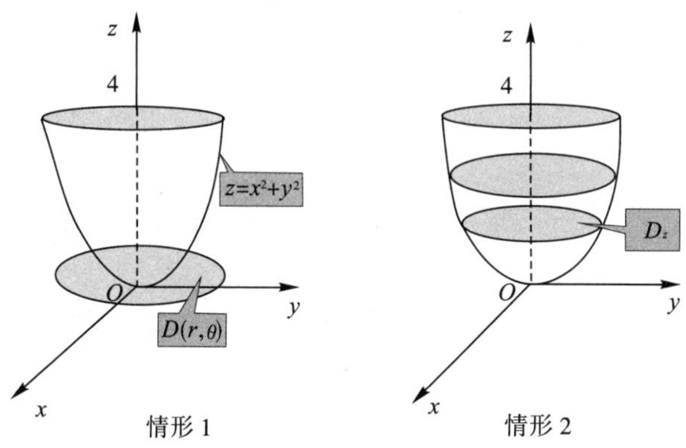

图 11.35

类似题：

(1) 计算 $I=\iiint_{\Omega}(x^2+y^2)^2\mathrm{d}V$，其中空间区域 Ω 是由 $z=x^2+y^2$，$z=1$，$z=2$ 所围成.

解：被积函数和围成区域 Ω 的部分曲面方程均含有因子 x^2+y^2，适宜采用柱坐标.

首先，直角坐标系与柱坐标系之间的关系为 $\begin{cases}x=r\cos\theta,\\ y=r\sin\theta,\\ z=r,\end{cases}$ 代入围成空间区域 Ω 的曲面方程 $z=x^2+y^2$，$z=1$，$z=2$，有柱坐标系下相应曲面方程为

$$z=z_3(r,\theta)=2,z=z_2(r,\theta)=r^2 \text{ 和 } z=z_1(r,\theta)=1.$$

此时，记 $D_1(r,\theta)=\left\{(r,\theta)\mid 0\leqslant\theta<2\pi,0\leqslant r\leqslant 1\right\}$

和

$$\Omega_1(r,\theta,z)=\left\{(r,\theta,z)\ \middle|\ \forall(r,\theta,0)\in D_1(r,\theta),1\leqslant z\leqslant 2\right\},$$

记 $D_2(r,\theta)=\left\{(r,\theta)\ \middle|\ 0\leqslant\theta<2\pi,1\leqslant r\leqslant\sqrt{2}\right\}$

和

$$\Omega_2(r,\theta,z)=\left\{(r,\theta,z)\ \middle|\ \forall(r,\theta,0)\in D_1(r,\theta),r^2\leqslant z\leqslant 2\right\}.$$

于是，依据可加性（提示：根据柱坐标系特征把 Ω 分割成 Ω_1 和 Ω_2），有

$$\begin{aligned}\iiint\limits_{\Omega(x,y,z)}(x^2+y^2)^2\mathrm{d}V&=\iiint\limits_{\Omega(r,\theta,z)}r^5\mathrm{d}r\mathrm{d}\theta\mathrm{d}z\\&=\iiint\limits_{\Omega_1(r,\theta,z)}r^5\mathrm{d}r\mathrm{d}z\theta\mathrm{d}z+\iiint\limits_{\Omega_2(r,\theta,z)}r^5\mathrm{d}r\mathrm{d}\theta\mathrm{d}z\\&=\iint\limits_{D_1(r,\theta)}\mathrm{d}r\mathrm{d}\theta\int_1^2r^5\mathrm{d}z+\iint\limits_{D_2(r,\theta)}\mathrm{d}r\mathrm{d}\theta\int_{r^2}^2r^5\mathrm{d}z\\&=\int_0^{2\pi}\mathrm{d}\theta\int_0^1r^5\mathrm{d}r+\int_0^{2\pi}\mathrm{d}\theta\int_1^{\sqrt{2}}(2r^5-r^7)\mathrm{d}r\\&=\frac{5\pi}{4}.\end{aligned}$$

3. 在空间球面坐标系下计算三重积分

(1)定义与记号.

Ⅰ. 直角坐标系与球面坐标系坐标之间的关系：$\begin{cases}x=r\sin\varphi\cos\theta,\\y=r\sin\varphi\sin\theta,\\z=r\cos\varphi,\end{cases}$

如图 11.36 所示.

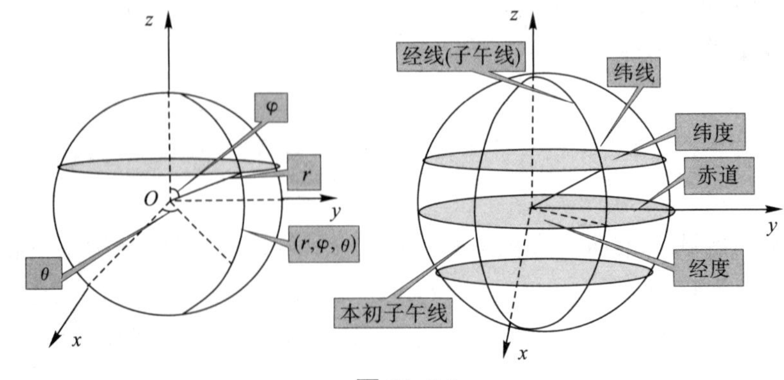

图 11.36

Ⅱ. $dV=r^2\sin\varphi drd\varphi d\theta$.

Ⅲ. 简单(体)闭区域 Ω 的表示.

首先,若曲面 S 方程是 $F(x,y,z)=0$,则把直角坐标系与球面坐标系之间的关系 $\begin{cases}x=r\sin\varphi\cos\theta,\\ y=r\sin\varphi\sin\theta,\\ z=r\cos\varphi\end{cases}$ 代入方程,解得球面坐标系下相应曲面方程为 $r=r(\varphi,\theta)$.

其次,设区域 Ω 在平面 xOy 上的投影为 D,从 x 轴正方向始,沿 θ 方向找到 D 的最小值 a_1 和最大值 β_1,从 z 轴正方向始,沿 φ 方向找到 Ω 的最小值 a_2 和最大值 β_2. 在区域 $(a_2,\beta_2)\times(a_1,\beta_1)$ 中任取一点 $p(\varphi,\theta)$(即($\forall\varphi\in(a_2,\beta_2)$, $\forall\theta\in(a_1,\beta_1)$)),以 p 点为底架作从原点出发的射线,由里朝外与 Ω 的边界至多相交于两点 $p_1(r_1(\varphi,\theta),\varphi,\theta)$ 和 $p_2(r_2(\varphi,\theta),\varphi,\theta)$. 这样直线段 $\overline{p_1p_2}$ 可表示为

$$r_1(\varphi,\theta)\leqslant r\leqslant r_2(\varphi,\theta),\forall(\varphi,\theta)\in(a_2,\beta_2)\times(a_1,\beta_1),$$

其中这里 $r=r_1(\varphi,\theta)$,

$$r=r_2(\varphi,\theta),\forall(\varphi,\theta)\in[a_2,\beta_2]\times[a_1,\beta_1]$$

为区域 Ω 的边界方程.

最后,让 p 点在 $(a_2,\beta_2)\times(a_1,\beta_1)$ 上运动一遍时,则直线段 $\overline{l(p):p_1p_2}$ 扫过区域 $\Omega(r,\varphi,\theta)$,如图 11.37 所示.

依据其几何构架,则用扫描法表示为

$$\Omega(r,\varphi,\theta)=\Big\{(r,\varphi,\theta)\ \Big|\ \forall(\varphi,\theta)\in[a_2,\beta_2]\times[a_1,\beta_1],\\ r_1(\varphi,\theta)\leqslant r\leqslant r_2(\varphi,\theta)\Big\}.$$

注 11.3.7 称空间区域

$$\Omega(r,\varphi,\theta)=\Big\{(r,\varphi,\theta)\ \Big|\ \forall(\varphi,\theta)\in[a_2,\beta_2]\times[a_1,\beta_1],\\ r_1(\varphi,\theta)\leqslant r\leqslant r_2(\varphi,\theta)\Big\}$$

为简单区域.

(2)定理.

定理 11.3.6 设 $\Omega(r,\varphi,\theta)$ 为空间球坐标系下的简单闭区域(如

上)如图 11.37 所示,若函数 $f(x,y,z)$ 在 $\Omega(r,\varphi,\theta)$ 上连续,则有

$$\iiint\limits_{\Omega(x,y,z)} f(x,y,z)\mathrm{d}V = \iiint\limits_{\Omega(r,\varphi,\theta)} f(r\sin\varphi\cos\theta, r\sin\varphi\sin\theta, r\cos\varphi)r^2\sin\varphi\mathrm{d}r\mathrm{d}\varphi\mathrm{d}\theta$$

$$= \int_{\alpha_1}^{\beta_1}\mathrm{d}\theta\int_{\alpha_2}^{\beta_2}\mathrm{d}\varphi\int_{r_1(\varphi,\theta)}^{r_2(\varphi,\theta)} f(r\sin\varphi\cos\theta, r\sin\varphi\sin\theta, r\cos\varphi)r^2\sin\varphi\mathrm{d}r$$

注 11.3.8 当被积函数 $f(x,y,z)$ 含有因子 $x^2+y^2+z^2$ 的形式,或 Ω 的边界方程中含有因子 $x^2+y^2+z^2$,此时适合用此方法计算.

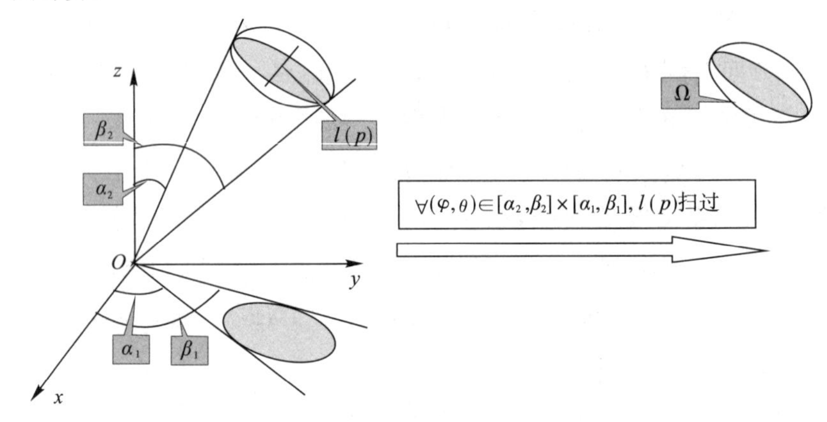

图 11.37

例 11.3.4 计算 $I=\iiint\limits_{\Omega}\frac{1}{x^2+y^2+z^2}\mathrm{d}V$,其中 Ω 是由曲面 $z=1+\sqrt{1-x^2-y^2}$ 与平面 $z=1$ 所围成的区域.

解: 被积函数 $f(x,y,z)=\frac{1}{x^2+y^2+z^2}$ 含有因子 $x^2+y^2+z^2$ 的形式,且 Ω 的一部分边界方程 $z=1+\sqrt{1-x^2-y^2}$ 等价于 $x^2+y^2+(z-1)^2=1(z\geqslant1)$ 中含有因子 $x^2+y^2+z^2$,此时适合用球面坐标系计算.

首先,将直角坐标系与球面坐标系之间的关系 $\begin{cases}x=r\sin\varphi\cos\theta,\\ y=r\sin\varphi\sin\theta,\\ z=r\cos\varphi\end{cases}$ 代入 Ω 的边界方程,则在球面坐标系下区域 Ω 是由半球面 $r=r_2(\varphi,\theta)=2\cos\varphi$ 与平面 $r=r_1(\varphi,\theta)=\frac{1}{\cos\varphi}$ 围成.设区域 Ω 在平

面 xOy 上的投影为 D，从 x 轴正方向始，沿 θ 方向可知 D 的最小值 0 和最大值 2π，从 z 轴正方向始，沿 φ 方向找到 Ω 的最小值 0 和最大值 $\frac{\pi}{4}$，如图 11.38 所示. 于是，有

$$\Omega(r,\varphi,\theta)=\left\{(r,\varphi,\theta)\ \middle|\ \forall(\varphi,\theta)\in(0,\frac{\pi}{4})\times(0,2\pi),\frac{1}{\cos\varphi}\leqslant r\leqslant 2\cos\varphi\right\}.$$

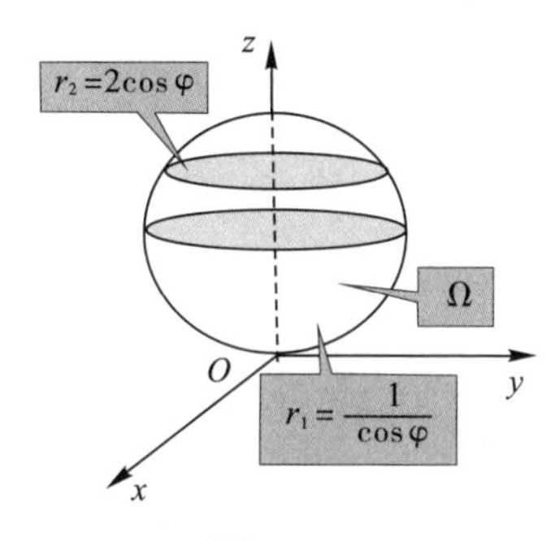

图 11.38

这样，有

$$I=\iiint\limits_{\Omega(x,y,z)}\frac{1}{x^2+y^2+z^2}\mathrm{d}V=\iiint\limits_{\Omega(r,\varphi,\theta)}\frac{1}{r^2}\cdot r^2\sin\varphi\mathrm{d}\theta\mathrm{d}\varphi\mathrm{d}r$$

$$=\int_0^{2\pi}\mathrm{d}\theta\int_0^{\frac{\pi}{4}}\mathrm{d}\varphi\int_{\frac{1}{\cos\varphi}}^{2\cos\varphi}\sin\varphi\mathrm{d}r=(1-\ln 2)\pi.$$

例 11.3.5 几何体 Ω 由球面 $x^2+y^2+(z-R)^2=R^2$ 和半顶角为 a，以 z 轴为轴的圆锥面围成. 求该几何体的体积.

解: 注意球面方程为 $x^2+y^2+(z-R)^2=R^2$，这表明区域 Ω 的部分边界方程含有 $x^2+y^2+z^2$ 因子，因此适宜用球面坐标系计算.

首先，将直角坐标系与球坐标系之间的关系 $\begin{cases}x=r\sin\varphi\cos\theta,\\ y=r\sin\varphi\sin\theta,\\ z=r\cos\varphi\end{cases}$ 代入球面方程，有 $r=r(\varphi,\theta)=2R\cos\varphi$. 因此区域 Ω 是由球面 $r=r(\varphi,\theta)=2R\cos\varphi$ 与锥面 $\varphi=a$ 所围成.

其次，设区域 Ω 在平面 xOy 上的投影为 D，从 x 轴正方向始，沿 θ 方向可知 D 的最小值 0 和最大值 2π，从 z 轴正方向始，沿 φ 方向找到 Ω 的最小值 0 和最大值 a. 同时，注意到原点在区域 Ω 的边界上，

如图 11.39 所示. 于是，有

$$\Omega(r,\varphi,\theta)=\left\{(r,\varphi,\theta)\mid\forall(\varphi,\theta)\in(0,a)\times(0,2\pi),0\leqslant r\leqslant 2\cos\varphi\right\}.$$

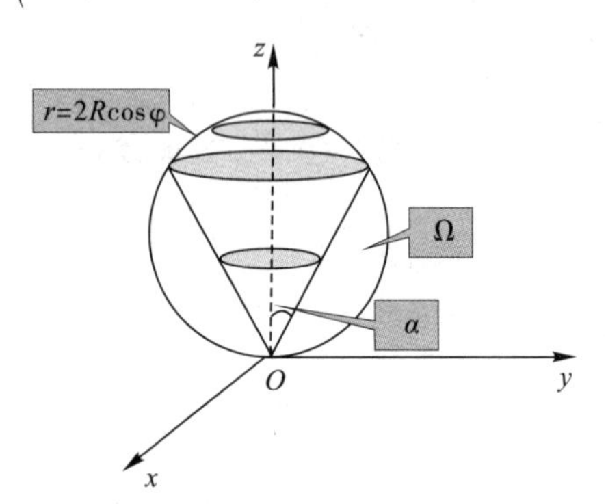

图 11.39

这样，有

$$I=\iiint\limits_{\Omega(x,y,z)}\mathrm{d}V=\iiint\limits_{\Omega(r,\varphi,\theta)}r^2\sin\varphi\mathrm{d}\theta\mathrm{d}\varphi\mathrm{d}r=\int_0^{2\pi}\mathrm{d}\theta\int_0^a\mathrm{d}\varphi\int_0^{2R\cos\varphi}r^2\sin\varphi\mathrm{d}r$$

$$=\frac{4}{3}\pi R^3(1-\cos^4 a).$$

例 11.3.6 设函数 $f(x)$ 连续且恒大于零，记

$$F(t)=\frac{\iiint\limits_{\Omega(t)}f(x^2+y^2+z^2)\mathrm{d}V}{\iint\limits_{D(t)}f(x^2+y^2)\mathrm{d}\sigma},G(t)=\frac{\iint\limits_{D(t)}f(x^2+y^2)\mathrm{d}\sigma}{\int_{-t}^{t}f(x^2)\mathrm{d}x},$$

其中

$$\Omega(t)=\left\{(x,y,z)\mid x^2+y^2+z^2\leqslant t^2\right\},D(t)=\left\{(x,y)\mid x^2+y^2\leqslant t^2\right\}.$$

证明：

(1) $F(t)$ 在区间 $(0,+\infty)$ 内的严格单调增；

(2) 当 $t>0$ 时，有 $F(t)>\dfrac{2}{\pi}G(t)$.

证：用球面坐标系计算 $\iiint\limits_{\Omega(t)}f(x^2+y^2+z^2)\mathrm{d}V$，用极坐标系计算 $\iint\limits_{D(t)}f(x^2+y^2)\mathrm{d}\sigma$，用偶函数与对称性处理 $\int_{-t}^{t}f(x^2)\mathrm{d}x$.

首先,将直角坐标系与球面坐标系之间的关系

$$\begin{cases}x=r\sin\varphi\cos\theta,\\ y=r\sin\varphi\sin\theta,\\ z=r\cos\varphi\end{cases}$$ 代入球面方程,有 $r=r(\varphi,\theta)=t$.

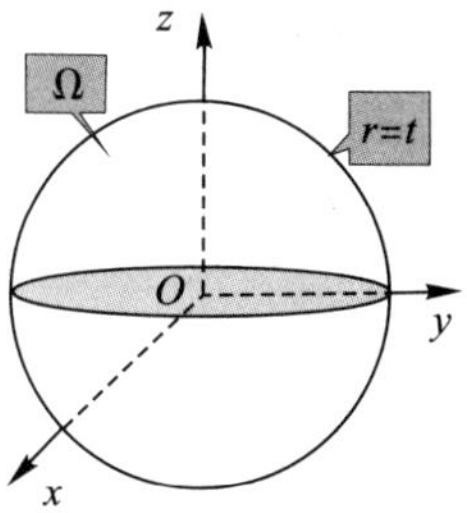

因此区域 Ω 是由球面 $r=r(\varphi,\theta)=t$ 围成,如图 11.40 所示.

图 11.40

设区域 Ω 在平面 xOy 上投影为 D,从 x 轴正方向始,沿 θ 方向可知 D 的最小值 0 和最大值 2π,从 z 轴正方向始,沿 φ 方向找到 Ω 的最小值 0 和最大值 π. 于是,有

$$\Omega(r,\varphi,\theta)=\left\{(r,\varphi,\theta)\mid\forall(\varphi,\theta)\in(0,\pi)\times(0,2\pi),0\leqslant r\leqslant t\right\}.$$

这样,有

$$I=\iiint\limits_{\Omega(x,y,z)}f(x^2+y^2+z^2)\mathrm{d}V=\iiint\limits_{\Omega(r,\varphi,\theta)}f(r^2)r^2\sin\varphi\mathrm{d}\theta\mathrm{d}\varphi\mathrm{d}r$$
$$=\int_0^{2\pi}\mathrm{d}\theta\int_0^{\pi}\mathrm{d}\varphi\int_0^t f(r^2)r^2\sin\varphi\mathrm{d}r=4\pi\int_0^t f(r^2)r^2\mathrm{d}r.$$

其次,将直角坐标系与极坐标系的关系$\begin{cases}x=r\cos\theta,\\ y=r\sin\theta\end{cases}$代入圆方程,则 $r=r(\theta)=t$. 因此区域 $D(t)$ 是由球面 $r=r(\varphi,\theta)=t$ 围成,于是有

$$D(t)=\left\{(r,\theta)\mid 0\leqslant\theta\leqslant 2\pi,0\leqslant r\leqslant t\right\}.$$

这样,有

$$\iint\limits_{D(t)}f(x^2+y^2)\mathrm{d}\sigma=\int_0^{2\pi}\mathrm{d}\theta\int_0^t f(r^2)\cdot r\mathrm{d}r=2\pi\int_0^t f(r^2)\cdot r\mathrm{d}r.$$

最后,由于函数 $f(r^2)$ 是对称区间 $[-t,t]$ 上的偶函数,所以有

$$\int_{-t}^t f(x^2)\mathrm{d}x=2\int_0^t f(x^2)\mathrm{d}x=2\int_0^t f(r^2)\mathrm{d}r.$$

(提示:定积分与积分变量的字母符号无关)

故有

$$F(t)=\frac{2\int_0^t f(r^2)r^2\mathrm{d}r}{\int_0^t f(r^2)r\mathrm{d}r},\ G(t)=\frac{\pi\int_0^t f(r^2)r\mathrm{d}r}{\int_0^t f(r^2)\mathrm{d}r}.$$

因此，

(1)计算

$$F'(t)=\frac{(2f(t^2)t^2)\cdot\int_0^t f(r^2)r\mathrm{d}r-\left(2\int_0^t f(r^2)r^2\mathrm{d}r\right)\cdot(f(t^2)t)}{\left(\int_0^t f(r^2)r\mathrm{d}r\right)^2}$$

$$=\frac{2tf(t^2)\cdot\left(\int_0^t f(r^2)\cdot r\cdot(t-r)\mathrm{d}r\right)}{\left(\int_0^t f(r^2)r\mathrm{d}r\right)^2}>0,$$

所以 $F(t)$ 在区间 $(0,+\infty)$ 内严格单调增.

（提示：这里注意三点，一是变上限函数求导，二是自变量与积分变量相互独立，三是积分变量变化范围在上、下限之间.）

(2) 记 $H(t)=\left(\int_0^t f(r^2)r^2\mathrm{d}r\right)\left(\int_0^t f(r^2)\mathrm{d}r\right)-\left(\int_0^t f(r^2)r\mathrm{d}r\right)^2$，计算

$$H'(t)=(f(t^2)t^2)\cdot\left(\int_0^t f(r^2)\mathrm{d}r\right)-\left(\int_0^t f(r^2)r^2\mathrm{d}r\right)(f(t^2))$$
$$-2\left(\int_0^t f(r^2)r\mathrm{d}r\right)(f(t^2)t)$$
$$=f(t^2)\left(\int_0^t f(r^2)\ (t-r)^2\mathrm{d}r\right)>0,$$

所以 $H(t)$ 在区间 $(0,+\infty)$ 内严格单调增，故有 $\forall\, t\in(0,+\infty)$，$H(t)>H(0)=0$.

类似题：

(1)计算 $I=\iiint\limits_{\Omega}(x+y+z)^2\mathrm{d}V$，其中 Ω 由球面

$$x^2+y^2+(z-R)^2=R^2$$

所围成.

解：被积函数为 $f(x,y,z)=x^2+y^2+z^2+2xy+2xz+2yz$. 区域 Ω 关于坐标平面 yOz 对称，而 $2xy,2xz$ 关于 x 为奇函数，所以 $\iiint\limits_{\Omega}2xy\mathrm{d}V=\iiint\limits_{\Omega}2xz\mathrm{d}V=0$；区域 Ω 关于坐标平面 zOx 对称，而 $2yz$ 关于 y 为奇函数，所以 $\iiint\limits_{\Omega}2yz\mathrm{d}V=0$. 于是，有

$$I=\iiint\limits_{\Omega}(x+y+z)^2\mathrm{d}V=\iiint\limits_{\Omega}(x^2+y^2+z^2)\mathrm{d}V,$$

适宜采用球面坐标系计算.

首先,将直角坐标系与球坐标系之间的关系$\begin{cases} x = r\sin\varphi\cos\theta, \\ y = r\sin\varphi\sin\theta, \\ z = r\cos\varphi \end{cases}$代入球面方程,有$r = r(\varphi,\theta) = 2R\cos\varphi$. 因此区域$\Omega$是由球面$r = r(\varphi,\theta) = 2R\cos\varphi$围成.

然后,设区域Ω在平面xOy上的投影为D,从x轴正方向始,沿θ方向可知D的最小值0和最大值2π,从z轴正方向始,沿φ方向找到Ω的最小值0和最大值$\frac{\pi}{2}$. 同时,注意到原点在区域Ω的边界上. 于是,有

$$\Omega(r,\varphi,\theta) = \left\{(r,\varphi,\theta) \mid \forall(\varphi,\theta) \in (0,\frac{\pi}{2}) \times (0,2\pi), 0 \leqslant r \leqslant 2\cos\varphi\right\}.$$

这样,有

$$I = \iiint\limits_{\Omega(x,y,z)} (x^2 + y^2 + z^2)\mathrm{d}V = \iiint\limits_{\Omega(r,\varphi,\theta)} r^4 \sin\varphi \mathrm{d}\theta \mathrm{d}\varphi \mathrm{d}r$$

$$= \int_0^{2\pi} \mathrm{d}\theta \int_0^{\frac{\pi}{2}} \mathrm{d}\varphi \int_0^{2R\cos\varphi} r^4 \sin\varphi \mathrm{d}r = \frac{32}{15}\pi R^5.$$

(2)设函数$f(x)$具有连续的导数,计算

$$I = \lim_{t \to 0^+} \frac{1}{\pi t^4} \iiint\limits_{\Omega(t)} f(\sqrt{x^2 + y^2 + z^2})\mathrm{d}x\mathrm{d}y\mathrm{d}z,$$

其中$\Omega(t) = \left\{(x,y,z) \mid x^2 + y^2 + z^2 \leqslant t^2\right\}$.

解:用球面坐标系计算$\iiint\limits_{\Omega(t)} f(x^2 + y^2 + z^2)\mathrm{d}V$.

首先,将直角坐标系与球坐标系之间的关系$\begin{cases} x = r\sin\varphi\cos\theta, \\ y = r\sin\varphi\sin\theta, \\ z = r\cos\varphi \end{cases}$代入球面方程,有$r = r(\varphi,\theta) = t$. 因此区域$\Omega$是由球面$r = r(\varphi,\theta) = t$围成. 设区域$\Omega$在平面$xOy$上的投影为$D$,从$x$轴正方向始,沿$\theta$方向可知$D$的最小值0和最大值$2\pi$,从$z$轴正方向始,沿$\varphi$方向找到$\Omega$的最小值0和最大值$\pi$. 于是,有

$$\Omega(r,\varphi,\theta) = \left\{(r,\varphi,\theta) \mid \forall(\varphi,\theta) \in (0,\pi) \times (0,2\pi), 0 \leqslant r \leqslant t\right\}.$$

这样，有

$$I=\lim_{t\to0^+}\frac{1}{\pi t^4}\iiint\limits_{\Omega(t)}f(\sqrt{x^2+y^2+z^2})\mathrm{d}x\mathrm{d}y\mathrm{d}z$$

$$=\lim_{t\to0^+}\frac{\iiint\limits_{\Omega(r,\varphi,\theta)}f(r)r^2\sin\varphi\mathrm{d}\theta\mathrm{d}\varphi\mathrm{d}r}{\pi t^4}=\lim_{t\to0^+}\frac{\int_0^{2\pi}\mathrm{d}\theta\int_0^{\pi}\mathrm{d}\varphi\int_0^t f(r)r^2\sin\varphi\mathrm{d}r}{\pi t^4}$$

$$=\lim_{t\to0^+}\frac{4\pi\int_0^t f(r)r^2\mathrm{d}r}{\pi t^4}=\lim_{t\to0^+}\frac{f(t)}{t}=\begin{cases}f'(0), & f(0)=0,\\ \infty, & f(0)\neq0.\end{cases}$$

（提示：注意两点，一是使用洛必达法则是有条件的，二是变上限函数求导.）

11.3.4 三重积分的变量变换

（这是教学大纲之外的内容，有些特殊专业可自学）

当被积函数为一些特殊形式不宜积分时或当被积区域为规则图形但不宜用前面的方法计算时，可采用直角坐标系到直角坐标系的变量变换计算.

1. 定理

定理 11.3.7 设变量变换$\begin{cases}x=x(u,v,w),\\ y=y(u,v,w),\\ z=z(u,v,w)\end{cases}$将 uvw 直角坐标系中区域 $\Omega'(u,v,w)$（简记为 Ω'）一对一地映射到 xyz 直角坐标系中 $\Omega(x,y,z)$（简记为 Ω），同时 $x(u,v,w)$，$y(u,v,w)$，$z(u,v,w)$在 Ω' 上具有一阶连续偏导数且有

$$J=\frac{\partial(x,y,z)}{\partial(u,v,w)}=\begin{vmatrix}x'_u & y'_u & z'_u\\ x'_v & y'_v & z'_v\\ x'_w & y'_w & z'_w\end{vmatrix}\neq0.$$

若 $f(x,y,z)$在 Ω 上连续，则有

$$\iiint\limits_{\Omega}f(x,y,z)\mathrm{d}x\mathrm{d}y\mathrm{d}z=\iiint\limits_{\Omega'}f(x(u,v,w),y(u,v,w),z(u,v,w))\,|J|\,\mathrm{d}u\mathrm{d}v\mathrm{d}w.$$

这里 $|J|$ 是指 J 的绝对值.

2. 应用举例

例 11.3.7 计算 $\iiint\limits_{\Omega} z\mathrm{d}x\mathrm{d}y\mathrm{d}z$,其中 Ω 是由椭圆体$\frac{x^2}{a^2}+\frac{y^2}{b^2}+\frac{z^2}{c^2}\leqslant 1$与$z\geqslant 0$所围成的区域.

解:设广义球面坐标变换$\begin{cases} x=ar\sin\varphi\cos\theta, \\ y=br\sin\varphi\sin\theta, \\ z=cr\cos\varphi, \end{cases}$有

$$\frac{\partial(x,y,z)}{\partial(r,\varphi,\theta)}=\begin{vmatrix} \frac{\partial x}{\partial r} & \frac{\partial y}{\partial r} & \frac{\partial z}{\partial r} \\ \frac{\partial x}{\partial \varphi} & \frac{\partial y}{\partial \varphi} & \frac{\partial z}{\partial \varphi} \\ \frac{\partial x}{\partial \theta} & \frac{\partial y}{\partial \theta} & \frac{\partial z}{\partial \theta} \end{vmatrix}=abcr^2\sin\varphi.$$

所以有

$$\Omega'(r,\varphi,\theta)=\left\{(r,\varphi,\theta)\ \middle|\ 0\leqslant\theta\leqslant 2\pi, 0\leqslant\varphi\leqslant\frac{\pi}{2}, 0\leqslant r\leqslant 1\right\}.$$

于是,有

$$I=\iiint\limits_{\Omega} z\mathrm{d}x\mathrm{d}y\mathrm{d}z=\iiint\limits_{\Omega'(r,\varphi,\theta)} abc^2r^3\sin\varphi\cos\varphi\mathrm{d}r\mathrm{d}\varphi\mathrm{d}\theta$$

$$=abc^2\int_0^{2\pi}\mathrm{d}\theta\int_0^{\frac{\pi}{2}}\mathrm{d}\varphi\int_0^1 r^3\sin\varphi\cos\varphi\mathrm{d}r=\frac{\pi abc^2}{4}.$$

类似题:

计算 $I=\iiint\limits_{\Omega}(x+y+z)\mathrm{d}V$, 其中

$$\Omega=\left\{(x,y,z)\ \middle|\ (x-a)^2+(y-b)^2+(z-c)^2\leqslant R^2\right\}.$$

这里 $R>0, a, b, c$ 为实常数.

解:区域 Ω 不是标准球体,计算不易,作平移变换使得球体为标准的.

首先,作平移变换 $u=x-a, v=y-b, w=z-c$,解得

$$\begin{cases} x=x(u,v,w)=u+a, \\ y=y(u,v,w)=v+b, \\ z=z(u,v,w)=w+c. \end{cases}$$

计算

$$J=\frac{\partial(x,y,z)}{\partial(u,v,w)}=\begin{vmatrix} x'_u & y'_u & z'_u \\ x'_v & y'_v & z'_v \\ x'_w & y'_w & z'_w \end{vmatrix}=\begin{vmatrix} 1 & 0 & 0 \\ 0 & 1 & 0 \\ 0 & 0 & 1 \end{vmatrix}=1.$$

所以，有

$$\iiint_{\Omega}(x+y+z)\mathrm{d}V=\iiint_{\Omega'}(u+v+w+a+b+c)\cdot 1\cdot \mathrm{d}u\mathrm{d}v\mathrm{d}w.$$

然后，Ω'是球体 $u^2+v^2+w^2\leqslant R^2$，它为标准球体，其关于三个坐标平面都对称，而 $u+v+w$ 分别关于 u,v,w 为奇函数，所以

$$\iiint_{\Omega'}(u+v+w)\mathrm{d}u\mathrm{d}v\mathrm{d}w=0.$$

于是，有

$$\begin{aligned} I&=\iiint_{\Omega'}(u+v+w+a+b+c)\cdot 1\cdot \mathrm{d}u\mathrm{d}v\mathrm{d}w \\ &=(a+b+c)\iiint_{\Omega'}\mathrm{d}u\mathrm{d}v\mathrm{d}w=\frac{4(a+b+c)\pi R^3}{3}. \end{aligned}$$

（提示：$\iiint_{\Omega'}\mathrm{d}u\mathrm{d}v\mathrm{d}w=\frac{4\pi R^3}{3}$ 是球体的体积）

§11.4　重积分的应用

（放到第一类曲面处，此处略）

问题与思考

1. 问：二重积分在计算时，除了坐标轴的对称性外还有其他可以简化计算的对称性吗？

答：二重积分在计算时，除了坐标轴的对称性外还有一种对称性在计算化简中有很重要的应用，那就是轮换对称性. 所谓轮换对称性，就是把 x 和 y 对调后，积分区域 D 不变（或者积分区域 D 的图像关于 $y=x$ 对称），则有

$$\iint_D f(x,y)\mathrm{d}\sigma=\iint_D f(y,x)\mathrm{d}\sigma=\frac{1}{2}\iint_D[f(x,y)+f(y,x)]\mathrm{d}\sigma.$$

例如,设区域 $D=\{(x,y)\mid x^2+y^2\leqslant 1,x\geqslant 0,y\geqslant 0\}$,$f(x)$为 D 上的正值连续函数,a,b 为常数,计算 $I=\iint\limits_D \frac{a\sqrt{f(x)}+b\sqrt{f(y)}}{\sqrt{f(x)}+\sqrt{f(y)}}\mathrm{d}\sigma$.

解:被积函数是抽象的,无法直接计算,不过我们发现,若把 x 和 y 对调后,区域 D 不变,也就是区域 D 满足轮换对称性,有

$$I=\iint\limits_D \frac{a\sqrt{f(x)}+b\sqrt{f(y)}}{\sqrt{f(x)}+\sqrt{f(y)}}\mathrm{d}\sigma=\iint\limits_D \frac{a\sqrt{f(y)}+b\sqrt{f(x)}}{\sqrt{f(y)}+\sqrt{f(x)}}\mathrm{d}\sigma$$

$$=\frac{1}{2}\iint\limits_D\left[\frac{a\sqrt{f(x)}+b\sqrt{f(y)}}{\sqrt{f(x)}+\sqrt{f(y)}}+\frac{a\sqrt{f(y)}+b\sqrt{f(x)}}{\sqrt{f(y)}+\sqrt{f(x)}}\right]\mathrm{d}\sigma$$

$$=\frac{1}{2}\iint\limits_D(a+b)\mathrm{d}\sigma$$

$$=\frac{a+b}{8}\pi.$$

用这种方法还可以用于大题的化简,大家在学习中要多注意总结、思考.

2. 问:三重积分在计算时,除了坐标面的对称性外还有其他可以简化计算的对称性吗?

答:三重积分在计算时,除了坐标面的对称性外,也存在和二重积分类似的轮换对称性. 所谓轮换对称性,就是把 x 换 y,y 换 z,z 换 x 后,积分区域 Ω 不变,则有

$$\iiint\limits_\Omega f(x,y,z)\mathrm{d}V=\iiint\limits_\Omega f(y,z,x)\mathrm{d}V=\iiint\limits_\Omega f(z,x,y)\mathrm{d}V$$

$$=\frac{1}{3}\iiint\limits_\Omega[f(x,y,z)+f(y,z,x)+f(z,x,y)]\mathrm{d}V.$$

第 12 章

曲线积分与曲面积分

本章的重点是两类曲线积分与曲面积分的概念与计算;曲线积分与路径无关;格林公式;高斯公式.难点是曲面积分的计算;格林公式;高斯公式;斯托克斯公式.

本章要求学生掌握两类曲线积分的计算方法;掌握格林公式并会应用平面曲线积分与路径无关的条件,会求二元函数全微分的原函数;掌握两类曲面积分的计算方法;用高斯公式计算曲面积分的方法,并会用斯托克斯公式计算曲线积分;会用重积分、曲线积分及曲面积分求一些几何量与物理量(平面图形面积、体积、曲面面积、弧长、质量、形心、转动惯量、引力、功及流量等).

§12.1　第一类曲线积分
(也称对弧长的曲线积分)

12.1.1　第一类曲线积分概念

1.引入

实例　空间有一细线构件,可理想化为空间一条光滑曲线 L,如图 12.1 所示.此曲线在点 $P(x,y,z)$处的线密度 $\rho(x,y,z)$,这里假设 $\rho(x,y,z)$连续且大于零,求该构件的质量 m.

解：(1)当 $\rho(x,y,z)$ 为常数时，则称细线为匀质的，其质量等于密度乘以曲线的长度.

(2)当 $\rho(x,y,z)$ 为变量时，按照分割、近似、求和、取极限四步骤计算，具体如下：

第一步，将曲线 $L=\overset{\frown}{AB}$ 分割成 n 个小曲线段 $L_1,L_2,\cdots,L_n$，设 L 上的分点为 $A=P_0,P_1,P_2,\cdots,P_n=B$，有 $L_i=\overset{\frown}{P_{i-1}P_i}(i=1,2,\cdots,n)$. 记 Δs_i 为小曲线段 L_i 的弧长，$\lambda=\max\limits_{1\leqslant i\leqslant n}\{\Delta s_i\}$.

第二步，当 $\lambda\to0$ 时，由于 $\rho(x,y,z)$ 连续，所以 L_i 可看成匀质细线，因此其质量为 $m_i\approx\rho(\xi_i,\eta_i,\zeta_i)\cdot\Delta s_i$，其中 $\forall(\xi_i,\eta_i,\zeta_i)\in L_i$.

第三步，可知细线 $L=\overset{\frown}{AB}$ 的质量 $m=\sum\limits_{i=1}^{n}m_i\approx\sum\limits_{i=1}^{n}\rho(\xi_i,\eta_i,\zeta_i)\cdot\Delta s_i$.

第四步，直观上看，当分割越细时上面的精确度越高. 同时又知极限存在时则必唯一，于是有 $m=\lim\limits_{\lambda\to0}\sum\limits_{i=1}^{n}\rho(\xi_i,\eta_i,\zeta_i)\cdot\Delta s_i$，记极限值 $m=\int_L\rho(x,y,z)\mathrm{d}s$，称其为函数 $\rho(x,y,z)$ 在曲线 L 上的第一类曲线积分.

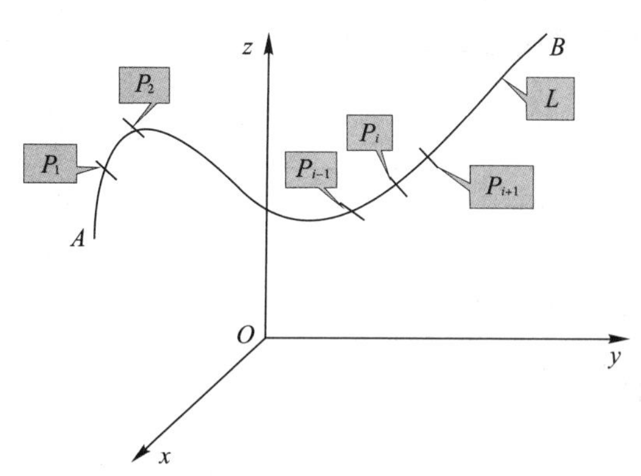

图 12.1

2. 定义

定义 12.1.1 若曲线 L 由光滑曲线 $L_1,L_2,\cdots,L_n$ 组成，则称曲线 L 为分段光滑的.

定义 12.1.2 设 $L=\overset{\frown}{AB}$ 是空间 $\mathbf{R}^3$ 上可求长的连续曲线，函数 $f(x,y,z)$ 在 $L=\overset{\frown}{AB}$ 上有定义，用曲线上的一组分点：$A=P_0$，

$P_1, P_2, \cdots, P_n = B$，把曲线 $L = \widehat{AB}$ 分割成 n 个曲线段 $L_1, L_2, \cdots, L_n$，有 $L_i = \widehat{P_{i-1}P_i}\ (i = 1, 2, \cdots, n)$. 记 Δs_i 为小曲线段 L_i 的弧长，$\lambda = \max\limits_{1 \leqslant i \leqslant n}\{\Delta s_i\}$.

若 $I = \lim\limits_{\lambda \to 0} \sum\limits_{i=1}^{n} f(\xi_i, \eta_i, \zeta_i) \cdot \Delta s_i$ 存在且与分割和 $(\xi_i, \eta_i, \zeta_i) \in L_i$ 的选取无关，则称 $f(x, y, z)$ 在 $L = \widehat{AB}$ 上可积，记极限值为 $I = \int_L f(x, y, z)\mathrm{d}s$ 或 $I = \int_L f(P)\mathrm{d}s$，称其为函数 $f(x, y, z)$ 在曲线 L 上的第一类曲线积分. 其中 $f(x, y, z)$ 称为被积函数，$L = \widehat{AB}$ 称为积分路径，$\mathrm{d}s$ 称为弧微分.

注 12.1.1

(1) $f(x, y, z)$ 在曲线 L 上的第一类曲线积分存在，当函数和积分路径给定时，则 $I = \int_L f(x, y, z)\mathrm{d}s$ 为一个确定的数.

(2) 设函数 $f(x, y, z)$ 连续，大于零且为线密度时，则 $I = \int_L f(x, y, z)\mathrm{d}s$ 为细线的质量. 称其为第一类曲线积分的物理意义.

特别曲线 L 的质心 $P(\overline{x}, \overline{y}, \overline{z})$，有

$$\overline{x} = \frac{\int_L x f(x, y, z)\mathrm{d}s}{\int_L f(x, y, z)\mathrm{d}s}, \overline{y} = \frac{\int_L y f(x, y, z)\mathrm{d}s}{\int_L f(x, y, z)\mathrm{d}s}, \overline{z} = \frac{\int_L z f(x, y, z)\mathrm{d}s}{\int_L f(x, y, z)\mathrm{d}s};$$

特别当 $f(x, y, z) = 1$ 时，则有 $I = \int_L f(x, y, z)\mathrm{d}s = 1 \cdot s(L) = s(L)$，其中 $s(L)$ 为曲线 L 的长度（弧长）.

(3) 当 $L = \widehat{AB}$ 是平面 $\mathbf{R}^2$ 上可求长的连续曲线时，则 $I = \int_L f(x, y)\mathrm{d}s$ 为函数 $f(x, y)$ 在曲线 L 上的第一类曲线积分.

即形如 $\int_L f(x, y)\mathrm{d}s$，其中被积函数 $f(x, y)$ 中的点 (x, y) 取值在曲线 L 上. 称为坐标平面 xOy 上的第一类曲线积分.

形如 $\int_L f(x, y, z)\mathrm{d}s$，其中被积函数 $f(x, y, z)$ 中的点 (x, y, z) 取值在曲线 L 上. 称为空间 $\mathbf{R}^3$ 上的第一类曲线积分.

12.1.2 第一类曲线积分性质

1. 存在性问题

(1)必要条件.

定理 12.1.1 若 $f(x,y,z)$在曲线 L 上可积,则 $f(x,y,z)$在曲线 L 上有界.

(2)充分条件.

定理 12.1.2 若 $f(x,y,z)$在曲线 L 上连续,则 $f(x,y,z)$在曲线 L 上可积,即第一类曲线积分 $\int_L f(x,y,z)\mathrm{d}s$ 存在. 其中 L 为分段光滑曲线.

2. 运算性质

(1)线性性:若 $\int_L f(x,y,z)\mathrm{d}s$ 和 $\int_L g(x,y,z)\mathrm{d}s$ 均存在,则有

$$\int_L (k_1 f(x,y,z)+k_2 g(x,y,z))\mathrm{d}s = k_1\int_L f(x,y,z)\mathrm{d}s + k_2\int_L g(x,y,z)\mathrm{d}s.$$

其中 k_1,k_2 为实常数.

(2)可加性:设 L_1,L_2 为两个内部不相交的曲线,且 $L=L_1\cup L_2$(也称曲线 L 分成两段曲线 L_1 和 L_2).

若 $\int_L f(x,y,z)\mathrm{d}s$ 存在,则有 $\int_L f(x,y,z)\mathrm{d}s = \int_{L_1} f(x,y,z)\mathrm{d}s + \int_{L_2} f(x,y,z)\mathrm{d}s$. 反之也成立.

(3)保序性:设函数 $f(x,y,z)$,$g(x,y,z)$在光滑曲线 L 上连续,若在曲线 L 上满足

$$f(x,y,z)\leqslant g(x,y,z),\text{则有}\int_L f(x,y,z)\mathrm{d}s \leqslant \int_L g(x,y,z)\mathrm{d}s.$$

推论 12.1.1 若函数 $f(x,y,z)$在光滑曲线 L 上连续,则有 $\left|\int_L f(x,y,z)\mathrm{d}s\right| \leqslant \int_L |f(x,y,z)|\mathrm{d}s$.

(4)中值定理:若函数 $f(x,y,z)$在光滑曲线 L 上连续,则在曲线 L 上至少存在一点(ξ,η,ζ),满足 $\int_L f(x,y,z)\mathrm{d}s = f(\xi,\eta,\zeta)\cdot s(L)$.

其中 $s(L)$为曲线 L 的长度(弧长).

(5)对称性:第一类曲线积分与曲线的指向无关,即

$$\int_{\widehat{AB}} f(x,y,z)\mathrm{d}s=\int_{\widehat{BA}} f(x,y,z)\mathrm{d}s.$$

12.1.3 第一类曲线积分的计算

1. 平面上第一类曲线积分的计算

在坐标面 xOy 上.

(1)目标:化成定积分计算.

(2)关键:写出曲线 L 的参数方程:$\begin{cases}x=x(t),\\y=y(t),\end{cases}t\in[\alpha,\beta]$.

注意,若曲线 L 写成 $y=f(x),x\in[a,b]$,则改成$\begin{cases}x=x,\\y=f(x),\end{cases}$ $x\in[a,b]$.

(3)公式:若函数 $f(x,y)$在光滑曲线 L 上连续,则有

$$\int_L f(x,y)\mathrm{d}s=\int_\alpha^\beta f(x(t),y(t))\sqrt{(x'(t))^2+(y'(t))^2}\mathrm{d}t.$$

注 12.1.2

(1)下限 α 一定小于上限 β.

(2)若曲线 L 为封闭曲线,则常写成 $\int_L f(x,y)\mathrm{d}s=\oint_L f(x,y)\mathrm{d}s$.

2. 空间 R^3 上第一类曲线积分的计算

(1)目标:化成定积分计算.

(2)关键:写出曲线 L 的参数方程:$\begin{cases}x=x(t),\\y=y(t),t\in[\alpha,\beta].\\z=z(t),\end{cases}$

注意,若曲线 L 写成 $y=f(x),z=g(x),x\in[a,b]$,则改成 $\begin{cases}x=x,\\y=f(x),x\in[a,b].\\z=g(x),\end{cases}$

若曲线 L 由两曲面的交线给出,即 L:$\begin{cases}F(x,y,z)=0,\\G(x,y,z)=0,\end{cases}$首先消去变量 z,得到柱面 S 方程 $H(x,y)=0$,其次曲线 L 在坐标面 xOy 上

的投影曲线 L_1 为$\begin{cases}H(x,y)=0,\\z=0,\end{cases}$则把曲线 L_1 写出适宜的参数方程

为$\begin{cases}x=x(t),\\y=y(t),t\in[\alpha,\beta],\\z=0,\end{cases}$把 $x=x(t),y=y(t)$代入方程 $F(x,y,z)=0$

(或 $G(x,y,z)=0$),有 $F(x(t),y(t),z)=0$,解出 $z=z(t)$. 于是曲线

L 的参数方程:$\begin{cases}x=x(t),\\y=y(t),t\in[\alpha,\beta].\\z=z(t),\end{cases}$

(提示:投影曲线 L_1:$\begin{cases}H(x,y)=0,\\z=0\end{cases}$为柱面 S:$H(x,y)=0$ 的准线)

(3)公式:若函数 $f(x,y,z)$在光滑曲线 L 上连续,则有

$$\int_L f(x,y,z)\mathrm{d}s=\int_\alpha^\beta f(x(t),y(t),z(t))\sqrt{(x'(t))^2+(y'(t))^2+(z'(t))^2}\,\mathrm{d}t.$$

注 12.1.3

(1)下限 α 一定小于上限 β.

(2)若曲线 L 为封闭曲线,则常写成$\int_L f(x,y,z)\mathrm{d}s=\oint_L f(x,y,z)\mathrm{d}s$.

3. 常规练习

例 12.1.1 计算 $I=\int_L \mathrm{e}^{\sqrt{x^2+y^2}}\mathrm{d}s$, 其中曲线 L 为圆周 $x^2+y^2=R^2$,直线 $y=x$ 及 x 轴在第一象限所围成图形的边界,如图 12.2 所示.

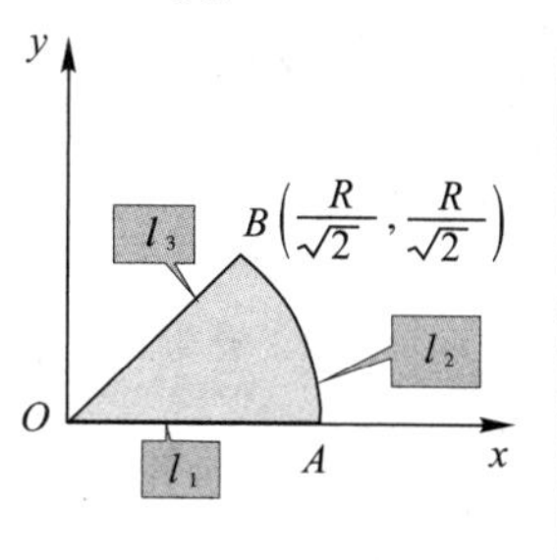

图 12.2

解:画出曲线 L. 知它分成直线 $L_1=\overline{OA}$:$y=0,0\leqslant x\leqslant R$,圆弧 $L_2=\widehat{AB}$:$x^2+y^2=R^2$,$\frac{R}{\sqrt{2}}\leqslant x\leqslant R,0\leqslant y\leqslant\frac{R}{\sqrt{2}}$与直线 $L_3=\overline{BO}$:$y=x$,

$0\leqslant x\leqslant\frac{R}{\sqrt{2}},0\leqslant y\leqslant\frac{R}{\sqrt{2}}$. 其中点 $A(0,R)$,点 $B\left(\frac{R}{\sqrt{2}},\frac{R}{\sqrt{2}}\right)$.

计算 $I_1=\int_{L_1}\mathrm{e}^{\sqrt{x^2+y^2}}\mathrm{d}s$, 这里 $L_1=\overline{OA}$:$y=0,0\leqslant x\leqslant R$ 写成参数

形式为$\begin{cases}x=x,\\y=f(x)=0,\end{cases}0\leqslant x\leqslant R,$

即有 $I_1=\int_0^R e^{\sqrt{x^2+0^2}}\sqrt{1^2+0^2}\,dx=e^R-1$. 计算 $I_2=\int_{L_2} e^{\sqrt{x^2+y^2}}\,ds$，这里 $L_2=\overset{\frown}{AB}: x^2+y^2=R^2, \frac{R}{\sqrt{2}}\leqslant x\leqslant R, 0\leqslant y\leqslant\frac{R}{\sqrt{2}}$,

写成参数形式为$\begin{cases}x=R\cos t,\\ y=R\sin t,\end{cases}0\leqslant t\leqslant\frac{\pi}{4}$，于是有

$$I_2=\int_0^{\frac{\pi}{4}} e^R\sqrt{(-R\sin t)^2+(R\cos t)^2}\,dt=\frac{\pi R e^R}{4}.$$

计算 $I_3=\int_{L_3} e^{\sqrt{x^2+y^2}}\,ds$，这里 $L_3=\overline{BO}: y=x, 0\leqslant x\leqslant\frac{R}{\sqrt{2}}, 0\leqslant y\leqslant\frac{R}{\sqrt{2}}$ 写成参数形式为$\begin{cases}x=x,\\ y=x,\end{cases}0\leqslant x\leqslant\frac{R}{\sqrt{2}}$，即有 $I_3=\int_0^{\frac{R}{\sqrt{2}}} e^{\sqrt{x^2+x^2}}\sqrt{1^2+1^2}\,dx=e^R-1$.

于是，依据可加性有

$$I=I_1+I_2+I_3=2(e^R-1)+\frac{R\pi e^R}{4}.$$

例 12.1.2 计算 $I=\oint_L \sqrt{x^2+y^2}\,ds$，其中曲线 L 为圆周 $x^2+y^2=ax, a>0$，如图 12.3 所示.

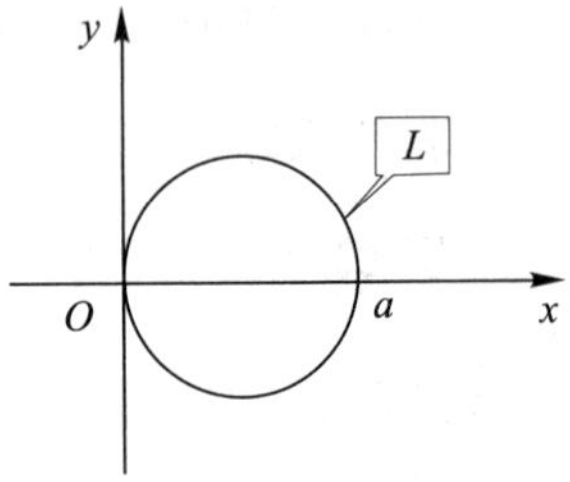

解: 设极坐标系与直角坐标系的关系为：$\begin{cases}x=r\cos t,\\ y=r\sin t,\end{cases}$代入圆周方程中，有 $r=a\cos t$，$t\in\left[-\frac{\pi}{2},\frac{\pi}{2}\right]$，所以圆周的参数方程为

图 12.3

$\begin{cases}x=a\cos^2 t,\\ y=a\sin t\cos t,\end{cases} t\in\left[-\frac{\pi}{2},\frac{\pi}{2}\right]$. 于是，有

$$\begin{aligned}I&=\oint_L\sqrt{x^2+y^2}\,ds=\oint_L\sqrt{ax}\,ds\\&=\int_{-\frac{\pi}{2}}^{\frac{\pi}{2}}\sqrt{a^2\cos^2 t}\sqrt{a^2\sin^4 t+2a^2\sin^2 t\cos^2 t+a^2\cos^4 t}\,dt\\&=\int_{-\frac{\pi}{2}}^{\frac{\pi}{2}}a^2\cos t\,dt\\&=2a^2.\end{aligned}$$

例 12.1.3 已知一条非匀质的金属线 L 的方程为 $x=\mathrm{e}^t\cos t, y=\mathrm{e}^t\sin t, z=\mathrm{e}^t, t\in[0,1]$，如图 12.4 所示. 它在每点 $P(x,y,z)$ 的线密度与该点到原点的距离平方成反比，而且在点 $P(1,0,1)$ 处的线密度为 1，求该金属线的质量 m.

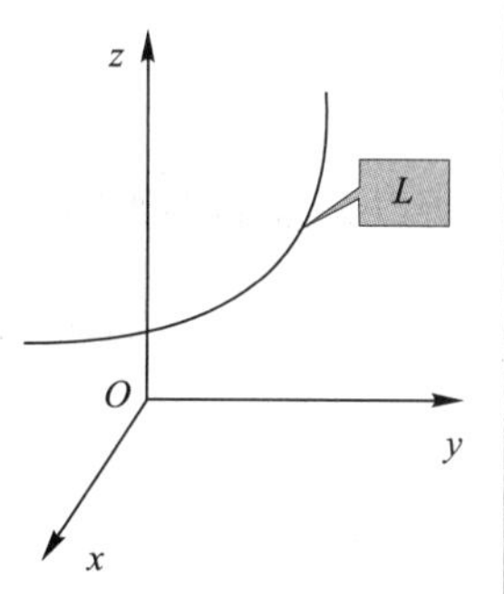

图 12.4

解：设曲线在点 $P(x,y,z)$ 处的线密度为 $\rho(x,y,z)$，依题意有

$$\rho(x,y,z)=\frac{k}{x^2+y^2+z^2}, \rho(1,0,1)=\frac{k}{1^2+0^2+1^2}=1,$$

所以解得 $k=2$. 于是，有

$$\begin{aligned} m &= \int_L \rho(x,y,z)\mathrm{d}s \\ &= \int_0^1 \frac{2\sqrt{(\mathrm{e}^t\cos t-\mathrm{e}^t\sin t)^2+(\mathrm{e}^t\sin t+\mathrm{e}^t\cos t)^2+(\mathrm{e}^t)^2}}{(\mathrm{e}^t\cos t)^2+(\mathrm{e}^t\sin t)^2+(\mathrm{e}^t)^2}\mathrm{d}t \\ &= \sqrt{3}\int_0^1 \mathrm{e}^{-t}\mathrm{d}t=\sqrt{3}(1-\mathrm{e}^{-1}). \end{aligned}$$

例 12.1.4 计算 $I=\int_L x^2\mathrm{d}s$，其中曲线 L 为球面 $x^2+y^2+z^2=R^2$ 与平面 $x-y=0$ 的交线.

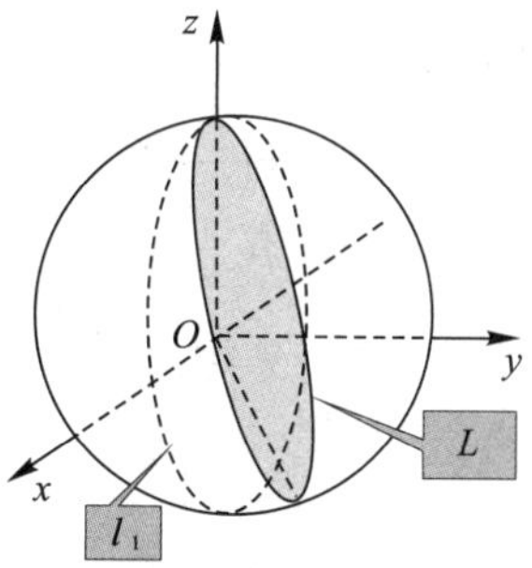

图 12.5

解：首先，由于曲线 L 为两个曲面的交线，如图 12.5 所示，所以只能按照常规方程计算，因此这里关键是写出曲线 L 参数方程.

其次，有曲线 L：$\begin{cases} x^2+y^2+z^2=R^2, \\ x-y=0, \end{cases}$ 消去变量 y，则曲线 L 在柱面 $S: H(x,z)=2x^2+z^2=R^2$ 上，于是曲线 L 在坐标平面 zOx 上的投影曲线 L_1：$\begin{cases} 2x^2+z^2=R^2, \\ y=0. \end{cases}$

最后，投影曲线 L_1 可写成参数方程

$$L_1: \begin{cases} x=\dfrac{\sqrt{2}R}{2}\cos t, z=R\sin t, t\in[0,2\pi], \\ y=0. \end{cases}$$

把 $x=\frac{\sqrt{2}R}{2}\cos t, z=R\sin t$ 代入方程 $x-y=0$ 中，解得 $y=\frac{\sqrt{2}R}{2}\cos t$，所以曲线的参数方程为

$$x=\frac{\sqrt{2}R}{2}\cos t, y=\frac{\sqrt{2}R}{2}\cos t, z=R\sin t, t\in[0,2\pi].$$

于是，有

$$\begin{aligned}I&=\int_L x^2\mathrm{d}s\\&=\int_0^{2\pi}\left(\frac{\sqrt{2}R}{2}\cos t\right)^2\sqrt{\left(\left(-\frac{\sqrt{2}R}{2}\sin t\right)^2+\left(-\frac{\sqrt{2}R}{2}\sin t\right)^2+(R\cos t)^2\right)}\mathrm{d}t\\&=\int_0^{2\pi}\frac{R^3\cos^2 t}{2}\mathrm{d}t=\frac{R^3\pi}{2}.\end{aligned}$$

（提示：投影曲线 $L_1:\begin{cases}2x^2+z^2=R^2,\\y=0\end{cases}$ 为柱面 $S:H(x,z)=2x^2+z^2=R^2$ 的准线.）

类似题：

(1)计算 $I=\int_L y^2\mathrm{d}s$，

其中曲线 L 为旋轮线 $x=a(t-\sin t), y=a(1-\cos t)(a>0, 0\leqslant t\leqslant 2\pi)$的一拱.

解：计算

$$\begin{aligned}I&=\int_L y^2\mathrm{d}s=\int_0^{2\pi}a^2(1-\cos t)^2\sqrt{a^2(1-\cos t)^2+a^2\sin^2 t}\mathrm{d}t\\&=\sqrt{2}a^3\int_0^{2\pi}(1-\cos t)^2\sqrt{1-\cos t}\mathrm{d}t=8a^3\int_0^{2\pi}\sin^5\frac{t}{2}\mathrm{d}t\\&=32a^3\int_0^{\frac{\pi}{2}}\sin^5 u\mathrm{d}u=-32a^3\int_0^{\frac{\pi}{2}}(1-\cos u)^4\mathrm{d}\cos u=\frac{256a^3}{15}.\end{aligned}$$

(2)计算 $I=\int_L(x^2+y^2+z^2)\mathrm{d}s$，

其中曲线 L 为 $x=a\cos t, y=a\sin t, z=bt(a,b>0, 0\leqslant t\leqslant 2\pi)$.

解：计算

$$\begin{aligned}I&=\int_0^{2\pi}((a\cos t)^2+(a\sin t)^2+(bt)^2)\sqrt{(-a\sin t)^2+(a\cos t)^2+(b)^2}\mathrm{d}t\\&=\int_0^{2\pi}(a^2+b^2t^2)\sqrt{a^2+b^2}\mathrm{d}t=\frac{2\pi(3a^2+4\pi^2b^2)\sqrt{a^2+b^2}}{3}.\end{aligned}$$

4. 主题练习

(1)把曲线方程适时代入被积函数中计算第一类曲线积分.

例 12.1.5 设平面曲线 L 为上半圆周 $y=\sqrt{1-x^2}$,计算 $I=\int_L(x^4+2x^2y^2+y^4)\mathrm{d}s$.

解:计算

$$I=\int_L(x^4+2x^2y^2+y^4)\mathrm{d}s=\int_L(x^2+y^2)^2\mathrm{d}s=\int_L 1^2\mathrm{d}s$$
$$=\frac{1}{2}\times 2\pi\times 1=\pi.$$

类似题:

(1)计算 $I=\int_L(b^2x^2+a^2y^2)\mathrm{d}s$, 其中曲线 L 为椭圆$\frac{x^2}{a^2}+\frac{y^2}{b^2}=1$ $(a>b>0)$,其周长为 l.

解:计算

$$I=\int_L(b^2x^2+a^2y^2)\mathrm{d}s=a^2b^2\int_L\left(\frac{x^2}{a^2}+\frac{y^2}{b^2}\right)\mathrm{d}s$$
$$=a^2b^2\int_L 1\mathrm{d}s=a^2b^2l.$$

(2)积分曲线关于坐标面对称性.

原理 12.1.1

(1)设曲线 L 关于坐标面 xOy 对称,记 L 分成对称的两段 L_1 和 L_2,则有

$$\int_L f(x,y,z)\mathrm{d}s$$
$$=\begin{cases}2\int_{L_1} f(x,y,z)\mathrm{d}s, & f(x,y,z)=f(x,y,-z),\\ 0, & f(x,y,z)=-f(x,y,-z).\end{cases}$$

(2)设曲线 L 关于坐标面 yOz 对称,记 L 分成对称的两段 L_1 和 L_2,则有

$$\int_L f(x,y,z)\mathrm{d}s$$
$$=\begin{cases}2\int_{L_1} f(x,y,z)\mathrm{d}s, & f(x,y,z)=f(-x,y,z),\\ 0, & f(x,y,z)=-f(-x,y,z).\end{cases}$$

(3)设曲线 L 关于坐标面 zOx 对称，记 L 分成对称的两段 L_1 和 L_2，则有

$$\int_L f(x,y,z)\mathrm{d}s$$

$$=\begin{cases}2\int_{L_1} f(x,y,z)\mathrm{d}s, & f(x,y,z)=f(x,-y,z),\\ 0, & f(x,y,z)=-f(x,-y,z).\end{cases}$$

例 12.1.6 计算 $I=\int_L(100\mathrm{e}^{x^2}\sin x^4y+2x)\mathrm{d}s$，其中曲线 L 为椭圆$\frac{x^2}{a^2}+\frac{y^2}{b^2}=1(a>b>0)$.

解：记 $I=\int_L(100\mathrm{e}^{x^2}\sin x^4y)\mathrm{d}s+2\int_L x\mathrm{d}s=I_1+I_2$.

一方面，曲线 L 关于 x 轴对称；另一方面，被积函数 $f_1(x,y)=100\mathrm{e}^{x^2}\sin x^4y$ 在曲线 L 上满足 $f_1(x,y)=-f_1(x,-y)$. 这样，有 $I_1=\int_L(100\mathrm{e}^{x^2}\sin x^4y)\mathrm{d}s=0$. 同理，曲线 L 关于 y 轴对称，被积函数 $f_2(x,y)=x$ 在曲线 L 上满足 $f_2(x,y)=-f_2(-x,y)$. 这样，有 $I_2=2\int_L x\mathrm{d}s=0$. 故有 $I=I_1+I_2=0$.

类似题：

(1)计算 $I=\int_L|xy|\mathrm{d}s$，其中曲线 L 为椭圆$\frac{x^2}{a^2}+\frac{y^2}{b^2}=1(a>b>0)$.

解：首先，设曲线的参数方程为 $x=a\cos t, y=b\sin t(0\leqslant t\leqslant 2\pi)$，又曲线 L 关于 x 轴和 y 轴对称. 其次，被积函数 $f(x,y)=|xy|$ 在曲线 L 上满足

$$f(x,y)=f(-x,y), f(x,y)=f(x,-y).$$

最后，有

$$I=\int_L|xy|\mathrm{d}s=4\int_0^{\frac{\pi}{2}}ab\sin t\cos t\sqrt{(-a\sin t)^2+(b\cos t)^2}\mathrm{d}t$$

$$=2ab\int_0^{\frac{\pi}{2}}\sqrt{b^2+(a^2-b^2)\sin^2 t}\mathrm{d}(\sin^2 t)$$

$$=\frac{4ab}{3(a^2-b^2)}\left[b^2+(a^2-b^2)\sin^2 t\right]^{\frac{3}{2}}\Bigg|_0^{\frac{\pi}{2}}$$

$$=\frac{4ab(a^2+ab+b^2)}{3(a+b)}.$$

(3)积分曲线 L 关于坐标轮换对称

定义 12.1.3 设曲线 L 的方程为 $\begin{cases} F(x,y,z)=0, \\ G(x,y,z)=0, \end{cases}$ 若满足 $F(x,y,z)=F(y,z,x)=F(z,x,y)$ 和 $G(x,y,z)=G(y,z,x)=G(z,x,y)$，则称曲线 L 关于坐标轮换对称.

原理 12.1.2 若曲线 L 关于坐标轮换对称，则有

$$\int_L f(x,y,z)\mathrm{d}s=\int_L f(y,z,x)\mathrm{d}s=\int_L f(z,x,y)\mathrm{d}s.$$

特别有 $\int_L f(x)\mathrm{d}s=\int_L f(y)\mathrm{d}s=\int_L f(z)\mathrm{d}s.$

例 12.1.7 设曲线 L 为球面 $x^2+y^2+z^2=1$ 与平面 $x+y+z=0$ 的交线，计算 $I=\int_L x^2\mathrm{d}s.$

解：令 $F(x,y,z)=x^2+y^2+z^2-1, G(x,y,z)=x+y+z$，易知

$$x^2+y^2+z^2-1=y^2+z^2+x^2-1=z^2+x^2+y^2-1$$

和

$$x+y+z=y+z+x=z+x+y$$

所以曲线为轮换对称的. 所以，有 $\int_L x^2\mathrm{d}s=\int_L y^2\mathrm{d}s=\int_L z^2\mathrm{d}s$. 这样，有

$$I=\frac{1}{3}\int_L (x^2+y^2+z^2)\mathrm{d}s=\frac{2\pi}{3}.$$

(提示：其中 L 为圆，其周长为 2π.)

类似题：

设曲线 L 为球面 $x^2+y^2+z^2=1$ 与平面 $x+y+z=0$ 的交线，计算 $I_1=\int_L x\mathrm{d}s$ 和 $I_2=\int_L xy\mathrm{d}s$.

解：令 $F(x,y,z)=x^2+y^2+z^2-1, G(x,y,z)=x+y+z$，同上例 12.1.7 易知曲线为轮换对称的. 所以，有

$$\int_L x\mathrm{d}s=\int_L y\mathrm{d}s=\int_L z\mathrm{d}s \text{ 和} \int_L xy\mathrm{d}s=\int_L yz\mathrm{d}s=\int_L zx\mathrm{d}s,$$

这样，有

$$I_1=\frac{1}{3}\int_L (x+y+z)\mathrm{d}s=0,$$

和

$$I_2=\frac{1}{6}\int_L (x+y+z)^2-(x^2+y^2+z^2)\mathrm{d}s=\frac{0-2\pi}{6}=-\frac{\pi}{3}.$$

（提示：用到了例 12.1.7 中结论 $I=\int_L x^2\mathrm{d}s=\frac{2\pi}{3}$.）

§12.2 第二类曲线积分

（也称对坐标的曲线积分）

12.2.1 第二类曲线积分概念

1. 引入

实例 12.2.1 空间有一条光滑曲线 $L=\overset{\frown}{AB}$，其中点 A 是起点，点 B 是终点（称为有向光滑曲线）. 设一质点在变力 $\boldsymbol{F}(M)=(P(M),Q(M),R(M))$，$M=(x,y,z)$ 的作用下沿曲线 $L=\overset{\frown}{AB}$ 从点 A 运动到点 B，求变力 $\boldsymbol{F}(M)$ 所做的功 W.

解：(1) 当 $\boldsymbol{F}(M)$ 为恒力且 $L=\overrightarrow{AB}$ 为直线时，则恒力所做的功为 $W=\boldsymbol{F}\cdot\overrightarrow{AB}$.

(2) 当 $\boldsymbol{F}(M)$ 为变力且 $L=\overset{\frown}{AB}$ 为曲线时，如图 12.6 所示.

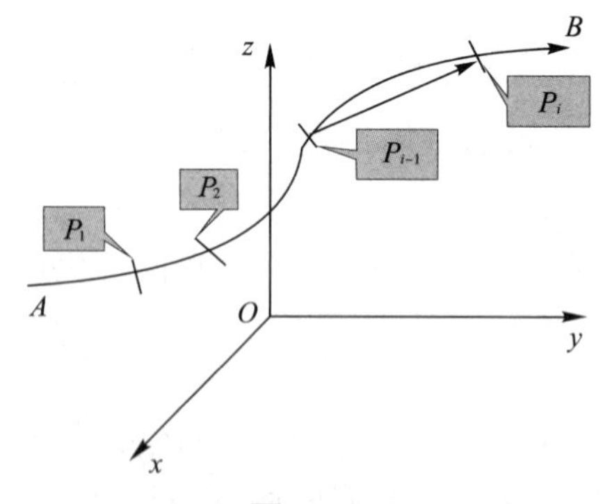

图 12.6

按照分割、近似、求和、取极限四步骤计算，具体如下：

第一步，将有向曲线 $L=\overset{\frown}{AB}$ 分割成 n 个小有向曲线段 $L_1,L_2,\cdots,L_n$，设 L 上的分点为 $A=P_0,P_1,P_2,\cdots,P_n=B$，有 $L_i=\overset{\frown}{P_{i-1}P_i}\ (i=1,2,\cdots,n)$. 记 Δs_i 为小曲线 L_i 的弧长，$\lambda=\max\limits_{1\leqslant i\leqslant n}\{\Delta s_i\}$，

$\Delta \boldsymbol{r}_i=\overrightarrow{P_{i-1}P_i}$为连接$P_{i-1}$,$P_i$两点的向量.

第二步,当$\lambda \to 0$时,由于$P(x,y,z)$,$Q(x,y,z)$,$R(x,y,z)$连续,所以变力$\boldsymbol{F}(M)$沿$L_i=\overparen{P_{i-1}P_i}$所做的功$W_i$可看成恒力沿$\Delta r_i=\overrightarrow{P_{i-1}P_i}$直线所做的功,因此功$W_i \approx \boldsymbol{F}(M_i) \cdot \Delta \boldsymbol{r}_i$,其中$\forall M_i(\xi_i,\eta_i,\zeta_i) \in L_i$.

第三步,可知$W=\sum\limits_{i=1}^{n} W_i \approx \sum\limits_{i=1}^{n} \boldsymbol{F}(M_i) \cdot \Delta \boldsymbol{r}_i$.

第四步,直观上看,分割越细时精确度越高. 同时又知极限存在时则必唯一. 于是有$W=\lim\limits_{\lambda \to 0}\sum\limits_{i=1}^{n} \boldsymbol{F}(M_i) \cdot \Delta \boldsymbol{r}_i$,记极限值

$$W=\int_L \boldsymbol{F} \cdot \mathrm{d}\boldsymbol{r}=\int_L P(x,y,z)\mathrm{d}x+Q(x,y,z)\mathrm{d}y+R(x,y,z)\mathrm{d}z,$$

其中$\mathrm{d}\boldsymbol{r}=(\mathrm{d}x,\mathrm{d}y,\mathrm{d}z)$. 则称其为$\boldsymbol{F}(M)=(P(M),Q(M),R(M))$,$M=(x,y,z)$是沿曲线$L=\overparen{AB}$从点$A$到点$B$的第二类曲线积分.

2. 定义

定义 12.2.1 若曲线L由光滑曲线$L_1,L_2,\cdots,L_n$组成,则称曲线L为分段光滑的.

定义 12.2.2 若函数$P(x,y,z)$,$Q(x,y,z)$,$R(x,y,z)$连续,则称向量函数$\boldsymbol{F}(M)=(P(M),Q(M),R(M))$,$M=(x,y,z)$连续.

定义 12.2.3 若$L=\overparen{AB}$是空间$\mathbf{R}^3$中从点A到点B的光滑曲线(特别强调曲线从点A到点B),则称曲线$L=\overparen{AB}$为有向曲线.

定义 12.2.4 设$L=\overparen{AB}$是空间$\mathbf{R}^3$上从点A到点B的光滑有向曲线,向量函数$\boldsymbol{F}(M)=(P(M),Q(M),R(M))$,$M=(x,y,z)$在$L=\overparen{AB}$上有定义,用曲线上的一组分点:$A=P_0,P_1,P_2,\cdots,P_n=B$,把有向曲线$L=\overparen{AB}$分割成$n$个有向曲线段$L_1,L_2,\cdots,L_n$,有$L_i=\overparen{P_{i-1}P_i}(i=1,2,\cdots,n)$. 记$\Delta s_i$为小曲线段$L_i$的弧长,$\lambda=\max\limits_{1\leqslant i\leqslant n}\{\Delta s_i\}$,$\Delta \boldsymbol{r}_i=\overrightarrow{P_{i-1}P_i}$为连接$P_{i-1}$,$P_i$两点的向量.

若$I=\lim\limits_{\lambda \to 0}\sum\limits_{i=1}^{n} \boldsymbol{F}(M_i) \cdot \Delta \boldsymbol{r}_i$存在且与分割和$M_i(\xi_i,\eta_i,\zeta_i) \in L_i$的选取无关,记极限值

$$I=\int_L \boldsymbol{F} \cdot \mathrm{d}\boldsymbol{r}=\int_L P(x,y,z)\mathrm{d}x+Q(x,y,z)\mathrm{d}y+R(x,y,z)\mathrm{d}z,$$

其中$\mathrm{d}\boldsymbol{r}=(\mathrm{d}x,\mathrm{d}y,\mathrm{d}z)$. 则称其为$\boldsymbol{F}(M)=(P(M),Q(M),R(M))$,

$M=(x,y,z)$是沿曲线$L=\overset{\frown}{AB}$从点A到点B的第二类曲线积分.也称可积,其中$L=\overset{\frown}{AB}$称为积分路径.

注 12.2.1

(1)若第二类曲线积分$I=\int_L \boldsymbol{F}\cdot \mathrm{d}\boldsymbol{r}$存在,当向量函数和积分路径给定时,则$I=\int_L \boldsymbol{F}\cdot \mathrm{d}\boldsymbol{r}$为一个确定的数.

(2)若函数$\boldsymbol{F}(M)=(P(M),Q(M),R(M))$连续且为力的表达式时,则$I=\int_L \boldsymbol{F}\cdot \mathrm{d}\boldsymbol{r}$为$\boldsymbol{F}(M)=(P(M),Q(M),R(M))$沿曲线$L=\overset{\frown}{AB}$从点$A$到点$B$所做的功.称其为第二类曲线积分的物理意义.

(3)形如$\int_L P(x,y)\mathrm{d}x+Q(x,y)\mathrm{d}y$,其中被积函数$P(x,y)$,$Q(x,y)$中的点$(x,y)$在曲线$L$上取值.称为坐标平面$xOy$上的第二类曲线积分的坐标形式.记$\boldsymbol{F}(M)=(P(M),Q(M))$,$M=(x,y)$,有

$$\int_L P(x,y)\mathrm{d}x+Q(x,y)\mathrm{d}y=\int_L \boldsymbol{F}\cdot \mathrm{d}\boldsymbol{r},\text{其中 } \mathrm{d}\boldsymbol{r}=(\mathrm{d}x,\mathrm{d}y).$$

则称为坐标平面xOy上的第二类曲线积分的向量形式.

形如$\int_L P(x,y,z)\mathrm{d}x+Q(x,y,z)\mathrm{d}y+R(x,y,z)\mathrm{d}z$,其中被积函数$P(x,y,z)$,$Q(x,y,z)$,$R(x,y,z)$中点$(x,y,z)$中的点$(x,y,z)$在曲线$L$上取值.称为空间$\mathbf{R}^3$上的第二类曲线积分的坐标形式.记$\boldsymbol{F}(M)=(P(M),Q(M),R(M))$,$M=(x,y,z)$,有

$$\int_L P(x,y,z)\mathrm{d}x+Q(x,y,z)\mathrm{d}y+R(x,y,z)\mathrm{d}z=\int_L \boldsymbol{F}\cdot \mathrm{d}\boldsymbol{r},$$

其中$\mathrm{d}\boldsymbol{r}=(\mathrm{d}x,\mathrm{d}y,\mathrm{d}z)$.则称为空间$\mathbf{R}^3$上的第二类曲线积分的向量形式.

12.2.2 第二类曲线积分性质

1. 存在性问题

(1)必要条件.

定理 12.2.1 若$\boldsymbol{F}(M)=(P(M),Q(M),R(M))$在有向曲线$L$上可积,则$P(x,y,z)$,$Q(x,y,z)$,$R(x,y,z)$在曲线$L$上有界.

(2)充分条件.

定理 12.2.2 若 $\boldsymbol{F}(M)=(P(M),Q(M),R(M))$在有向曲线 L 上连续,则 $\boldsymbol{F}(M)=(P(M),Q(M),R(M))$在有向曲线 L 上可积,即第二类曲线积分 $I=\int_L \boldsymbol{F}\cdot \mathrm{d}\boldsymbol{r}$ 存在,其中 L 为分段光滑的有向曲线.

2. 运算性质

(1)线性性:若$\int_L \boldsymbol{F}\cdot \mathrm{d}\boldsymbol{r}$ 和$\int_L \boldsymbol{G}\cdot \mathrm{d}\boldsymbol{r}$ 均存在,则有

$$\int_L (k_1\boldsymbol{F}(M)+k_2\boldsymbol{G}(M))\cdot \mathrm{d}\boldsymbol{r}=k_1\int_L \boldsymbol{F}\cdot \mathrm{d}\boldsymbol{r}+k_2\int_L \boldsymbol{G}\cdot \mathrm{d}\boldsymbol{r}.$$

其中 k_1,k_2 为实常数.

(2)可加性:设有向曲线 $L=\overset{\frown}{AB}$是由 $L_1=\overset{\frown}{AC}$和 $L_2=\overset{\frown}{CB}$组成,若 $I=\int_L \boldsymbol{F}\cdot \mathrm{d}\boldsymbol{r}$ 存在,则有$\int_{\overset{\frown}{AC}}\boldsymbol{F}\cdot \mathrm{d}\boldsymbol{r}=\int_{\overset{\frown}{AC}}\boldsymbol{F}\cdot \mathrm{d}\boldsymbol{r}+\int_{\overset{\frown}{CB}}\boldsymbol{F}\cdot \mathrm{d}\boldsymbol{r}$. 反之也成立.

(3)方向性:$\int_{\overset{\frown}{AB}}\boldsymbol{F}\cdot \mathrm{d}\boldsymbol{r}=-\int_{\overset{\frown}{BA}}\boldsymbol{F}\cdot \mathrm{d}\boldsymbol{r}$.

注 12.2.2

(1)第二类曲线积分与曲线的指向有关.

(2)设有向曲线 L 为闭曲线,若方向给定,记第二类曲线积分为 $I=\oint_L \boldsymbol{F}\cdot \mathrm{d}\boldsymbol{r}$, 则其值与选择何点作为起点无关.

12.2.3 第二类曲线积分的计算

1. 平面上第二类曲线积分的计算

(1)目标:化成定积分计算.

(2)关键:写出有向曲线 $L=\overset{\frown}{AB}$的参数方程:$\begin{cases}x=x(t),\\y=y(t),\end{cases}t\in[\alpha,\beta]$或 $t\in[\beta,\alpha]$. 同时当参数从 α 单调增变到 β 时或从 α 单调减变到 β 时,曲线从点 A 到点 B.

注意,若有向曲线 $L=\overset{\frown}{AB}$ 写成 $y=y(x)$, $x\in[a,b]$或 $x\in[b,a]$,则改成参数方程$\begin{cases}x=x,\\y=y(x),\end{cases}x\in[a,b]$或 $x\in[b,a]$.

(3)若函数 $P(x,y)$，$Q(x,y)$在有向曲线 $L=\overset{\frown}{AB}$上连续，则有

$$\int_L P(x,y)\mathrm{d}x+Q(x,y)\mathrm{d}y$$

$$=\int_{\alpha(A)}^{\beta(B)}(P(x(t),y(t))x'(t)+Q(x(t),y(t))y'(t))\mathrm{d}t.$$

类似的，可推广到在空间 $\mathbf{R}^3$ 上的计算.

(1)目标：化成定积分计算.

(2)关键：写出有向曲线 Γ 的参数方程：$\begin{cases}x=x(t),\\y=y(t),t\in[\alpha,\beta]\\z=z(t),\end{cases}$或 $t\in[\beta,\alpha]$. 同时当参数从 α 单调增变到 β 时或从 α 单调减变到 β 时，曲线从点 A 到点 B.

注意，若有向曲线 Γ 写成 $y=y(x)$，$z=z(x)$，$x\in[a,b]$或 $x\in[b,a]$，则改成$\begin{cases}x=x,\\y=y(x),x\in[a,b]\\z=z(x),\end{cases}$或 $x\in[b,a]$.

(3)若有向曲线 Γ 由两曲面的交线给出，即 Γ：$\begin{cases}F(x,y,z)=0,\\G(x,y,z)=0,\end{cases}$首先消去变量 z，得到柱面方程 $H(x,y)=0$，其次有向曲线 Γ 在坐标面 xOy 上的投影曲线 Γ_1 为$\begin{cases}H(x,y)=0,\\z=0,\end{cases}$则把曲线 Γ_1 写出适宜的参数方程为$\begin{cases}x=x(t),\\y=y(t),t\in[\alpha,\beta]或[\beta,\alpha]\\z=0,\end{cases}$，此时有 $\alpha\leftrightarrow A'$，$\beta\leftrightarrow B'$，其中 A'，B'分别是 A，B 两点在坐标面 xOy 上的投影点. 把$x=x(t)$，$y=y(t)$代入方程 $F(x,y,z)=0$（或 $G(x,y,z)=0$），有$F(x(t),y(t),z)=0$，解出 $z=z(t)$. 于是有向曲线 L 的参数方程：$\begin{cases}x=x(t),\\y=y(t),,t\in[\alpha,\beta]或[\beta,\alpha].\\z=z(t),\end{cases}$

（提示：投影曲线 Γ_1：$\begin{cases}H(x,y)=0,\\z=0\end{cases}$为柱面 S：$H(x,y)=0$ 的准线）

(4)若函数 $P(x,y,z)$,$Q(x,y,z)$,$R(x,y,z)$在曲线上连续,则有

$$\int_{\Gamma} P(x,y,z)\mathrm{d}x + Q(x,y,z)\mathrm{d}y + R(x,y,z)\mathrm{d}z =$$

$$\int_{\alpha(A)}^{\beta(B)} \left(P(x(t),y(t),z(t))x'(t) + Q(x(t),y(t),z(t))y'(t) + R(x(t),y(t),z(t))z'(t)\right)\mathrm{d}t.$$

注 12.2.3

(1)下限 α 不一定小于上限 β. 但点 A 相对的参数值 α 一定放在下限位置处,B 点相对的参数值 β 一定放在上限位置处.

(2)若有向曲线为封闭曲线,则常写成 $\int_L \boldsymbol{F}\cdot \mathrm{d}\boldsymbol{r} = \oint_L \boldsymbol{F}\cdot \mathrm{d}\boldsymbol{r}$.

2. 常规练习

例 12.2.1 求第二类曲线积分 $I = \int_{\widehat{OA}} x\mathrm{d}y - y\mathrm{d}x$,其中坐标平面 xOy 上点 $O(0,0)$和点 $A(1,2)$.

(1)$L_1 = \overrightarrow{OA}$为连接点 O 与点 A 的直线.

(2)$L_2 = \widehat{OA}$为连接点 O 与点 A 的抛物线 $y=2x^2$.

(3)$L_3 = \overrightarrow{OB} + \overrightarrow{BA}$,其中$\overrightarrow{OB}$为连接点 O 与点 $B(1,0)$的直线,$\overrightarrow{BA}$为连接点 B 与点 A 的直线.

解:这是计算第二类曲线积分,所以关键写出曲线的参数方程,分别如图 12.7 情形 1,情形 2 和情形 3 所示,同时注意起点终点与上下限的关系.

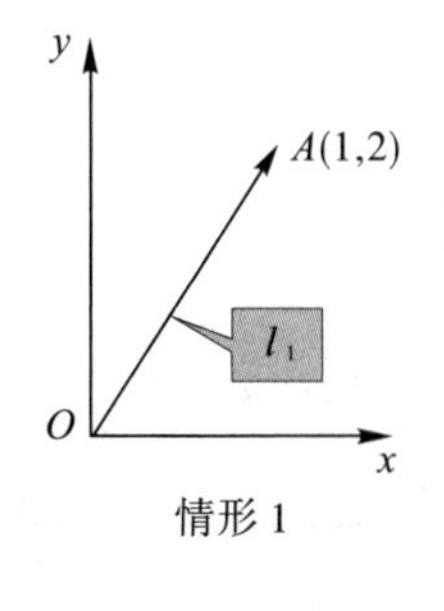

情形 1

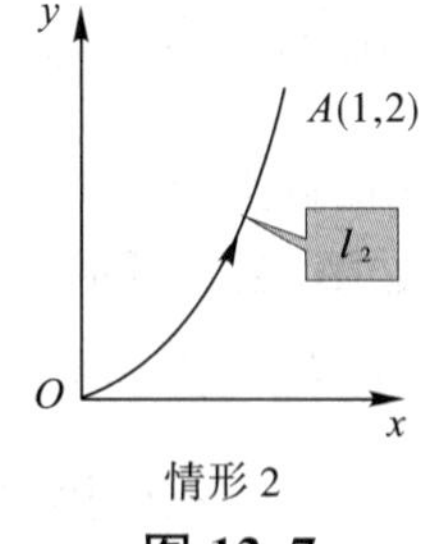

情形 2

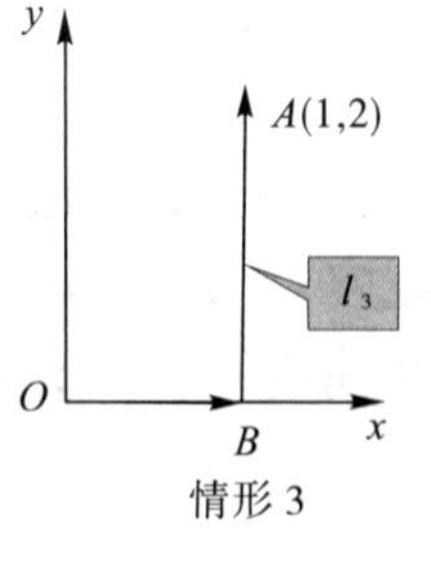

情形 3

图 12.7

首先,计算 $I = \int_{L_1} x\mathrm{d}y - y\mathrm{d}x$.

$$L_1 = \overrightarrow{OA}: \begin{cases} x = x, \\ y = 2x, \end{cases} O \leftrightarrow \alpha = 0, A \leftrightarrow \beta = 1;$$

所以，有

$$I=\int_{L_1} x\mathrm{d}y-y\mathrm{d}x=\int_0^1 (x\cdot 2-2x)\mathrm{d}x=0.$$

其次，计算 $I=\int_{L_2} x\mathrm{d}y-y\mathrm{d}x.$

$$L_2=\overset{\frown}{OA}:\begin{cases}x=x,\\ y=2x^2,\end{cases} O\leftrightarrow\alpha=0, A\leftrightarrow\beta=1;$$

所以，有

$$I=\int_{L_2} x\mathrm{d}y-y\mathrm{d}x=\int_0^1 (x\cdot 4x-2x^2)\mathrm{d}x=\frac{2}{3}.$$

再者，计算 $I=\int_{L_3} x\mathrm{d}y-y\mathrm{d}x.$

$$L_3=\overrightarrow{OB}+\overrightarrow{BA},$$

$$\overrightarrow{OB}:\begin{cases}x=x,\\ y=0,\end{cases} O\leftrightarrow\alpha_1=0, B\leftrightarrow\beta_1=1;$$

$$\overrightarrow{BA}:\begin{cases}x=1,\\ y=y,\end{cases} B\leftrightarrow\alpha_2=0, A\leftrightarrow\beta_2=2;$$

所以，有

$$\begin{aligned}I&=\int_{L_3} x\mathrm{d}y-y\mathrm{d}x=\int_{\overrightarrow{OB}} x\mathrm{d}y-y\mathrm{d}x+\int_{\overrightarrow{BA}} x\mathrm{d}y-y\mathrm{d}x\\&=\int_0^1 (x\cdot 0-0)\mathrm{d}x+\int_0^2 (1-y\cdot 0)\mathrm{d}y=2.\end{aligned}$$

（提示：在$\overrightarrow{OB}:\begin{cases}x=x,\\ y=0,\end{cases} O\leftrightarrow\alpha_1=0, B\leftrightarrow\beta_1=1$ 中 x 为参数，

在$\overrightarrow{BA}:\begin{cases}x=1,\\ y=y,\end{cases} B\leftrightarrow\alpha_2=0, A\leftrightarrow\beta_2=2$ 中 y 为参数）

例 12.2.2 在过点 $O(0,0)$和点 $A(\pi,0)$的曲线族 $y=a\sin x(a>0)$中，如图 12.8 所示. 求一条曲线 L，使沿该曲线从 O 点到 A 点的积分 $I(a)=\int_L (1+y^3)\mathrm{d}x+(2x+y)\mathrm{d}y$ 的值最小.

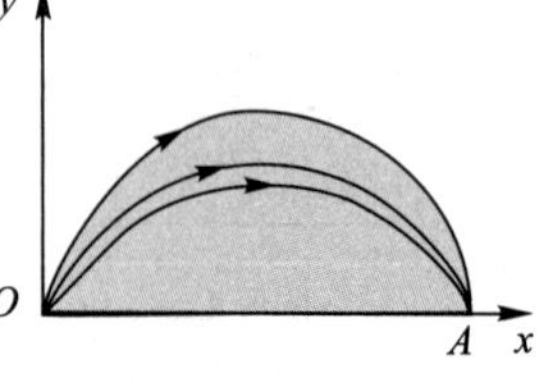

图 12.8

解：首先确定这是第二类曲线积分计算，其次写出曲线的参数方程：$\begin{cases}x=x,\\ y=a\sin x,\end{cases} A\leftrightarrow\alpha=0, B\leftrightarrow\beta=\pi.$

所以有

$$I(a)=\int_{L}(1+y^{3})\mathrm{d}x+(2x+y)\mathrm{d}y$$

$$=\int_{0}^{\pi}(1+a^{3}\ \sin^{3}x+(2x+a\sin x)(a\cos x))\mathrm{d}x$$

$$=\pi-4a+\frac{4}{3}a^{3}.$$

再者，有 $I'(a)=4(a^{2}-1)$，$I''(a)=8a>0$，令 $I'(a)=0$，求得驻点为 $a=1$，所以 $I(a)$的最小值为 $\pi-\dfrac{8}{3}$.

类似题：

(1)求第二类曲线积分 $I=\oint_{L}xy^{2}\mathrm{d}y-x^{2}y\mathrm{d}x$，其中 L 是以点 $A(1,0)$，$B(0,1)$，$C(-1,0)$为顶点的正方向三角形（逆时针方向为正），如图 12.9 所示.

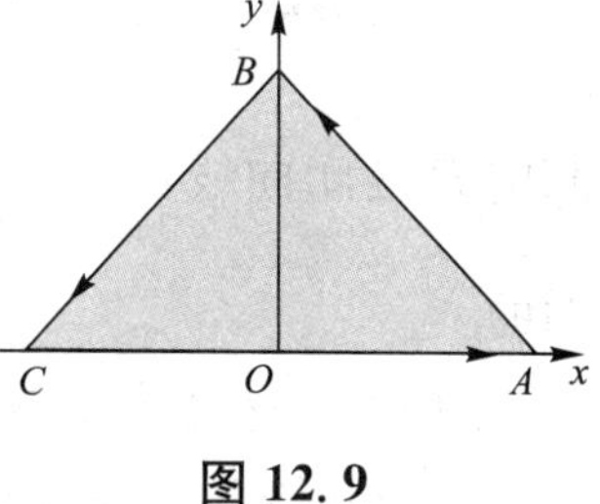

图 12.9

解：由于这是计算第二类曲线积分，所以可以从闭曲线上任取一点作为开始点，不妨取 A 点作为开始点. 然后，分别写出三段曲线的参数方程：

$$\overrightarrow{AB}:\begin{cases}x=x,\\ y=-x+1,\end{cases}A\leftrightarrow\alpha_{1}=1,B\leftrightarrow\beta_{1}=0;$$

$$\overrightarrow{BC}:\begin{cases}x=x,\\ y=x+1,\end{cases}B\leftrightarrow\alpha_{2}=0,C\leftrightarrow\beta_{2}=-1;$$

$$\overrightarrow{CA}:\begin{cases}x=x,\\ y=y(x)=0,\end{cases}C\leftrightarrow\alpha_{3}=-1,A\leftrightarrow\beta_{3}=1.$$

所以，有

$$I=\oint_{L}xy^{2}\mathrm{d}y-x^{2}y\mathrm{d}x=\int_{\overrightarrow{AB}}xy^{2}\mathrm{d}y-x^{2}y\mathrm{d}x+\int_{\overrightarrow{BC}}xy^{2}\mathrm{d}y-x^{2}y\mathrm{d}x$$

$$+\int_{\overrightarrow{CA}}xy^{2}\mathrm{d}y-x^{2}y\mathrm{d}x$$

$$=\int_{1}^{0}(-x^{2}(1-x)(-1)+x(1-x)^{2})\mathrm{d}x+\int_{0}^{-1}(-x^{2}(1+x)$$

$$+x(1+x)^{2})\mathrm{d}x+\int_{-1}^{1}0\mathrm{d}x=\frac{1}{3}.$$

（提示：用格林公式计算也很简单）

(2)计算 $\lim\limits_{R\to+\infty}\oint_L \dfrac{-y\mathrm{d}x+x\mathrm{d}y}{(x^2+xy+y^2)^2}$，其中 L 是 $x^2+y^2=R^2$ 正方向圆周(逆时针方向为正).

解:设曲线 L 的参数方程为 $\begin{cases}x=R\cos t,\\ y=R\sin t,\end{cases}$ $t\in[0,2\pi]$,同时可以从闭曲线上任取一点作为开始点,因此 $t=0$ 对应起点,$t=2\pi$ 对应终点.有

$$\lim_{R\to+\infty}\oint_L \frac{-y\mathrm{d}x+x\mathrm{d}y}{(x^2+xy+y^2)^2}=\lim_{R\to+\infty}\int_0^{2\pi}\frac{(R^2\cos^2 t+R^2\sin^2 t)\mathrm{d}t}{(R^2\cos^2 t+R^2\cos t\sin t+R^2\cos^2 t)^2}$$

$$=\lim_{R\to+\infty}\frac{1}{R^2}\left(\int_0^{2\pi}\frac{\mathrm{d}t}{(1+\sin t\cos t)^2}\right)=0.$$

(3)计算第二类曲线积分 $I=\oint_\Gamma (z-y)\mathrm{d}x+(x-z)\mathrm{d}y+(x-y)\mathrm{d}z$，其中 Γ 是闭曲线 $\begin{cases}x^2+y^2=1,\\ x-y+z=2,\end{cases}$ 从 z 轴的正方向看,Γ 是顺时针方向的.

解:由于这是计算第二类曲线积分,所以可以从闭曲线上任取一点作为开始点.同时,曲线为两个曲面的交线.首先,交线的方程 Γ:$\begin{cases}x^2+y^2=1,\\ x-y+z=2\end{cases}$ 中消去 y,有柱面 S 方程:$x^2+(x+z-2)^2=1$.

其次,有向曲线 Γ 在坐标面 xOy 上的投影曲线 Γ_1 为

$$\begin{cases}x^2+(x+z-2)^2=1,\\ y=0,\end{cases}$$

则把曲线 Γ_1 写出适宜的参数方程为

$$\begin{cases}x=\cos t,\\ y=0,\\ z=2-\cos t+\sin t,\end{cases}$$

把 $x=\cos t,z=2-\cos t+\sin t$ 代入方程 $x^2+y^2=1$ 中解得 $y=\sin t$.这样有向曲线 Γ 的参数方程为

$$\begin{cases}x=\cos t,\\ y=\sin t,\\ z=2-\cos t+\sin t.\end{cases}$$

同时由题意从 z 轴的正方向看 Γ 是顺时针方向的，知 $\alpha=2\pi,\beta=0$.

再者，有

$$\begin{aligned}I&=\oint_{\Gamma}(z-y)\mathrm{d}x+(x-z)\mathrm{d}y+(x-y)\mathrm{d}z\\&=\int_{2\pi}^{0}((2-\cos t)\cdot(-\sin t)+(2\cos t-2-\sin t)\cdot(\cos t)+\\&\quad(\cos t-\sin t)\cdot(\sin t+\cos t))\mathrm{d}t\\&=-2\pi.\end{aligned}$$

注意与下面主题练习中例 12.2.3 进行比较.

3. 主题练习

(1)对称性计算.

原理 12.2.1 设分段光滑曲线 Γ 分成三段 $\Gamma_1=\widehat{AB},\Gamma_2=\widehat{BC}$, 和 $\Gamma_3=\widehat{CD}$, 且参数方程分别为 $x=x(t),y=y(t),z=z(t),x=y(t),y=z(t),z=x(t)$ 和 $x=z(t),y=x(t),z=y(t)$, 这里 $t\in[\alpha,\beta]$, $t=\alpha$ 对应起点, $t=\beta$ 对应终点.

若函数 $P(x,y,z)$ 连续，且 $Q(x,y,z)=P(y,z,x),R(x,y,z)=P(z,x,y)$, 则有

$$\begin{aligned}\int_{\Gamma_1}P\mathrm{d}x+Q\mathrm{d}y+R\mathrm{d}z&=\int_{\Gamma_2}P\mathrm{d}x+Q\mathrm{d}y+R\mathrm{d}z\\&=\int_{\Gamma_3}P\mathrm{d}x+Q\mathrm{d}y+R\mathrm{d}z.\end{aligned}$$

例 12.2.3 计算 $I=\oint_{\Gamma}(y-z)\mathrm{d}x+(z-x)\mathrm{d}y+(x-y)\mathrm{d}z$, 其中 Γ 为平面 $x+y+z=1$ 在第一卦限部分的边界，当从 x 轴正向看时为顺时针方向.

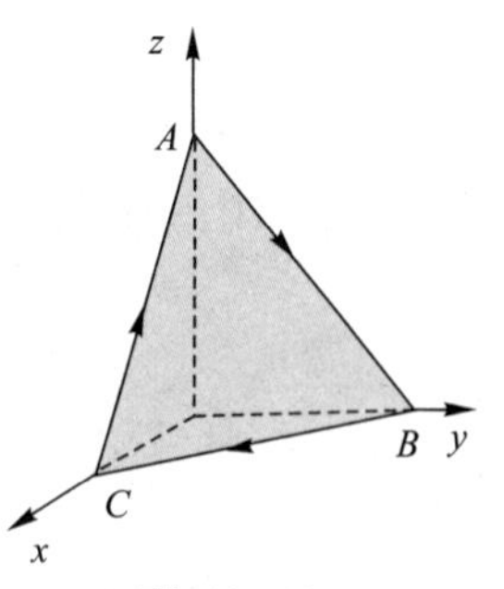

图 12.10

解: 首先，分段光滑曲线 Γ 分成三段 $\Gamma_1=\widehat{AB},\Gamma_2=\widehat{BC}$, 和 $\Gamma_3=\widehat{CA}$ 且参数方程分别为 $x=0,y=t,z=1-t,x=t,y=1-t,z=0$ 和 $x=1-t,y=0,z=t$, 这里 $t\in[0,1]$, $t=0$ 对应起点, $t=1$ 对应终点. 如图 12.10 所示.

其次，有

$$\begin{gathered}P(x,y,z)=y-z,Q(x,y,z)=z-x=P(y,z,x),\\R(x,y,z)=x-y=P(z,x,y).\end{gathered}$$

最后，由上面原理 12.2.1 知

$$I=3I_1=3\int_{\Gamma_1}(y-z)\mathrm{d}x+(z-x)\mathrm{d}y+(x-y)\mathrm{d}z$$
$$=3\int_0^1[(t-1+t)\cdot(0)+(1-t-0)\cdot 1+(0-t)\cdot(-1)]\mathrm{d}t$$
$$=3.$$

类似题：

计算 $I=\oint_{\Gamma}(y^2-z^2)\mathrm{d}x+(z^2-x^2)\mathrm{d}y+(x^2-y^2)\mathrm{d}z$，其中 Γ 为球面 $x^2+y^2+z^2=1$ 在第一卦限部分的边界，当从球面外面看时为顺时针方向.

解：首先，分段光滑曲线 Γ 分成三段 $\Gamma_1=\overset{\frown}{AB}$，$\Gamma_2=\overset{\frown}{BC}$ 和 $\Gamma_3=\overset{\frown}{CA}$，且参数方程分别为 $x=0, y=\cos t, z=\sin t$，$x=\cos t, y=\sin t, z=0$ 和 $x=\sin t$，$y=0$，$z=\cos t$，这里 $t\in\left[0,\frac{\pi}{2}\right]$，$t=\frac{\pi}{2}$ 对应起点，$t=0$ 对应终点. 如图 12.11 所示.

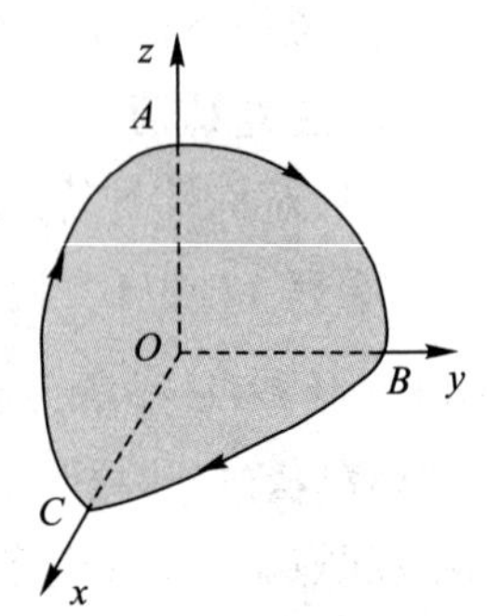

图 12.11

其次，有

$$P(x,y,z)=y^2-z^2, Q(x,y,z)=z^2-x^2=P(y,z,x),$$
$$R(x,y,z)=x^2-y^2=P(z,x,y).$$

最后，由上面原理 12.2.1 知

$$I=3I_1=3\int_{\Gamma_1}(y^2-z^2)\mathrm{d}x+(z^2-x^2)\mathrm{d}y+(x^2-y^2)\mathrm{d}z$$
$$=3\int_{\frac{\pi}{2}}^{0}[(\cos^2 t-\sin^2 t)\cdot(0)+(\sin^2 t-0)\cdot(-\sin t)+(0-\cos^2 t)\cdot(\cos t)]\mathrm{d}t=4.$$

§12.3　格林公式

12.3.1　格林公式

1. 定义与记号

定义 12.3.1　设 L 为平面上的一条曲线，它的参数方程为

$x=x(t)$，$y=y(t)$，$t\in[\alpha,\beta]$或写成向量函数形式 $\boldsymbol{r}(t)=x(t)\boldsymbol{i}+y(t)\boldsymbol{j}$，$t\in[\alpha,\beta]$或复变函数形式 $z(t)=x(t)+y(t)\mathrm{i}$.

若满足 $\boldsymbol{r}(\alpha)=\boldsymbol{r}(\beta)$且 $\boldsymbol{r}(t_1)\neq\boldsymbol{r}(t_2)$，$\forall t_1,t_2\in(\alpha,\beta)$，$t_1\neq t_2$，则称曲线 L 为平面上的简单闭曲线(或若当曲线).

定义 12.3.2 设 D 为平面上的一个区域，若 D 内的任何简单闭曲线 L 所围成的区域 $D(L)$满足 $D(L)\subset D$，则称 D 为单连通区域；否则称之为复(多)连通区域.

注 12.3.1 通俗的定义，若区域 D 不含有洞(包括点洞)，则称之为单连通区域；若区域 D 含有洞(包括点洞)，则称之为复连通区域.

定义 12.3.3 设 D 为平面上的一个有界区域，其边界∂D 有一条或几条简单闭曲线组成. 若一人按确定的一个方向沿着边界行走时，使得区域(近旁)总在此人的左侧，则称这个确定的方向为边界 D 的正向，记为∂D^+. 否则称之为边界 D 的负向，记为∂D^-.

注 12.3.2 当 D 为单连通区域时，此时区域只有一个外边界 $\partial D=L$，则逆时针方向为边界 D 的正向∂D^+，如图 12.12 情形 1 所示. 当 D 为复连通区域时，此时区域边界$\partial D=L$ 有一个外边界 L_0 和 n 个内边界组成 $L_1,L_2,\cdots,L_n$，则边界 D 的正向 $\partial D^+=L_0$(逆)$+\sum\limits_{i=1}^{n}L_i$(顺). 如图 12.12 情形 2 所示.

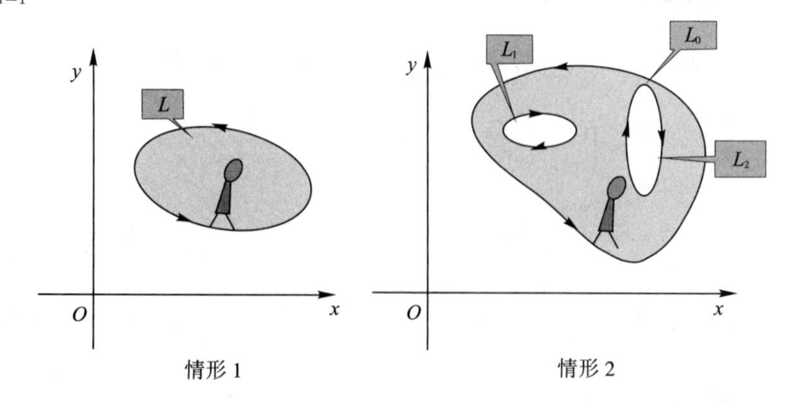

图 12.12

2. 定理

定理 12.3.1（格林公式） 设 D 为平面上的一条或几条简单闭曲线围成的区域（不论是单连通还是复连通区域），其边界记为 ∂D. 若函数 $P(x,y)$，$Q(x,y)$ 在区域 D 上具有一阶连续偏导数，则有

$$\oint_{\partial D^+} P(x,y)\mathrm{d}x + Q(x,y)\mathrm{d}y = \iint_D \left(\frac{\partial Q}{\partial x} - \frac{\partial P}{\partial y}\right)\mathrm{d}x\mathrm{d}y.$$

注 12.3.3 在计算第二类曲线积分中，当积分曲线为平面上光滑或分段光滑闭曲线时，格林公式有优先权.

3. 常规练习

例 12.3.1 计算

$$I = \oint_{L^+} \sqrt{x^2+y^2}\,\mathrm{d}x + \left[2x + y\ln(x+\sqrt{x^2+y^2})\right]\mathrm{d}y,$$

其中 L^+ 为圆周 $(x-2)^2+(y-1)^2=1$，取逆时针方向.

解：首先，这为第二类曲线积分计算. 同时知 L 为光滑闭曲线，记其所围成的区域为 $D(L)$，如图 12.13 所示. 其次，记 $P(x,y)=\sqrt{x^2+y^2}$，$Q(x,y)=2x+y\ln(x+\sqrt{x^2+y^2})$，易验证它们在 $D(L)$ 上具有一阶连续偏导数. 这样满足格林公式的条件，于是，有

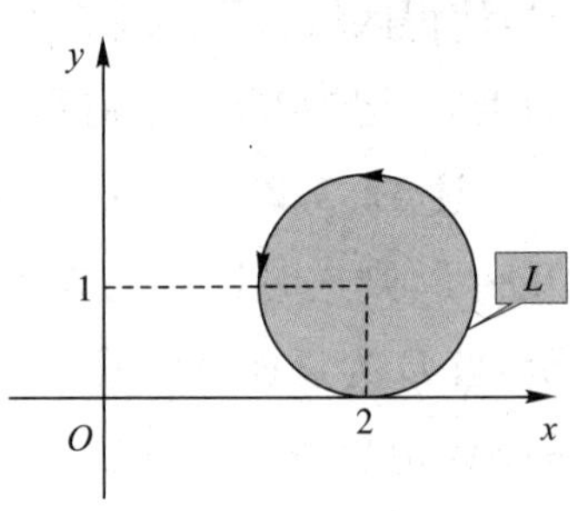

图 12.13

$$\begin{aligned}&\oint_{L^+} \sqrt{x^2+y^2}\,\mathrm{d}x + \left[2x + y\ln(x+\sqrt{x^2+y^2})\right]\mathrm{d}y \\ &= \iint_{D(L)} \left(\frac{\partial Q}{\partial x} - \frac{\partial P}{\partial y}\right)\mathrm{d}x\mathrm{d}y \\ &= \iint_{D(L)} 2\mathrm{d}x\mathrm{d}y = 2\pi.\end{aligned}$$

例 12.3.2 计算 $\oint_{L^+} \sin\left(\frac{x^2}{a^2}+\frac{y^2}{b^2}\right)\left(\frac{y\mathrm{d}x - x\mathrm{d}y}{b^2x^2+a^2y^2}\right)$，其中 L^+ 为曲线圆周 $\frac{x^2}{a^2}+\frac{y^2}{b^2}=1$ 取逆时针方向.

解：首先，这为第二类曲线积分计算. 同时知 L 为光滑闭曲线，

记其所围成的区域为 $D(L)$，如图 12.14 所示. 其次，代入曲线方程，有

$$I=\oint_{L^+}\sin\left(\frac{x^2}{a^2}+\frac{y^2}{b^2}\right)\left(\frac{y\mathrm{d}x-x\mathrm{d}y}{b^2x^2+a^2y^2}\right)$$

$$=\oint_{L^+}\sin 1\cdot\left(\frac{y\mathrm{d}x-x\mathrm{d}y}{a^2b^2\cdot 1}\right)$$

$$=\frac{\sin 1}{a^2b^2}\oint_{L^+}y\mathrm{d}x-x\mathrm{d}y,$$

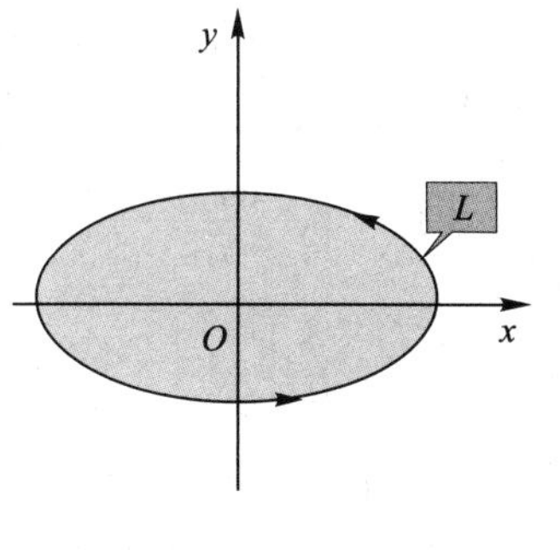

图 12.14

最后，记 $P_1(x,y)=y, Q_1(x,y)=-x$，易验证它们在 $D(L)$ 上具有一阶连续偏导数. 这样满足格林公式的条件，于是，有

$$\oint_{L^+}y\mathrm{d}x-x\mathrm{d}y=\iint_{D(L)}\left(\frac{\partial Q_1}{\partial x}-\frac{\partial P_1}{\partial y}\right)\mathrm{d}x\mathrm{d}y$$

$$=\iint_{D(L)}(-2)\mathrm{d}x\mathrm{d}y=-2ab\pi.$$

故有 $I=\dfrac{-2ab\pi\sin 1}{a^2b^2}$.

类似题：

(1)计算 $I=\oint_{L^+}-x^2y\mathrm{d}x+xy^2\mathrm{d}y$，其中 L^+ 为圆周 $x^2+y^2=R^2$，取逆时针方向.

解：这为第二类曲线积分计算. 同时知 L 为光滑闭曲线，记其所围成的区域为 $D(L)$. 记 $P(x,y)=-x^2y, Q(x,y)=xy^2$，易验证它们在 $D(L)$ 上具有一阶连续偏导数. 这样满足格林公式的条件，于是有

$$I=\oint_{L^+}-x^2y\mathrm{d}x+xy^2\mathrm{d}y=\iint_{D(L)}\left(\frac{\partial Q}{\partial x}-\frac{\partial P}{\partial y}\right)\mathrm{d}x\mathrm{d}y$$

$$=\iint_{D(L)}(y^2+x^2)\mathrm{d}x\mathrm{d}y=\int_0^{2\pi}\mathrm{d}\theta\int_0^R r^2\cdot r\mathrm{d}r=\frac{\pi R^4}{2}.$$

(2)计算 $I=\oint_{L^+}\dfrac{(x+y)\mathrm{d}x-(x-y)\mathrm{d}y}{x^2+y^2}$，其中 L^+ 为圆周 $x^2+y^2=R^2$，取逆时针方向.

解：首先，这为第二类曲线积分计算. 同时知 L 为光滑闭曲线，记其所围成的区域为 $D(L)$. 其次，代入曲线方程，有

$$I=\oint_{L^+}\frac{(x+y)\mathrm{d}x-(x-y)\mathrm{d}y}{x^2+y^2}=\oint_{L^+}\frac{(x+y)\mathrm{d}x-(x-y)\mathrm{d}y}{R^2}$$

$$=\frac{1}{R^2}\oint_{L^+}(x+y)\mathrm{d}x-(x-y)\mathrm{d}y.$$

最后，记 $P_1(x,y)=x+y$，$Q_1(x,y)=y-x$，易验证它们在$D(L)$上具有一阶连续偏导数. 这样满足格林公式的条件，于是，有

$$\oint_{L^+}(x+y)\mathrm{d}x-(x-y)\mathrm{d}y=\iint_{D(L)}\left(\frac{\partial Q_1}{\partial x}-\frac{\partial P_1}{\partial y}\right)\mathrm{d}x\mathrm{d}y$$

$$=\iint_{D(L)}-2\mathrm{d}x\mathrm{d}y=-2R^2\pi.$$

故有 $I=-2\pi$.

4. 主题练习

(1)当曲线不是光滑封闭曲线时，可添辅助线后利用格林公式计算.

原理 12.3.1 在第二类曲线积分计算中，设积分曲线为平面上光滑或分段光滑非闭曲线，当曲线方程代入后，被积函数有点复杂或被积函数出现 e^{x^2}，$\mathrm{e}^{\frac{1}{x}}$，$\sin\frac{1}{x}$或 $\sin x^2$ 等式子时，常补上分段光滑曲线构成闭曲线再使用格林公式.

例 12.3.3 计算 $I=\int_L(2y+\mathrm{e}^y)\mathrm{d}x+(\cos y+x\mathrm{e}^y)\mathrm{d}y$，其中 L 为从点 $A(1,1)$沿抛物线 $y=x^2$ 到点 $O(0,0)$，再沿 x 轴到点 $B(2,0)$.

解：方法一，可知抛物线 AO 的方程为$\begin{cases}x=x,\\ y=x^2,\end{cases}$其中起(终)点与参数的关系为 $A\leftrightarrow x=1$，$O\leftrightarrow x=0$. 这样，有

$$\int_{AO}(2y+\mathrm{e}^y)\mathrm{d}x+(\cos y+x\mathrm{e}^y)\mathrm{d}y$$

$$=\int_1^0[2x^2+\mathrm{e}^{x^2}+2(\cos x^2+x\mathrm{e}^{x^2})x]\mathrm{d}x.$$

这里被积函数中出现了 e^{x^2} 式子，不能继续进行定积分了. 所以，补上适当曲线，可间接使用格林公式.

首先，在 x 轴上取点 $C(1,0)$，这样抛物线 AO，直线$\overrightarrow{OC}$与直线$\overrightarrow{CA}$构成封闭曲线 L_1，记其所围成的区域为 $D(L_1)$，如图 12.15 情形 1所示.

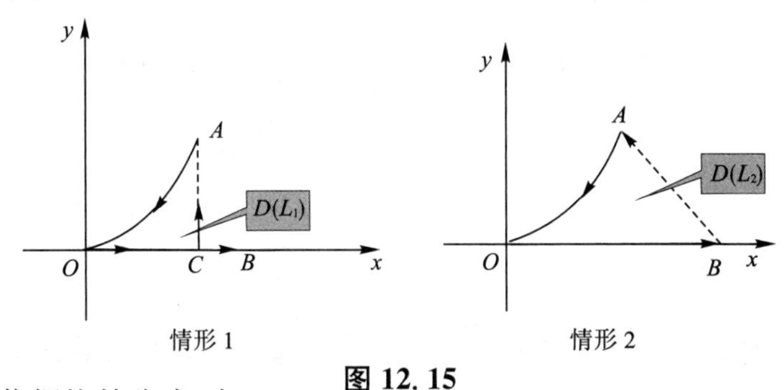

情形 1　　情形 2

图 12.15

依据格林公式，有

$$\oint_{L_1}(2y+e^y)dx+(\cos y+xe^y)dy=\iint_{D(L_1)}(e^y-2-e^y)dxdy$$
$$=-2\int_0^1 dx\int_0^{x^2}dy=-\frac{2}{3}.$$

其次，直线$\overrightarrow{CA}$的方程为$\begin{cases}x=1,\\y=y,\end{cases}$其中起(终)点与参数的关系为 $C\leftrightarrow y=0, A\leftrightarrow y=1$，所以，有

$$\int_{\overrightarrow{CA}}(2y+e^y)dx+(\cos y+xe^y)dy=\int_0^1(\cos y+1\cdot e^y)dy$$
$$=\sin 1+e-1.$$

进一步，有直线$\overrightarrow{CB}$的方程为$\begin{cases}x=x,\\y=0,\end{cases}$其中起(终)点与参数的关系为 $C\leftrightarrow x=1, B\leftrightarrow x=2$，这样，有

$$\int_{\overrightarrow{CB}}(2y+e^y)dx+(\cos y+xe^y)dy=\int_1^2(0+e^0)dx=1.$$

于是由可加性，有

$$I=\left[\oint_{L_1}(2y+e^y)dx+(\cos y+xe^y)dy\right.$$
$$\left.-\int_{\overrightarrow{CA}}(2y+e^y)dx+(\cos y+xe^y)dy\right]$$
$$+\int_{\overrightarrow{CB}}(2y+e^y)dx+(\cos y+xe^y)dy$$
$$=\left(-\frac{2}{3}-\sin 1-e+1\right)+1=\frac{4}{3}-\sin 1-e.$$

方法二，首先连接 B,A 两点作直线 $\overrightarrow{BA}$. 其次曲线 L 与直线 $\overrightarrow{BA}$ 构成封闭曲线 L_2，其所围成的区域为 $D(L_2)$，如图 12.15 情形 2 所示. 依据格林公式，有

$$\oint_{L_2}(2y+e^y)dx+(\cos y+xe^y)dy=\iint_{D(L_2)}-2dxdy$$
$$=-2\int_0^1 dx\int_0^{x^2}dy+(-2)\cdot\frac{1}{2}$$
$$=-\frac{5}{3}.$$

同时直线 $\overrightarrow{BA}$ 方程为 $\begin{cases}x=x,\\ y=2-x,\end{cases}$ 其中起（终）点与参数的关系为 $B\leftrightarrow x=2, A\leftrightarrow x=1$，有

$$\int_{\overrightarrow{BA}}(2y+e^y)dx+(\cos y+xe^y)dy$$
$$=\int_2^1[(2(2-x)+e^{2-x})+(\cos(2-x)+xe^{2-x})(-1)]dx$$
$$=-3+\sin 1+e,$$

于是，有

$$I=-\frac{5}{3}-(-3+\sin 1+e)=\frac{4}{3}-\sin 1-e.$$

例 12.3.4 计算

$$I=\int_L(e^x\sin y+(a_1x+b_1y))dx+(e^x\cos y+(a_2x+b_2y))dy.$$

其中 L 为从点 $A(2a,0)$ 沿上半圆周 $x^2+y^2=2ax$ 到点 $O(0,0)$，这里 a_1,a_2,b_1,b_2 为常数.

解：易知曲线 L 的参数为 $\begin{cases}x=a+a\cos t,\\ y=a\sin t,\end{cases}$ $t\in[0,\pi]$ 且起（终）点与参数的关系为 $A\leftrightarrow t=0, O\leftrightarrow t=\pi$，这样，有

$$I=\int_\pi^0[(e^{a+a\cos t}\sin(a\sin t)+a(a_1(1+\cos t)+b_1\sin t))(-\sin t)$$
$$+(e^{a+a\cos t}\cos(a\sin t)+(a_2(1+\cos t)+b_2\sin t))(\cos t)]dt,$$

可看到被积函数相当复杂，所以补上适当曲线，可间接使用格林公式.

首先，记 $P_1=\mathrm{e}^x\sin y, P_2=a_1x+b_1y, Q_1=\mathrm{e}^x\cos y, Q_2=a_2x+b_2y$，有

$$\frac{\partial Q_1}{\partial x}=\frac{\partial P_1}{\partial y}, \frac{\partial Q_2}{\partial x}-\frac{\partial P_2}{\partial y}=a_2-b_1 \text{ 和 } U_1=\mathrm{e}^x\sin y.$$

其次，连 O,A 两点作直线$\overrightarrow{OA}$，曲线 L 与直线$\overrightarrow{OA}$构成封闭曲线 L_1，其所围成的区域为 $D(L_1)$，如图 12.16 所示.

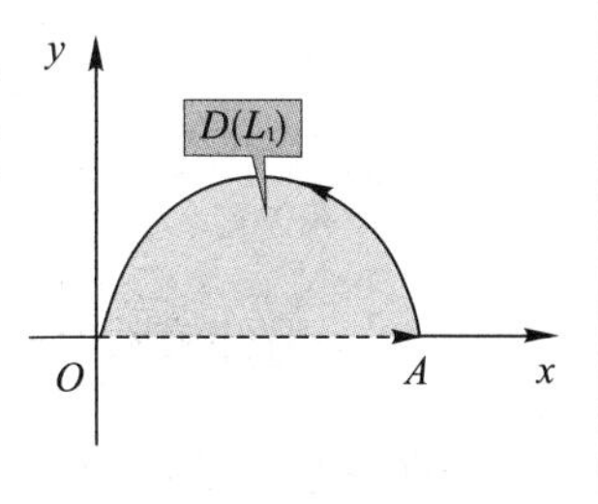

图 12.16

由线性性，知

$$I=\int_L P_1\mathrm{d}x+Q_1\mathrm{d}y+\int_L P_2\mathrm{d}x+Q_2\mathrm{d}y$$
$$=I_1+I_2.$$

最后，由积分与路径无关知，$I_1=U_1\big|_O^A=0$，由格林公式知，

$$I_2=\iint_{D(L_1)}(a_2-b_1)\mathrm{d}x\mathrm{d}y-\int_{\overrightarrow{OA}}P_2\mathrm{d}x+Q_2\mathrm{d}y$$
$$=(a_2-b_1)\frac{\pi a^2}{2}-\int_0^{2a}a_1x\mathrm{d}x=(a_2-b_1)\frac{\pi a^2}{2}-2a_1a^2.$$

于是，有

$$I=I_1+I_2=(a_2-b_1)\frac{\pi a^2}{2}-2a_1a^2.$$

类似题：

①计算 $I=\int_L(x+y)\mathrm{d}x-(x-y)\mathrm{d}y$，其中 L 为椭圆周$\frac{x^2}{a^2}+\frac{y^2}{b^2}=1$的上半部分，从点 $A(a,0)$ 到点 $B(-a,0)$.

解：易知曲线 L 的参数为$\begin{cases}x=a\cos t,\\y=b\sin t,\end{cases}$ $t\in[0,\pi]$且起(终)点与参数的关系为 $A\leftrightarrow t=0, B\leftrightarrow t=\pi$，这样，有

$$I=\int_0^{\pi}[(a\cos t+b\sin t)(-a\sin t)-(a\cos t-b\sin t)(b\cos t)]\mathrm{d}t.$$

可看到计算第二类曲线积分有点复杂，所以补上适当曲线，可间接使用格林公式.

其次，连 B,A 两点作直线$\overrightarrow{BA}$，曲线 L 与直线$\overrightarrow{BA}$构成封闭曲线 L_1(逆时针方向)，其所围成的区域为 $D(L_1)$，如图 12.17 所示.

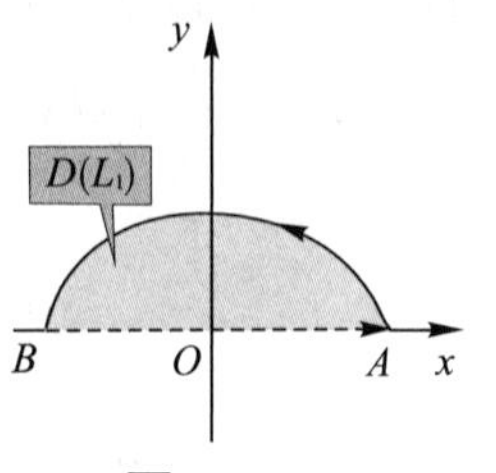

图 12.17

记 $P(x,y)=x+y, Q(x,y)=y-x$，易验证

它们在 $D(L_1)$ 上具有一阶连续偏导数. 这样满足格林公式的条件，于是，有

$$I_1=\oint_{L_1^+}(x+y)\mathrm{d}x-(x-y)\mathrm{d}y=\iint_{D(L_1)}\left(\frac{\partial Q}{\partial x}-\frac{\partial P}{\partial y}\right)\mathrm{d}x\mathrm{d}y$$
$$=\iint_{D(L_1)}-2\mathrm{d}x\mathrm{d}y=-\pi ab.$$

再次，易知直线$\overrightarrow{BA}$的参数为$\begin{cases}x=x,\\ y=0,\end{cases}$ $x\in[-a,a]$且起（终）点与参数的关系为 $B\leftrightarrow x=-a$，$A\leftrightarrow x=a$，这样，有

$$I_2=\int_{-a}^{a}[(x+0)\cdot 1-(x-0)\cdot 0]\mathrm{d}x=0,$$

最后，依据可加性，有 $I=I_1-I_2=-\pi ab$.

②计算 $I=\int_L(f(y)\cos x-\pi y)\mathrm{d}x+(f'(y)\sin x-\pi)\mathrm{d}y$，其中 $L=\widehat{AMB}$为连接点 $A(\pi,2)$ 到点 $B(3\pi,4)$ 的线段下方的任意光滑曲线，该曲线与直线段$\overrightarrow{AB}$所围成的区域面积为 2.

解：由于被积函数中含有未知函数 $f(y)$ 且曲线 $L=\widehat{AMB}$为任意曲线，同时曲线与直线段$\overrightarrow{AB}$所围成的区域面积为 2. 所以补上适当曲线，可间接使用格林公式.

首先，连 B，A 两点作直线$\overrightarrow{BA}$，曲线 L 与直线$\overrightarrow{BA}$构成封闭曲线 L_1（逆时针方向），其所围成的区域为 $D(L_1)$，如图 12.18 所示，已知其面积为 2.

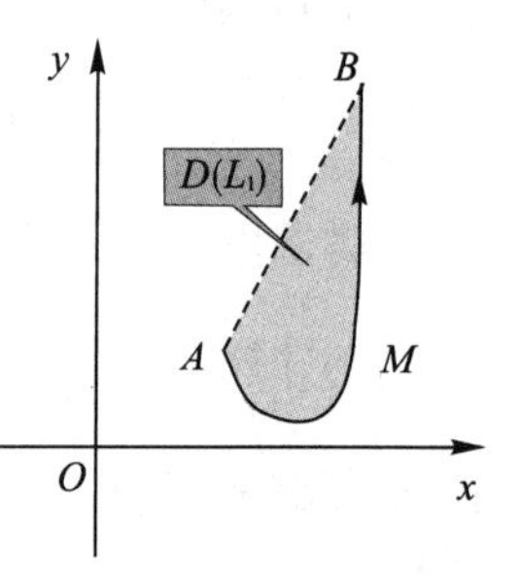

图 12.18

其次，记 $P(x,y)=f(y)\cos x-\pi y$，$Q(x,y)=f'(y)\sin x-\pi$，易验证它们在 $D(L_1)$ 上具有一阶连续偏导数. 满足格林公式的条件，于是，有

$$I_1=\oint_{L_1}(f(y)\cos x-\pi y)\mathrm{d}x+(f'(y)\sin x-\pi)\mathrm{d}y$$
$$=\iint_{D(L_1)}\left(\frac{\partial Q}{\partial x}-\frac{\partial P}{\partial y}\right)\mathrm{d}x\mathrm{d}y=\iint_{D(L_1)}\pi\mathrm{d}x\mathrm{d}y=2\pi.$$

再者，易知直线$\overrightarrow{BA}$的参数为$\begin{cases}x=x,\\ y=1+\dfrac{x}{\pi},\end{cases}$ $x\in[\pi,3\pi]$且起（终）点

与参数的关系为 $B\leftrightarrow x=3\pi, A\leftrightarrow x=\pi$,这样,有

$$
\begin{aligned}
I_2 &= \int_{3\pi}^{\pi}\left[\left(f\left(1+\frac{x}{\pi}\right)\cdot\cos x-\pi-x\right)\cdot 1+\right.\\
&\qquad \left.\left(f'\left(1+\frac{x}{\pi}\right)\sin x-\pi\right)\cdot\frac{1}{\pi}\right]\mathrm{d}x\\
&= \int_{3\pi}^{\pi}\left[\left(f\left(1+\frac{x}{\pi}\right)\cdot\sin x\right)'-x-\pi-1\right]\mathrm{d}x = 6\pi^2+2\pi,
\end{aligned}
$$

最后,依据可加性,故有 $I=I_1-I_2=-6\pi^2$.

(2)当被积函数在区域 D 上不具有一阶连续偏导数时,挖“洞”,利用格林公式计算.

定义 12.3.4 若 $H(x,y)\begin{cases}=0, & (x,y)=(0,0),\\ >0, & (x,y)\neq(0,0),\end{cases}$ 则称 $H(x,y)$ 是 $\mathbf{R}^2$ 上可微的正定函数.

原理 12.3.2 设 $H(x,y)$ 是 $\mathbf{R}^2$ 上可微的正定函数,若满足

$$\frac{\partial}{\partial y}\left(\frac{P_1}{H}\right)=\frac{\partial}{\partial x}\left(\frac{Q_1}{H}\right), \forall\,(x,y)\neq(0,0).$$

则按如下方法计算 $\oint_L \dfrac{P_1\mathrm{d}x+Q_1\mathrm{d}y}{H}$. 其中 L 为任意围绕原点的分段光滑简单闭曲线,取逆时针方向. 设闭曲线 L 所围成的区域为 $D(L)$. 首先,由于 $P=\dfrac{P_1}{H}, Q=\dfrac{Q_1}{H}$ 在点 $O(0,0)$ 处不存在偏导数,所以不能在区域 $D(L)$ 上直接用格林公式. 其次,取定 $\varepsilon>0, \varepsilon\to 0$,做闭曲线 $L_1(\varepsilon)$:$H(x,y)=\varepsilon$(可以证明),使得 $D(L_1)\subset D(L)$,这里闭曲线 L_1 所围成的区域为 $D(L_1)$. 同时,取逆时针方向. 最后,记曲线 L 与 L_1 所围成的区域为 D_2,则有 D_2 为复连通区域,如图 12.19 所示.

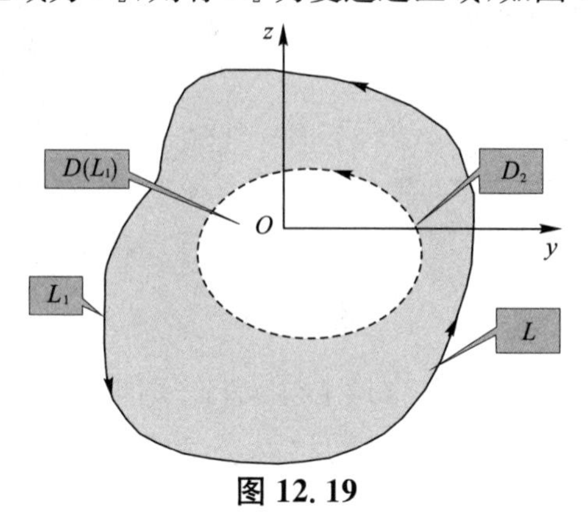

图 12.19

同时易知 P,Q 在 D_2 上具有一阶连续偏导数，满足格林公式条件. 因而，有

$$\oint_{\partial D_2^+} P\mathrm{d}x+Q\mathrm{d}y=\iint_{D_2}\left(\frac{\partial Q}{\partial x}-\frac{\partial P}{\partial y}\right)\mathrm{d}x\mathrm{d}y=0,$$

由可加性知有

$$\oint_{L(\text{逆})} P\mathrm{d}x+Q\mathrm{d}y=\oint_{L_1(\text{逆})} P\mathrm{d}x+Q\mathrm{d}y=\frac{1}{\varepsilon}\oint_{L_1(\text{逆})} P_1\mathrm{d}x+Q_1\mathrm{d}y$$

$$=\frac{1}{\varepsilon}\iint_{D(L_1)}\left(\frac{\partial Q_1}{\partial x}-\frac{\partial P_1}{\partial y}\right)\mathrm{d}x\mathrm{d}y.$$

例 12.3.5 计算 $I=\oint_{L^+}\dfrac{y\mathrm{d}x-x\mathrm{d}y}{x^2+y^2}$，其中 L^+ 为任意不经过原点的光滑闭曲线，取逆时针方向.

解：首先，记 $H(x,y)=x^2+y^2$，$P_1(x,y)=y$，$Q_1(x,y)=-x$，$P=\dfrac{P_1}{H}$，$Q=\dfrac{Q_1}{H}$，易知，$H(x,y)$ 是 $\mathbf{R}^2$ 上可微的正定函数，且有 $\dfrac{\partial P}{\partial y}=\dfrac{\partial Q}{\partial x}=\dfrac{x^2-y^2}{H^2}$，$\forall (x,y)\neq(0,0)$.

其次，当 L^+ 所围成的区域 $D(L)$ 不含原点时，如图 12.20 情形 1. 易知 P,Q 于 $D(L)$ 上具有一阶连续偏导数且 $\dfrac{\partial P}{\partial y}=\dfrac{\partial Q}{\partial x}$，于是有 $I=0$.

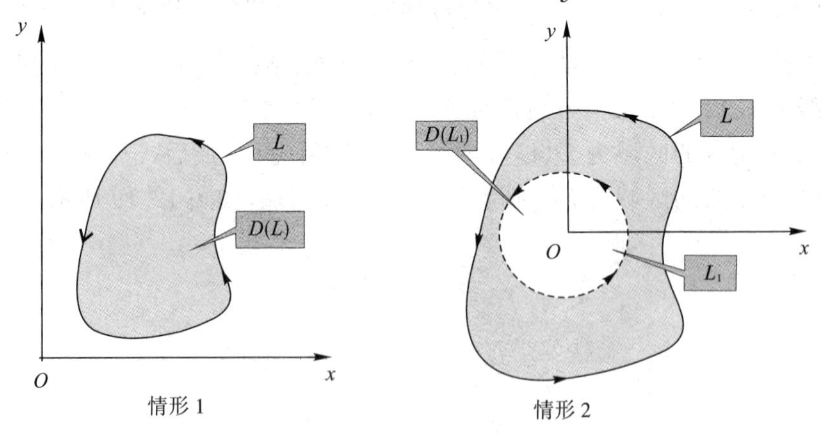

图 12.20

最后，当 L^+ 所围成的区域 $D(L)$ 含原点时，易知 $(0,0)\in D(L)$，如图 12.20 情形 2 所示. 可知格林公式条件不成立. 令 $L_1(\varepsilon)$：

$H(x,y)=\varepsilon,\varepsilon>0,\varepsilon\to 0$,记闭曲线 L_1 所围成的区域为 $D(L_1)$,这里使得 $D(L_1)\subset D(L)$. 由上面知,有

$$\begin{aligned}\oint_{L(逆)}P\mathrm{d}x+Q\mathrm{d}y&=\oint_{L_1(逆)}P\mathrm{d}x+Q\mathrm{d}y=\frac{1}{\varepsilon}\oint_{L_1(逆)}P_1\mathrm{d}x+Q_1\mathrm{d}y\\&=\frac{1}{\varepsilon}\iint_{D(L_1)}\left(\frac{\partial Q_1}{\partial x}-\frac{\partial P_1}{\partial y}\right)\mathrm{d}x\mathrm{d}y\\&=\frac{1}{\varepsilon}\iint_{D(L_1)}-2\mathrm{d}x\mathrm{d}y\\&=\frac{-2S(D(L_1))}{\varepsilon}=-2\pi.\end{aligned}$$

例 12.3.6 计算 $I=\int_L\frac{-y\mathrm{d}x+x\mathrm{d}y}{x^2+y^2}$,这里 L 为从点 $A\left(-\frac{\pi}{2},0\right)$沿曲线 $y=\cos x$ 到点 $B\left(\frac{\pi}{2},0\right)$.

解:首先,记 $H(x,y)=x^2+y^2,P_1(x,y)=-y,Q_1(x,y)=x$, $P=\frac{P_1}{H},Q=\frac{Q_1}{H}$,易知,$H(x,y)$是 $\mathbf{R}^2$ 上可微的正定函数,且$\frac{\partial P}{\partial y}=\frac{\partial Q}{\partial x}=\frac{y^2-x^2}{H^2},\forall(x,y)\neq(0,0)$. 其次,记 $\widetilde{L}$ 为从点 $B\left(\frac{\pi}{2},0\right)$沿下半圆周 $y=-\sqrt{\frac{\pi^2}{4}-x^2}$到点 $A\left(-\frac{\pi}{2},0\right)$,设由闭曲线 $L+\widetilde{L}$ 所围成的区域为 D,易知$(0,0)\in D$,可知格林公式条件不成立. 令 $L_1(\varepsilon):H(x,y)=\varepsilon$, $\varepsilon>0,\varepsilon\to 0$,记闭曲线 L_1 所围成的区域为 $D(L_1)$,这里使得$D(L_1)\subset D$,如图 12.21 所示.

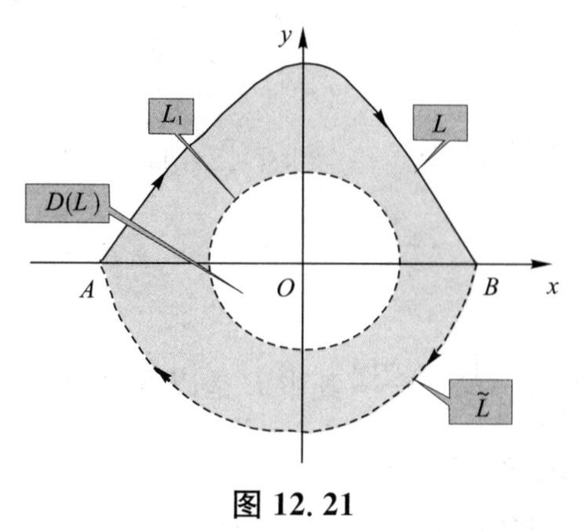

图 12.21

由上面知，有

$$\oint_{L+\tilde{L}(逆)} P\mathrm{d}x+Q\mathrm{d}y=\oint_{L_1(逆)} P\mathrm{d}x+Q\mathrm{d}y=\frac{1}{\varepsilon}\oint_{L_1(逆)} P_1\mathrm{d}x+Q_1\mathrm{d}y$$

$$=\frac{1}{\varepsilon}\iint_{D(L_1)}\left(\frac{\partial Q_1}{\partial x}-\frac{\partial P_1}{\partial y}\right)\mathrm{d}x\mathrm{d}y$$

$$=\frac{1}{\varepsilon}\iint_{D(L_1)} 2\mathrm{d}x\mathrm{d}y=\frac{2S(D(L_1))}{\varepsilon}$$

$$=2\pi.$$

其次，有 $I+\int_{\tilde{L}}\frac{-y\mathrm{d}x+x\mathrm{d}y}{x^2+y^2}=-\oint_{L+\tilde{L}(逆)} P\mathrm{d}x+Q\mathrm{d}y=-2\pi$，

同时，知 $\int_{\tilde{L}}\frac{-y\mathrm{d}x+x\mathrm{d}y}{x^2+y^2}=\frac{4}{\pi^2}\int_{\tilde{L}}-y\mathrm{d}x+x\mathrm{d}y$.

连 A,B 两点做直线 $\overrightarrow{AB}$：曲线 $\tilde{L}$ 与直线 $\overrightarrow{AB}$ 构成封闭曲线 L_2，取顺时针方向，其所围成的区域为 $D(L_2)$，依据格林公式，有 $\oint_{L_2}(-y)\mathrm{d}x+x\mathrm{d}y=-\iint_{D(L_2)}2\mathrm{d}x\mathrm{d}y=-\pi\left(\frac{\pi}{2}\right)^2$. 同时直线 $\overrightarrow{AB}$ 的参数方程 $\begin{cases}x=x,\\y=0,\end{cases}$ 其中起(终)点与参数的关系为 $A\leftrightarrow x=\frac{-\pi}{2}$，$B\leftrightarrow x=\frac{\pi}{2}$，有 $\int_{\overrightarrow{AB}}(-y)\mathrm{d}x+x\mathrm{d}y=0$，所以

$$\int_{\tilde{L}}(-y)\mathrm{d}x+x\mathrm{d}y=\oint_{L_2}(-y)\mathrm{d}x+x\mathrm{d}y-\int_{\overrightarrow{AB}}(-y)\mathrm{d}x+x\mathrm{d}y$$

$$=-\pi\left(\frac{\pi}{2}\right)^2.$$

进一步，有

$$\int_{\tilde{L}}\frac{(-y)\mathrm{d}x+x\mathrm{d}y}{x^2+y^2}=\frac{4}{\pi^2}\int_{\tilde{L}}(-y)\mathrm{d}x+x\mathrm{d}y=-\pi.$$

最后，有 $I=-2\pi-(-\pi)=-\pi$.

类似题：

计算 $I=\oint_L\frac{-y\mathrm{d}x+x\mathrm{d}y}{4x^2+y^2}$ 其中 L 是以点 $(1,0)$ 为中心，$R(R\neq1)$ 为半径的圆周，取逆时针方向.

解：首先，记 $H(x,y)=4x^2+y^2$，$P_1(x,y)=-y$，$Q_1(x,y)=x$，

$P=\dfrac{P_1}{H}, Q=\dfrac{Q_1}{H}$,易知,$H(x,y)$是 $\mathbf{R}^2$ 上可微的正定函数,且有

$$\frac{\partial P}{\partial y}=\frac{\partial Q}{\partial x}=\frac{y^2-4x^2}{H^2}, \forall (x,y)\neq(0,0).$$

其次,当 $R<1$ 时,如图 12.22 情形 1 所示. 易知 P,Q 于圆盘 $(x-1)^2+y^2\leqslant R^2$ 上具有一阶连续偏导数且$\dfrac{\partial P}{\partial y}=\dfrac{\partial Q}{\partial x}$,于是有 $I=0$.

最后,当 $R>1$ 时,易知$(0,0)\in D(L)=\{(x,y)\mid(x-1)^2+y^2\leqslant R^2\}$,可知格林公式条件不成立. 令 $L_1(\varepsilon):H(x,y)=\varepsilon,\varepsilon>0,\varepsilon\to0$,记闭曲线 L_1 所围成的区域为 $D(L_1)$,这里使得 $D(L_1)\subset D(L)$,如图 12.22 情形 2 所示. 由上面知,有

$$\begin{aligned}\oint_{L(逆)}P\mathrm{d}x+Q\mathrm{d}y&=\oint_{L_1(逆)}P\mathrm{d}x+Q\mathrm{d}y=\frac{1}{\varepsilon}\oint_{L_1(逆)}P_1\mathrm{d}x+Q_1\mathrm{d}y\\&=\frac{1}{\varepsilon}\iint_{D(L_1)}\left(\frac{\partial Q_1}{\partial x}-\frac{\partial P_1}{\partial y}\right)\mathrm{d}x\mathrm{d}y\\&=\frac{1}{\varepsilon}\iint_{D(L_1)}2\mathrm{d}x\mathrm{d}y=\frac{2S(D(L_1))}{\varepsilon}\\&=\frac{2\pi\dfrac{\sqrt{\varepsilon}}{2}\cdot\sqrt{\varepsilon}}{\varepsilon}=\pi.\end{aligned}$$

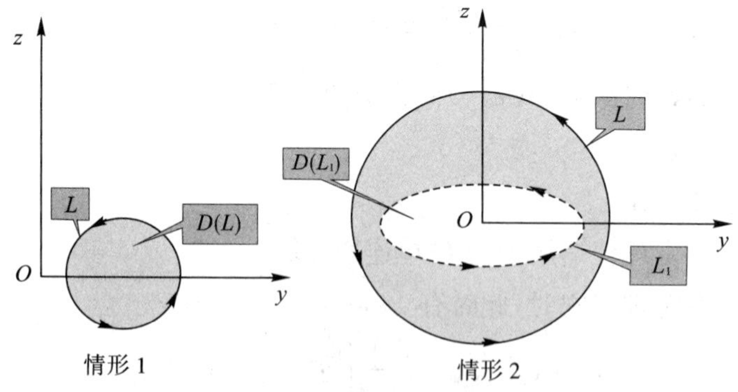

图 12.22

12.3.2 平面曲线积分与路径无关的条件

1. 定义与定理

定义 12.3.5 设 D 为平面区域,$P(x,y)$和 $Q(x,y)$为 D 上的连续函

数，若对于 D 内任意两点 A,B，满足积分值 $I=\int_L P(x,y)\mathrm{d}x+Q(x,y)\mathrm{d}y$ 只与 A,B 两点有关，而与从 A 到 B 的路径 $L=\overset{\frown}{AB}$ 无关，则称曲线积分 $I=\int_L P(x,y)\mathrm{d}x+Q(x,y)\mathrm{d}y$ 与路径无关，记为

$$I=\int_L P(x,y)\mathrm{d}x+Q(x,y)\mathrm{d}y=\int_A^B P\mathrm{d}x+Q\mathrm{d}y.$$

否则称为与路径有关.

定理 12.3.2 设 D 为平面上单连通区域，$P(x,y)$ 和 $Q(x,y)$ 为 D 上具有一阶连续偏导数函数，则下列四命题等价.

(1)对 D 内任意一条光滑闭曲线 L，满足

$$\oint_L P(x,y)\mathrm{d}x+Q(x,y)\mathrm{d}y=0.$$

(2)对 D 内任意一条光滑曲线 $\overset{\frown}{AB}$，满足曲线积分 $\int_{\overset{\frown}{AB}} P(x,y)\mathrm{d}x+Q(x,y)\mathrm{d}y$ 只与起点 A 及终点 B 两点有关，而与从 A 到 B 的路径 $L=\overset{\frown}{AB}$ 无关.

(3)在 D 上存在可微函数 $U(x,y)$，满足 $\mathrm{d}U(x,y)=P(x,y)\mathrm{d}x+Q(x,y)\mathrm{d}y$.

(4)在 D 上满足 $\frac{\partial P}{\partial y}=\frac{\partial Q}{\partial x}$，$\forall (x,y)\in D$.

注意：此时函数 $U(x,y)$ 称为全微分 $P(x,y)\mathrm{d}x+Q(x,y)\mathrm{d}y$ 的一个原函数.

注 12.3.4

(1)本定理仅适用于为 D 单连通区域.

(2)在定理成立时，此时有

$$\begin{aligned}\int_{\overset{\frown}{AB}} P(x,y)\mathrm{d}x+Q(x,y)\mathrm{d}y&=\int_A^B P(x,y)\mathrm{d}x+Q(x,y)\mathrm{d}y\\&=\int_A^B \mathrm{d}U=U\Big|_A^B=U(B)-U(A)\end{aligned}$$

其中 $U(x,y)=\int_{x_0}^x P(x,y_0)\mathrm{d}x+\int_{y_0}^y Q(x,y)\mathrm{d}y$. 进一步，有

$$I=\int_{(x_0,y_0)}^{(x_1,y_1)} P\mathrm{d}x+Q\mathrm{d}y=\int_{x_0}^{x_1} P(x,y_0)\mathrm{d}x+\int_{y_0}^{y_1} Q(x_1,y)\mathrm{d}y.$$

(3)在定理成立时,称微分方程 $P(x,y)\mathrm{d}x+Q(x,y)\mathrm{d}y=0$ 为全微分方程(或恰当方程),此时微分方程的通解为 $U(x,y)=C$,其中 C 为任意常数.

(4)在定理成立时,则 $\overrightarrow{F(x,y)}=P(x,y)\boldsymbol{i}+Q(x,y)\boldsymbol{j}$ 称为保守力,此时有物理上保守力做功 $W=\int_{\widehat{AB}}P(x,y)\mathrm{d}x+Q(x,y)\mathrm{d}y$ 与路径无关之说.

(5)在讨论积分与路径无关有关问题时,常搭配用四个等价命题处理可以事半功倍.

2. 常规练习

例 12.3.7 设函数 $f(x)$ 在 $\mathbf{R}$ 上具有连续导数,计算

$$I=\int_L\frac{y(1+y^2f(xy))}{y^2}\mathrm{d}x+\frac{x(y^2f(xy)-1)}{y^2}\mathrm{d}y,$$

其中 L 为从点 $A\left(2,\frac{1}{2}\right)$ 到点 $B\left(\frac{1}{2},2\right)$ 任意光滑曲线,在第一象限内.

解:本题是讨论积分与路径无关问题,其中 $f(x)$ 没有给出具体表达式.

首先,记 $P=\dfrac{y(1+y^2f(xy))}{y^2}$,$Q=\dfrac{x(y^2f(xy)-1)}{y^2}$,计算有

$$\frac{\partial P}{\partial y}=\frac{\partial Q}{\partial x}=\frac{-1+y^2f(xy)+xy^3f'(xy)}{y^2},\forall y\neq 0.$$

方法一:一定存在可微函数 $U(x,y)$,有 $\mathrm{d}U=P\mathrm{d}x+Q\mathrm{d}y$,这样用凑微分法有

$$\begin{aligned}P\mathrm{d}x+Q\mathrm{d}y&=\frac{y\mathrm{d}x-x\mathrm{d}y}{y^2}+f(xy)(y\mathrm{d}x+x\mathrm{d}y)\\&=\mathrm{d}\left(\frac{x}{y}\right)+\mathrm{d}\left(\int_1^{xy}f(t)\mathrm{d}t\right)\\&=\mathrm{d}\left(\frac{x}{y}+\int_1^{xy}f(t)\mathrm{d}t\right).\end{aligned}$$

于是有

$$I=\int_{A(2,\frac{1}{2})}^{B(\frac{1}{2},2)}P\mathrm{d}x+Q\mathrm{d}y=U\Big|_A^B=U(B)-U(A)=-\frac{15}{4}.$$

方法二：知积分与路径无关，选取特殊路径，L 为从点$A\left(2,\frac{1}{2}\right)$沿曲线 $y=\frac{1}{x}$到点 $B\left(\frac{1}{2},2\right)$，如图 12.23 情形 1 所示.

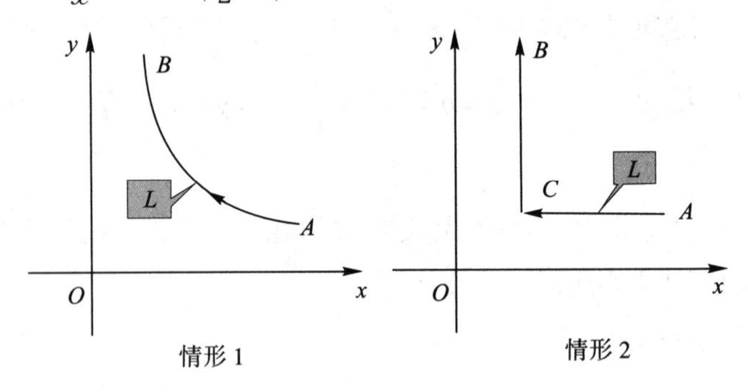

图 12.23

这样曲线的参数方程为$\begin{cases}x=x,\\ y=\frac{1}{x},\end{cases}$且起点 $A\leftrightarrow x=2$，终点$B\leftrightarrow x=\frac{1}{2}$.

于是有

$$I=\int_{A(2,\frac{1}{2})}^{B(\frac{1}{2},2)}P\mathrm{d}x+Q\mathrm{d}y$$

$$=\int_{2}^{\frac{1}{2}}\left(P\left(x,\frac{1}{x}\right)+Q\left(x,\frac{1}{x}\right)\left(\frac{-1}{x^{2}}\right)\right)\mathrm{d}x=-\frac{15}{4}.$$

方法三：取 $C\left(\frac{1}{2},\frac{1}{2}\right)$点，分别连接 A,C 和 C,B 两点，做直线$\overrightarrow{AC}$和$\overrightarrow{CB}$，如图 12.23 情形 2 所示. 直线$\overrightarrow{AC}$的参数方程为$\begin{cases}x=x,\\ y=\frac{1}{2},\end{cases}$且起点 $A\leftrightarrow x=2$，终点 $C\leftrightarrow x=\frac{1}{2}$，有

$$I_{1}=\int_{A(2,\frac{1}{2})}^{C(\frac{1}{2},\frac{1}{2})}P\mathrm{d}x+Q\mathrm{d}y=\int_{2}^{\frac{1}{2}}P\left(x,\frac{1}{2}\right)\mathrm{d}x=-3+\frac{1}{2}\int_{2}^{\frac{1}{2}}f\left(\frac{x}{2}\right)\mathrm{d}x.$$

直线$\overrightarrow{CB}$的参数方程为$\begin{cases}x=\frac{1}{2},\\ y=y,\end{cases}$且起点 $C\leftrightarrow y=2$，终点 $B\leftrightarrow y=2$，有

$$I_2=\int_{C(2,\frac{1}{2})}^{B(\frac{1}{2},\frac{1}{2})}P\mathrm{d}x+Q\mathrm{d}y=\int_{\frac{1}{2}}^{2}Q\left(\frac{1}{2},y\right)\mathrm{d}y=-\frac{3}{4}+\frac{1}{2}\int_{\frac{1}{2}}^{2}f\left(\frac{y}{2}\right)\mathrm{d}y.$$

于是有 $I=I_1+I_2=\frac{-15}{4}$.

例 12.3.8 设曲线积分 $\int_L xy^2\mathrm{d}x+y\varphi(x)\mathrm{d}y$ 与路径无关,其中 $\varphi(x)$ 连续可微,且 $\varphi(1)=2$,求 $\int_{(0,0)}^{(1,1)}xy^2\mathrm{d}x+y\varphi(x)\mathrm{d}y$ 的值.

解:本题是讨论积分与路径无关问题.

方法一,首先,记 $P=xy^2$,$Q=y\varphi(x)$. 其次,依据题意,有

$$\frac{\partial P}{\partial y}=2xy=\frac{\partial Q}{\partial x}=\varphi'(x)y,$$

所以,有方程 $\begin{cases}\varphi'(x)=2x,\\ \varphi(1)=2.\end{cases}$

最后,解得 $\varphi(x)=x^2+1$. 这样,有

$$\int_{(0,0)}^{(1,1)}xy^2\mathrm{d}x+y(x^2+1)\mathrm{d}y=\left(\frac{x^2y^2}{2}+\frac{y^2}{2}\right)\Bigg|_{(0,0)}^{(1,1)}=1.$$

方法二,关键选择特殊路径且用条件 $\varphi(1)=2$.

做直线段 $\overrightarrow{OB}\begin{cases}x=x,\\ y=0,\end{cases}$ $x\in[0,1]$ 且起点 $O\leftrightarrow x=0$,终点 $B\leftrightarrow x=1$,此处 x 为参数. 做直线段 $\overrightarrow{BA}\begin{cases}x=1,\\ y=y,\end{cases}$ $y\in[0,1]$ 且起点 $B\leftrightarrow y=0$,终点 $A\leftrightarrow y=1$,此处 y 为参数. 这里三点为 $O(0,0)$,$B(1,0)$,$A(1,1)$. 于是依据可加性,有

$$\begin{aligned}\int_{(0,0)}^{(1,1)}xy^2\mathrm{d}x+y\varphi(x)\mathrm{d}y&=\int_{\overrightarrow{OB}}xy^2\mathrm{d}x+y\varphi(x)\mathrm{d}y+\int_{\overrightarrow{BA}}xy^2\mathrm{d}x+y\varphi(x)\mathrm{d}y\\&=\int_0^1(x\cdot 0^2\cdot 1+0\cdot\varphi(x)\cdot 0)\mathrm{d}x\\&\quad+\int_0^1(1\cdot y^2\cdot 0+y\cdot\varphi(1)\cdot 1)\mathrm{d}y\\&=0+\frac{\varphi(1)y^2}{2}\Bigg|_0^1=1.\end{aligned}$$

例 12.3.9 设函数 $Q(x,y)$ 在 xOy 平面上具有一阶连续偏导数，曲线积分 $\int_L 2xy\,dx+Q(x,y)\,dy$ 与路径无关，并且 $\forall t\in\mathbf{R}$，有

$$\int_{(0,0)}^{(t,1)} 2xy\,dx+Q(x,y)\,dy=\int_{(0,0)}^{(1,t)} 2xy\,dx+Q(x,y)\,dy,$$

求 $Q(x,y)$.

解：本题是讨论积分与路径无关问题，其中求函数 $Q(x,y)$.

方法一：首先，记 $P=2xy$. 其次，由题意知 $\dfrac{\partial P}{\partial y}=\dfrac{\partial Q}{\partial x}=2x$，$\forall(x,y)\in\mathbf{R}^2$，有 $Q(x,y)=\int 2x\,dx+\varphi(y)=x^2+\varphi(y)$，其中 $\varphi(y)$ 是可微的待定函数. 所以用凑微分方法得

$$\begin{aligned}P\,dx+Q\,dy&=2xy\,dx+x^2\,dy+\varphi(y)\,dy=dx^2y+d\int_0^y\varphi(u)\,du\\&=d\left(x^2y+\int_0^y\varphi(u)\,du\right),\end{aligned}$$

所以有原函数 $U(x,y)=x^2y+\int_0^y\varphi(u)\,du$. 最后，由题意知

$$\left(x^2y+\int_0^y\varphi(u)\,du\right)\Bigg|_{(0,0)}^{(t,1)}=\left(x^2y+\int_0^y\varphi(u)\,du\right)\Bigg|_{(0,0)}^{(1,t)},$$

即有 $t^2+\int_0^1\varphi(u)\,du=t+\int_0^t\varphi(u)\,du$,

两边对 t 求导，可得 $\varphi(t)=2t-1$. 从而，有 $Q(x,y)=x^2+2y-1$.

方法二：首先，记 $P=2xy$，取适当点 $O(0,0)$ 作为起点. 其次，由于 $P=2xy$ 表达式给出，由题意知 $P\,dx+Q\,dy$ 的原函数为

$$U(x,y)=\int_0^y Q(0,y)\,dy+\int_0^x P(x,y)\,dx=\int_0^y Q(0,y)\,dy+x^2y.$$

一方面，有

$$Q=\frac{\partial U}{\partial y}=x^2+Q(0,y);$$

另一方面，依题意知

$$\left(\int_0^y Q(0,y)\,dy+x^2y\right)\Bigg|_{(0,0)}^{(t,1)}=\left(\int_0^y Q(0,y)\,dy+x^2y\right)\Bigg|_{(0,0)}^{(1,t)},$$

这样由题意知

$$\left(\int_0^y Q(x,y)\,dy\right)\Bigg|_{(0,0)}^{(t,1)}=\left(\int_0^y Q(x,y)\,dy\right)\Bigg|_{(0,0)}^{(1,t)},$$

即有

$$\int_0^1 Q(0,y)\mathrm{d}y+t^2=\int_0^t Q(0,y)\mathrm{d}y+t,$$

两边对 t 求导数，有 $2t=1+Q(0,t)$. 于是有 $Q(x,y)=x^2+2y-1$.

（提示：在处理积分与路径无关有关问题时，常转化为常微分方程求解问题）

例 12.3.10 求全微分 $(x+2y)\mathrm{d}x+(2x+y)\mathrm{d}y$ 的一个原函数.

解： 首先，验证 $\frac{\partial P}{\partial y}=\frac{\partial Q}{\partial x}=2, \forall (x,y)\in \mathbf{R}^2$.

方法一（公式法），依题意有一个原函数 $U(x,y)$，满足

$$\begin{aligned}U(x,y)&=\int_0^y Q(0,y)\mathrm{d}y+\int_0^x P(x,y)\mathrm{d}x=\int_0^y y\mathrm{d}y+\int_0^x (x+2y)\mathrm{d}x\\&=\frac{y^2}{2}\Big|_0^y+\frac{x^2}{2}\Big|_0^x+2y\,x\big|_0^x=\frac{y^2}{2}+\frac{x^2}{2}+2xy.\end{aligned}$$

方法二（凑微分法），计算

$$\begin{aligned}(x+2y)\mathrm{d}x+(2x+y)\mathrm{d}y&=x\mathrm{d}x+y\mathrm{d}y+(2y\mathrm{d}x+2x\mathrm{d}y)\\&=\mathrm{d}\left(\frac{x^2}{2}\right)+\mathrm{d}\left(\frac{y^2}{2}\right)+\mathrm{d}(2xy)\\&=\mathrm{d}\left(\frac{x^2}{2}+\frac{y^2}{2}+2xy\right).\end{aligned}$$

于是，有 $U(x,y)=\frac{y^2}{2}+\frac{x^2}{2}+2xy$.

类似题：

(1) 曲线积分 $\int_L (\mathrm{e}^x+2f(x))y\mathrm{d}x-f(x)\mathrm{d}y$ 与路径无关，且 $f(1)=1$，求 $I=\int_{(0,0)}^{(1,1)}(\mathrm{e}^x+2f(x))y\mathrm{d}x-f(x)\mathrm{d}y$.

解： 本题是讨论积分与路径无关问题.

方法一：首先，记 $P=(\mathrm{e}^x+2f(x))y, Q=-f(x)$. 其次，由题意知

$$\frac{\partial P}{\partial y}=\mathrm{e}^x+2f(x)=\frac{\partial Q}{\partial x}=-f'(x), \forall (x,y)\in \mathbf{R}^2,$$

求微分方程 $\begin{cases}f'(x)=-2f(x)-\mathrm{e}^x,\\ f(1)=1\end{cases}$ 的解.

有

$$f(x)=\left(e^2+\frac{1}{3}e^3\right)e^{-2x}-\frac{1}{3}e^x.$$

于是,有

$$I=\int_{(0,0)}^{(1,1)}\left(\frac{1}{3}e^x+2\left(e^2+\frac{1}{3}e^3\right)e^{-2x}\right)y\mathrm{d}x-\left(\left(e^2+\frac{1}{3}e^3\right)e^{-2x}-\frac{1}{3}e^x\right)\mathrm{d}y$$

$$=-\left(\left(e^2+\frac{1}{3}e^3\right)e^{-2x}-\frac{1}{3}e^x\right)y\Big|_{(0,0)}^{(1,1)}=-1.$$

方法二:首先,记 $P=(e^x+2f(x))y, Q=-f(x)$. 其次,由题意知

$$\frac{\partial P}{\partial y}=e^x+2f(x)=\frac{\partial Q}{\partial x}=-f'(x),\ \forall(x,y)\in\mathbf{R}^2,$$

即 $f'(x)=-2f(x)-e^x$.

所以用凑微分方法,有

$$I=\int_{(0,0)}^{(1,1)}-f'(x)y\mathrm{d}x-f(x)\mathrm{d}y=(-f(x)y)\Big|_{(0,0)}^{(1,1)}=-1.$$

方法三:由题意知,取适当点 $A(0,0)$,所以 $P\mathrm{d}x+Q\mathrm{d}y$ 的原函数 $U(x,y)$ 为

$$\int_{(0,0)}^{(x,y)}-f'(x)y\mathrm{d}x-f(x)\mathrm{d}y=\int_0^y-f(0)\mathrm{d}y+\int_0^x-f'(x)y\mathrm{d}x$$

$$=-f(x)y,$$

于是,有 $I=U\Big|_{(0,0)}^{(1,1)}=-1$.

(2)设 $f(x)$ 与 $g(x)$ 具有二阶连续导数,$f(0)=-2, f'(0)=-2$, $g(0)=-2$,并设对于任意一条分段光滑简单闭曲线 L,且积分

$$\oint_L[yg(x)+2x^2-2f(x)]y\mathrm{d}x+2[yf(x)+g(x)]\mathrm{d}y=0,$$

求函数 $f(x)$ 与 $g(x)$ 的表达式.

解:本题是讨论积分与路径无关问题. 首先,记

$$P=[yg(x)+2x^2-2f(x)]y, Q=2[yf(x)+g(x)].$$

其次,依据题意,有

$$\frac{\partial P}{\partial y}=2yg(x)+2x^2-2f(x)=\frac{\partial Q}{\partial x}=2yf'(x)+2g'(x),$$

所以,有方程 $\begin{cases}f'(x)=g(x),\\ g'(x)=-f(x)+x^2.\end{cases}$

最后,解得 $f(x)=-2\sin x+x^2-2, g(x)=-2\cos x+2x$.

(3)设函数 $\varphi(y)$ 具有连续导数，在围绕原点的任意分段光滑简单闭曲线 L 上，曲线积分 $\oint_L \frac{\varphi(y)\mathrm{d}x+2xy\mathrm{d}y}{2x^2+4y^4}$ 的值为同一常数. 证明对右半平面 $x>0$ 上的任意一条分段光滑简单闭曲线 C，有 $\oint_C \frac{\varphi(y)\mathrm{d}x+2xy\mathrm{d}y}{2x^2+4y^4}=0$，进一步求函数 $\varphi(y)$ 的表达式.

解：首先，在右半平面上，给定任意两点 A,B，记 L_1,L_2 分别为在右半平面上连接 A,B 两点的分段光滑曲线，且均以点 A 作为起点，以点 B 作为终点. 又记 L_3 为连接 B,A 两点的分段光滑曲线，且与 L_1 所围成的区域包含原点，这里以 B 点作为起点，以点 A 作为终点. 这样曲线 L_1 与 L_3 构成围绕原点的任意分段光滑简单闭曲线，曲线 L_2 与 L_3 构成围绕原点的任意分段光滑简单闭曲线，所以依据题意，有

$$\oint_{L_1+L_3}\frac{\varphi(y)\mathrm{d}x+2xy\mathrm{d}y}{2x^2+4y^4}=\oint_{L_2+L_3}\frac{\varphi(y)\mathrm{d}x+2xy\mathrm{d}y}{2x^2+4y^4}.$$

于是，有

$$\int_{L_1}\frac{\varphi(y)\mathrm{d}x+2xy\mathrm{d}y}{2x^2+4y^4}=\int_{L_2}\frac{\varphi(y)\mathrm{d}x+2xy\mathrm{d}y}{2x^2+4y^4}.$$

这表明在右半平面上曲线积分 $\int_{L_1}\frac{\varphi(y)\mathrm{d}x+2xy\mathrm{d}y}{2x^2+4y^4}$ 与路径无关，故有

$$\oint_C\frac{\varphi(y)\mathrm{d}x+2xy\mathrm{d}y}{2x^2+4y^4}=0.$$

其中 C 为右半平面 $x>0$ 上的任意一条分段光滑简单闭曲线.

进一步，由等价性知，右半平面 $x>0$ 上有 $\frac{\partial P}{\partial y}=\frac{\partial Q}{\partial x}$，即有

$$\frac{(2x^2+y^4)\varphi'(y)-4y^3\varphi(y)}{(2x^2+y^4)^2}=\frac{2y^5-4x^2y}{(2x^2+y^4)^2},$$

即有 $2y^5+4y^3\varphi(y)-y^4\varphi'(y)=2x^2(\varphi'(y)+2y)$. 于是，有

$$\begin{cases}\varphi'(y)+2y=0,\\ 2y^5+4y^3\varphi(y)-y^4\varphi'(y)=0,\end{cases}$$

解得 $\varphi(y)=-y^2$.

(4)选择常数,使得求$(2ax^3y^3-3y^2+5)\mathrm{d}x+(3x^4y^2-2bxy-4)\mathrm{d}y$是某个二元函数$U(x,y)$在平面上的全微分,并求$U(x,y)$.

解:首先,依题意计算$\frac{\partial P}{\partial y}=6ax^3y^2-6y=\frac{\partial Q}{\partial x}=12x^3y^2-2by$,$\forall(x,y)\in\mathbf{R}^2$,解得$a=2,b=3$.其次,有两种方法计算$U(x,y)$.

方法一(公式法):依题意有一个原函数$U(x,y)$,满足

$$\begin{aligned}U(x,y)&=\int_0^y Q(0,y)\mathrm{d}y+\int_0^x P(x,y)\mathrm{d}x\\&=\int_0^y(-4)\mathrm{d}y+\int_0^x(4x^3y^3-3y^2+5)\mathrm{d}x\\&=-4y\Big|_0^y+y^3x^4\Big|_0^x+(-3y^2+5)\cdot x\Big|_0^x\\&=-4y+y^3x^4+(-3y^2+5)x.\end{aligned}$$

方法二(凑微分法):计算

$$\begin{aligned}&(4x^3y^3-3y^2+5)\mathrm{d}x+(3x^4y^2-6xy-4)\mathrm{d}y\\&=5\mathrm{d}x-4\mathrm{d}y+(4x^3y^3\mathrm{d}x+3x^4y^2\mathrm{d}y)+(-3y^2\mathrm{d}x-6xy\mathrm{d}y)\\&=\mathrm{d}(5x)+\mathrm{d}(-4y)+\mathrm{d}(x^4y^3)+\mathrm{d}(-3xy^2)\\&=\mathrm{d}(5x-4y+y^3x^4-3y^2x).\end{aligned}$$

于是,有$U(x,y)=5x-4y+y^3x^4-3y^2x$.

12.3.3 第一类曲线积分与第二类曲线积的关系

1.相异性汇总表

类型 / 目录	第一类曲线积分	第二类曲线积分
计算方法	写出曲线参数方程,化为定积分,关注参数取值范围,下限一定小于上限	写出曲线参数方程,化为定积分,关注起点与终点对应的参数值,下(上)限是起点(终点)对应的参数值,下限不一定小于上限.
线性性	有	有
可加性	有,条件不同:设L分段光滑曲线,A,B,C为其上有序三点,若函数f于L上连续,则有$\int_{\overset{\frown}{AC}}f\mathrm{d}s=\int_{\overset{\frown}{AB}}f\mathrm{d}s+\int_{\overset{\frown}{BC}}f\mathrm{d}s$	有,设L分段光滑曲线,A,B,C为其上任意三点,若向量函数$\boldsymbol{F}$于L上连续,则有$\int_{\overset{\frown}{AC}}\boldsymbol{F}\mathrm{d}\boldsymbol{r}=\int_{\overset{\frown}{AB}}\boldsymbol{F}\mathrm{d}\boldsymbol{r}+\int_{\overset{\frown}{BC}}\boldsymbol{F}\mathrm{d}\boldsymbol{r}$

续表

类型 目录	第一类曲线积分	第二类曲线积分
保序性	有	无
中值定理	有	无
方向性	$\int_{\widehat{AB}} f\mathrm{d}s=\int_{\widehat{BA}} f\mathrm{d}s$	$\int_{\widehat{AB}}\boldsymbol{F}\mathrm{d}\boldsymbol{r}=-\int_{\widehat{BA}}\boldsymbol{F}\mathrm{d}\boldsymbol{r}$
转化公式	$\int_{\widehat{AB}}\boldsymbol{F}\mathrm{d}\boldsymbol{r}=\int_{\widehat{AB}}(\boldsymbol{F}\cdot\boldsymbol{T})\mathrm{d}s$ 这里 $\boldsymbol{T}$ 是曲线$\widehat{AB}$的单位切向量	

2. 应用举例

例 12.3.11 设曲线 L 为分段光滑曲线,其弧长为 l,若向量函数 $\boldsymbol{F}$ 于曲线 L 上连续,则有

$$\left|\int_L \boldsymbol{F}\cdot\mathrm{d}\boldsymbol{r}\right|\leqslant Ml,\text{其中 } M=\max_{(x,y,z)\in L}\{|\boldsymbol{F}|\}.$$

解:事实上,由两类曲线积分转化公式知 $\int_L \boldsymbol{F}\cdot\mathrm{d}\boldsymbol{r}=\int_L(\boldsymbol{F}\cdot\boldsymbol{T})\mathrm{d}s$,所以,有

$$\begin{aligned}\left|\int_L \boldsymbol{F}\cdot\mathrm{d}\boldsymbol{r}\right| &\leqslant\int_L|(\boldsymbol{F}\cdot\boldsymbol{T})|\mathrm{d}s\leqslant\int_L|\boldsymbol{F}|\cdot|\boldsymbol{T}|\mathrm{d}s\\&\leqslant\int_L M\mathrm{d}s=M\int_L\mathrm{d}s=Ml.\end{aligned}$$

§ 12.4 第一类曲面积分

12.4.1 第一类曲面积分的概念

1. 引入

实例 12.4.1 空间有一薄片构件,可理想化为空间一光滑曲面 S,此曲面在点 $P(x,y,z)$处的面密度 $\rho(x,y,z)$,这里假设 $\rho(x,y,z)$连续且大于零,求该构件的质量 m.

解:(1)当 $\rho(x,y,z)$为常数时,则称薄片为匀质的,其质量等于密度乘以曲面的面积.

(2)当 $\rho(x,y,z)$ 为变量时，按照分割、近似、求和、取极限四步骤计算，具体如下：

第一步，将曲面 S 分割成 n 个小曲面 $S_1,S_2,\cdots,S_n$，记 ΔS_i 为小曲面 S_i 的面积，$\lambda=\max\limits_{1\leqslant i\leqslant n}\{d(S_i)\}$，其中为 $d(S_i)$ 为小曲面 S_i 的直径.

第二步，当 $\lambda\to 0$ 时，由于 $\rho(x,y,z)$ 连续，所以 S_i 可看成匀质薄片，因此其质量为 $m_i\approx\rho(\xi_i,\eta_i,\zeta_i)\cdot\Delta S_i$，其中 $\forall(\xi_i,\eta_i,\zeta_i)\in S_i$.

第三步，可知薄片 S 的质量 $m=\sum\limits_{i=1}^{n}m_i\approx\sum\limits_{i=1}^{n}\rho(\xi_i,\eta_i,\zeta_i)\cdot\Delta S_i$.

第四步，直观上看，分割越细时精确度越高. 同时又知极限存在时则必唯一. 于是有 $m=\lim\limits_{\lambda\to 0}\sum\limits_{i=1}^{n}\rho(\xi_i,\eta_i,\zeta_i)\cdot\Delta S_i$，记极限值 $m=\iint\limits_{S}\rho(x,y,z)\mathrm{d}S$，称其为函数 $\rho(x,y,z)$ 在曲面 S 上的第一类曲面积分.

2. 定义

定义 12.4.1 若曲面 S 由光滑曲面 $S_1,S_2,\cdots,S_n$ 组成，则称曲面 S 为分段光滑的.

定义 12.4.2 设 S 是空间 $\mathbf{R}^3$ 上有界光滑曲面，函数 $f(x,y,z)$ 在 S 上有定义，将曲面 S 分割成 n 个小曲面 $S_1,S_2,\cdots,S_n$，记 ΔS_i 为小曲面 S_i 的面积，$\lambda=\max\limits_{1\leqslant i\leqslant n}\{d(S_i)\}$，其中为 $d(S_i)$ 为小曲面 S_i 的直径.

若 $I=\lim\limits_{\lambda\to 0}\sum\limits_{i=1}^{n}f(\xi_i,\eta_i,\zeta_i)\cdot\Delta S_i$ 存在且与分割和 $(\xi_i,\eta_i,\zeta_i)\in S_i$ 的选取无关，则称 $f(x,y,z)$ 在 S 上可积，记极限值为 $I=\iint\limits_{S}f(x,y,z)\mathrm{d}S$ 或 $I=\iint\limits_{S}f(P)\mathrm{d}S$，称其为函数 $f(x,y,z)$ 在曲面 S 上的第一类曲面积分. 其中 $f(x,y,z)$ 称为被积函数，S 称为积分曲面，$\mathrm{d}S$ 称为面积微分(简称面积元).

注 12.4.1

(1)若 $f(x,y,z)$ 在曲面 S 上的第一类曲面积分存在，当函数和积分曲面给定时，则 $I=\iint\limits_{S}f(x,y,z)\mathrm{d}S$ 为一个确定的数.

(2)设函数 $f(x,y,z)$ 连续,大于零且为面密度时,则 $I=\iint\limits_S f(x,y,z)\mathrm{d}S$ 为薄片的质量. 称其为第一类曲面积分的物理意义.

特别曲面 S 的质心 $P(\bar{x},\bar{y},\bar{z})$,有

$$\bar{x}=\frac{\iint\limits_S xf(x,y,z)\mathrm{d}S}{\iint\limits_S f(x,y,z)\mathrm{d}S},\bar{y}=\frac{\iint\limits_S yf(x,y,z)\mathrm{d}S}{\iint\limits_S f(x,y,z)\mathrm{d}S},\bar{z}=\frac{\iint\limits_S zf(x,y,z)\mathrm{d}S}{\iint\limits_S f(x,y,z)\mathrm{d}S};$$

特别当 $f(x,y,z)=1$ 时,有 $I=\iint\limits_S f(x,y,z)\mathrm{d}S=\Delta S$, 其中 ΔS 为曲面 S 的面积.

(提示:这就是二重积分的几何应用)

(3)形如 $I=\iint\limits_S f(x,y,z)\mathrm{d}S$, 其中被积函数 $f(x,y,z)$ 中点 (x,y,z) 的取值在曲面 S 上. 称为空间 $\mathbf{R}^3$ 上的第一类曲面积分.

(提示:第一类曲线积分中 $\mathrm{d}s$ 是小写的(简称小 s),第一类曲面中 $\mathrm{d}S$ 是大写的(简称大 S))

12.4.2 第一类曲面积分性质

1. 存在性问题

(1)必要条件.

定理 12.4.1 若 $f(x,y,z)$ 在曲面 S 上可积,则 $f(x,y,z)$ 在曲面 S 上有界.

(2)充分条件.

定理 12.4.2 若 $f(x,y,z)$ 在分段光滑曲面 S 上连续,则 $f(x,y,z)$ 在曲面 S 上可积,即第一类曲面积分 $I=\iint\limits_S f(x,y,z)\mathrm{d}S$ 存在.

2. 运算性质

(1)线性性:若 $\iint\limits_S f(x,y,z)\mathrm{d}S$ 和 $\iint\limits_S g(x,y,z)\mathrm{d}S$ 均存在,则有

$$\iint\limits_S (k_1 f(x,y,z)+k_2 g(x,y,z))\mathrm{d}S=k_1\iint\limits_S f(x,y,z)\mathrm{d}S+k_2\iint\limits_S g(x,y,z)\mathrm{d}S.$$

其中 k_1,k_2 为实常数.

(2)可加性：设 S_1,S_2 为两个内部不相交的曲面，且 $S=S_1\cup S_2$（也称曲面 S 分成两块曲面 S_1 和 S_2）.

若 $\iint\limits_S f(x,y,z)\mathrm{d}S$ 存在，则有

$$\iint\limits_S f(x,y,z)\mathrm{d}S=\iint\limits_{S_1} f(x,y,z)\mathrm{d}S+\iint\limits_{S_2} f(x,y,z)\mathrm{d}S,$$

反之也成立.

(3)保序性：设函数 $f(x,y,z),g(x,y,z)$ 在光滑曲面 S 上连续，若在曲面 S 上满足 $f(x,y,z)\leqslant g(x,y,z)$，则有

$$\iint\limits_S f(x,y,z)\mathrm{d}S\leqslant\iint\limits_S g(x,y,z)\mathrm{d}S.$$

推论 12.4.1 若函数 $f(x,y,z)$ 在光滑曲面 S 上连续，则有

$$\left|\iint\limits_S f(x,y,z)\mathrm{d}S\right|\leqslant\iint\limits_S |f(x,y,z)|\mathrm{d}S.$$

(4)中值定理：若函数 $f(x,y,z)$ 在光滑曲面 S 上连续，则在曲面 S 上至少存在一点 (ξ,η,ζ)，满足

$$\iint\limits_S f(x,y,z)\mathrm{d}S=f(\xi,\eta,\zeta)\cdot\Delta S,$$

其中 ΔS 为曲面面积.

12.4.3 第一类曲面积分计算

1. 一般计算方法

设 S 分片光滑曲面，其方程为 $F(x,y,z)=0$，被积函数 $f(x,y,z)$ 于曲面 S 上连续.

常规性计算一般分如下两步骤进行计算：

第一步：对曲面分类.

观察曲面 S 是否为封闭曲面，当 S 为封闭曲面时，一定分成几片不封闭曲面，利用可加性计算之. 当 S 为不封闭曲面时，注意其在适宜坐标面上的投影点必须不重合.

第二步：

(1)目标：化为二重积分计算.

(2)关键：写出单值函数的曲面方程.

(3)公式:以下不妨设曲面 S 为不封闭的.

例如,可从方程 $F(x,y,z)=0$ 解出单值函数 $z=z(x,y)$, $\forall (x,y)\in D_{xOy}$,如图 12.24 情形 1 所示. 这样有

$$\iint_S f(x,y,z)\mathrm{d}S = \iint_{D_{xOy}} f(x,y,z(x,y))\sqrt{1+(z'_x)^2+(z'_y)^2}\,\mathrm{d}x\mathrm{d}y.$$

(提示:此处 $\mathrm{d}S=\sqrt{1+(z'_x)^2+(z'_y)^2}\,\mathrm{d}x\mathrm{d}y$)

例如,可从方程 $F(x,y,z)=0$ 解出单值函数 $y=y(z,x)$, $\forall (z,x)\in D_{zOx}$,如图 12.24 情形 2 所示. 这样有

$$\iint_S f(x,y,z)\mathrm{d}S = \iint_{D_{zOx}} f(x,y(z,x),z)\sqrt{1+(y'_x)^2+(y'_z)^2}\,\mathrm{d}z\mathrm{d}x.$$

(提示:$\mathrm{d}S=\sqrt{1+(y'_x)^2+(y'_z)^2}\,\mathrm{d}z\mathrm{d}x$)

例如,可从方程 $F(x,y,z)=0$ 解出单值函数 $x=x(y,z)$, $\forall (y,z)\in D_{yOz}$,如图 12.24 情形 3 所示. 这样有

$$\iint_S f(x,y,z)\mathrm{d}S = \iint_{D_{yOz}} f(x(y,z),y,z)\sqrt{1+(x'_y)^2+(x'_z)^2}\,\mathrm{d}y\mathrm{d}z.$$

(提示:$\mathrm{d}S=\sqrt{1+(x'_y)^2+(x'_z)^2}\,\mathrm{d}y\mathrm{d}z$)

注 12.4.2 基于坐标系的右手系,注意以上二重积分面积元的表示符号.

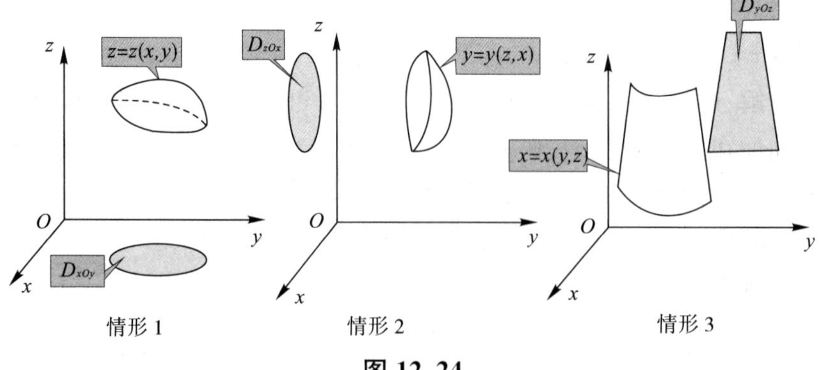

图 12.24

2. 常规练习

例 12.4.1 计算曲面积分 $I=\iint_S z\mathrm{d}S$, 其中 S 为锥面 $z=\sqrt{x^2+y^2}$ 在柱体 $x^2+y^2\leqslant 2x$ 内的部分.

解:首先,画出曲面 S(提示:曲面是锥面上的一块,柱体是确定范围),如图 12.25 所示.易知这是一个不封闭的曲面且在坐标面 xOy 上的投影没有重合点.其次,知曲面 S 在坐标面 xOy 上的投影为 $D_{xOy}=\{(x,y)\,|\,(x-1)^2+y^2\leqslant 1\}$.最后,有

$$I=\iint_S z\,\mathrm{d}S=\iint_{D_{xOy}}\sqrt{x^2+y^2}\,\sqrt{1+(z'_x)^2+(z'_y)^2}\,\mathrm{d}x\mathrm{d}y$$

$$=\sqrt{2}\iint_{D_{xOy}}\sqrt{x^2+y^2}\,\mathrm{d}x\mathrm{d}y=\sqrt{2}\int_{-\frac{\pi}{2}}^{\frac{\pi}{2}}\mathrm{d}\theta\int_0^{2\cos\theta}r\cdot r\mathrm{d}r=\frac{32\sqrt{2}}{9}.$$

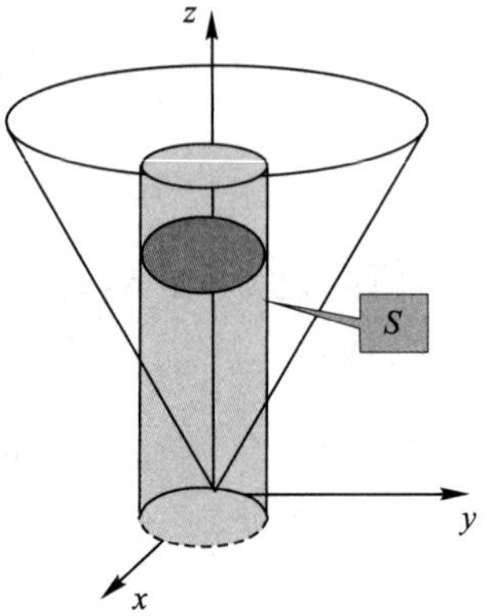

图 12.25

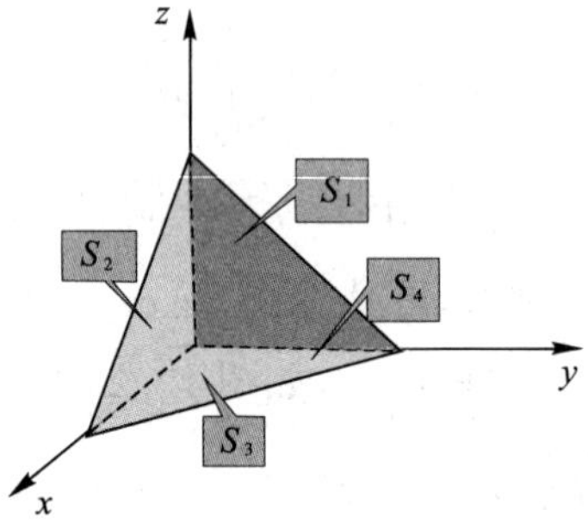

图 12.26

例 12.4.2 计算 $\iint_S xyz\,\mathrm{d}S$,其中 S 是由平面 $x=0,y=0,z=0$ 以及 $x+y+z=1$ 所围成的四面体的表面.

解:这是第一类曲面积分计算.首先,可知 S 为封闭曲面,分别记曲面在坐标平面 $x=0,y=0,z=0$ 以及 $x+y+z=1$ 上的部分为 S_1,S_2,S_3 和 S_4,如图 12.26 所示.

其次,对于曲面 $S_1:x=x(y,z)=0,\ \forall\,(y,z)\in D(S_1)_{yOz}$,
则有

$$\iint_{S_1}xyz\,\mathrm{d}S=\iint_{D(S_1)_{yOz}}0\cdot y\cdot z\sqrt{1+0^2+0^2}\,\mathrm{d}y\mathrm{d}z=0.$$

类似可计算 $\iint_{S_2}xyz\,\mathrm{d}S=0$ 和 $\iint_{S_3}xyz\,\mathrm{d}S=0$.对于曲面 $S_4:F(x,y,z)=x+y+z-1=0$,可解得单值函数 $z=1-x-y,\ \forall\,(x,y)\in D(S_4)_{xOy}$,
则有

$$\iint_{S_4} xyz\,dS = \iint_{D(S_4)_{xOy}} xy(1-x-y)\sqrt{1+(-1)^2+(-1)^2}\,dxdy$$

$$= \sqrt{3}\int_0^1 dx \int_0^{1-x} xy(1-x-y)\,dy = \frac{\sqrt{3}}{120}.$$

例 12.4.3 设曲面 S 为椭球面 $\frac{x^2}{2}+\frac{y^2}{2}+z^2=1$ 的上半部分，点 $P(x,y,z)\in S$，π 为 S 在点 $P(x,y,z)\in S$ 处的切平面，如图 12.27 所示. $\rho(x,y,z)$ 为原点 $O(0,0,0)$ 到平面 π 的距离，计算 $I=\iint_S \frac{z}{\rho(x,y,z)}dS$.

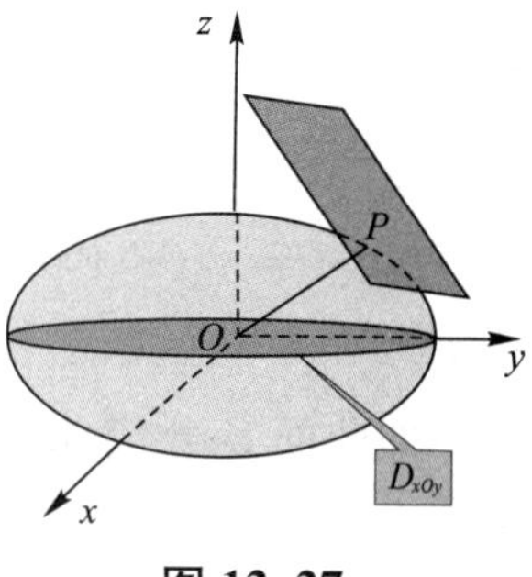

图 12.27

解：一方面，令 $F(x,y,z)=\frac{x^2}{2}+\frac{y^2}{2}+z^2-1=0$，计算 $F_x=x, F_y=y, F_z=2z$，S 上在点 $P(x,y,z)\in S$ 处的切平面方程为 $xX+yY+2zZ+D=0$.

进一步，知点 $P(x,y,z)\in S\cap\pi$，所以有 $\begin{cases}\frac{x^2}{2}+\frac{y^2}{2}+z^2=1,\\ x^2+y^2+2z^2+D=0,\end{cases}$ 解得 $D=-2$，

于是依据解析几何知识知原点到平面 π 的距离

$$\rho(x,y,z)=\frac{|x\cdot 0+y\cdot 0+2z\cdot 0-2|}{\sqrt{x^2+y^2+(2z)^2}}=\frac{2}{\sqrt{x^2+y^2+4z^2}}.$$

另一方面，曲面不封闭，所以直接计算

$$I=\iint_S \frac{z}{\rho(x,y,z)}dS=\frac{1}{2}\iint_S z\sqrt{x^2+y^2+4z^2}\,dS$$

$$=\frac{1}{4}\iint_{D_{xOy}}(4-x^2-y^2)\,dxdy=\frac{1}{4}\int_0^{2\pi}d\theta\int_0^{\sqrt{2}}(4-r^2)\cdot r\,dr=\frac{3}{2}\pi.$$

（提示：$dS=\sqrt{1+(z_x')^2+(z_y')^2}\,dxdy=\frac{\sqrt{x^2+y^2+4z^2}}{2z}dxdy$）

类似题：

(1) 计算 $I=\iint_S \frac{1}{x^2+y^2+z^2}dS$，其中 S 为介于平面 $z=0$ 和 $z=H$ 之间的柱面 $x^2+y^2=R^2$.

解:曲面 S 是不封闭的,但往坐标平面 xOy 上投影有重合点,所以只能往坐标平面 yOz 或坐标平面 zOx 上投影. 一般教材上是往坐标平面 yOz 投影,这里给读者展示如何往坐标平面 zOx 上投影.

首先. 从方程 $F(x,y,z)=x^2+y^2-R^2=0$ 解出单值函数 $y=y(z,x)$,有

$$S_1: y=y_1(z,x)=\sqrt{R^2-x^2},$$

$$S_2: y=y_2(z,x)=-\sqrt{R^2-x^2},(z,x)\in D_{zOx},$$

这里 $D_{zOx}=\{(x,0,z)\mid -R\leqslant x\leqslant R, y=0, 0\leqslant z\leqslant H\}$.

即曲面 S 分成曲面 S_1 与 S_2,且 S_1 与 S_2 往坐标平面 zOx 上做投影无重合点,如图 12.28 所示. 其次,对方程 $x^2+y^2=R^2$ 两边关于 x 求偏导数(提示:基于 $y=y(z,x)$),有 $2x+2yy_x=0$,解得 $y_x=-\dfrac{x}{y}$;同时,对方程 $x^2+y^2=R^2$ 两边关于 z 求偏导数(提示:基于 $y=y(z,x)$),有 $0+2yy_z=0$,解得 $y_z=0$.

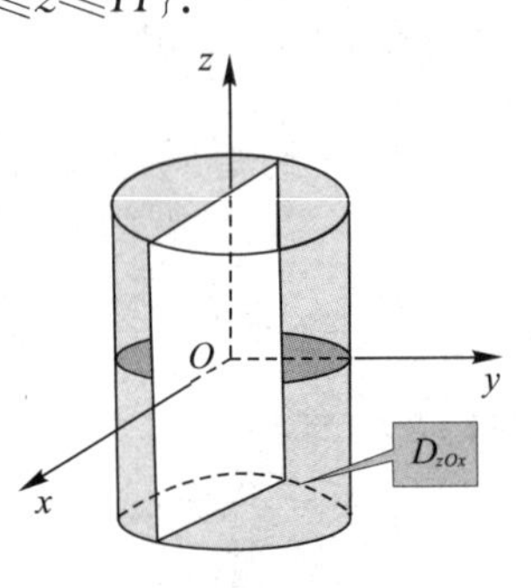

图 12.28

最后,依据可加性有

$$I=\iint\limits_{S}\frac{1}{x^2+y^2+z^2}\mathrm{d}S=\iint\limits_{S_1}\frac{1}{x^2+y^2+z^2}\mathrm{d}S+\iint\limits_{S_2}\frac{1}{x^2+y^2+z^2}\mathrm{d}S$$
$$=I_1+I_2.$$

这里

$$I_1=\iint\limits_{S_1}\frac{1}{x^2+y^2+z^2}\mathrm{d}S=\iint\limits_{D_{zOx}}\frac{1}{R^2+z^2}\sqrt{1+\left(-\frac{x}{y}\right)^2+0^2}\,\mathrm{d}z\mathrm{d}x$$
$$=\iint\limits_{D_{zOx}}\frac{1}{R^2+z^2}\sqrt{1+\frac{x^2}{R^2-x^2}}\,\mathrm{d}z\mathrm{d}x$$
$$=\int_0^H\frac{1}{R^2+z^2}\mathrm{d}z\int_{-R}^{R}\frac{R}{\sqrt{R^2-x^2}}\mathrm{d}x$$
$$=2\int_0^H\frac{1}{1+\left(\dfrac{z}{R}\right)^2}\mathrm{d}\left(\frac{z}{R}\right)\int_0^R\frac{1}{\sqrt{1-\left(\dfrac{x}{R}\right)^2}}\mathrm{d}\,\frac{x}{R}=\pi\arctan\frac{H}{R},$$

同理计算 $I_2=\pi\arctan\dfrac{H}{R}$. 于是有 $I=2\pi\arctan\dfrac{H}{R}$.

(2)计算 $\oiint\limits_{S}(x^2+y^2)\mathrm{d}S$，其中 S 为曲面$z=\sqrt{x^2+y^2}$与平面 $z=1$ 所围成的区域的边界曲面.

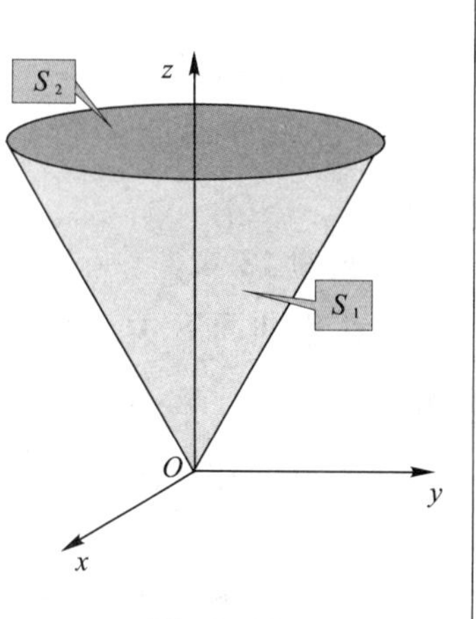

图 12.29

解:S 为封闭曲面，S 分成不封闭曲面 S_1 与 S_2，如图 12.29 所示且 S_1 与 S_2 往坐标平面 xOy 上做投影无重合点.

令$\begin{cases} z=\sqrt{x^2+y^2}, \\ z=1, \end{cases}$求曲面 S 所围成体的最大截面边界方程，即有

$D_{xOy}=\{(x,y)\,|\,x^2+y^2\leqslant 1, z=0\}$. 这样有

$$\text{曲面 } S_1: z=z_1(x,y)=\sqrt{x^2+y^2}, \forall (x,y)\in D_{xOy}$$

和

$$\text{曲面 } S_2: z=z_2(x,y)=1, \forall (x,y)\in D_{xOy}.$$

依据可加性有

$$I=\oiint\limits_{S}(x^2+y^2)\mathrm{d}S=\iint\limits_{S_1}(x^2+y^2)\mathrm{d}S+\iint\limits_{S_2}(x^2+y^2)\mathrm{d}S=I_1+I_2,$$

这里有

$$\begin{aligned} I_1 &= \iint\limits_{S_1}(x^2+y^2)\mathrm{d}S \\ &= \iint\limits_{D_{xOy}}(x^2+y^2)\sqrt{1+\left(\frac{x}{\sqrt{x^2+y^2}}\right)^2+\left(\frac{y}{\sqrt{x^2+y^2}}\right)^2}\mathrm{d}x\mathrm{d}y \\ &= \sqrt{2}\iint\limits_{D_{xOy}}(x^2+y^2)\mathrm{d}x\mathrm{d}y=\sqrt{2}\int_0^{2\pi}\mathrm{d}\theta\int_0^1 r^2\cdot r\mathrm{d}r=\frac{\sqrt{2}\pi}{2} \end{aligned}$$

和

$$\begin{aligned} I_2 &= \iint\limits_{S_2}(x^2+y^2)\mathrm{d}S=\iint\limits_{D_{xOy}}(x^2+y^2)\sqrt{1+(0)^2+(0)^2}\mathrm{d}x\mathrm{d}y \\ &= \iint\limits_{D_{xOy}}(x^2+y^2)\mathrm{d}x\mathrm{d}y=\int_0^{2\pi}\mathrm{d}\theta\int_0^1 r^2\cdot r\mathrm{d}r=\frac{\pi}{2}. \end{aligned}$$

于是，有 $I=\frac{(\sqrt{2}+1)\pi}{2}$.

3. 主题练习

(1)积分曲面关于坐标面对称性且被积函数对某个变量奇偶性.

原理 12.4.1

①设曲面 S 关于坐标面 xOy 对称，记 S 分成对称的两片 S_1 和 S_2，则有

$$\iint_S f(x,y,z)\mathrm{d}S$$
$$=\begin{cases}2\iint_{S_1} f(x,y,z)\mathrm{d}S, & f(x,y,z)=f(x,y,-z),\\ 0, & f(x,y,z)=-f(x,y,-z).\end{cases}$$

②设曲面 S 关于坐标面 yOz 对称，记 S 分成对称的两片 S_1 和 S_2，则有

$$\iint_S f(x,y,z)\mathrm{d}S$$
$$=\begin{cases}2\iint_{S_1} f(x,y,z)\mathrm{d}S, & f(x,y,z)=f(-x,y,z),\\ 0, & f(x,y,z)=-f(-x,y,z).\end{cases}$$

③设曲面 S 关于坐标面 zOx 对称，记 S 分成对称的两片 S_1 和 S_2，则有

$$\iint_S f(x,y,z)\mathrm{d}S$$
$$=\begin{cases}2\iint_{S_1} f(x,y,z)\mathrm{d}S, & f(x,y,z)=f(x,-y,z),\\ 0, & f(x,y,z)=-f(x,-y,z).\end{cases}$$

例 12.4.4 计算 $\iint_S (x+y+z)\mathrm{d}S$，其中 S 是 $x^2+y^2+z^2=1, z\geqslant 0$.

解:这是第一类曲面积分，曲面不封闭，如图 12.30 所示.

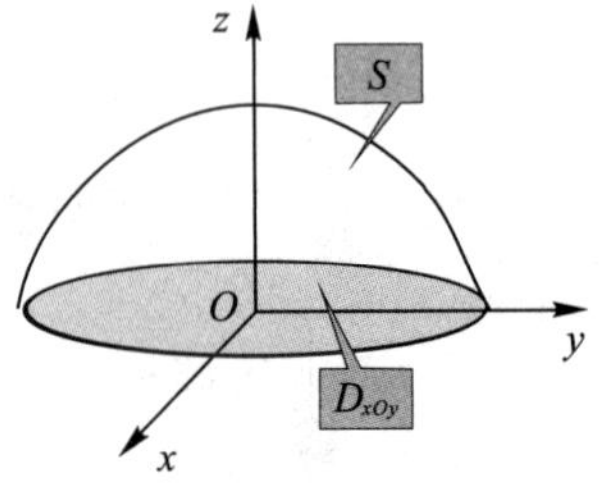

图 12.30

首先，由线性性知 $\iint_S (x+y+z)\mathrm{d}S=$

$\iint\limits_S x\mathrm{d}S+\iint\limits_S y\mathrm{d}S+\iint\limits_S z\mathrm{d}S$. 其次曲面 S 关于坐标面 yOz 和 zOx 对称，由原理 12.4.1 知 $\iint\limits_S x\mathrm{d}S=\iint\limits_S y\mathrm{d}S=0$. 最后可从曲面方程 $x^2+y^2+z^2=1z\geqslant 0$ 解得单值函数 $z=z(x,y)=\sqrt{1-x^2-y^2}$，$\forall(x,y)\in D_{xOy}$，其中 $D_{xOy}=\{(x,y,0)\mid x^2+y^2\leqslant 1\}$. 于是，有

$$\begin{aligned}\iint\limits_S z\mathrm{d}S&=\iint\limits_{D_{xOy}}\sqrt{1-x^2-y^2}\sqrt{1+(z'_x)^2+(z'_y)^2}\mathrm{d}x\mathrm{d}y\\&=\iint\limits_{D_{xOy}}\sqrt{1-x^2-y^2}\sqrt{1+\frac{x^2}{1-x^2-y^2}+\frac{y^2}{1-x^2-y^2}}\mathrm{d}x\mathrm{d}y\\&=S(D_{xOy})\\&=\pi.\end{aligned}$$

类似题：

计算 $I_1=\iint\limits_S z\mathrm{d}S$，$I_2=\iint\limits_S z^2\mathrm{d}S$，$I_3=\iint\limits_S yz\mathrm{d}S$，其中曲面 S 为球面 $x^2+y^2+z^2=1$.

解：易知曲面 S 关于三个坐标平面对称，如图 12.31 所示. 由原理 12.4.1 知有 $I_1=\iint\limits_S z\mathrm{d}S=I_3=\iint\limits_S yz\mathrm{d}S=0$ 和 $I_2=\iint\limits_S z^2\mathrm{d}S=2\iint\limits_{S_1}z^2\mathrm{d}S$，其中曲面 S_1 为球面 $x^2+y^2+z^2=1$ 的上半部分. 即 S_1：$z=\sqrt{1-x^2-y^2}$，$(x,y)\in D_{xOy}$，这里 $D_{xOy}=\{(x,y,0)\mid x^2+y^2\leqslant 1\}$.

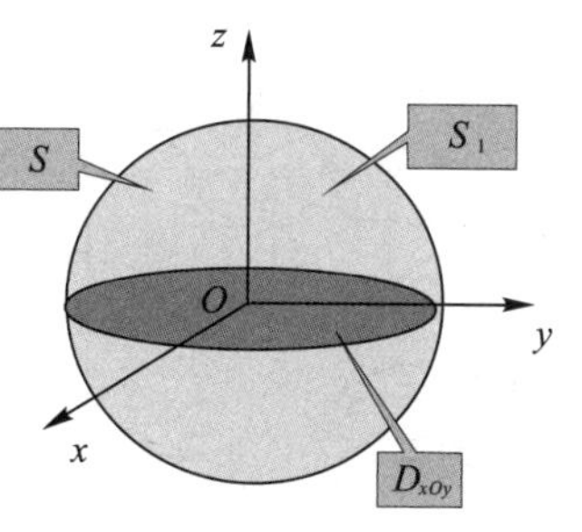

图 12.31

于是，有

$$\begin{aligned}I_2&=\iint\limits_S z^2\mathrm{d}S=2\iint\limits_{S_1}z^2\mathrm{d}S=2\iint\limits_{D_{xOy}}(1-x^2-y^2)\sqrt{1+(z'_x)^2+(z'_y)^2}\mathrm{d}x\mathrm{d}y\\&=2\iint\limits_{D_{xOy}}(1-x^2-y^2)\sqrt{1+\frac{x^2}{1-x^2-y^2}+\frac{y^2}{1-x^2-y^2}}\mathrm{d}x\mathrm{d}y\\&=2\iint\limits_{D_{xOy}}\sqrt{(1-x^2-y^2)}\mathrm{d}x\mathrm{d}y=2\int_0^{2\pi}\mathrm{d}\theta\int_0^1(\sqrt{1-r^2})\cdot r\mathrm{d}r\\&=\frac{4\pi}{3}.\end{aligned}$$

§12.5　第二类曲面积分

12.5.1　第二类曲面积分概念

1. 定义

定义 12.5.1（有向曲面）　设 S 为一个光滑曲面，P 为 S 上任意一点，在 P 点处法向量有两个，取定一个记为 $\boldsymbol{n}(P)$. 当 P 点在曲面 S 上不越过边界连续运动后再回到该点处时，若法向量 $\boldsymbol{n}(P)$不改变方向，则称曲面 S 为双侧曲面（也称有向曲面）. 如图 12.32 所示. 否则称为单侧曲面.

注 12.5.1　生活中，我们一般所见的曲面均为双侧曲面，如球面，长方形和长方体的外表面等. 但也有单侧曲面，如莫比乌斯带.

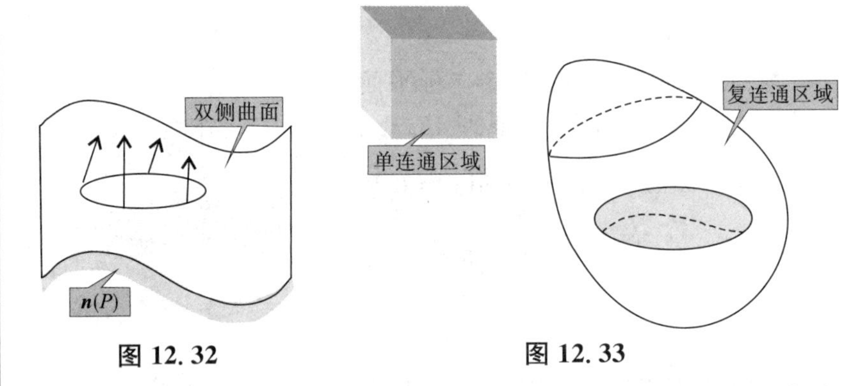

图 12.32　　　　图 12.33

定义 12.5.2　设 V 为空间中的一个区域，曲面 S 为 V 内任意一张封闭曲面，若 S 所围成的区域 $V(S)$满足 $V(S)\subset V$，则称 V 为二维单连通区域（简称“单连通区域”），否则称为二维复连通区域（简称“复连通区域”）. 如图 12.33 所示. 例如，椭球体和长方体等均为单连通区域，区域 $V=\{(x,y,z)\mid 1\leqslant x^2+y^2+z^2\leqslant 2\}$为复连通区域.

注 12.5.2　俗称实心体为单连通区域，空心体为复连通区域.

定义 12.5.3（有向曲面的正、负侧）

设 S 为一个光滑的有向曲面，一般按照非封闭和封闭曲面来定义曲面的正、负侧.

(1)当曲面 S 不封闭时,其方程为 $F(x,y,z)=0$.

①若可从方程 $F(x,y,z)=0$ 解出单值函数 $z=z(x,y)$, $\forall(x,y)\in D_{xOy}$,这样曲面 S 定义为上、下侧,规定上侧为正侧,下侧为负侧,分别记为 S^+ 和 S^-.

即曲面 S 上每点处有两个单位法向量

$$\boldsymbol{n}_1=\left\{\frac{-z'_x}{\sqrt{1+(z'_x)^2+(z'_y)^2}},\frac{-z'_y}{\sqrt{1+z(z'_x)^2+(z'_y)^2}},\frac{1}{\sqrt{1+(z'_x)^2+(z'_y)^2}}\right\}$$

和 $\boldsymbol{n}_2=-\boldsymbol{n}_1$,其中 $\boldsymbol{n}_1$ 与 z 轴正向的夹角为锐角.此时对应于 $\boldsymbol{n}_1$ 的侧为正侧(上侧),对应于 $\boldsymbol{n}_2$ 的侧为负侧(下侧).如图 12.34 情形 1 所示.

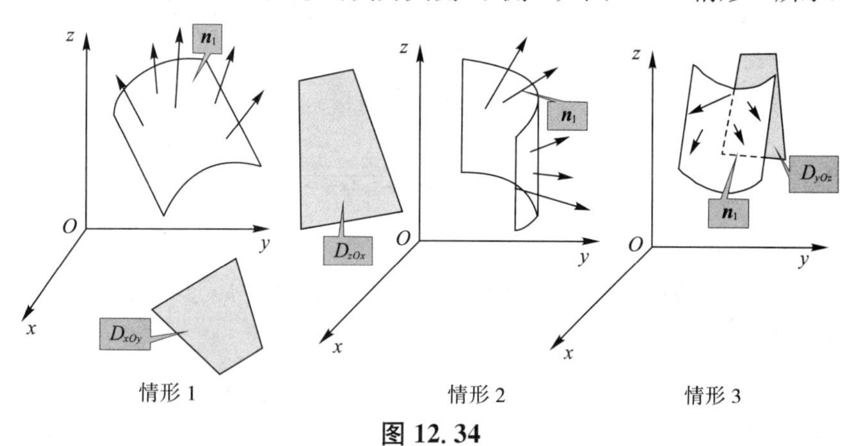

图 12.34

②若可从方程 $F(x,y,z)=0$ 解出单值函数 $y=y(z,x)$, $\forall(z,x)\in D_{zOx}$,这样曲面 S 定义为左、右侧,规定右侧为正侧,左侧为负侧,分别记为 S^+ 和 S^-.

即曲面 S 上每点处有两个单位法向量

$$\boldsymbol{n}_1=\left\{\frac{-y'_x}{\sqrt{1+(y'_x)^2+(y'_z)^2}},\frac{1}{\sqrt{1+(y'_x)^2+(y'_z)^2}},\frac{-y'_z}{\sqrt{1+(y'_x)^2+(y'_z)^2}}\right\}$$

和 $\boldsymbol{n}_2=-\boldsymbol{n}_1$,其中 $\boldsymbol{n}_1$ 与 y 轴正向的夹角为锐角.此时对应于 $\boldsymbol{n}_1$ 的侧为正侧(右侧),对应于 $\boldsymbol{n}_2$ 的侧为负侧(左侧).如图 12.34 情形 2 所示.

③若可从方程 $F(x,y,z)=0$ 解出单值函数 $x=x(y,z)$, $\forall(y,z)\in D_{yOz}$,这样曲面 S 定义为前、后侧,规定前侧为正侧,后侧为负侧,分别记为 S^+ 和 S^-.

即曲面 S 上每点处有两个单位法向量

$$\boldsymbol{n}_1=\left\{\frac{1}{\sqrt{1+(x_y')^2+(x_z')^2}},\frac{-x_y'}{\sqrt{1+(x_y')^2+(x_z')^2}},\frac{-x_z'}{\sqrt{1+(x_y')^2+(x_z')^2}}\right\}$$

和 $\boldsymbol{n}_2=-\boldsymbol{n}_1$，其中 $\boldsymbol{n}_1$ 与 x 轴正向的夹角为锐角. 此时对应于 $\boldsymbol{n}_1$ 的侧为正侧（前侧），对应于 $\boldsymbol{n}_2$ 的侧为负侧后侧. 如图 12.34 情形 3 所示.

(2) 当曲面 S 封闭时，规定外侧为正侧，内侧为负侧（即单位法向量朝向实体外部的为正侧（即 $\boldsymbol{n}_1$），朝向实体内的为内侧（即 $\boldsymbol{n}_2$）），分别记为 S^+ 和 S^-. 具体如下.

①若曲面 S 所围成的区域是单连通区域 $V(S)$（即实心体），其方程为 $F(x,y,z)=0$，此时它只有一个外边界面 S，这样外表面为正侧，内表面为负侧. 如图 12.35 情形 1 所示.

即曲面 S 上每点处有两个单位法向量

$$\boldsymbol{n}_1=\left\{\frac{F_x'}{\sqrt{1+(F_x')^2+(F_y')^2}},\frac{F_y'}{\sqrt{1+(F_x')^2+(F_y')^2}},\frac{F_z'}{\sqrt{1+(F_x')^2+(F_y')^2}}\right\}$$

和 $\boldsymbol{n}_2=-\boldsymbol{n}_1$.

这里不妨设 $\boldsymbol{n}_1$ 的方向均朝向体的外部. 即对应于 $\boldsymbol{n}_1$ 的侧为正侧，对应于 $\boldsymbol{n}_2$ 的侧为负侧.

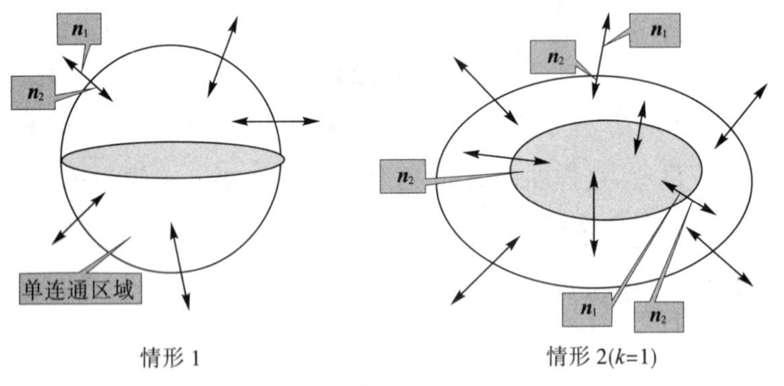

图 12.35

②若曲面 S 所围成的区域是复连通区域 $V(S)$（即空心体，含有 k 个“洞”），此时该区域表面是由一个外边界面 S_1 和 k 个内边界面 $S_2^{(i)}$ $i=1,2,\cdots,k$ 组成，即有 $S=S_1\cup(\bigcup\limits_{i=1}^{k}S_2^{(i)})$，且 $V(S)=V(S_1,S_2^{(1)},\cdots,S_2^{(k)})$. 此时，$V(S)$ 可以看成单连通区域 $V(S_1)$ 中挖去 k 个单连通区域 $V(S_2^{(i)})$. 即曲面上每点处法向量指向实体的外

部的侧为正侧，曲面上每点处法向量指向实体的内部的侧为负侧. 如图 12.35 情形 2.

具体如下：

对单连通区域 $V(S_1)$ 的外边界面 S_1 而言，外表面为正侧，内表面为负侧，分别记为 S_1^+ 和 S_1^-；对单连通区域 $V(S_2^{(i)})$ 的外边界面 $S_2^{(i)}$ $i=1,2,\cdots,k$ 而言，外表面为正侧，内表面为负侧，分别记为 $(S_2^{(i)})^+$ 和 $(S_2^{(i)})^-$. 这样，有 $S^+=S_1^++\sum\limits_{i=1}^{k}(S_2^{(i)})^-$，$S^-=S_1^-+\sum\limits_{i=1}^{k}(S_2^{(i)})^+$.

注 12.5.3 注意不封闭曲面和封闭曲面的侧是各自单独定义的.

(1)对于封闭的单连通区域，关于封闭曲面与不封闭曲面的侧之间转化仅以两例说明之.

例如，设封闭曲面 S 由 $x=0$，$y=0$，$z=0$ 和 $x+y+z=1$ 所构成的四面体的表面，其分解四个不封闭的面，分别记为 S_1，S_2，S_3 和 S_4. 如图 12.36 所示.

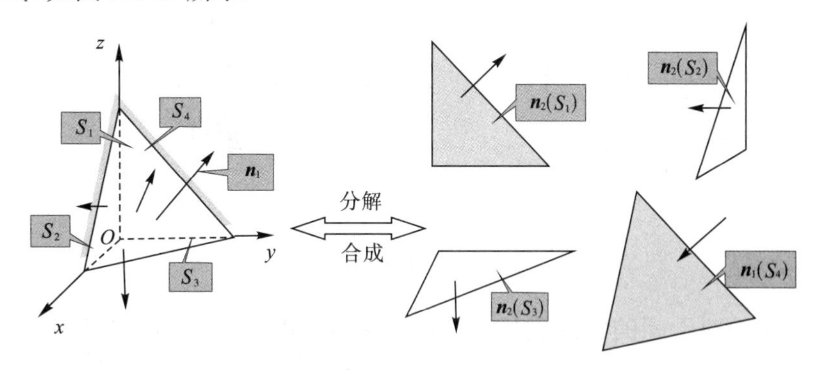

图 12.36

一方面，对曲面封闭而言，其所围成的区域是单连通区域(即实心体)，所以可知 S^+ 表示其单位法向量朝外，即相应于 S_1 的后侧，S_2 的左侧，S_3 的下侧和 S_4 的上侧. 另一方面，对于不封闭曲面 $S_1:x=x(y,z)=0$，$\forall(y,z)\in D_{yOz}(S_1)$，此时分为前、后侧；对于不封闭曲面 $S_2:y=y(z,x)=0$，$\forall(z,x)\in D_{zOx}(S_2)$，此时分为左、右侧；对于不封闭曲面 $S_3:z=z(x,y)=0$，$\forall(x,y)\in D_{xOy}(S_3)$，此时分为上、下侧.

对于不封闭曲面 S_4，可以从方程 $F(x,y,z)=x+y+z-1=0$ 解得单值函数 $z=z(x,y)=1-x-y$，$\forall(x,y)\in D_{xOy}(S_4)$，此时分为上、下侧. 于是，有 $S=\bigcup_{i=1}^{4}S_i$，$S^+=S_1^-+S_2^-+S_3^-+S_4^+$ 和 $S^-=S_1^++S_2^++S_3^++S_4^-$.

例如，设封闭球面 $S:x^2+y^2+z^2=1$，其所围成的区域为单连通区域（即实心体），所以可知 S^+ 表示其单位法向量朝外. 同时可以从方程 $F(x,y,z)=x^2+y^2+z^2-1=0$ 解得单值函数 $z=\sqrt{1-x^2-y^2}$，$\forall(x,y)\in D_{xOy}$ 和 $z=-\sqrt{1-x^2-y^2}$，$\forall(x,y)\in D_{xOy}$，分别称为上、下球面，记为 S_1 和 S_2. 此时 S_1 和 S_2 均为不封闭曲面且由方程表达式知分为上、下侧. 于是，有 $S=\bigcup_{i=1}^{2}S_i$，$S^+=S_1^++S_2^-$ 和 $S^-=S_1^-+S_2^+$. 如图 12.37 所示.

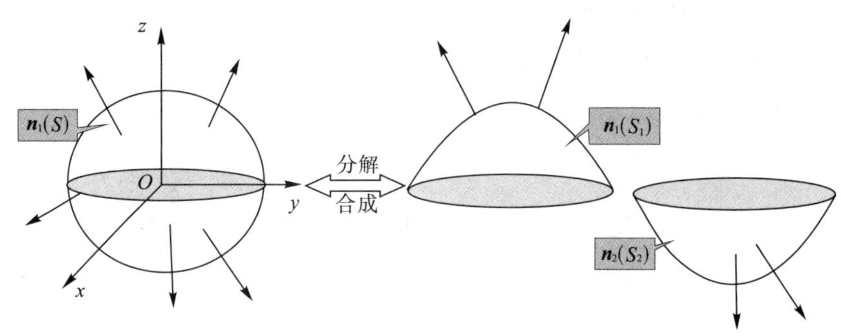

图 12.37

(2)对于闭的复连通区域，关于封闭曲面与封闭曲面的侧之间关系仅以一例说明之.

例如，设闭的复连通区域 V 是由两球面 $S_1:x^2+y^2+z^2=4$ 和 $S_2:x^2+y^2+z^2=1$ 所围成（即单连通区域 $x^2+y^2+z^2\leqslant4$ 内中一个"单连通区域 $x^2+y^2+z^2\leqslant1$"），可知 V 的表面为 $S=\bigcup_{i=1}^{2}S_i$，闭球面 S_1 和 S_2 分别称为 V 的外、内边界曲面. 所以体 V 是由闭曲面 S_1 和闭曲面 S_2 所围成，记为 $V=V(S)=V(S_1,S_2)$，进一步，一方面，对于封闭曲面 S，可知 S^+ 表示其单位法向量朝向体 V 的外部，这样相应于单连通区域 $V(S_1)$ 的外边界面 S_1 的外侧和单连通区域 $V(S_2)$ 的

外边界面 S_2 的内侧. 另一方面,对于单连通区域 $V(S_1)$的外边界面 S_1 的外侧为正侧;对于单连通区域 $V(S_2)$的外边界面 S_2 的内侧为负侧. 于是,有 $S=\bigcup_{i=1}^{2}S_i$, $S^+=S_1^+ + S_2^-$ 和 $S^-=S_1^- + S_2^+$. 如图 12.38 所示.

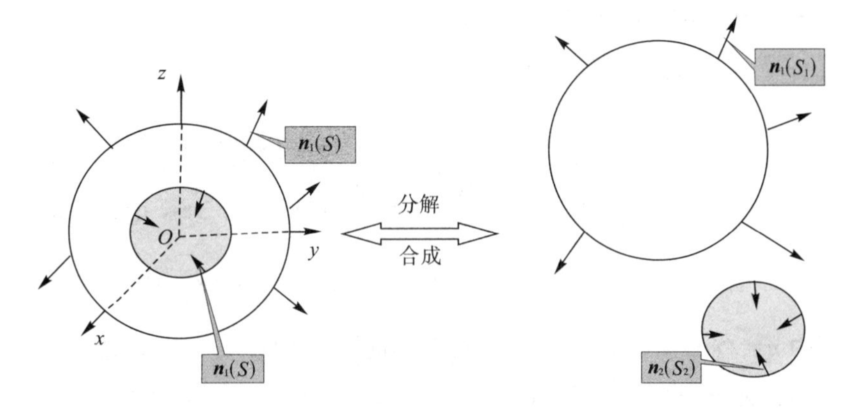

图 12.38

2. 引入

实例 12.5.1 曲面 S 为空间一有向光滑曲面,设一不可压缩流体(密度为常数的流体称为不可压缩的,不妨设密度为 1),其在 M 点的流速为

$$\boldsymbol{v}(M)=(P(M),Q(M),R(M)),M=(x,y,z)$$

求该流体在单位时间内流过定向曲面 S 的流量 Φ(流速仅与点位置有关而与时间无关的流体称为稳定流体).

解:(1)当 $\boldsymbol{v}(M)$为恒速且 S 为平面时,则流量为 $\Phi=(\boldsymbol{v}\cdot\boldsymbol{n})\cdot\Delta S$. 其中 $\boldsymbol{n}$ 为平面的法向量,ΔS 为曲面 S 的面积. 如图 12.39 情形 1 所示.

(2)当 $\boldsymbol{v}(M)$变速且 S 为一有向光滑曲面时,按照分割、近似、求和、取极限四步骤计算,具体如下:

第一步,将有向光滑曲面 S 分割成 n 个小有向曲面 $S_1,S_2,\cdots,S_n$,记小有向曲面 S_i 的面积为 ΔS_i,记小有向曲面 S_i 的直径为$\lambda=\max\limits_{1\leqslant i\leqslant n}\{d(M,\widetilde{M})\mid \forall M,\widetilde{M}\in S_i\}$.

第二步,当 $\lambda\to 0$ 时,首先在小有向曲面 S_i 上 M_i 点处做一切平

面 T_i，使得其面积 ΔT_i 满足 $\Delta T_i=\Delta S_i$. 由于 $P(x,y,z)$，$Q(x,y,z)$，$R(x,y,z)$连续，所以流速 $\boldsymbol{v}(M_i)$流过有向曲面 S_i 的流量 Φ_i 可看成恒速 $\boldsymbol{v}(M_i)$流过平面 T_i 的流量，因此流量

$$\Phi_i\approx(\boldsymbol{v}(M_i)\cdot\boldsymbol{n}(M_i))\cdot\Delta T_i=(\boldsymbol{v}(M_i)\cdot\boldsymbol{n}(M_i))\cdot\Delta S_i,$$

其中 $\forall M_i(\xi_i,\eta_i,\zeta_i)\in S_i$.

第三步，可知 $\Phi=\sum_{i=1}^{n}\Phi_i\approx\sum_{i=1}^{n}(\boldsymbol{v}(M_i)\cdot\boldsymbol{n}(M_i))\cdot\Delta S_i$.

第四步，直观上看，分割越细时精确度越高. 同时又知极限存在时则必唯一. 于是有 $\Phi=\lim_{\lambda\to0}\sum_{i=1}^{n}(\boldsymbol{v}(M_i)\cdot\boldsymbol{n}(M_i))\cdot\Delta S_i$，记极限值

$$\Phi=\iint_S(\boldsymbol{v}\cdot\boldsymbol{n})\mathrm{d}S=\iint_S(P\cos\alpha+Q\cos\beta+R\cos r)\mathrm{d}S,$$

其中 $\boldsymbol{n}=(\cos\alpha,\cos\beta,\cos\gamma)$为有向曲面 S 上 M 点处的单位法向量. 则称其为 $\boldsymbol{v}(M)=(P(M),Q(M),R(M))$在有向曲面 S 上沿指定一侧的第二类曲面积分，如图 12.39 情形 2 所示.

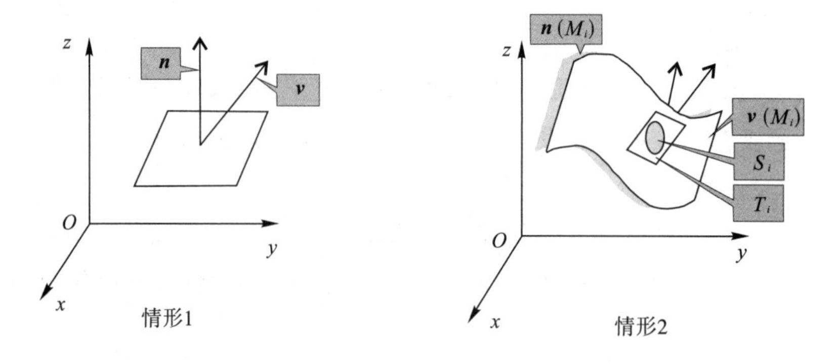

图 12.39

定义 12.5.4 若曲面 S 由有向(保持同向)光滑曲面 $S_1,S_2,\cdots,S_n$ 组成，则称曲面 S 为分片光滑的有向曲面.

定义 12.5.5 设 S 为空间一光滑或分片光滑的有向曲面，确定一侧，记该侧的法向量为 $\boldsymbol{n}=(\cos\alpha,\cos\beta,\cos\gamma)$. 设向量函数 $\boldsymbol{F}(M)=(P(M),Q(M),R(M))$，$M=(x,y,z)$在曲面 S 上有定义，将有向光滑曲面 S 任意分割成 n 个小有向曲面 $S_1,S_2,\cdots,S_n$，记小有向曲面 S_i 的面积为 ΔS_i，记小有向曲面 S_i 的直径为

$\lambda=\max\limits_{1\leqslant i\leqslant n}\{d(M,\tilde{M})\mid\forall M,\tilde{M}\in S_i\}$. 若极限 $I=\lim\limits_{\lambda\to 0}\sum\limits_{i=1}^{n}(\boldsymbol{F}(M_i)\cdot\boldsymbol{n}(M_i))\cdot\Delta S_i$ 存在,且极限值不依赖于分割与 $M_i(\xi_i,\eta_i,\zeta_i)\in S_i$ 的选取,则称极限值为向量函数 $\boldsymbol{F}(M)$ 在有向曲面 S 上沿指定一侧的第二类曲面积分(也称可积). 记作

$$I=\iint\limits_S(\boldsymbol{F}\cdot\boldsymbol{n})\mathrm{d}S=\iint\limits_S(P\cos\alpha+Q\cos\beta+R\cos r)\mathrm{d}S,$$

其中 $\boldsymbol{n}=(\cos\alpha,\cos\beta,\cos\gamma)$ 为有向曲面 S 上 M 点处的单位法向量.

注 12.5.4

(1)若第二类曲面积分 $I=\iint\limits_S(\boldsymbol{F}\cdot\boldsymbol{n})\mathrm{d}S$ 存在,当向量函数和曲面给定时,则 $I=\iint\limits_S(\boldsymbol{F}\cdot\boldsymbol{n})\mathrm{d}S$ 为一个确定的数.

(2)若函数 $\boldsymbol{F}(M)=(P(M),Q(M),R(M))$ 连续且为不可压缩稳定流体的流速表达式时,则 $I=\iint\limits_S(\boldsymbol{F}\cdot\boldsymbol{n})\mathrm{d}S$ 为流体以流速 $\boldsymbol{F}(M)=(P(M),Q(M),R(M))$ 在单位时间内流过定向曲面 S 的流量 Φ. 称其为第二类曲线积分的物理意义.

(3)①有时记 $\mathrm{d}\boldsymbol{S}=\boldsymbol{n}\cdot\mathrm{d}S=(\cos\alpha\mathrm{d}S,\cos\beta\mathrm{d}S,\cos\gamma\mathrm{d}S)=(\mathrm{d}y\mathrm{d}z,\mathrm{d}z\mathrm{d}x,\mathrm{d}x\mathrm{d}y)$,其中 $\mathrm{d}\boldsymbol{S}$ 称为有向面积元,$\mathrm{d}y\mathrm{d}z,\mathrm{d}z\mathrm{d}x,\mathrm{d}x\mathrm{d}y$ 分别称为有向曲面 S 的面积元 $\mathrm{d}S$ 在坐标平面 yOz,zOx,xOy 上的有向投影面积. 所以第二类曲面积分可写成 $I=\iint\limits_S(\boldsymbol{F}\cdot\boldsymbol{n})\mathrm{d}S=\iint\limits_S\boldsymbol{F}\cdot\mathrm{d}\boldsymbol{S}$, 称为第二类曲面积分的向量形式.

②形如 $I=\iint\limits_S(\boldsymbol{F}\cdot\boldsymbol{n})\mathrm{d}S=\iint\limits_S P\,\mathrm{d}y\mathrm{d}z+Q\mathrm{d}z\mathrm{d}x+R\mathrm{d}x\mathrm{d}y$, 其中被积函数 $P(x,y,z),Q(x,y,z),R(x,y,z)$ 中点 (x,y,z) 的在曲面 S 上取值. 称为空间 $\mathbf{R}^3$ 上的第二类曲面积分的坐标形式.

③ $I=\iint\limits_S(\boldsymbol{F}\cdot\boldsymbol{n})\mathrm{d}S=\iint\limits_S(P\cos\alpha+Q\cos\beta+R\cos r)\mathrm{d}S$ 称为第二类曲面积分与第一类曲面积分的关系.

12.5.2 第二类曲面积分性质

1. 存在性问题

(1)必要条件.

定理 12.5.1 若 $\boldsymbol{F}(M)=(P(M),Q(M),R(M))$ 在有向曲面 S 上可积,则 $P(x,y,z),Q(x,y,z),R(x,y,z)$ 在曲面 S 上有界.

(2)充分条件.

定理 12.5.2 若 $\boldsymbol{F}(M)=(P(M),Q(M),R(M))$ 在有向曲面 S 上连续,则 $\boldsymbol{F}(M)=(P(M),Q(M),R(M))$ 在有向曲面 S 上可积,即第二类曲面积分 $I=\iint\limits_{S}(\boldsymbol{F}\cdot\boldsymbol{n})\mathrm{d}S$ 存在. 其中 S 为有向曲面 S 上指定侧.

2. 运算性质

(1)线性性:若 $\iint\limits_{S}(\boldsymbol{F}\cdot\boldsymbol{n})\mathrm{d}S$ 和 $\iint\limits_{S}(\boldsymbol{G}\cdot\boldsymbol{n})\mathrm{d}S$ 均存在,则有

$$\iint\limits_{S}(k_1\boldsymbol{F}(M)+k_2\boldsymbol{G}(M))\cdot\boldsymbol{n}\mathrm{d}S=k_1\iint\limits_{S}(\boldsymbol{F}\cdot\boldsymbol{n})\mathrm{d}S+k_2\iint\limits_{S}(\boldsymbol{G}\cdot\boldsymbol{n})\mathrm{d}S,$$

其中 k_1,k_2 为实常数.

(2)可加性:设有向曲面 S 是由 S_1 和 S_2 组成,且有向曲面 S_1 和 S_2 保持同向,若 $\iint\limits_{S}(\boldsymbol{F}\cdot\boldsymbol{n})\mathrm{d}S$ 存在,则有

$$\iint\limits_{S}(\boldsymbol{F}\cdot\boldsymbol{n})\mathrm{d}S=\iint\limits_{S_1}(\boldsymbol{F}\cdot\boldsymbol{n})\mathrm{d}S+\iint\limits_{S_2}(\boldsymbol{F}\cdot\boldsymbol{n})\mathrm{d}S,$$

反之也成立.

(3)方向性:设记 S^- 为 S^+ 的反侧的曲面,则有

$$\iint\limits_{S^-}(\boldsymbol{F}\cdot\boldsymbol{n})\mathrm{d}S=-\iint\limits_{S^+}(\boldsymbol{F}\cdot\boldsymbol{n})\mathrm{d}S.$$

注 12.5.5

(1)第二类曲面积分与曲面的侧有关. 具体而言,上面公式(方向性)左右两边中单位法向量虽都写成 $\boldsymbol{n}$,但其实是不一样的,它是相应侧的单位法向量,即左边的为 $\boldsymbol{n}=\boldsymbol{n}_2$ 且右边的 $\boldsymbol{n}=\boldsymbol{n}_1$,其中 $\boldsymbol{n}_2=-\boldsymbol{n}_1$.

(2)设有向曲面 S 为闭曲面,若侧给定,则记第二类曲线积分为 $I=\oiint\limits_{S}(\boldsymbol{F}\cdot\boldsymbol{n})\mathrm{d}S$.

12.5.3 第二类曲面积分计算

1. $\mathrm{d}y\mathrm{d}z$，$\mathrm{d}z\mathrm{d}x$，$\mathrm{d}x\mathrm{d}y$ 和 $\mathrm{d}\boldsymbol{S}$ 之间的关系

关系如下：

$$\begin{aligned}\mathrm{d}\boldsymbol{S}&=\boldsymbol{n}\mathrm{d}S=\{\cos\alpha,\cos\beta,\cos\gamma\}\mathrm{d}S\\&=\{\cos\alpha\mathrm{d}S,\cos\beta\mathrm{d}S,\cos\gamma\mathrm{d}S\}\\&=\{\mathrm{d}y\mathrm{d}z,\mathrm{d}z\mathrm{d}x,\mathrm{d}x\mathrm{d}y\}.\end{aligned}$$

事实上，设分片光滑的有向曲面 S：$F(x,y,z)=0$，知其上每点单位法向量有

$$\boldsymbol{n}=\{\cos\alpha,\cos\beta,\cos\gamma\}=$$

$$\left\{\frac{F'_x}{\sqrt{(F'_x)^2+(F'_y)^2+(F'_z)^2}},\frac{F'_y}{\sqrt{(F'_x)^2+(F'_y)^2+(F'_z)^2}},\frac{F'_z}{\sqrt{(F'_x)^2+(F'_y)^2+(F'_z)^2}}\right\}.$$

于是，有 $\mathrm{d}y\mathrm{d}z=\cos\alpha\mathrm{d}S$，$\mathrm{d}z\mathrm{d}x=\cos\beta\mathrm{d}S$，$\mathrm{d}x\mathrm{d}y=\cos\gamma\mathrm{d}S$.

进一步，比如，若可从方程 $F(x,y,z)=0$ 解出单值函数 $z=z(x,y)$，$\forall(x,y)\in D_{xOy}$，这样有

$$\boldsymbol{n}=\left\{\frac{-z'_x}{\sqrt{1+(z'_x)^2+(z'_y)^2}},\frac{-z'_y}{\sqrt{1+(z'_x)^2+(z'_y)^2}},\frac{1}{\sqrt{1+(z'_x)^2+(z'_y)^2}}\right\}.$$

于是，有 $\mathrm{d}y\mathrm{d}z=(-z'_x)\mathrm{d}x\mathrm{d}y$，$\mathrm{d}z\mathrm{d}x=(-z'_y)\mathrm{d}x\mathrm{d}y$.

若可从方程 $F(x,y,z)=0$ 解出单值函数 $y=y(z,x)$，$\forall(z,x)\in D_{zOx}$，这样有

$$\boldsymbol{n}=\left\{\frac{-y'_x}{\sqrt{1+(y'_x)^2+(y'_z)^2}},\frac{1}{\sqrt{1+(y'_x)^2+(y'_z)^2}},\frac{-y'_z}{\sqrt{1+(y'_x)^2+(y'_z)^2}}\right\}.$$

于是，有 $\mathrm{d}y\mathrm{d}z=(-y'_x)\mathrm{d}z\mathrm{d}x$，$\mathrm{d}x\mathrm{d}y=(-y'_z)\mathrm{d}z\mathrm{d}x$.

若可从方程 $F(x,y,z)=0$ 解出单值函数 $x=x(y,z)$，$\forall(y,z)\in D_{yOz}$，这样有

$$\boldsymbol{n}=\left\{\frac{1}{\sqrt{1+(x'_y)^2+(x'_z)^2}},\frac{-x'_y}{\sqrt{1+(x'_y)^2+(x'_z)^2}},\frac{-x'_z}{\sqrt{1+(x'_y)^2+(x'_z)^2}}\right\}.$$

于是，有 $\mathrm{d}z\mathrm{d}x=(-x'_y)\mathrm{d}y\mathrm{d}z$，$\mathrm{d}x\mathrm{d}y=(-x'_z)\mathrm{d}y\mathrm{d}z$.

2. 计算方法(转化投影法)

设 S 分片光滑的有向曲面，其方程为 $F(x,y,z)=0$，$P(x,y,z)$，$Q(x,y,z)$，$R(x,y,z)$于曲面 S 上连续.

常规性计算一般分两步骤进行.

第一步，对曲面分类，观察曲面 S 是否为封闭曲面，当 S 为封闭曲面时，(1)优先利用高斯公式计算；(2)也可分成几片不封闭曲面，利用可加性计算之. 此时要注意分片曲面方向的一致性.

当 S 为不封闭曲面时，直接进入下面第二步进行计算，注意其在适宜坐标面上的投影点必须不重合(即可从一般方程 $F(x,y,z)=0$ 中解出单值函数).

第二步，写出曲面方程化为二重积分计算，以下不妨设曲面 S 为不封闭的.

例如，可从方程 $F(x,y,z)=0$ 中解出单值函数 $z=z(x,y)$，$\forall (x,y)\in D_{xOy}$，这样不封闭曲面 S 可分为上、下侧. 于是，有

$$\iint_S P(x,y,z)\mathrm{d}y\mathrm{d}z+Q(x,y,z)\mathrm{d}z\mathrm{d}x+R(x,y,z)\mathrm{d}x\mathrm{d}y$$

$$=\pm\iint_{D_{xOy}}(P(x,y,z(x,y))(-z'_x)+Q(x,y,z(x,y))(-z'_y)$$

$$+R(x,y,z(x,y)))\mathrm{d}x\mathrm{d}y.$$

这里当左边的有向曲面取上侧时(即正侧 S^+)，则右边取“+”号；反之，当左边的有向曲面取下侧时(即负侧 S^-)，则右边取“—”号.

若可从方程 $F(x,y,z)=0$ 中解出单值函数 $y=y(z,x)$，$\forall (z,x)\in D_{zOx}$，这样不封闭曲面 S 可分为左、右侧. 于是，有

$$\iint_S P(x,y,z)\mathrm{d}y\mathrm{d}z+Q(x,y,z)\mathrm{d}z\mathrm{d}x+R(x,y,z)\mathrm{d}x\mathrm{d}y$$

$$=\pm\iint_{D_{zOx}}(P(x,y(z,x),z)(-y'_x)+Q(x,y(z,x),z)$$

$$+R(x,y(z,x),z)(-y'_z))\mathrm{d}z\mathrm{d}x.$$

这里当左边的有向曲面取右侧时(即正侧 S^+)，则右边取“+”号；反之，当左边的有向曲面取左侧时(即负侧 S^-)，则右边取“—”号.

若可从方程 $F(x,y,z)=0$ 中解出单值函数 $x=x(y,z)$，

$\forall(y,z)\in D_{yOz}$，这样不封闭曲面 S 可分为前、后侧. 于是，有

$$\iint_S P(x,y,z)\mathrm{d}y\mathrm{d}z+Q(x,y,z)\mathrm{d}z\mathrm{d}x+R(x,y,z)\mathrm{d}x\mathrm{d}y$$
$$=\pm\iint_{D_{yOz}}(P(x(y,z),y,z)+Q(x(y,z),y,z)(-x'_y)$$
$$+R(x(y,z),y,z)(-x'_z))\mathrm{d}y\mathrm{d}z.$$

这里当左边的有向曲面取前侧时（即正侧 S^+），则右边取“+”号；反之，当左边的有向曲面取后侧时（即负侧 S^-），则右边取“—”号.

3. 常规练习

例 12.5.1 计算 $\iint\limits_{S^-}(\boldsymbol{F}\cdot\boldsymbol{n})\mathrm{d}S$，其中 $\boldsymbol{F}=(xy,-x^2,x+z)$，$S^-$ 是平面 $2x+2y+z=6$ 位于第一卦限的部分，其法向量取为 $(-2,-2,-1)$，$\boldsymbol{n}$ 为 S^- 的单位法向量.

解：方法一：利用两类曲面积分关系计算.

首先，由于平面 S 的方程为

$z=z(x,y)=6-2x-2y$, $\forall(x,y)\in D_{xOy}$.

这样平面可分为上、下侧，所以 S^- 是指下侧，如图 12.40 所示.

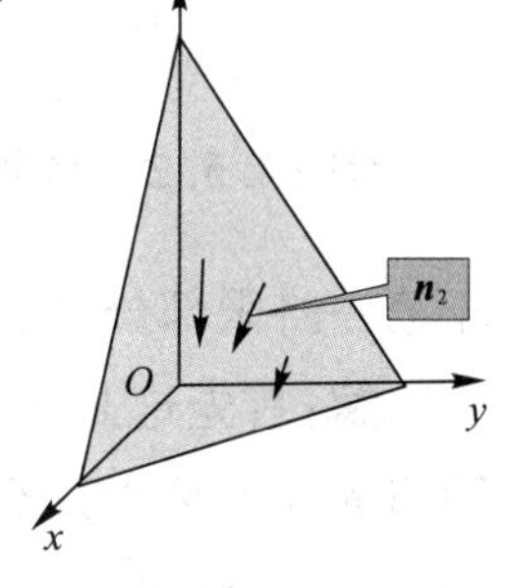

图 12.40

依题意知 S^- 的法向量为 $(-2,-2,-1)$，所以其单位法向量为

$$\boldsymbol{n}=(\cos\alpha,\cos\beta,\cos\gamma)=\left(-\frac{2}{3},-\frac{2}{3},-\frac{1}{3}\right).$$

其次，计算

$$\boldsymbol{F}\cdot\boldsymbol{n}=(xy,-x^2,x+z)\cdot\left(-\frac{2}{3},-\frac{2}{3},-\frac{1}{3}\right)$$
$$=\frac{2x^2-x-z-2xy}{3},$$

有

$$I=\iint\limits_{S^-}(\boldsymbol{F}\cdot\boldsymbol{n})\mathrm{d}S=\iint\limits_{S^-}\frac{2x^2-x-z-2xy}{3}\mathrm{d}S$$
$$=\frac{1}{3}\iint\limits_{D_{xOy}}(2x^2+x+2y-2xy-6)\sqrt{1+(z_x)^2+(z_y)^2}\,\mathrm{d}x\mathrm{d}y$$
$$=\int_0^3\mathrm{d}x\int_0^{3-x}(2x^2+x+2y-2xy-6)\mathrm{d}y=-\frac{27}{4}.$$

方法二:利用转化投影法计算.

首先这是第二类曲面积分计算,曲面 S 是不封闭的. 其次可从方程 $F(x,y,z)=2x+2y+z-6=0$ 中解得单值函数

$$z=z(x,y)=6-2x-2y,\forall(x,y)\in D_{xOy}.$$

这里 $D_{xOy}=\{(x,y)\mid 0\leqslant x\leqslant 3,0\leqslant y\leqslant 3-x\}$. 这样曲面 S 分为上、下侧,故下侧为 S^-. 再者,计算 $z_x'=-2,z_y'=-2$,有

$$I=\iint_{S^-}(\boldsymbol{F}\cdot\boldsymbol{n})\mathrm{d}S=\iint_{S^-}xy\mathrm{d}y\mathrm{d}z-x^2\mathrm{d}z\mathrm{d}x+(x+z)\mathrm{d}x\mathrm{d}y$$

$$=-\iint_{D_{xOy}}(xy\cdot(-z_x')-x^2\cdot(-z_y')+(x+6-2x-2y)\cdot 1)\mathrm{d}x\mathrm{d}y$$

$$=-\int_0^3\mathrm{d}x\int_0^{3-x}(2xy+6-2x^2-x-2y)\mathrm{d}y=-\frac{27}{4}.$$

例 12.5.2 计算 $I=\iint_{S^+}xyz\mathrm{d}x\mathrm{d}y$,其中是球面 $x^2+y^2+z^2=1$ 位于第一卦限部分,取上侧.

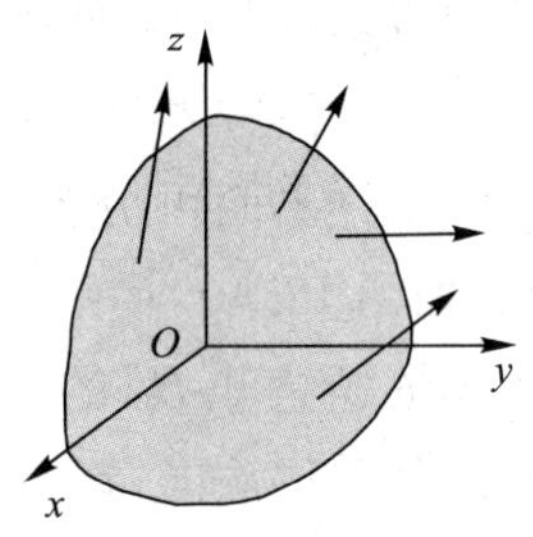

图 12.41

解:首先这是第二类曲面积分计算,曲面 S 是不封闭的. 其次可从方程 $F(x,y,z)=x^2+y^2+z^2-1=0$ 中解得单值函数 $z=\sqrt{1-x^2-y^2}$, $\forall(x,y)\in D_{xOy}$, 这里 $D_{xOy}=\{(x,y)\mid x^2+y^2\leqslant 1,x\geqslant 0,y\geqslant 0\}$. 这样曲面 S 分为上、下侧,故上侧为 S^+,如图 12.41 所示. 再者,有

$$I=\iint_{S^+}xyz\mathrm{d}x\mathrm{d}y=\iint_{D_{xOy}}xy\sqrt{1-x^2-y^2}\mathrm{d}x\mathrm{d}y$$

$$=\int_0^{\frac{\pi}{2}}\mathrm{d}\theta\int_0^1 r^3\sqrt{1-r^2}\sin\theta\cos\theta\mathrm{d}r=\frac{1}{15}.$$

例 12.5.3 计算 $I=\iint_S(2x+z)\mathrm{d}y\mathrm{d}z+z\mathrm{d}x\mathrm{d}y$,其中 S 为有向曲面 $z=x^2+y^2(0\leqslant z\leqslant 1)$,其法向量与 z 轴正向夹角为锐角.

解:这是第二类曲面积分计算,曲面 S 是不封闭的.

由于曲面

$$S:z=z(x,y)=x^2+y^2,\forall(x,y)\in D_{xOy}(S).$$

这里 $D_{xOy}(S)=\{(x,y)\mid x^2+y^2\leqslant 1\}$，其可分为上、下侧. 依题意知曲面取上侧，记为 S^+，如图 12.42 所示. 所以，有

$$I=\iint_S (2x+z)\mathrm{d}y\mathrm{d}z+z\mathrm{d}x\mathrm{d}y$$

$$=\iint_{D_{xOy}(S)}[(2x+x^2+y^2)(-z'_x)+(x^2+y^2)]\mathrm{d}x\mathrm{d}y$$

$$=\int_0^{2\pi}\mathrm{d}\theta\int_0^1(-4r^2\cos^2\theta-2r^3\cos\theta+r^2)r\mathrm{d}r=-\frac{\pi}{2}.$$

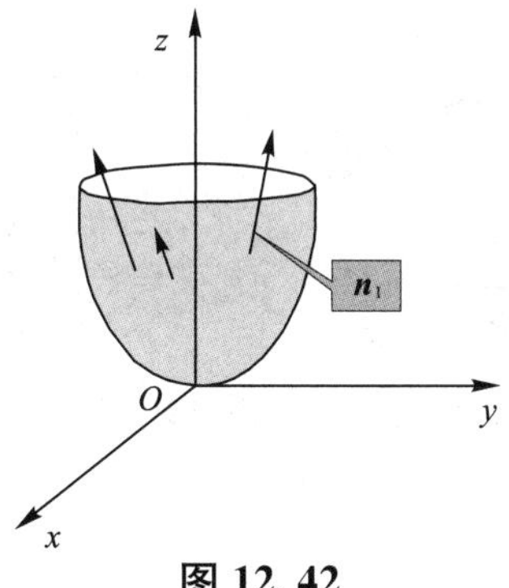

图 12.42

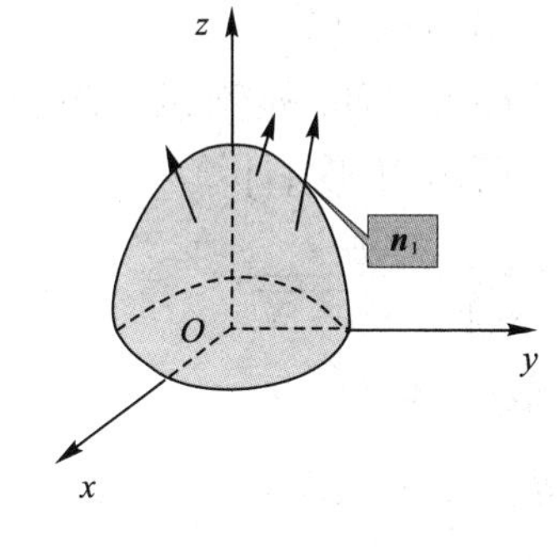

图 12.43

类似题:

(1)计算 $I=\iint_S x\mathrm{d}y\mathrm{d}z+y\mathrm{d}z\mathrm{d}x+3(z-1)\mathrm{d}x\mathrm{d}y$，其中 S 是曲面 $z=1-(x^2+y^2)$，$(z\geqslant 0)$的上侧.

解:这是第二类曲面积分计算，曲面 S 是不封闭的.

首先，由于曲面

$$S: z=z(x,y)=1-(x^2+y^2),\ \forall (x,y)\in D_{xOy}(S),$$

这里 $D_{xOy}(S)=\{(x,y)\mid x^2+y^2\leqslant 1\}$，其可分为上、下侧. 上侧为 S^+，如图 12.43 所示. 其次，计算 $z'_x=-2x$，$z'_y=-2y$. 再者，有

$$I=\iint_S x\mathrm{d}y\mathrm{d}z+y\mathrm{d}z\mathrm{d}x+3(z-1)\mathrm{d}x\mathrm{d}y$$

$$=\iint_{D_{xOy}(S)}[x\cdot(-z'_x)+y\cdot(-z'_y)+3((1-x^2-y^2)-1)\cdot 1]\mathrm{d}x\mathrm{d}y$$

$$=\iint_{D_{xOy}(S)}(-x^2-y^2)\mathrm{d}x\mathrm{d}y=\int_0^{2\pi}\mathrm{d}\theta\int_0^1-r^2\cdot r\mathrm{d}r=-\frac{\pi}{2}.$$

(2)计算 $I=\iint\limits_{S}yz\mathrm{d}z\mathrm{d}x+2\mathrm{d}x\mathrm{d}y$，其中 S 是球面 $x^2+y^2+z^2=4$ 的外侧在 $z\geqslant 0$ 的部分.

解:这是第二类曲面积分计算,曲面 S 是不封闭的.

首先,从方程 $F(x,y,z)=x^2+y^2+z^2-4=0$ 解出单值函数

$$z=z(x,y)=\sqrt{4-(x^2+y^2)},\forall(x,y)\in D_{xOy}(S).$$

由于曲面

$$S:z=z(x,y)=\sqrt{4-(x^2+y^2)},\forall(x,y)\in D_{xOy}(S).$$

这里 $D_{xOy}(S)=\{(x,y)|x^2+y^2\leqslant 4\}$，其分为上、下侧.外侧即上侧为 S^+，如图 12.44 所示.其次,计算

$$z'_x=\frac{-x}{\sqrt{4-x^2-y^2}},z'_y=\frac{-y}{\sqrt{4-x^2-y^2}}.$$

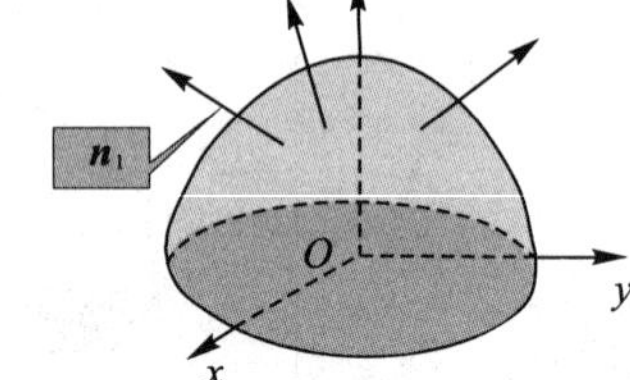

图 12.44

最后,有

$$\begin{aligned}I&=\iint\limits_{S}yz\mathrm{d}z\mathrm{d}x+2\mathrm{d}x\mathrm{d}y\\&=\iint\limits_{D_{xOy(S)}}\left[(y\sqrt{4-x^2-y^2})\cdot(-z'_y)+2\cdot 1\right]\mathrm{d}x\mathrm{d}y\\&=\iint\limits_{D_{xOy(S)}}(y^2+2)\mathrm{d}x\mathrm{d}y=\int_0^{2\pi}\mathrm{d}\theta\int_0^2(r^2\sin^2\theta+2)\cdot r\mathrm{d}r.\end{aligned}$$

后续由读者自己完成.

(3)计算 $\oiint\limits_{S}\dfrac{x\mathrm{d}y\mathrm{d}z+z^2\mathrm{d}x\mathrm{d}y}{x^2+y^2+z^2}$，其中 S 是柱面 $x^2+y^2=R^2$ 与平面 $z=\pm R$ 所围成立体表面外侧.

解:首先,柱面 $x^2+y^2=R^2$ 与平面 $z=\pm R$ 所围成立体是单连通闭曲面 S，其外侧为正侧 S^+，如图 12.45 所示.考虑到柱面投影到坐标平面 xOy 上有重合点,所以将柱面投影到坐标平面 yOz 上有重合点,于是有 $S=\bigcup\limits_{i=1}^{4}S_i$ 且 $S^+=S_1^++S_2^-+S_3^++S_4^-$，其中

$$S_1=\{(x,y,z)|x=x_1(y,z)=\sqrt{R-y^2},\\-R\leqslant y\leqslant R,-R\leqslant z\leqslant R\},$$

$$S_2=\{(x,y,z)|x=x_2(y,z)=-\sqrt{R-y^2},\\-R\leqslant y\leqslant R,-R\leqslant z\leqslant R\},$$

$$S_3=\{(x,y,z)|z=z_1(x,y)=R,x^2+y^2\leqslant R^2\}$$

和

$$S_4=\{(x,y,z)\mid z=z_2(x,y)=-R,x^2+y^2\leqslant R^2\}.$$

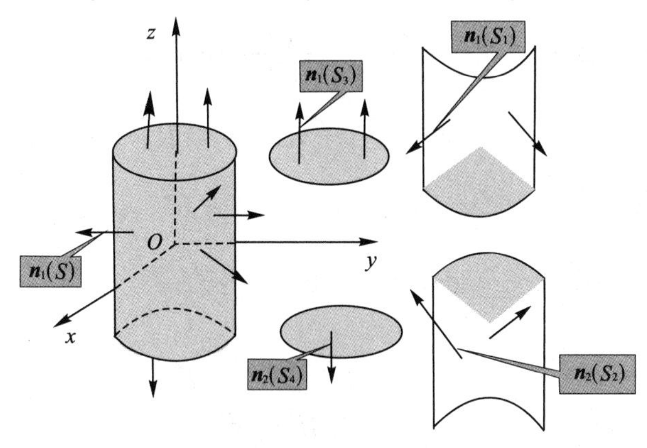

图 12.45

其次，由可加性，有

$$I=\oiint_S \frac{x\mathrm{d}y\mathrm{d}z+z^2\mathrm{d}x\mathrm{d}y}{x^2+y^2+z^2}=I_1+I_2+I_3+I_4.$$

进一步，计算

$$I_1=\iint_{S_1}\frac{x\mathrm{d}y\mathrm{d}z+z^2\mathrm{d}x\mathrm{d}y}{x^2+y^2+z^2}.$$

由于 $x=x_1(y,z)=\sqrt{R-y^2}$，$-R\leqslant y\leqslant R$，$-R\leqslant z\leqslant R$，计算有 $x'_y=\dfrac{-y}{\sqrt{R^2-y^2}}$，$x'_z=0$，于是有

$$\begin{aligned}I_1&=\iint_{S_1}\frac{x\mathrm{d}y\mathrm{d}z+z^2\mathrm{d}x\mathrm{d}y}{x^2+y^2+z^2}\\&=\iint_{D_{yOx}}\frac{\left[\sqrt{R^2-y^2}\cdot 1+z^2\cdot(-x'_z)+0\cdot(-x'_y)\right]\mathrm{d}y\mathrm{d}z}{(\sqrt{R^2-y^2})^2+y^2+z^2}\\&=\int_{-R}^{R}\mathrm{d}y\int_{-R}^{R}\frac{\sqrt{R^2-y^2}}{R^2+z^2}\mathrm{d}z\\&=\left(\int_{-R}^{R}\sqrt{R^2-y^2}\mathrm{d}y\right)\cdot\left(\frac{1}{R}\int_{-R}^{R}\frac{\mathrm{d}\,\dfrac{z}{R}}{1+\left(\dfrac{z}{R}\right)^2}\right)\\&=\frac{\pi R^2}{2}\cdot\frac{1}{R}\arctan\frac{z}{R}\Big|_{-R}^{R}=\frac{\pi^2 R}{4}.\end{aligned}$$

（提示：第一个定积分用到了定积分的几何意义，它为圆面积的一半）

同理，计算 $I_2=\iint\limits_{S_2}\frac{x\mathrm{d}y\mathrm{d}z+z^2\mathrm{d}x\mathrm{d}y}{x^2+y^2+z^2}$，由于

$x=x_2(y,z)=-\sqrt{R-y^2},-R\leqslant y\leqslant R,-R\leqslant z\leqslant R.$

计算有 $x'_y=\frac{y}{\sqrt{R^2-y^2}},x'_z=0$，于是有

$$
\begin{aligned}
I_2&=\iint\limits_{S_2}\frac{x\mathrm{d}y\mathrm{d}z+z^2\mathrm{d}x\mathrm{d}y}{x^2+y^2+z^2}\\
&=-\iint\limits_{D_{yOx}}\frac{\left[-\sqrt{R^2-y^2}\cdot 1+z^2\cdot(-x'_z)+0\cdot(-x'_y)\right]\mathrm{d}y\mathrm{d}z}{\left(-\sqrt{R^2-y^2}\right)^2+y^2+z^2}\\
&=\int_{-R}^{R}\mathrm{d}y\int_{-R}^{R}\frac{\sqrt{R^2-y^2}}{R^2+z^2}\mathrm{d}z\\
&=\left(\int_{-R}^{R}\sqrt{R^2-y^2}\mathrm{d}y\right)\cdot\left(\frac{1}{R}\int_{-R}^{R}\frac{\mathrm{d}\frac{z}{R}}{1+\left(\frac{z}{R}\right)^2}\right)\\
&=\frac{\pi R^2}{2}\cdot\frac{1}{R}\arctan\frac{z}{R}\Big|_{-R}^{R}\\
&=\frac{\pi^2 R}{4}.
\end{aligned}
$$

再者，计算 $I_3=\iint\limits_{S_3}\frac{x\mathrm{d}y\mathrm{d}z+z^2\mathrm{d}x\mathrm{d}y}{x^2+y^2+z^2}$，由于 $z=z_1(x,y)=R$，$x^2+y^2\leqslant R^2$，计算 $z'_x=0,z'_y=0$，于是有

$$
\begin{aligned}
I_3&=\iint\limits_{S_3}\frac{x\mathrm{d}y\mathrm{d}z+z^2\mathrm{d}x\mathrm{d}y}{x^2+y^2+z^2}\\
&=\iint\limits_{D_{xOy}}\frac{[x\cdot(-z'_x)+0\cdot(-z'_y)+R^2\cdot 1]\mathrm{d}x\mathrm{d}y}{x^2+y^2+R^2}\\
&=R^2\int_0^{2\pi}\mathrm{d}\theta\int_0^R\frac{r}{r^2+R^2}\mathrm{d}r\\
&=\pi R^2\ln 2.
\end{aligned}
$$

同理，计算 $I_4=\iint\limits_{S_4}\frac{x\mathrm{d}y\mathrm{d}z+z^2\mathrm{d}x\mathrm{d}y}{x^2+y^2+z^2}$，由于 $z=z_2(x,y)=-R$，$x^2+y^2\leqslant R^2$，计算 $z'_x=0,z'_y=0$，于是有

$$I_4=\iint\limits_{S_4}\frac{x\mathrm{d}y\mathrm{d}z+z^2\mathrm{d}x\mathrm{d}y}{x^2+y^2+z^2}$$
$$=-\iint\limits_{D_{xOy}}\frac{[x\cdot(-z'_x)+0\cdot(-z'_y)+(-R)^2\cdot 1]\mathrm{d}x\mathrm{d}y}{x^2+y^2+(-R)^2}$$
$$=-R^2\int_0^{2\pi}\mathrm{d}\theta\int_0^R\frac{r}{r^2+R^2}\mathrm{d}r=-\pi R^2\ln 2.$$

故有 $I=I_1+I_2+I_3+I_4=\frac{1}{2}\pi^2 R.$

§ 12.6 高斯公式

12.6.1 定理

1. 定理

定理 12.6.1(高斯公式) 设 V 是空间 $\mathbf{R}^3$ 中由光滑或分片光滑封闭曲面 S 所围成的连通闭区域(单连通区域或复连通区域),若函数 $P(x,y,z)$,$Q(x,y,z)$,$R(x,y,z)$ 在闭区域 V 上具有一阶连续偏导数,则有

$$\iiint\limits_V\left(\frac{\partial P}{\partial x}+\frac{\partial Q}{\partial y}+\frac{\partial R}{\partial z}\right)\mathrm{d}x\mathrm{d}y\mathrm{d}z=\oint\!\!\!\oint\limits_{S^+}P\mathrm{d}y\mathrm{d}z+Q\mathrm{d}z\mathrm{d}x+R\mathrm{d}x\mathrm{d}y.$$

12.6.2 应用举例

1. 常规练习

例 12.6.1 计算 $I=\oint\!\!\!\oint\limits_{S^+}x\mathrm{d}y\mathrm{d}z+y\mathrm{d}z\mathrm{d}x+z\mathrm{d}x\mathrm{d}y$,其中 S^+ 是球面 $(x-a)^2+(y-b)^2+(z-c)^2=R^2$ 的外侧.

解:这是第二类曲面积分计算,曲面 S 是封闭的,此时高斯公式计算具有优先权.

首先,记 $P=x,Q=y,R=z$,有 $\frac{\partial P}{\partial x}=1,\frac{\partial Q}{\partial y}=1,\frac{\partial R}{\partial z}=1$,此时它们均为三元初等函数,定义域均为空间 $\mathbf{R}^3$,易知满足高斯公式条

件. 其次，闭球面所围成的区域 V 是单连通区域，所以外侧为正侧，记为 S^+，如图 12.46 所示.

于是，有

$$I=\oiint_{S^+} x\mathrm{d}y\mathrm{d}z+y\mathrm{d}z\mathrm{d}x+z\mathrm{d}x\mathrm{d}y=\iiint_V 3\mathrm{d}x\mathrm{d}y\mathrm{d}z$$

$$=3\cdot\frac{4}{3}\pi R^3=\pi R^3.$$

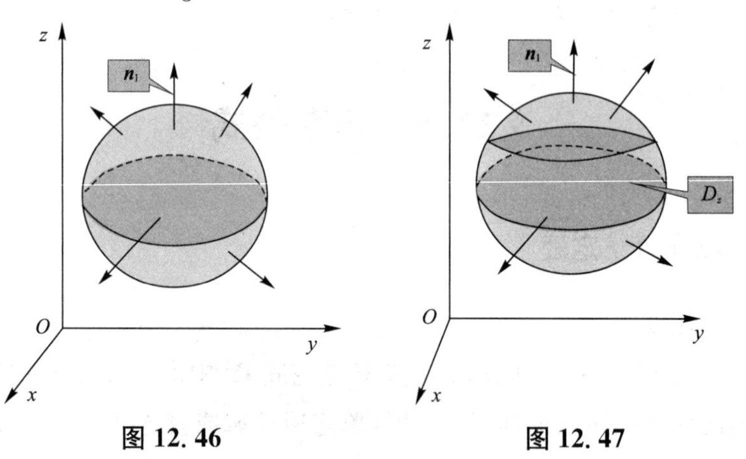

图 12.46　　图 12.47

例 12.6.2　计算 $I=\oiint_{S^+} x^2\mathrm{d}y\mathrm{d}z+y^2\mathrm{d}z\mathrm{d}x+z^2\mathrm{d}x\mathrm{d}y$，其中 S^+ 是球面 $(x-a)^2+(y-b)^2+(z-c)^2=R^2$ 的外侧.

解：这是第二类曲面积分计算，曲面 S 是封闭的，此时高斯公式计算具有优先权.

首先，记 $P=x^2$，$Q=y^2$，$R=z^2$，有 $\frac{\partial P}{\partial x}=2x$，$\frac{\partial Q}{\partial y}=2y$，$\frac{\partial R}{\partial z}=2z$，此时它们均为三元初等函数，定义域均为空间 $\mathbf{R}^3$，易知满足高斯公式条件. 其次，闭球面所围成的区域 V 是单连通区域，所以外侧为正侧，记为 S^+，如图 12.47 所示. 于是，有

$$I=\oiint_{S^+} x^2\mathrm{d}y\mathrm{d}z+y^2\mathrm{d}z\mathrm{d}x+z^2\mathrm{d}x\mathrm{d}y=2\iiint_V (x+y+z)\mathrm{d}x\mathrm{d}y\mathrm{d}z.$$

再次，令 $u=x-a$，$v=y-b$，$w=z-c$，这样，利用三重积分变量变换，有

$$\iiint_V (x+y+z)\mathrm{d}x\mathrm{d}y\mathrm{d}z=(u+v+w)\mathrm{d}u\mathrm{d}v\mathrm{d}w+(a+b+c)\mathrm{d}u\mathrm{d}v\mathrm{d}w,$$

这里 $V'=\{(u,v,w)\mid u^2+v^2+z^2\leqslant R^2\}$. 同时,由对称性,知

$$u\mathrm{d}u\mathrm{d}v\mathrm{d}w = v\mathrm{d}u\mathrm{d}v\mathrm{d}w = w\mathrm{d}u\mathrm{d}v\mathrm{d}w = 0.$$

于是,有 $I=\dfrac{8}{3}(a+b+c)\pi R^3$.

若学习中,没有涉及三重积分变量变换内容,也可这样处理:利用线性性,有

$$\begin{aligned}\iiint\limits_V (x+y+z)\mathrm{d}x\mathrm{d}y\mathrm{d}z &= \iiint\limits_V x\,\mathrm{d}x\mathrm{d}y\mathrm{d}z + \iiint\limits_V y\,\mathrm{d}x\mathrm{d}y\mathrm{d}z + \iiint\limits_V z\,\mathrm{d}x\mathrm{d}y\mathrm{d}z \\ &= I_1+I_2+I_3.\end{aligned}$$

计算有

$$\begin{aligned}I_3 &= \int_{c-R}^{c+R} z\pi(R^2-(z-c)^2)\mathrm{d}z = \pi\int_{-R}^{R}(t+c)(R^2-t^2)\mathrm{d}t \\ &= 2c\pi\int_0^R (R^2-t^2)\mathrm{d}t = \frac{4c\pi R^3}{3}.\end{aligned}$$

类似可计算 $I_1=\dfrac{4a\pi R^3}{3}, I_2=\dfrac{4b\pi R^3}{3}$, 于是有

$$I = 2(I_1+I_2+I_3) = \frac{8}{3}(a+b+c)\pi R^3.$$

例 12.6.3 设对于整个空间上任意的光滑有向封闭曲面 S, 都有

$$\oint\!\!\!\oint\limits_S f(x)\mathrm{d}y\mathrm{d}z - yf(x)\mathrm{d}z\mathrm{d}x - \mathrm{e}^{2x}z\,\mathrm{d}x\mathrm{d}y = 0,$$

其中函数 $f(x)$在$(-\infty,+\infty)$内具有一阶连续导数且 $f(0)=0$,求 $f(x)$.

解:首先,记 $P=f(x)$, $Q=-yf(x)$, $R=-\mathrm{e}^{2x}z$,计算

$$\frac{\partial P}{\partial x}=f'(x), \frac{\partial Q}{\partial y}=-f(x), \frac{\partial R}{\partial z}=-\mathrm{e}^{2x}.$$

可知满足高斯公式条件. 其次,闭曲面 S 所围成的区域是单连通的,所以外侧为正侧,不妨设闭曲面取正侧,由高斯公式,有

$$\begin{aligned}&\oint\!\!\!\oint\limits_{S^+} f(x)\mathrm{d}y\mathrm{d}z - yf(x)\mathrm{d}z\mathrm{d}x - \mathrm{e}^{2x}z\,\mathrm{d}x\mathrm{d}y \\ &= \iiint\limits_V (f'(x)-f(x)-\mathrm{e}^{2x})\mathrm{d}x\mathrm{d}y\mathrm{d}z = 0.\end{aligned}$$

于是在整个空间上,有 $f'(x)=f(x)+\mathrm{e}^{2x}$ 且满足 $f(0)=0$,此方程特解为 $f(x)=-\mathrm{e}^x+\mathrm{e}^{2x}$.

类似题:

(1)证明:设 S 为封闭的光滑曲面,若 $\boldsymbol{l}$ 为一固定已知方向,则有 $\oiint\limits_S \cos\langle \boldsymbol{n},\boldsymbol{l}\rangle \mathrm{d}S = 0$. 中 $\boldsymbol{n}$ 为曲面 S 的外法线向量.

证: 首先,设 $\boldsymbol{n}_0$, $\boldsymbol{l}_0$ 分别为 $\boldsymbol{n}$, $\boldsymbol{l}$ 的单位向量,记 $\boldsymbol{l}_0=(a,b,c)$ 这里 a,b,c 为个常数. 易知 $\cos\langle \boldsymbol{n},\boldsymbol{l}\rangle=\dfrac{\boldsymbol{n}\cdot\boldsymbol{l}}{|\boldsymbol{n}|\cdot|\boldsymbol{l}|}=\boldsymbol{n}_0\cdot\boldsymbol{l}_0$,所以有

$$\begin{aligned}\oiint\limits_S \cos\langle \boldsymbol{n},\boldsymbol{l}\rangle \mathrm{d}S &= \oiint\limits_S (\boldsymbol{n}_0\cdot\boldsymbol{l}_0)\cdot\mathrm{d}S = \oiint\limits_S \boldsymbol{l}_0\cdot\mathrm{d}\boldsymbol{S}\\ &= \oiint\limits_S a\,\mathrm{d}y\mathrm{d}z + b\mathrm{d}z\mathrm{d}x + c\mathrm{d}x\mathrm{d}y.\end{aligned}$$

这是第二类曲面积分计算,曲面 S 是封闭的,此时高斯公式计算具有优先权.

令 $P=a,Q=b,R=c$,有 $\dfrac{\partial P}{\partial x}=0,\dfrac{\partial Q}{\partial y}=0,\dfrac{\partial R}{\partial z}=0$,此时它们均为三元初等函数,定义域均为空间 $\mathbf{R}^3$,其满足高斯公式条件. 其次,闭曲面所围成的区域 V 是连通区域,所以外法线向量所指方向的侧为正侧,记为 S^+,于是,有

$$I=\oiint\limits_{S^+} a\mathrm{d}y\mathrm{d}z + b\mathrm{d}z\mathrm{d}x + c\mathrm{d}x\mathrm{d}y = \iiint\limits_V (0+0+0)\mathrm{d}x\mathrm{d}y\mathrm{d}z = 0.$$

(2) $I=\oiint\limits_{S^+}(xz+2x)\mathrm{d}y\mathrm{d}z+yz\,\mathrm{d}z\mathrm{d}x-z^2\,\mathrm{d}x\mathrm{d}y$,其中 S 是由锥面 $z=\sqrt{x^2+y^2}$ 与上半球面 $z=\sqrt{2-x^2-y^2}$ 所围成区域的表面外侧.

解: 这是第二类曲面积分计算,曲面 S 是封闭的,此时高斯公式计算具有优先权.

首先,令 $P=xz+2x,Q=yz,R=-z^2$,有 $\dfrac{\partial P}{\partial x}=z+2,\dfrac{\partial Q}{\partial y}=z$, $\dfrac{\partial R}{\partial z}=-2z$,此时它们均为三元初等函数,定义域均为空间 $\mathbf{R}^3$,易知满足高斯公式条件. 其次,闭球面所围成的区域 V 是单连通区域,所以外侧为正侧,记为 S^+,于是,有

$$\begin{aligned}I &= \oiint\limits_{S^+}(xz+2x)\mathrm{d}y\mathrm{d}z+yz\,\mathrm{d}z\mathrm{d}x-z^2\,\mathrm{d}x\mathrm{d}y = \iiint\limits_V 2\mathrm{d}x\mathrm{d}y\mathrm{d}z\\ &= 2\int_0^{2\pi}\mathrm{d}\theta\int_0^{\frac{\pi}{4}}\mathrm{d}\varphi\int_0^{\sqrt{2}} r^2\sin\varphi\mathrm{d}r\,.\end{aligned}$$

（提示：令$\begin{cases}z=\sqrt{x^2+y^2},\\ z=\sqrt{2-x^2-y^2},\end{cases}$解得 $z=1$，应用球坐标系求三重积分）

（3）设对于半空间 $x>0$ 内任意的光滑有向封闭曲面 S，都有 $\oiint\limits_S e^{-x}f(x)\mathrm{d}y\mathrm{d}z+\sqrt{e^x-1}f^2(x)y\mathrm{d}z\mathrm{d}x=0$，其中函数 $f(x)$ 在 $(0,+\infty)$ 内具有一阶连续导数，求 $f(x)$.

$$\left(\text{提示：}f(x)=\frac{e^x}{\frac{2}{5}(e^x-1)^{\frac{5}{2}}+\frac{2}{3}(e^x-1)^{\frac{3}{2}}+C}\right)$$

2. 主题练习

（1）曲面方程代入，然后用高斯公式.

定义 12.6.1 设 $H(x,y,z)$ 是空间 $\mathbf{R}^3$ 上的一个可微函数，若满足

$$H(0,0,0)=0,H(x,y,z)>0,\forall(x,y,z)\neq(0,0,0)$$

则称 $H(x,y,z)$ 是空间 $\mathbf{R}^3$ 上的正定函数.

原理 12.6.1 设 $P_1(x,y,z)$，$Q_1(x,y,z)$，$R_1(x,y,z)$ 在 $\mathbf{R}^3$ 上具有一阶连续偏导数，$H(x,y,z)$ 是空间 $\mathbf{R}^3$ 上可微的正定函数.

计算 $\oiint\limits_S \dfrac{P_1\mathrm{d}y\mathrm{d}z+Q_1\mathrm{d}z\mathrm{d}x+R_1\mathrm{d}x\mathrm{d}y}{H}$.

其中 S 的方程为 $H(x,y,z)=\varepsilon$，$\varepsilon>0$，其为任意包围原点的光滑闭曲面，取外侧.

计算方法如下：

首先，由于 $P=\dfrac{P_1}{H}$，$Q=\dfrac{Q_1}{H}$，$R=\dfrac{R_1}{H}$ 在点 $O(0,0,0)$ 处不存在偏导数，所以不能直接用高斯公式. 其次，有

$$\begin{aligned}&\oiint\limits_S \frac{P_1\mathrm{d}y\mathrm{d}z+Q_1\mathrm{d}z\mathrm{d}x+R_1\mathrm{d}x\mathrm{d}y}{H}\\ =&\oiint\limits_S \frac{P_1\mathrm{d}y\mathrm{d}z+Q_1\mathrm{d}z\mathrm{d}x+R_1\mathrm{d}x\mathrm{d}y}{\varepsilon}\\ =&\frac{1}{\varepsilon}\oiint\limits_S P_1\mathrm{d}y\mathrm{d}z+Q_1\mathrm{d}z\mathrm{d}x+R_1\mathrm{d}x\mathrm{d}y\\ =&\frac{1}{\varepsilon}\iiint\limits_{V(S)}\left(\frac{\partial P_1}{\partial x}+\frac{\partial Q_1}{\partial y}+\frac{\partial R_1}{\partial z}\right)\mathrm{d}x\mathrm{d}y\mathrm{d}z.\end{aligned}$$

例 12.6.4 计算 $I=\oint\!\!\!\oint_S \dfrac{x\mathrm{d}y\mathrm{d}z+y\mathrm{d}z\mathrm{d}x+z\mathrm{d}x\mathrm{d}y}{H}$,

其中 $H=\sqrt{x^2+y^2+z^2}$,S 为曲面 $x^2+y^2+z^2=R^2$ 的外侧.

解:这是第二类曲面积分,曲面为封闭的,所以高斯公式有优先权.但有 $O(0,0,0)\in V(S)$,易知在 $V(S)$ 上不满足高斯公式条件.这样,首先把曲面方程代入到第二类曲面积分中,有

$$I=\oint\!\!\!\oint_S \frac{x\mathrm{d}y\mathrm{d}z+y\mathrm{d}z\mathrm{d}x+z\mathrm{d}x\mathrm{d}y}{H}=\oint\!\!\!\oint_S \frac{x\mathrm{d}y\mathrm{d}z+y\mathrm{d}z\mathrm{d}x+z\mathrm{d}x\mathrm{d}y}{R}$$
$$=\frac{1}{R}\oint\!\!\!\oint_S x\mathrm{d}y\mathrm{d}z+y\mathrm{d}z\mathrm{d}x+z\mathrm{d}x\mathrm{d}y=\frac{1}{R}\iiint_{V(S)}3\mathrm{d}x\mathrm{d}y\mathrm{d}z=4\pi R^2.$$

类似题:

计算 $I=\oint\!\!\!\oint_S \dfrac{2x\mathrm{d}y\mathrm{d}z+y\mathrm{d}z\mathrm{d}x+3(1-z)\mathrm{d}x\mathrm{d}y}{H}$,

其中 $H=x^2+y^2+z^2$,S 为曲面 $x^2+y^2+z^2=R^2$ 的外侧.

解:这是第二类曲面积分,曲面为封闭的,所以高斯公式有优先权.但有 $O(0,0,0)\in V(S)$,易知在 $V(S)$ 上不满足高斯公式条件.这样,首先把曲面方程代入到第二类曲面积分中,有

$$I=\oint\!\!\!\oint_S \frac{2x\mathrm{d}y\mathrm{d}z+y\mathrm{d}z\mathrm{d}x+3(1-z)\mathrm{d}x\mathrm{d}y}{H}$$
$$=\oint\!\!\!\oint_S \frac{x\mathrm{d}y\mathrm{d}z+y\mathrm{d}z\mathrm{d}x+z\mathrm{d}x\mathrm{d}y}{R^2}$$
$$=\frac{1}{R^2}\oint\!\!\!\oint_S 2x\mathrm{d}y\mathrm{d}z+y\mathrm{d}z\mathrm{d}x+3(1-z)\mathrm{d}x\mathrm{d}y$$
$$=\frac{1}{R^2}\iiint_{V(S)}0\mathrm{d}x\mathrm{d}y\mathrm{d}z=0.$$

(2)添"平口",利用高斯公式计算.

例 12.6.5 计算 $I=\iint_S(2x+z)\mathrm{d}y\mathrm{d}z+z\mathrm{d}x\mathrm{d}y$,其中 S 为有向曲面 $z=x^2+y^2(0\leqslant z\leqslant 1)$,其法向量与 z 轴正向夹角为锐角.

解:首先,曲面截口是"平口",添"平口"目的是想使用高斯公式.其次,一方面,由于曲面 S:$z=z(x,y)=x^2+y^2$,$\forall(x,y)\in D_{xOy}(S)$,这里 $D_{xOy}(S)=\{(x,y)\mid x^2+y^2\leqslant 1\}$,其可分为上、下侧.依题意知曲面取上侧,记为 S^+.另一方面,补充有向曲面 S_1:$z=z_1(x,y)=1$,

$\forall (x,y) \in D_{xOy}(S_1) = \{(x,y) \mid x^2+y^2 \leqslant 1\}$ 且下侧，记为 S_1^-. 其次，令 V 是由曲面 S 与 S_1 所围成的区域，其表面记为 $\widetilde{S}$. 易知区域 V 是单连通区域，所以有 $\widetilde{S} = S \cup S_1$，$\widetilde{S}^+ = S^- + S_1^+$，$\widetilde{S}^- = S^+ + S_1^-$，如图 12.48 所示.

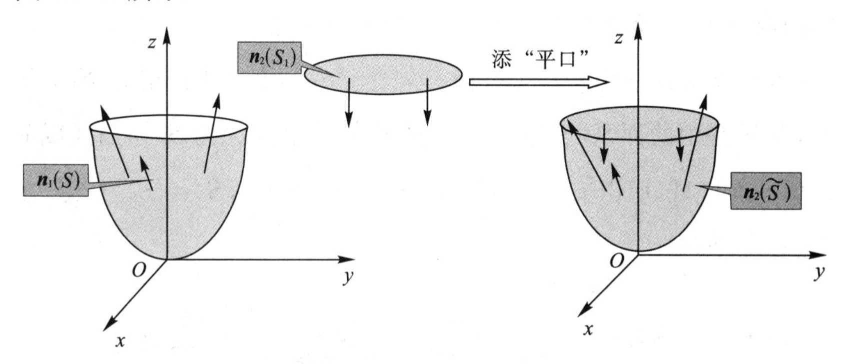

图 12.48

再次，验证可知 $P=2x+z$，$Q=0$，$R=z$ 在区域上具有一阶连续偏导数，满足高斯公式条件，于是有

$$\oiint_{\widetilde{S}^+} (2x+z)\mathrm{d}y\mathrm{d}z + z\mathrm{d}x\mathrm{d}y = \iiint_V 3\mathrm{d}x\mathrm{d}y\mathrm{d}z = 3\int_0^1 \pi z\mathrm{d}z = \frac{3\pi}{2}.$$

而同时利用可加性，有

$$\begin{aligned}\oiint_{\widetilde{S}^+} (2x+z)\mathrm{d}y\mathrm{d}z + z\mathrm{d}x\mathrm{d}y &= -\oiint_{S} (2x+z)\mathrm{d}y\mathrm{d}z + z\mathrm{d}x\mathrm{d}y \\ &= -(I+I_1).\end{aligned}$$

这里有

$$I_1 = \iint_{S_1^-} (2x+z)\mathrm{d}y\mathrm{d}z + z\mathrm{d}x\mathrm{d}y = -\iint_{D_{xy}(S_1)} 1\mathrm{d}x\mathrm{d}y = -\pi.$$

（提示：利用二重积分几何意义和圆的面积公式）

于是，有 $I = -\frac{3\pi}{2} - I_1 = -\frac{\pi}{2}$.

类似题：

计算 $I = \iint_S x\mathrm{d}y\mathrm{d}z + 2y\mathrm{d}z\mathrm{d}x + 3(z-1)\mathrm{d}x\mathrm{d}y$，其中 S 为锥面 $z=\sqrt{x^2+y^2}\,(0 \leqslant z \leqslant 1)$ 的下侧.

解:首先,曲面截口是“平口”.添“平口”目的是想使用高斯公式.其次,一方面,由于曲面

$$S: z=z(x,y)=\sqrt{x^2+y^2}, \forall (x,y)\in D_{xOy}(S).$$

这里 $D_{xOy}(S)=\{(x,y)\mid x^2+y^2\leqslant 1\}$.其分为上、下侧.依题意知锥面取下侧,记为 S^-.另一方面,补充有向曲面 $S_1: z=z_1(x,y)=1$, $\forall (x,y)\in D_{xOy}(S_1)=\{(x,y)\mid x^2+y^2\leqslant 1\}$ 且上侧,记为 S_1^+.其次,令 V 是由曲面 S 与 S_1 所围成的区域,其表面记为 $\widetilde{S}$.易知区域 V 是单连通区域,所以有 $\widetilde{S}=S\cup S_1$, $\widetilde{S}^+=S^-+S_1^+$, $\widetilde{S}^-=S^++S_1^-$ 如图 12.49所示.

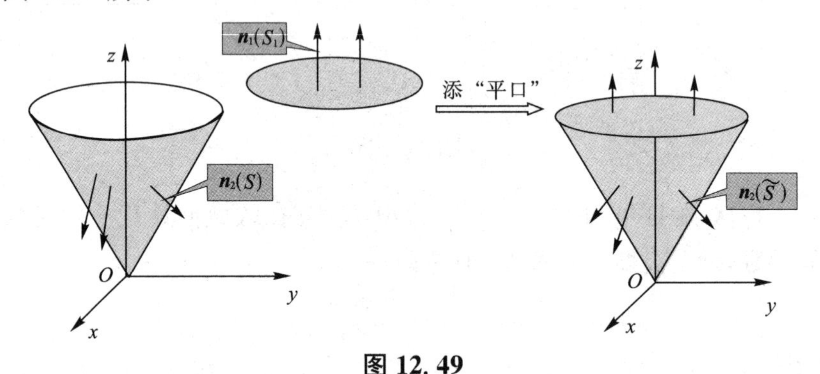

图 12.49

最后,验证可知 $P=x, Q=y, R=3(z-1)$ 在区域上具有一阶连续偏导数,满足高斯公式条件,于是有

$$\oiint_{\widetilde{S}^+} x\mathrm{d}y\mathrm{d}z+2y\mathrm{d}z\mathrm{d}x+3(z-1)\mathrm{d}x\mathrm{d}y$$
$$=\iiint_V 6\mathrm{d}x\mathrm{d}y\mathrm{d}z=6\cdot\frac{1}{3}\pi\cdot 1^2\cdot 1.$$

(提示:利用三重积分几何意义与锥面的体积公式)

而同时利用可加性,有

$$\oiint_{\widetilde{S}^+} x\mathrm{d}y\mathrm{d}z+2y\mathrm{d}z\mathrm{d}x+3(z-1)\mathrm{d}x\mathrm{d}y$$
$$=\iint_{S^-} x\mathrm{d}y\mathrm{d}z+2y\mathrm{d}z\mathrm{d}x+3(z-1)\mathrm{d}x\mathrm{d}y$$
$$+\iint_{S_1^+} x\mathrm{d}y\mathrm{d}z+2y\mathrm{d}z\mathrm{d}x+3(z-1)\mathrm{d}x\mathrm{d}y=I+I_1.$$

这里有

$$I_1=\iint\limits_{S_1^+}x\mathrm{d}y\mathrm{d}z+y\mathrm{d}z\mathrm{d}x+3(z-1)\mathrm{d}x\mathrm{d}y$$

$$=\iint\limits_{D_{xOy}}(x\cdot(-(z_1)_x)+y\cdot(-(z_1)_y)+3(1-1))\mathrm{d}x\mathrm{d}y=0$$

于是，有 $I=2\pi-0=2\pi$.

(3)挖“洞”.

原理 12.6.2 设 $P_1(x,y,z)$，$Q_1(x,y,z)$，$R_1(x,y,z)$ 在 $\mathbf{R}^3$ 上具有一阶连续偏导数，$H(x,y,z)$ 是空间 $\mathbf{R}^3$ 上可微的正定函数.

若有

$$\frac{\partial}{\partial x}\left(\frac{P_1}{H}\right)+\frac{\partial}{\partial y}\left(\frac{Q_1}{H}\right)+\frac{\partial}{\partial z}\left(\frac{R_1}{H}\right)=0,\ \forall(x,y,z)\neq(0,0,0),$$

计算 $\displaystyle\oiint\limits_{S}\frac{P_1\mathrm{d}y\mathrm{d}z+Q_1\mathrm{d}z\mathrm{d}x+R_1\mathrm{d}x\mathrm{d}y}{H}$.

其中 S 为任意包围原点的分段光滑约当闭曲面，取外侧.

计算方法如下：

首先，由于 $P=\dfrac{P_1}{H}$，$Q=\dfrac{Q_1}{H}$，$R=\dfrac{R_1}{H}$ 在点 $O(0,0,0)$ 处不存在偏导数，所以不能直接用高斯公式. 其次，记 $S=S_1$，闭曲面 S_1 所围成的区域为 $V(S_1)$，闭曲面 $S_2(\varepsilon)$ 所围成的区域为 $V(S_2)$，这里曲面 $S_2(\varepsilon)$：$H(x,y,z)=\varepsilon$，$\varepsilon>0$，$\varepsilon\to0$ 使得 $V(S_2)\subset V(S_1)$.

（提示：这就是挖“洞”，即使单连通区域 $V(S_1)$ 变成复连通区域 $V(S_1,S_2)=V(S_1)-V(S_2)$，目的是使 P,Q,R 于 $V(S_1,S_2)=V(S_1)-V(S_2)$ 上满足高斯公式条件）

记曲面 S_1 与 $S_2(\varepsilon)$ 所围成的区域为 $V(S_1,S_2)$，则其为复连通区域，记其边界曲面为 $\tilde{S}$，即有 $\tilde{S}^+=S_1^+ + S_2^-$，如图 12.50 所示.

同时又知 P,Q,R 在 $V(\tilde{S})$ 上具有一阶连续偏导数，满足高斯公式条件.

再次，有

$$\oiint\limits_{\tilde{S}^+}P\mathrm{d}y\mathrm{d}z+Q\mathrm{d}z\mathrm{d}x+R\mathrm{d}x\mathrm{d}y=\iiint\limits_{V(\tilde{S})}\left(\frac{\partial P}{\partial x}+\frac{\partial Q}{\partial y}+\frac{\partial R}{\partial z}\right)\mathrm{d}x\mathrm{d}y\mathrm{d}z=0.$$

最后，一方面，依据可加性，有

$$\begin{aligned}&\oiint_{\tilde{S}^+} P\mathrm{d}y\mathrm{d}z+Q\mathrm{d}z\mathrm{d}x+R\mathrm{d}x\mathrm{d}y\\&=\oiint_{S_1^+} P\mathrm{d}y\mathrm{d}z+Q\mathrm{d}z\mathrm{d}x+R\mathrm{d}x\mathrm{d}y+\oiint_{S_2^-} P\mathrm{d}y\mathrm{d}z+Q\mathrm{d}z\mathrm{d}x+R\mathrm{d}x\mathrm{d}y\\&=0,\end{aligned}$$

即

$$\oiint_{S_1^+} P\mathrm{d}y\mathrm{d}z+Q\mathrm{d}z\mathrm{d}x+R\mathrm{d}x\mathrm{d}y=\oiint_{S_2^+} P\mathrm{d}y\mathrm{d}z+Q\mathrm{d}z\mathrm{d}x+R\mathrm{d}x\mathrm{d}y.$$

另一方面，有

$$\begin{aligned}\oiint_{S_2^+} P\mathrm{d}y\mathrm{d}z+Q\mathrm{d}z\mathrm{d}x+R\mathrm{d}x\mathrm{d}y&=\oiint_{S_2^+}\frac{P_1\mathrm{d}y\mathrm{d}z+Q_1\mathrm{d}z\mathrm{d}x+R_1\mathrm{d}x\mathrm{d}y}{\varepsilon}\\&=\frac{1}{\varepsilon}\oiint_{S_2^+} P_1\mathrm{d}y\mathrm{d}z+Q_1\mathrm{d}z\mathrm{d}x+R_1\mathrm{d}x\mathrm{d}y\\&=\frac{1}{\varepsilon}\iiint_{V(S_2)}\left(\frac{\partial P_1}{\partial x}+\frac{\partial Q_1}{\partial y}+\frac{\partial R_1}{\partial z}\right)\mathrm{d}x\mathrm{d}y\mathrm{d}z.\end{aligned}$$

（提示：基于 $H(x,y,z)$ 是空间 $\mathbf{R}^3$ 上可微的正定函数，可知 $\forall\,\varepsilon>0,\varepsilon\to0$，$S_2$ 是闭曲面且满足 $S_2(\varepsilon)$ 互不相交）

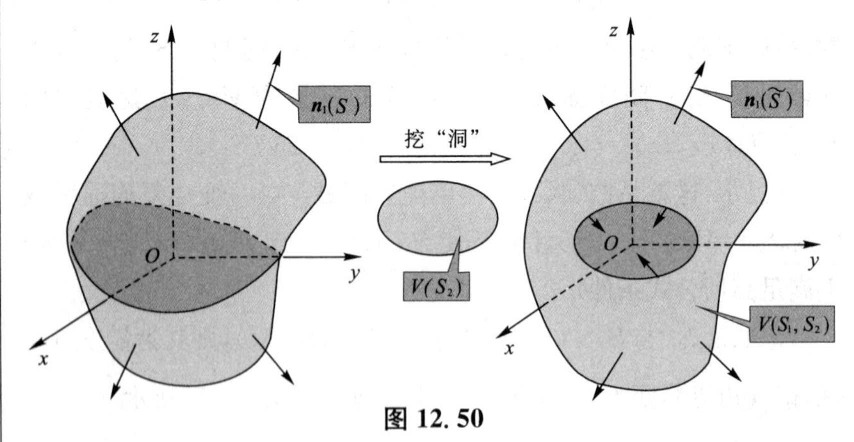

图 12.50

例 12.6.6 计算 $I=\oiint_S \dfrac{x\mathrm{d}y\mathrm{d}z+y\mathrm{d}z\mathrm{d}x+z\mathrm{d}x\mathrm{d}y}{H}$，其中 $H=r^3$，$r=\sqrt{x^2+y^2+z^2}$，S 为曲面 $\dfrac{(x-x_0)^2}{a^2}+\dfrac{(y-y_0)^2}{b^2}+\dfrac{(z-z_0)^2}{c^2}=1$ 的外侧，$\dfrac{x_0^2}{a^2}+\dfrac{y_0^2}{b^2}+\dfrac{z_0^2}{c^2}\neq1$.

解:这是第二类曲面积分计算,曲面封闭.

首先,计算$\frac{(0-x_0)^2}{a^2}+\frac{(0-y_0)^2}{b^2}+\frac{(0-z_0)^2}{c^2}=\frac{x_0^2}{a^2}+\frac{y_0^2}{b^2}+\frac{z_0^2}{c^2}\neq 1$,易知原点 $O(0,0,0)$ 不在曲面上. 同时记 $P=\frac{x}{H},Q=\frac{y}{H}R=\frac{z}{H}$,$\forall(x,y,z)\neq(0,0,0)$,有

$$\frac{\partial P}{\partial x}=\frac{H-3x^2r}{H^2},\frac{\partial Q}{\partial y}=\frac{H-3y^2r}{H^2},\frac{\partial R}{\partial z}=\frac{H-3z^2r}{H^2}.$$

可知它们均为三元初等函数,所以它们均在$(x,y,z)\neq(0,0,0)$处连续. 进一步,有

$$\frac{\partial P}{\partial x}+\frac{\partial Q}{\partial y}+\frac{\partial R}{\partial z}=0,\forall(x,y,z)\neq(0,0,0).$$

其次,记 $S=S_1$,其曲面 S 所围成的区域为单连通区域 $V(S_1)$,如图 12.51 情形 1 所示.

当$\frac{x_0^2}{a^2}+\frac{y_0^2}{b^2}+\frac{z_0^2}{c^2}>1$ 时,一方面,有 $O(0,0,0)\notin V(S_1)$,易知在 $V(S_1)$上满足高斯公式条件. 另一方面,又知 $V(S_1)$为单连通区域,所以 S_1 的外侧为 S_1^+. 于是,有

$$\begin{aligned}I&=\oiint_S\frac{x\mathrm{d}y\mathrm{d}z+y\mathrm{d}z\mathrm{d}x+z\mathrm{d}x\mathrm{d}y}{H}\\&=\iiint_{V(S_1)}\left(\frac{\partial P}{\partial x}+\frac{\partial Q}{\partial y}+\frac{\partial R}{\partial z}\right)\mathrm{d}x\mathrm{d}y\mathrm{d}z=0.\end{aligned}$$

当$\frac{x_0^2}{a^2}+\frac{y_0^2}{b^2}+\frac{z_0^2}{c^2}<1$ 时,一方面,有 $O(0,0,0)\in V(S_1)$,易知在 $V(S_1)$上不满足高斯公式条件. 另一方面,易验证 $H(x,y,z)$是可微的正定函数($(x,y,z)\neq(0,0,0)$). 设闭曲面 $S_2(\varepsilon)$所围成的区域为 $V(S_2)$,这里曲面 $S_2(\varepsilon)$:$H(x,y,z)=\varepsilon,\varepsilon>0,\varepsilon\to 0$ 使得 $V(S_2)\subset V(S_1)$,如图 12.51 情形 2 所示. 由上面结论知

$$\begin{aligned}&\oiint_{S_1^+}P\mathrm{d}y\mathrm{d}z+Q\mathrm{d}z\mathrm{d}x+R\mathrm{d}x\mathrm{d}y=\oiint_{S_2^+}P\mathrm{d}y\mathrm{d}z+Q\mathrm{d}z\mathrm{d}x+R\mathrm{d}x\mathrm{d}y\\&=\frac{1}{\varepsilon}\oiint_{S_2^+}P_1\mathrm{d}y\mathrm{d}z+Q_1\mathrm{d}z\mathrm{d}x+R_1\mathrm{d}x\mathrm{d}y=\frac{3}{\varepsilon}\iiint_{V(S_2)}\mathrm{d}x\mathrm{d}y\mathrm{d}z\\&=\frac{3}{\varepsilon}\frac{4}{3}\pi(\sqrt[3]{\varepsilon})^3=4\pi.\end{aligned}$$

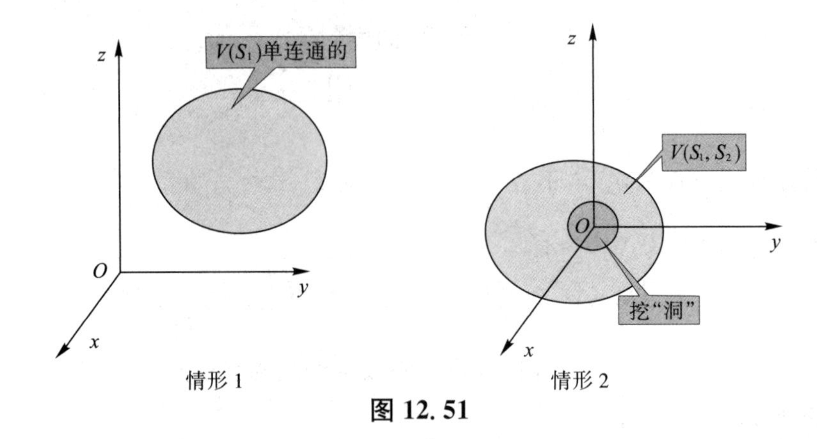

图 12.51

§12.7 斯托克斯公式

12.7.1 定义与定理

1. 定义

定义 12.7.1 设 S 为非封闭光滑双侧曲面，其具有分段光滑边界∂S.

当边界∂S方向给定时. 首先用右手四指沿边界∂S指向给定方向，其次握向曲面（近旁），则大拇指所指向的方向称为曲面诱导方向（即该侧的法向量方向）. 如图 12.52 情形 1 所示.

当曲面 S 方向给定（即该侧的法向量方向）时. 首先用右手大拇指指向曲面方向，其次握向曲面（近旁），则四指沿边界∂S指向的方向称为边界∂S诱导方向. 如图 12.52 情形 2 所示.

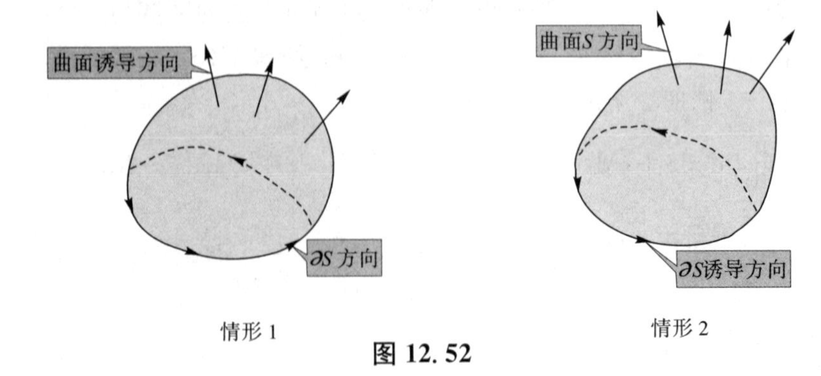

图 12.52

2. 定理

定理 12. 7. 1(斯托克斯公式) 设 S 为非封闭光滑或分片光滑的双侧曲面,其边界∂S 为光滑或分段光滑的闭曲线. 若函数 $P(x,y,z)$, $Q(x,y,z)$, $R(x,y,z)$在曲面 S 和∂S 边界上具有一阶连续偏导数,则有

$$\oint_{\partial S} P\,\mathrm{d}x+Q\mathrm{d}y+R\mathrm{d}z=\iint_{S}\begin{vmatrix}\mathrm{d}y\mathrm{d}z & \mathrm{d}z\mathrm{d}x & \mathrm{d}x\mathrm{d}y\\ \dfrac{\partial}{\partial x} & \dfrac{\partial}{\partial y} & \dfrac{\partial}{\partial z}\\ P & Q & R\end{vmatrix},$$

其中 S 和∂S 取诱导方向.

12. 7. 2 应用举例

例 12. 7. 1 计算 $I=\oint_{L}(y^2-z^2)\mathrm{d}x+(z^2-x^2)\mathrm{d}y+(x^2-y^2)\mathrm{d}z$, 其中 L 为平面 $x+y+z=1$ 被三个坐标面所截三角形 S 的边界,当从 x 轴正向看去,定向为逆时针方向.

解:易知三角形(曲面)S 的诱导方向为上侧,即正侧,记为 S^+, 如图 12. 53 所示. 由斯托克斯公式知

$$\begin{aligned}I&=\oint_{L}(y^2-z^2)\mathrm{d}x+(z^2-x^2)\mathrm{d}y+(x^2-y^2)\mathrm{d}z\\
&=\iint_{S^+}\begin{vmatrix}\mathrm{d}y\mathrm{d}z & \mathrm{d}z\mathrm{d}x & \mathrm{d}x\mathrm{d}y\\ \dfrac{\partial}{\partial x} & \dfrac{\partial}{\partial y} & \dfrac{\partial}{\partial z}\\ y^2-z^2 & z^2-x^2 & x^2-y^2\end{vmatrix}\\
&=\iint_{S^+}(-2y-2z)\mathrm{d}y\mathrm{d}z-(2x+2z)\mathrm{d}z\mathrm{d}x+(-2x-2y)\mathrm{d}x\mathrm{d}y\\
&=\iint_{D_{xOy}}\Big\{\big[(-2y-2(1-x-y)\big]\cdot(-z_x)-\big[2x+2(1-x-y)\big]\\
&\qquad\cdot(-z_y)+(-2x-2y)\cdot 1\Big\}\mathrm{d}x\mathrm{d}y\\
&=-4\iint_{D_{xOy}}\mathrm{d}x\mathrm{d}y=-4\cdot\frac{1}{2}\cdot 1\cdot 1=-2.\end{aligned}$$

(提示:最后一步用到二重积分的几何意义)

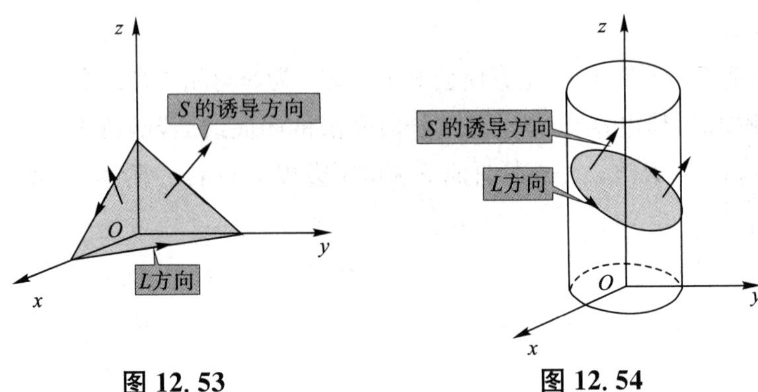

图 12.53　　图 12.54

类似题：

计算 $I=\oint_L(x+y)\mathrm{d}x+(3x+y)\mathrm{d}y+z\mathrm{d}z$，其中 L 为平面 $x+2y+z=1$ 与柱面 $x^2+y^2=1$ 所得截面 S 的边界，当从 x 轴正向看去，定向为逆时针方向.

解：易知三角形(曲面)S 的诱导方向为上侧，即正侧，记为 S^+ 如图 12.54 所示. 由斯托克斯公式知有

$$I=\oint_L(x+y)\mathrm{d}x+(3x+y)\mathrm{d}y+z\mathrm{d}z$$

$$=\iint_{S^+}\begin{vmatrix}\mathrm{d}y\mathrm{d}z & \mathrm{d}z\mathrm{d}x & \mathrm{d}x\mathrm{d}y\\ \dfrac{\partial}{\partial x} & \dfrac{\partial}{\partial y} & \dfrac{\partial}{\partial z}\\ x+y & 3x+y & z\end{vmatrix}=\iint_{S^+}0\mathrm{d}y\mathrm{d}z-0\mathrm{d}z\mathrm{d}x+2\mathrm{d}x\mathrm{d}y$$

$$=2\iint_{D_{xOy}}\mathrm{d}x\mathrm{d}y=2\pi\cdot 1^2=2\pi.$$

(提示：最后一步用到二重积分的几何意义)

§ 12.8　场论初步

12.8.1　数量场的方向导数与梯度

1. 方向导数的定义

定义 12.8.1　若一个物理量在空间具有分布，则称其为该物理量的场.

定义 12.8.2 若分布表达式是多元函数,则称其为数量场.若分布表达式是向量函数,则称其为向量场.

定义 12.8.3 若一个场与时间变化无关,则称其为稳定场.

定义 12.8.4 设 $\Omega \subset \mathbf{R}^3$ 为开集,三元函数 $u=f(x,y,z)$, $(x,y,z)\in\Omega$ 在 Ω 上有定义,$P_0(x_0,y_0,z_0)$ 为一定点,$\boldsymbol{v}=\{\cos\alpha,\cos\beta,\cos\gamma\}$ 为一个确定的方向.若极限

$$\lim_{P\to P_0}\frac{f(P)-f(P_0)}{|\overrightarrow{P_0P}|}$$

$$=\lim_{t\to 0^+}\frac{1}{t}\left(f(x_0+t\cos\alpha,y_0+t\cos\beta,z_0+t\cos\gamma)-f(x_0,y_0,z_0)\right)$$

存在,则称函数 $f(x,y,z)$ 在点 $P_0(x_0,y_0,z_0)$ 处沿方向 $\boldsymbol{v}$ 的方向导数存在,称极限值为方向导数,记为 $\left.\frac{\partial u}{\partial \boldsymbol{v}}\right|_{P_0}$, $\left.\frac{\partial f}{\partial \boldsymbol{v}}\right|_{P_0}$, $f'_{\boldsymbol{v}}(P_0)$.

注 12.8.1

(1)方向导数刻画了函数 $f(x,y,z)$ 在点 $P_0(x_0,y_0,z_0)$ 处沿方向 $\boldsymbol{v}$ 的变化率.由于 $t>0$,所以这里是单向变化率.

(2)方向导数与偏导数的关系.

设 x 轴,y 轴,z 轴的正方向的单位方向向量分别为

$$\boldsymbol{e}_1=(1,0,0),\boldsymbol{e}_2=(0,1,0),\boldsymbol{e}_3=(0,0,1).$$

关于方向导数与偏导数的关系,我们有如下定理.

定理 12.8.1 若函数 $f(x,y,z)$ 在点 $P_0(x_0,y_0,z_0)$ 处关于 x(或 y 或 z)偏导数存在的充要条件为若 $f(x,y,z)$ 在 P_0 点处沿方向 $\boldsymbol{e}_1$ 和 $-\boldsymbol{e}_1$(或方向 $\boldsymbol{e}_2$ 和 $-\boldsymbol{e}_2$ 或 $\boldsymbol{e}_3$ 和 $-\boldsymbol{e}_3$ 方向)的方向导数都存在且互为相反数.

注 12.8.2

(1)一点处沿任一方向的方向导数均存在,而此点的偏导数可能不存在.

例如,设函数 $f(x,y)=|x-y|$,在原点 $O(0,0)$ 处沿单位向量 $\boldsymbol{v}=\{\cos\alpha,\cos\beta\}$ 的方向导数

$$\frac{\partial f}{\partial \boldsymbol{v}}=\lim_{t\to 0^+}\frac{f(0+t\cos\alpha,0+t\cos\beta)-f(0,0)}{t}=|\cos\alpha-\cos\beta|$$

均存在.而由定义知 $f(x,y)$ 在原点 $O(0,0)$ 处两个偏导数均不存在.

(2)函数 $f(x,y,z)$ 在点 $P_0(x_0,y_0,z_0)$ 处关于 x（或 y 或 z）偏导数存在，而在此点沿某方向的方向导数不一定存在.

例如，设函数 $f(x,y)=\begin{cases}\dfrac{\sqrt{|xy|}}{x^2+y^2}, & (x,y)\neq(0,0),\\ 0, & (x,y)=(0,0),\end{cases}$ 在原点 $O(0,0)$ 处沿单位向量 $\boldsymbol{v}=\{\cos\alpha,\cos\beta\}$ 计算

$$\lim_{t\to0^+}\frac{f(0+t\cos\alpha,0+t\cos\beta)-f(0,0)}{t}=\lim_{t\to0^+}\frac{\sqrt{|\cos\alpha\cos\beta|}}{t^2},$$

可知当 $\alpha=0,\frac{\pi}{2},\pi,\frac{3\pi}{2}$ 时，极限存在且为 0；当 $\alpha\neq0,\frac{\pi}{2},\pi,\frac{3\pi}{2}$ 时，极限不存在. 因此依据定理 12.8.1 知 $f(x,y)$ 在原点关于 x 和 y 的偏导数存在且 $f'_x(0,0)=0, f'_y(0,0)=0$.

注意：当 $\alpha=0,\pi$ 时，$\boldsymbol{v}=\{\cos\alpha,\cos\beta\}$ 分别表示为 $\boldsymbol{e}_1$ 和 $-\boldsymbol{e}_1$；当 $\alpha=\frac{\pi}{2},\frac{3\pi}{2}$ 时，$\boldsymbol{v}=\{\cos\alpha,\cos\beta\}$ 分别表示为 $\boldsymbol{e}_2$ 和 $-\boldsymbol{e}_2$.

定理 12.8.2 若函数 $f(x,y,z)$ 在点 $P_0(x_0,y_0,z_0)$ 处可微，则在点 P_0 处沿任一方向 $\boldsymbol{v}=\{\cos\alpha,\cos\beta,\cos\gamma\}$ 的方向导数存在，且有

$$\left.\frac{\partial f}{\partial \boldsymbol{v}}\right|_{P_0}=f'_x(P_0)\cos\alpha+f'_y(P_0)\cos\beta+f'_z(P_0)\cos\gamma.$$

例 12.8.1 求函数 $f(x,y,z)=xyz$ 在点 $P_0(1,1,1)$ 处沿方向 $\boldsymbol{l}=\{1,2,3\}$ 的方向导数.

解：事实上，计算有 $\frac{\partial f}{\partial x}=yz,\frac{\partial f}{\partial y}=xz,\frac{\partial f}{\partial z}=xy$，可知均为三元初等函数，又知 P_0 是定义域中一点，故三个偏导数于此点处连续，所以函数 $f(x,y,z)$ 于点 P_0 处可微. 同时，由上知沿任一方向导数存在. 进一步，计算有

$$\boldsymbol{v}=\{\cos\alpha,\cos\beta,\cos\gamma\}=\frac{\boldsymbol{l}}{|\boldsymbol{l}|}=\left\{\frac{1}{\sqrt{14}},\frac{2}{\sqrt{14}},\frac{3}{\sqrt{14}}\right\},$$

于是，有

$$\left.\frac{\partial f}{\partial \boldsymbol{v}}\right|_{P_0}=f'_x(P_0)\cos\alpha+f'_y(P_0)\cos\beta+f'_z(P_0)\cos\gamma=\frac{6}{\sqrt{14}}.$$

3. 梯度的定义

定义 12.8.5 设 $\Omega\subset\mathbf{R}^3$ 为开集，三元函数 $u=f(x,y,z)$，

$(x,y,z)\in\Omega$ 在 Ω 上有定义，$P_0(x_0,y_0,z_0)$为一定点. 若函数在点 $P_0(x_0,y_0,z_0)$处偏导数存在，则 $f_x'(P_0)\boldsymbol{i}+f_y'(P_0)\boldsymbol{j}+f_z'(P_0)\boldsymbol{k}$ 称为函数在点 $P_0(x_0,y_0,z_0)$处的梯度，记为 $\mathbf{grad}f(P_0)$.

注 12.8.3

(1)当 $u=f(x,y,z)$于点 P_0 处可微时，梯度才有实际应用意义.

(2)方向导数和梯度的关系：若 $u=f(x,y,z)$在点 P_0 处可微，则沿任一方向 $\boldsymbol{v}=\{\cos\alpha,\cos\beta,\cos\gamma\}$的方向导数为

$$\left.\frac{\partial f}{\partial \boldsymbol{v}}\right|_{P_0}=f'_x(P_0)\cos\alpha+f'_y(P_0)\cos\beta+f'_z(P_0)\cos\gamma$$

$$=(\mathbf{grad}f(P_0))\cdot\boldsymbol{v}.$$

进一步，有 $\left|\left.\frac{\partial f}{\partial \boldsymbol{v}}\right|_{P_0}\right|\leqslant|(\mathbf{grad}f(P_0))|\cdot|\boldsymbol{v}|=|(\mathbf{grad}f(P_0))|$.

这表明沿着梯度方向(即取 $\boldsymbol{v}$ 为 $\mathbf{grad}f(P_0)$的单位向量时)函数值增加最快，沿着梯度相反方向(即取 $\boldsymbol{v}$ 为 $\mathbf{grad}f(P_0)$反方向的单位向量时)函数值减少最快.

(3)梯度有类似一元函数导数的四则运算性质.

12.8.2 向量场的散度与旋度

1. 散度的定义

定义 12.8.6 设 $\Omega\subset\mathbf{R}^3$ 为开集，向量函数 $\boldsymbol{F}(M)=P(M)\boldsymbol{i}+Q(M)\boldsymbol{j}+R(M)\boldsymbol{k}$ 在 Ω 上有定义，$M_0(x_0,y_0,z_0)$为一定点. 若向量场 $\boldsymbol{F}(M)=P(M)\boldsymbol{i}+Q(M)\boldsymbol{j}+R(M)\boldsymbol{k}$在点 M_0 处可微，则称$\frac{\partial P}{\partial x}(M_0)+\frac{\partial Q}{\partial y}(M_0)+\frac{\partial R}{\partial z}(M_0)$为向量场在点 M_0 处的散度，记为 $\mathrm{div}\boldsymbol{F}(M_0)$. 这里 $M=M(x,y,z)$.

定义 12.8.7 $\Omega\subset\mathbf{R}^3$ 为开集，向量函数 $\boldsymbol{F}(M)=P(M)\boldsymbol{i}+Q(M)\boldsymbol{j}+R(M)\boldsymbol{k}$ 在 Ω 上有定义，$M_0(x_0,y_0,z_0)$为一定点. 若向量场 $\boldsymbol{F}(M)=P(M)\boldsymbol{i}+Q(M)\boldsymbol{j}+R(M)\boldsymbol{k}$ 在点 M_0 处可微，则称

$$\left.\left(\frac{\partial R}{\partial y}-\frac{\partial Q}{\partial z}\right)\right|_{M_0}\boldsymbol{i}+\left.\left(\frac{\partial P}{\partial z}-\frac{\partial R}{\partial x}\right)\right|_{M_0}\boldsymbol{j}+\left.\left(\frac{\partial Q}{\partial x}-\frac{\partial P}{\partial y}\right)\right|_{M_0}\boldsymbol{k}$$

为向量场在点 M_0 处的旋度，记为 $\mathbf{rot}\boldsymbol{F}(M_0)$. 这里 $M=M(x,y,z)$.

注 12.8.4

(1)为了便于记忆,将旋度写成如下形式

$$\mathbf{rot}\boldsymbol{F}(M_0)=\left|\begin{matrix}\boldsymbol{i} & \boldsymbol{j} & \boldsymbol{k}\\ \dfrac{\partial}{\partial x} & \dfrac{\partial}{\partial y} & \dfrac{\partial}{\partial z}\\ P & Q & R\end{matrix}\right|_{M_0}.$$

(2)高斯公式和斯托克斯公式出可以用散度和旋度表示,具体如下.

高斯公式:

设 S 为光滑或分片光滑的闭曲面,其所围成的区域为 V. 若向量函数 $\boldsymbol{F}(M)=P(M)\boldsymbol{i}+Q(M)\boldsymbol{j}+R(M)\boldsymbol{k}$ 于 V 内具有一阶连续偏导数且于 V 上连续,则有

$$\oiint_{S^+}\boldsymbol{F}\cdot \mathrm{d}\boldsymbol{S}=\oiint_{S^+}\boldsymbol{F}\cdot \boldsymbol{n}\mathrm{d}S=\iiint_V \mathrm{div}\boldsymbol{F}\mathrm{d}V.$$

这里 $\boldsymbol{n}=\{\cos\alpha,\cos\beta,\cos\gamma\}$ 为曲面正侧 S^+ 的单位法向量,其中有

$$\mathrm{d}\boldsymbol{S}=\{\mathrm{d}y\mathrm{d}z,\mathrm{d}z\mathrm{d}x,\mathrm{d}x\mathrm{d}y\}=\{\cos\alpha\mathrm{d}S,\cos\beta\mathrm{d}S,\cos\gamma\mathrm{d}S\}.$$

斯托克斯公式:

设 S 为光滑或分片光滑的有向曲面,其边界为光滑或分片光滑的闭曲线 ∂S,若 $\boldsymbol{F}(M)=P(M)\boldsymbol{i}+Q(M)\boldsymbol{j}+R(M)\boldsymbol{k}$ 于 $S\cup\partial S$ 上具有一阶连续偏导数,则有

$$\oint_{\partial S}\boldsymbol{F}\cdot \mathrm{d}\boldsymbol{r}=\iint_S \mathbf{rot}\boldsymbol{F}\cdot \mathrm{d}\boldsymbol{S}=\iint_S \mathbf{rot}\boldsymbol{F}\cdot \boldsymbol{n}\mathrm{d}S.$$

这里 $\boldsymbol{n}=\{\cos\alpha,\cos\beta,\cos\gamma\}$ 为曲面 S 所在侧的单位法向量,$\mathrm{d}\boldsymbol{r}=\{\mathrm{d}x,\mathrm{d}y,\mathrm{d}z\}$.

例 12.8.2 设 $u=f(x,y,z)$ 为 $\mathbf{R}^3$ 上的数量场,且具有二阶连续偏导数,求 $\mathbf{rot}(\mathbf{grad}u)$.

解:依据定义,知 $\mathbf{grad}u=\dfrac{\partial f}{\partial x}\boldsymbol{i}+\dfrac{\partial f}{\partial y}\boldsymbol{j}+\dfrac{\partial f}{\partial z}\boldsymbol{k}$. 进一步,有

$$\mathbf{rot}(\mathbf{grad}u)=\begin{vmatrix}\boldsymbol{i} & \boldsymbol{j} & \boldsymbol{k}\\ \dfrac{\partial}{\partial x} & \dfrac{\partial}{\partial y} & \dfrac{\partial}{\partial z}\\ \dfrac{\partial f}{\partial x} & \dfrac{\partial f}{\partial y} & \dfrac{\partial f}{\partial z}\end{vmatrix}$$

$$=(f''_{32}-f''_{23})\boldsymbol{i}-(f''_{31}-f''_{13})\boldsymbol{j}+(f''_{21}-f''_{12})\boldsymbol{k}$$

$$=\mathbf{0}.$$

例 12.8.3 设 $\boldsymbol{r}=x\boldsymbol{i}+y\boldsymbol{j}+z\boldsymbol{k}$，$r=|\boldsymbol{r}|=\sqrt{x^2+y^2+z^2}$，当 $r\neq0$ 时，$f(r)$有连续的导数，求下列各量(1)$\mathrm{div}(f(r)\boldsymbol{r})$；(2)$\mathbf{rot}(f(r)\boldsymbol{r})$.

解:(1)计算知

$$\mathrm{div}(f(r)\boldsymbol{r})=\frac{\partial f(r)x}{\partial x}+\frac{\partial f(r)y}{\partial y}+\frac{\partial f(r)y}{\partial y}$$

$$=3f(r)+\frac{x^2+y^2+z^2}{r}f'(r)$$

$$=3f(r)+rf'(r).$$

(2)计算知

$$\mathbf{rot}(f(r)\boldsymbol{r})=\begin{vmatrix}\boldsymbol{i} & \boldsymbol{j} & \boldsymbol{k}\\ \dfrac{\partial}{\partial x} & \dfrac{\partial}{\partial y} & \dfrac{\partial}{\partial z}\\ xf(r) & yf(r) & zf(r)\end{vmatrix}$$

$$=\left(z\frac{f'(r)y}{r}-y\frac{f'(r)z}{r}\right)\boldsymbol{i}-\left(z\frac{f'(r)x}{r}-x\frac{f'(r)z}{r}\right)\boldsymbol{j}$$

$$+\left(y\frac{f'(r)x}{r}-x\frac{f'(r)y}{r}\right)\boldsymbol{k}$$

$$=\mathbf{0}.$$

类似题(留给读者自行练习)：

(1)设 $\boldsymbol{r}=x\boldsymbol{i}+y\boldsymbol{j}+z\boldsymbol{k}$，$r=|\boldsymbol{r}|=\sqrt{x^2+y^2+z^2}$，当 $r\neq0$ 时，$f(r)$有连续的导数.(i)求 $\mathrm{div}(\mathbf{grad}r)|_{(1,-1,1)}$；(ii)若 $\mathrm{div}(\mathbf{grad}f(r))=0$，求函数 $f(r)$.

(2)设向量场 $\boldsymbol{F}(M)=P(M)\boldsymbol{i}+Q(M)\boldsymbol{j}+R(M)\boldsymbol{k}$，其中 $P(M)$，$Q(M)$，$R(M)$具有连续二阶偏导数，求证 $\mathrm{div}(\mathbf{rot}\boldsymbol{F})=0$.

问题与思考

1. 对于物理、电气和通信等特殊专业，问：还有哪些常见的简约符号呢？

答：见下.

若记$\nabla=\frac{\partial}{\partial x}\boldsymbol{i}+\frac{\partial}{\partial y}\boldsymbol{j}+\frac{\partial}{\partial z}\boldsymbol{k}$，则称其为**哈密顿算子**（也称假向量）.

若记 $\Delta=\frac{\partial^2}{\partial x^2}+\frac{\partial^2}{\partial y^2}+\frac{\partial^2}{\partial z^2}$，则称其为**拉普拉斯算子**.

设 D 为空间一区域，三元函数 f,P,Q,R 为其上的 C^r 函数，记 $\boldsymbol{F}=P\boldsymbol{i}+Q\boldsymbol{j}+R\boldsymbol{k}$.

当 $r\geqslant1$ 时，有 $\mathbf{grad}f=\frac{\partial f}{\partial x}\boldsymbol{i}+\frac{\partial f}{\partial y}\boldsymbol{j}+\frac{\partial f}{\partial z}\boldsymbol{k}=\nabla(f)$，

称其为哈密尔顿算子对函数 f 作用.

有

$$\frac{\partial f}{\partial \boldsymbol{v}}==f'_x\cos\alpha+f'_y\cos\beta+f'_z\cos\gamma=\nabla(f)\cdot\boldsymbol{v},$$

这里符号 U 为向量的点乘符号，其中 $\boldsymbol{v}=\{\cos\alpha,\cos\beta,\cos\gamma\}$ 为一单位向量.

同时有

$$\mathrm{div}\boldsymbol{F}==\frac{\partial P}{\partial x}+\frac{\partial Q}{\partial y}+\frac{\partial R}{\partial z}=\nabla\cdot\boldsymbol{F}$$

和

$$\mathbf{rot}\boldsymbol{F}=\begin{vmatrix}\boldsymbol{i}&\boldsymbol{j}&\boldsymbol{k}\\\frac{\partial}{\partial x}&\frac{\partial}{\partial y}&\frac{\partial}{\partial z}\\P&Q&R\end{vmatrix}=\nabla\times\boldsymbol{F},$$

这里符号×为向量的叉乘符号.

当 $r\geqslant2$ 时，有

$$\Delta(f)=\frac{\partial f^2}{\partial x^2}+\frac{\partial f^2}{\partial y^2}+\frac{\partial f^2}{\partial z^2}=\nabla\cdot\nabla(f),$$

这里称为拉普拉斯算子对函数 f 作用.

作为应用，给出一例.

设 S 为光滑或分片光滑的闭曲面，其所围成的闭区域为 V，

$\boldsymbol{n}=\{\cos\alpha,\cos\beta,\cos\gamma\}$ 为曲面正侧 S^{+} 的单位法向量. 若函数 $f(x,y,z)$ 和 $g(x,y,z)$ 为 V 上的 C^{2} 函数,则有

(1) $\displaystyle\oiint_{S^{+}}\frac{\partial f}{\partial \boldsymbol{n}}\mathrm{d}S=\iiint_{V}\Delta(f)\mathrm{d}V.$

(2)格林第一公式 $\displaystyle\oiint_{S^{+}}g\frac{\partial f}{\partial \boldsymbol{n}}\mathrm{d}S=\iiint_{V}g\Delta(f)\mathrm{d}V+\iiint_{V}\nabla(f)\cdot\nabla(g)\mathrm{d}V.$

(3) $\displaystyle\oiint_{S^{+}}\begin{vmatrix}\frac{\partial f}{\partial \boldsymbol{n}} & \frac{\partial g}{\partial \boldsymbol{n}}\\ f & g\end{vmatrix}\mathrm{d}S=\iiint_{V}\begin{vmatrix}\Delta f & \Delta g\\ f & g\end{vmatrix}\mathrm{d}V.$

解:(1)依据高斯公式,有

$$\oiint_{S^{+}}\frac{\partial f}{\partial \boldsymbol{n}}\mathrm{d}S=\oiint_{S^{+}}\left(\frac{\partial f}{\partial x}\cos\alpha+\frac{\partial f}{\partial y}\cos\beta+\frac{\partial f}{\partial z}\cos\gamma\right)\mathrm{d}S=\oiint_{S^{+}}\nabla(f)\boldsymbol{n}\mathrm{d}S$$
$$=\iiint_{V}\nabla\cdot\nabla(f)\mathrm{d}V=\iiint_{V}\Delta(f)\mathrm{d}V.$$

(2)依据高斯公式,有

$$\oiint_{S^{+}}g\frac{\partial f}{\partial \boldsymbol{n}}\mathrm{d}S=\oiint_{S^{+}}g\left(\frac{\partial f}{\partial x}\cos\alpha+\frac{\partial f}{\partial y}\cos\beta+\frac{\partial f}{\partial z}\cos\gamma\right)\mathrm{d}S$$
$$=\oiint_{S^{+}}g\,\nabla(f)\cdot\boldsymbol{n}\mathrm{d}S=\iiint_{V}\nabla\cdot(g\,\nabla(f))\mathrm{d}V$$
$$=\iiint_{V}g\,\nabla\cdot\nabla(f)\mathrm{d}V+\iiint_{V}\nabla(f)\cdot\nabla(g)\mathrm{d}V$$
$$=\iiint_{V}g\Delta(f)\mathrm{d}V+\iiint_{V}\nabla(f)\cdot\nabla(g)\mathrm{d}V.$$

(3)依据上述(2),有

$$\oiint_{S^{+}}\begin{vmatrix}\frac{\partial f}{\partial \boldsymbol{n}} & \frac{\partial g}{\partial \boldsymbol{n}}\\ f & g\end{vmatrix}\mathrm{d}S=\oiint_{S^{+}}\left(g\frac{\partial f}{\partial \boldsymbol{n}}-f\frac{\partial g}{\partial \boldsymbol{n}}\right)\mathrm{d}S=\oiint_{S^{+}}g\frac{\partial f}{\partial \boldsymbol{n}}\mathrm{d}S-\oiint_{S^{+}}f\frac{\partial g}{\partial \boldsymbol{n}}\mathrm{d}S$$
$$=\left(\iiint_{V}g\Delta(f)\mathrm{d}V+\iiint_{V}\nabla(f)\cdot\nabla(g)\mathrm{d}V\right)-$$
$$\left(\iiint_{V}f\Delta(g)\mathrm{d}V+\iiint_{V}\nabla(g)\cdot\nabla(f)\mathrm{d}V\right)$$
$$=\iiint_{V}g\Delta(f)\mathrm{d}V-\iiint_{V}f\Delta(g)\mathrm{d}V$$
$$=\iiint_{V}\begin{vmatrix}\Delta f & \Delta g\\ f & g\end{vmatrix}\mathrm{d}V.$$

证毕.

第 13 章

无穷级数

本章的重点是数项级数的概念与性质;几何级数和 p-级数的收敛性;正项级数收敛的判别法、交错级数的莱布尼兹判别法;绝对收敛和条件收敛的概念及判别;幂级数的收敛区间与收敛域的求法;函数的幂级数展开;狄里克雷收敛定理;傅里叶级数展开.难点是含有参数的正项级数敛散性判别;幂级数的和函数,函数的幂级数与傅里叶级数展开.

本章要求学生熟练掌握收敛级数的基本性质及收敛的必要条件;熟练掌握正项级数的比较判别法与比值法,交错级数的莱布尼兹判别法;熟练掌握幂级数的收敛半径、收敛区间及收敛域的求法;会求一些幂级数在收敛区间内的和函数,并由此求出某些数项级数的和;会将定义在$[-1,1]$上的函数展开为傅里叶级数,会将定义在$[0,1]$上的函数展开为正弦级数与余弦级数;会写出傅里叶级数的和函数的表达式.

§13.1 数项级数的概念与性质

13.1.1 常数项级数

1. 定义

定义 13.1.1 设有一数列$\{u_n\}$,则可以按如下方式构造(诱导)

一个新数列$\{s_n\}$：

$$s_1=u_1, s_2=u_1+u_2, s_n=\sum_{i=1}^{n}u_i, \cdots,$$

则称$\sum_{n=1}^{\infty}u_n$为(常)数项无穷级数，简称为(常)数项级数. 其中u_n称为无穷级数的第n项或通项(一般项)，称s_n为级数的前n项部分和.

定义 13.1.2 对于数项级数，若有$\lim_{n\to\infty}s_n=s$，则称级数$\sum_{n=1}^{\infty}u_n$收敛于s(也称级数的和为s，记为$\sum_{n=1}^{\infty}u_n=s$). 否则称级数发散. 其中当级数收敛时，则称$r_n=s-s_n$为级数的余项.

例 13.1.1 判定级数$\sum_{n=1}^{\infty}\frac{1}{n(n+1)}$的敛散性.

解:写出部分和$s_n=\sum_{i=1}^{n}\frac{1}{i(i+1)}=\sum_{i=1}^{n}\left(\frac{1}{i}-\frac{1}{i+1}\right)=1-\frac{1}{n+1}$，有$\lim_{n\to\infty}s_n=1$，于是级数$\sum_{n=1}^{\infty}\frac{1}{n(n+1)}$收敛，其和为1.

推论 13.1.1 若级数$\{u_n\}$收敛⇔若级数$u_1+\sum_{n=1}^{\infty}(u_{n+1}-u_n)$收敛.

事实上，有级数的前n项部分和$s_n=u_{n+1}$，即知结论成立.

类似题:

(1)判定级数$\sum_{n=1}^{\infty}\frac{1}{\sqrt{n+1}+\sqrt{n}}$的敛散性.

解:提示$\frac{1}{\sqrt{n+1}+\sqrt{n}}=\sqrt{n+1}-\sqrt{n}$.

(2)判别级数的$\frac{3}{4}+\frac{5}{36}+\cdots+\frac{2n+1}{n^2(n+1)^2}+\cdots$敛散性.

解:提示$\frac{2n+1}{n^2(n+1)^2}=\frac{1}{n^2}-\frac{1}{(n+1)^2}$.

例 13.1.2 判定级数$\sum_{n=1}^{\infty}aq^{n-1}(a\neq 0)$的敛散性.

解:写出部分和$s_n=\sum_{i=1}^{n}aq^{n-1}=\frac{a(1-q^n)}{1-q}$.

当$|q|<1$时，有$\lim\limits_{n\to\infty}s_n=\dfrac{a}{1-q}$，于是级数 $\sum\limits_{n=1}^{\infty}aq^{n-1}(a\neq 0)$ 收敛，其和为$\dfrac{a}{1-q}$.

当$|q|\geqslant 1$时，有数列$\{s_n\}$发散.

2. 数项级数的性质

性质 13.1.1 若级数 $\sum\limits_{n=1}^{\infty}u_n$ 和 $\sum\limits_{n=1}^{\infty}v_n$ 均收敛，则级数 $\sum\limits_{n=1}^{\infty}(\lambda u_n+\mu v_n)$ 收敛，且

$$\sum_{n=1}^{\infty}(\lambda u_n+\mu v_n)=\sum_{n=1}^{\infty}\lambda u_n+\sum_{n=1}^{\infty}\mu v_n=\lambda\sum_{n=1}^{\infty}u_n+\mu\sum_{n=1}^{\infty}v_n,$$

其中λ,μ为实常数.

推论 13.1.2 若级数 $\sum\limits_{n=1}^{\infty}u_n$ 收敛和 $\sum\limits_{n=1}^{\infty}v_n$ 发散，则 $\sum\limits_{n=1}^{\infty}(u_n\pm v_n)$ 发散.

例如，$\sum\limits_{n=1}^{\infty}\left(\dfrac{1}{n(n+1)}+2^n\right)$ 是发散的.

性质 13.1.2 一个级数改变前有限项不改变其敛散性.

性质 13.1.3 若级数收敛，则任意加括号得到的新级数仍收敛且其和不变. 若级数收敛，但去括号则不能保证收敛，即敛散性不确定.

例如，级数 $\sum\limits_{n=1}^{\infty}(1+(-1))$ 收敛于0，而 $\sum\limits_{n=1}^{\infty}(-1)^{n-1}$ 发散.

3. 级数收敛的必要条件

定理 13.1.1 若级数 $\sum\limits_{n=1}^{\infty}u_n$ 收敛，则有$\lim\limits_{n\to\infty}u_n=0$. 反之不真.

比如 $\sum\limits_{n=1}^{\infty}\dfrac{1}{\sqrt{n+1}+\sqrt{n}}$ 发散，而$\lim\limits_{n\to\infty}\dfrac{1}{\sqrt{n+1}+\sqrt{n}}=0$.

利用此定理易判断下列级数

$$\sum_{n=1}^{\infty}(-1)^n\frac{n}{n+1},\ \sum_{n=1}^{\infty}n\sin\frac{1}{n}\ 和\ \sum_{n=1}^{\infty}\left(1-\frac{1}{n}\right)^n$$

均发散.

例 13.1.3 证明级数 $\sum_{n=1}^{\infty}\sin\frac{n\pi}{6}$ 发散.

证明:由于$\lim_{k\to\infty}\sin\frac{12k\pi}{6}=0$,$\lim_{k\to\infty}\sin\frac{(12k+3)\pi}{6}=1$,所以$\lim_{n\to\infty}\sin\frac{n\pi}{6}$不存在,于是级数 $\sum_{n=1}^{\infty}\sin\frac{n\pi}{6}$ 发散.

类似题:

证明级数 $\sum_{n=1}^{\infty}\sin n$ 发散.

解:反证,假设此级数收敛,必有$\lim_{n\to\infty}\sin n=0$,可得$\lim_{n\to\infty}\cos^2 n=1$.进一步,由于

$\sin(n+1)=\sin n\cos 1+\cos n\sin 1$,可得$\lim_{n\to\infty}\sin(n+1)\neq 0$,矛盾.

得证 $\sum_{n=1}^{\infty}\sin n$ 发散,证毕.

§ 13.2 数项级数的收敛判别法

13.2.1 正项级数的收敛判别法

1. 定义

定义 13.2.1 设级数 $\sum_{n=1}^{\infty}u_n$,若满足 $u_n\geqslant 0$,则称级数为正项级数.

特征:由于 $s_n\geqslant 0$,$s_{n+1}=s_n+u_{n+1}\geqslant s_n$,则为单调增数列 $\{s_n\}$.

2. 定理与应用

定理 13.2.1 正项级数 $\sum_{n=1}^{\infty}u_n$ 收敛的充分必要条件为数列$\{s_n\}$有上界.

注 13.2.1 正项级数 $\sum_{n=1}^{\infty}u_n$ 发散的充分必要条件为$\lim_{n\to\infty}s_n=+\infty$.

例 13.2.1 判别下列级数的敛散性.

(1) $\sum_{n=1}^{\infty}\frac{1}{2^n+1}$; (2) $\sum_{n=1}^{\infty}\frac{1}{\sqrt{n}}$; (3) $\sum_{n=1}^{\infty}\frac{1}{n}$.

解:(1)易知级数为正项级数,计算

$$s_n=\sum_{i=1}^{n}\frac{1}{2^i+1}<\sum_{i=1}^{n}\frac{1}{2^i}=\frac{1}{2}\frac{1-\frac{1}{2^n}}{1-\frac{1}{2}}=1-\frac{1}{2^n}<1,$$

于是级数 $\sum_{n=1}^{\infty}\frac{1}{2^n+1}$ 收敛.

(2)级数为正项级数,计算

$$s_n=\sum_{i=1}^{n}\frac{1}{\sqrt{i}}>2\sum_{i=1}^{n}\frac{1}{\sqrt{i}+\sqrt{i+1}}=2\sum_{i=1}^{n}(\sqrt{i+1}-\sqrt{i})$$

$$=2(\sqrt{n+1}-1),$$

有 $\lim\limits_{n\to\infty}s_n=+\infty$,于是 $\sum_{n=1}^{\infty}\frac{1}{\sqrt{n}}$ 发散.

(3)由于

$$1>\frac{1}{2},\frac{1}{2}=\frac{1}{2},\frac{1}{3}+\frac{1}{4}>\frac{1}{2},\frac{1}{5}+\frac{1}{6}+\frac{1}{7}+\frac{1}{8}>\frac{1}{2},\cdots,$$

易知 $\lim\limits_{n\to\infty}s_n=+\infty$,于是 $\sum_{n=1}^{\infty}\frac{1}{n}$ 发散.

定理 13.2.2(比较判别法)　设 $\sum_{n=1}^{\infty}u_n$ 和 $\sum_{n=1}^{\infty}v_n$ 均为正项级数,若满足 $u_n\leqslant v_n(n=1,2,\cdots)$,则

(1)当 $\sum_{n=1}^{\infty}v_n$ 收敛时,有 $\sum_{n=1}^{\infty}u_n$ 收敛.

(2)当 $\sum_{n=1}^{\infty}u_n$ 发散时,有 $\sum_{n=1}^{\infty}v_n$ 发散.

注 13.2.2

(1)定理 13.2.2 中若条件改为“$\exists K\in\mathbf{N},n\geqslant K$ 满足 $u_n\leqslant cv_n(c>0)$”则结论一样成立.

(2)在定理中一般取一个正项级数为 $\sum_{n=1}^{\infty}\frac{1}{n^p}(p>0)$ 或 $\sum_{n=1}^{\infty}q^n(q>0)$.

(3)设 $0\leqslant a_n\leqslant M$,若正项级数 $\sum_{n=1}^{\infty}u_n$ 收敛,则级数 $\sum_{n=1}^{\infty}a_nu_n$ 收敛.

当学过绝对收敛时，特别地，设$\lim\limits_{n\to\infty}a_n=l$，若正项级数 $\sum\limits_{n=1}^{\infty}u_n$ 收敛，则级数 $\sum\limits_{n=1}^{\infty}a_nu_n$ 收敛.

提示 1：$0\leqslant a_nu_n\leqslant Mu_n$；提示 2：$|a_nu_n|\leqslant Mu_n$ 和绝对收敛的概念.

(4)若正项级数 $\sum\limits_{n=1}^{\infty}u_n$ 收敛，则级数 $\sum\limits_{n=1}^{\infty}u_n^2$ 和级数 $\sum\limits_{n=1}^{\infty}\dfrac{u_n}{n}$ 收敛.

提示 1：利用上面(3)；提示 2：$2\dfrac{u_n}{n}\leqslant u_n^2+\dfrac{1}{n^2}$.

例 13.2.2 判别下列级数的敛散性.

(1) $\sum\limits_{n=1}^{\infty}\dfrac{1}{n^2+n+1}$； (2) $\sum\limits_{n=1}^{\infty}\dfrac{\sin\frac{1}{n}}{n^p}(p>0)$.

解：(1)易知 $\sum\limits_{n=1}^{\infty}\dfrac{1}{n^2+n+1}$ 为正项级数且$\dfrac{1}{n^2+n+1}<\dfrac{1}{n^2}$，而级数 $\sum\limits_{n=1}^{\infty}\dfrac{1}{n^2}$ 收敛，由比较判别法知 $\sum\limits_{n=1}^{\infty}\dfrac{1}{n^2+n+1}$ 收敛.

(2)易知 $\sum\limits_{n=1}^{\infty}\dfrac{\sin\frac{1}{n}}{n^p}(p>0)$ 为正项级数且$\dfrac{\sin\frac{1}{n}}{n^p}<\dfrac{1}{n^{1+p}}$，而级数 $\sum\limits_{n=1}^{\infty}\dfrac{1}{n^{1+p}}$ 收敛，由比较判别法知 $\sum\limits_{n=1}^{\infty}\dfrac{\sin\frac{1}{n}}{n^p}(p>0)$ 收敛.

例 13.2.3 证明 $\sum\limits_{n=1}^{\infty}u_n$ 发散，其中 $u_n=\int_0^1 x^nf(x)\mathrm{d}x$，这里 $f(x)$ 为区间$[0,1]$上正连续函数.

解：首先，由于 $f(x)$ 为区间$[0,1]$上正连续函数，所以存在最小值和最大值，有 $0<m\leqslant f(x)\leqslant M$. 其次，知 $\sum\limits_{n=1}^{\infty}u_n$ 为正项级数且 $u_n\geqslant m\int_0^1 x^n\mathrm{d}x=\dfrac{m}{n+1}$，而 $\sum\limits_{n=1}^{\infty}\dfrac{1}{n+1}$ 发散. 再者，由比较判别法知 $\sum\limits_{n=1}^{\infty}u_n$ 发散.

例 13.2.4 证明级数 $\sum\limits_{n=1}^{\infty}\left(1-\dfrac{u_n}{u_{n+1}}\right)$ 收敛，其中$\{u_n\}$为单调递增且有界的正数数列.

解：首先，依据题意$\{u_n\}$为单调递增且有界的正数数列，知 $\sum\limits_{n=1}^{\infty}\left(1-\dfrac{u_n}{u_{n+1}}\right)$ 为正项级数. 其次，估计一般项

$$1-\frac{u_n}{u_{n+1}}=\frac{u_{n+1}-u_n}{u_{n+1}}\leqslant\frac{u_{n+1}-u_n}{u_1},$$

而$\{u_n\}$数列收敛，所以有推论 13.1.1 知级数 $\sum\limits_{n=1}^{\infty}\dfrac{u_{n+1}-u_n}{u_1}$. 最后，由比较判别法知 $\sum\limits_{n=1}^{\infty}\left(1-\dfrac{u_n}{u_{n+1}}\right)$ 收敛.

类似题：

(1)证明 $\sum\limits_{n=1}^{\infty}u_n$ 收敛，其中 $u_n=\int_0^{\frac{1}{n}}\dfrac{x^p}{1+x^2}\mathrm{d}x(p>0)$.

解：易知 $\sum\limits_{n=1}^{\infty}u_n$ 为正项级数且

$$u_n\leqslant\int_0^{\frac{1}{n}}\frac{x^p}{1+0}\mathrm{d}x=\frac{1}{p+1}\cdot\frac{1}{n^{p+1}},$$

而 $\sum\limits_{n=1}^{\infty}\dfrac{1}{n^{p+1}}$ 收敛. 由比较判别法知 $\sum\limits_{n=1}^{\infty}u_n$ 收敛.

(2)设 $u_1=2, u_{n+1}=\dfrac{1}{2}\left(u_n+\dfrac{1}{u_n}\right)$，证明

(ⅰ) $\lim\limits_{n\to\infty}u_n$ 存在；

(ⅱ)级数 $\sum\limits_{n=1}^{\infty}\left(\dfrac{u_n}{u_{n+1}}-1\right)$ 收敛.

解：(ⅰ)首先，易知

$$u_n>0, u_{n+1}=\frac{1}{2}\left(u_n+\frac{1}{u_n}\right)\geqslant\frac{1}{2}2\sqrt{u_n\cdot\frac{1}{u_n}}=1, n\geqslant 1.$$

其次，计算

$$u_{n+1}-u_n=\frac{1}{2}(\frac{1}{u_n}-u_n)\leqslant 0,$$

所以数列$\{u_n\}$单调下降且有下界，故$\lim\limits_{n\to\infty}u_n$ 存在且大于等于 1.

(ⅱ)记一般项 $a_n=\frac{u_n}{u_{n+1}}-1=\frac{u_n-u_{n+1}}{u_{n+1}}\geqslant 0$，所以 $\sum\limits_{n=1}^{\infty}a_n$ 为正项级数. 同时有

$$a_n=\frac{u_n}{u_{n+1}}-1=\frac{u_n-u_{n+1}}{u_{n+1}}\leqslant u_n-u_{n+1}.$$

对于级数 $-u_1+\sum\limits_{n=1}^{\infty}(u_n-u_{n+1})$，其前 n 项部分和 $s_n=-u_{n+1}$，依据(ⅰ)知 $-u_1+\sum\limits_{n=1}^{\infty}(u_n-u_{n+1})$ 收敛. 进一步，由正项级数比较判别法知 $\sum\limits_{n=1}^{\infty}a_n$ 收敛.

(3)设有方程 $x^n+nx-1=0$，其中 n 为正整数. 证明：此方程存在唯一正根 x_n，并证明当 $p>1$ 时，级数 $\sum\limits_{n=1}^{\infty}x_n^p$ 收敛.

证：一方面，首先，记 $f(x)=x^n+nx-1$，有 $f(0)=-1$，$f\left(\frac{1}{n}\right)=\frac{1}{n^n}$，由零点定理知存在 $x_n\in\left(0,\frac{1}{n}\right)$ 有 $f(x_n)=0$. 其次，有 $f'(x)=nx^{n-1}+n>0$，所以正根 $x_n\in\left(0,\frac{1}{n}\right)$ 存在且唯一. 另一方面，有 $0<x_n^p<\left(\frac{1}{n}\right)^p$，而 $\sum\limits_{n=1}^{\infty}\frac{1}{n^p}(p>1)$ 收敛，所以由正项级数比较判别法知 $\sum\limits_{n=1}^{\infty}x_n^p$ 收敛.

定理 13.2.3(比较判别法的极限形式)

设 $\sum\limits_{n=1}^{\infty}u_n$ 和 $\sum\limits_{n=1}^{\infty}v_n$ 均为正项级数，且满足 $\lim\limits_{n\to\infty}\frac{u_n}{v_n}=l$.

(1)若 $0<l<+\infty$，则有 $\sum\limits_{n=1}^{\infty}u_n$ 和 $\sum\limits_{n=1}^{\infty}v_n$ 敛散性相同.

(2)当 $l=0$ 时，若 $\sum\limits_{n=1}^{\infty}v_n$ 收敛，则有 $\sum\limits_{n=1}^{\infty}u_n$ 收敛.

(3)当 $l=+\infty$ 时，若 $\sum u_n$ 收敛，则 $\sum v_n$ 收敛.

例 13.2.5 判别下列级数的敛散性

(1) $\sum\limits_{n=1}^{\infty}\sin\frac{1}{n}$； (2) $\sum\limits_{n=1}^{\infty}\ln\left(1+\frac{1}{n^2}\right)$； (3) $\sum\limits_{n=1}^{\infty}\frac{6^n}{7^n-5^n}$.

解:(1)易知 $\sum\limits_{n=1}^{\infty}\sin\frac{1}{n}$ 为正项级数,计算$\lim\limits_{n\to\infty}\frac{\sin\frac{1}{n}}{\frac{1}{n}}=1$,而级数 $\sum\limits_{n=1}^{\infty}\frac{1}{n}$ 发散,所以 $\sum\limits_{n=1}^{\infty}\sin\frac{1}{n}$ 发散.

(2)易知 $\sum\limits_{n=1}^{\infty}\ln\left(1+\frac{1}{n^2}\right)$ 为正项级数,计算$\lim\limits_{n\to\infty}\frac{\ln\left(1+\frac{1}{n^2}\right)}{\frac{1}{n^2}}=1$,而级数 $\sum\limits_{n=1}^{\infty}\frac{1}{n^2}$ 收敛,所以 $\sum\limits_{n=1}^{\infty}\ln\left(1+\frac{1}{n^2}\right)$ 收敛.

(3)易知 $\sum\limits_{n=1}^{\infty}\frac{6^n}{7^n-5^n}$ 为正项级数,改写 $u_n=\frac{6^n}{7^n-5^n}=\frac{\left(\frac{6}{7}\right)^n}{1-\left(\frac{5}{7}\right)^n}$,取 $v_n=\left(\frac{6}{7}\right)^n$,有$\lim\limits_{n\to\infty}\frac{u_n}{v_n}=1$,而级数 $\sum\limits_{n=1}^{\infty}\left(\frac{6}{7}\right)^n$ 收敛,所以 $\sum\limits_{n=1}^{\infty}\frac{6^n}{7^n-5^n}$ 收敛.

类似题:

(1)判别下列级数的敛散性

(ⅰ) $\sum\limits_{n=1}^{\infty}\left(1-\cos\frac{1}{n}\right)$;　　(ⅱ) $\sum\limits_{n=1}^{\infty}\left(\frac{\pi}{n}-\sin\frac{\pi}{n}\right)$;

(ⅲ) $\sum\limits_{n=1}^{\infty}\int_n^{n+1}e^{-\sqrt{x}}dx$;　　(ⅳ) $\sum\limits_{n=1}^{\infty}\frac{1}{1+a^n}(a>0)$.

解:(ⅰ)易知 $\sum\limits_{n=1}^{\infty}\left(1-\cos\frac{1}{n}\right)$ 为正项级数,计算$\lim\limits_{n\to\infty}\frac{1-\cos\frac{1}{n}}{\frac{1}{n^2}}=\lim\limits_{n\to\infty}\frac{2\sin^2\frac{1}{2n}}{\frac{1}{n^2}}=\frac{1}{2}$,而级数 $\sum\limits_{n=1}^{\infty}\frac{1}{n^2}$ 收敛,所以 $\sum\limits_{n=1}^{\infty}\left(1-\cos\frac{1}{n}\right)$ 收敛.

(ⅱ)易知 $\sum\limits_{n=1}^{\infty}\left(\frac{\pi}{n}-\sin\frac{\pi}{n}\right)$ 为正项级数,计算$\lim\limits_{x\to0^+}\frac{x-\sin x}{x^3}=\frac{1}{6}$,所以$\lim\limits_{x\to0^+}\frac{\frac{\pi}{n}-\sin\frac{\pi}{n}}{\left(\frac{\pi}{n}\right)^3}=\frac{1}{6}$而级数 $\sum\limits_{n=1}^{\infty}\frac{1}{n^3}$ 收敛,所以 $\sum\limits_{n=1}^{\infty}\left(\frac{\pi}{n}-\sin\frac{\pi}{n}\right)$ 收敛.

(ⅲ)易知 $\sum\limits_{n=1}^{\infty}\int_{n}^{n+1}\mathrm{e}^{-\sqrt{x}}\mathrm{d}x$ 为正项级数，令 $F(x)=\int_{0}^{x}\mathrm{e}^{-\sqrt{t}}\mathrm{d}t$，有 $\dfrac{F(n+1)-F(n)}{(n+1)-n}=\mathrm{e}^{-\sqrt{\xi_n}}<\mathrm{e}^{-\sqrt{n}}(n<\xi_n<n+1)$，又 $\lim\limits_{x\to+\infty}\dfrac{\mathrm{e}^{-\sqrt{x}}}{\dfrac{1}{x^2}}=\lim\limits_{u\to+\infty}\dfrac{u^4}{\mathrm{e}^u}=0$，而级数 $\sum\limits_{n=1}^{\infty}\dfrac{1}{n^2}$ 收敛，所以 $\sum\limits_{n=1}^{\infty}\int_{n}^{n+1}\mathrm{e}^{-\sqrt{x}}\mathrm{d}x$ 收敛.

(提示:也可利用分部积分计算 $\int_{n}^{n+1}\mathrm{e}^{-\sqrt{x}}\mathrm{d}x$)

(ⅳ)易知 $\sum\limits_{n=1}^{\infty}\dfrac{1}{1+a^n}(a>0)$ 为正项级数，当 $a<1$ 时，有 $\lim\limits_{n\to\infty}\dfrac{1}{1+a^n}=1$，当 $a=1$ 时，有 $\lim\limits_{n\to\infty}\dfrac{1}{1+a^n}=\dfrac{1}{2}$，所以两情形是级数 $\sum\limits_{n=1}^{\infty}\dfrac{1}{1+a^n}$ 发散，当 $a>1$ 时，有 $\lim\limits_{n\to\infty}\dfrac{\dfrac{1}{1+a^n}}{\dfrac{1}{a^n}}=1$，而级数 $\sum\limits_{n=1}^{\infty}\dfrac{1}{a^n}$ 收敛，于是级数 $\sum\limits_{n=1}^{\infty}\dfrac{1}{1+a^n}$ 收敛.

(2)设 $a_n\neq0$，且 $\lim\limits_{n\to\infty}a_n=a\neq0$. 证明:级数 $\sum\limits_{n=1}^{\infty}|a_{n+1}-a_n|$ 与级数 $\sum\limits_{n=1}^{\infty}\left|\dfrac{1}{a_{n+1}}-\dfrac{1}{a_n}\right|$ 敛散性相同.

证:易知级数 $\sum\limits_{n=1}^{\infty}|a_{n+1}-a_n|$ 与级数 $\sum\limits_{n=1}^{\infty}\left|\dfrac{1}{a_{n+1}}-\dfrac{1}{a_n}\right|$ 均为正项级数. 记 $u_n=|a_{n+1}-a_n|$ 和 $v_n=\left|\dfrac{1}{a_{n+1}}-\dfrac{1}{a_n}\right|=\dfrac{|a_{n+1}-a_n|}{|a_n a_{n+1}|}$，有 $\lim\limits_{n\to\infty}\dfrac{u_n}{v_n}=\lim\limits_{n\to\infty}|a_{n+1}a_n|=a^2\neq0$，于是级数 $\sum\limits_{n=1}^{\infty}|a_{n+1}-a_n|$ 与级数 $\sum\limits_{n=1}^{\infty}\left|\dfrac{1}{a_{n+1}}-\dfrac{1}{a_n}\right|$ 敛散性相同.

定理 13.2.4(比值判别法或达朗贝尔判别法) 设 $\sum\limits_{n=1}^{\infty}u_n$ 为正项级数，且满足 $\lim\limits_{n\to\infty}\dfrac{u_{n+1}}{u_n}=l$.

(1)若 $l<1$，则有级数 $\sum\limits_{n=1}^{\infty}u_n$ 收敛.

(2)若 $l>1$,则有级数 $\sum\limits_{n=1}^{\infty} u_n$ 发散.

(3)若 $l=1$,则定理失效. 即级数 $\sum\limits_{n=1}^{\infty} u_n$ 有可能收敛也有可能发散. 比如,对于正项级数 $\sum\limits_{n=1}^{\infty} \dfrac{1}{n^p}(p>0)$,有 $\lim\limits_{n\to\infty}\dfrac{u_{n+1}}{u_n}=\lim\limits_{n\to\infty}\dfrac{\dfrac{1}{(n+1)^p}}{\dfrac{1}{n^p}}=1$,而级数 $\sum\limits_{n=1}^{\infty} \dfrac{1}{n^p}(p>0)$ 的敛散性与 p 有关.

定理 13.2.5(根值判别法或柯西判别法)　设 $\sum\limits_{n=1}^{\infty} u_n$ 为正项级数,且满足 $\lim\limits_{n\to\infty}\sqrt[n]{u_n}=l$.

(1)若 $l<1$,则有级数 $\sum\limits_{n=1}^{\infty} u_n$ 收敛.

(2)若 $l>1$,则有级数 $\sum\limits_{n=1}^{\infty} u_n$ 发散.

(3)若 $l=1$,则定理失效. 即级数 $\sum\limits_{n=1}^{\infty} u_n$ 有可能收敛也有可能发散. 比如,对于正项级数 $\sum\limits_{n=1}^{\infty} \dfrac{1}{n^p}(p>0)$,有 $\lim\limits_{n\to\infty}\sqrt[n]{u_n}=\lim\limits_{n\to\infty}\dfrac{1}{(\sqrt[n]{n})^p}=1$,而级数 $\sum\limits_{n=1}^{\infty} \dfrac{1}{n^p}(p>0)$ 的敛散性与 p 有关.

例 13.2.6　判别下列级数的敛散性

(1) $\sum\limits_{n=1}^{\infty} \dfrac{n+1}{1+2^n}$;　　(2) $\sum\limits_{n=1}^{\infty} \dfrac{a^n\cdot n!}{n^n}(a>0)$;

(3) $\sum\limits_{n=1}^{\infty} \left(\dfrac{1}{1+a}\right)^n(a\geqslant 0)$;　(4) $\sum\limits_{n=1}^{\infty} \dfrac{n^{\ln n}}{(\ln n)^n}$.

解:(1)记 $u_n=\dfrac{n+1}{1+2^n}>0$,计算

$$\lim_{n\to\infty}\frac{u_{n+1}}{u_n}=\lim_{n\to\infty}\frac{\dfrac{n+2}{1+2^{n+1}}}{\dfrac{n+1}{1+2^n}}=\lim_{n\to\infty}\frac{n+2}{n+1}\cdot\frac{1+2^n}{1+2^{n+1}}=\frac{1}{2}<1,$$

由比值判别法知级数 $\sum\limits_{n=1}^{\infty} \dfrac{n+1}{1+2^n}$ 收敛.

(2)记 $u_n=\dfrac{a^n\cdot n!}{n^n}>0$,计算

$$\lim_{n\to\infty}\frac{u_{n+1}}{u_n}=\lim_{n\to\infty}\frac{\dfrac{a^{n+1}\cdot(n+1)!}{(n+1)^{n+1}}}{\dfrac{a^n\cdot n!}{n^n}}=\lim_{n\to\infty}\frac{a}{\left(1+\dfrac{1}{n}\right)^n}=\frac{a}{\mathrm{e}}.$$

由比值判别法知:当 $a<\mathrm{e}$ 时,级数 $\sum\limits_{n=1}^{\infty}\dfrac{a^n\cdot n!}{n^n}$ 收敛;当 $a>\mathrm{e}$ 时,级数 $\sum\limits_{n=1}^{\infty}\dfrac{a^n\cdot n!}{n^n}$ 发散.进一步,当 $a=\mathrm{e}$ 时,$\lim\limits_{n\to\infty}\dfrac{u_{n+1}}{u_n}=\lim\limits_{n\to\infty}\dfrac{a}{\left(1+\dfrac{1}{n}\right)^n}=1$,而数列 $\left\{\left(1+\dfrac{1}{n}\right)^n\right\}$ 为严格单调增,所以 $u_{n+1}>u_n$,故数列 $\{u_n\}$ 为严格单调增数列,因此数列 $\{u_n\}$ 的极限不可能收敛于 0,于是级数 $\sum\limits_{n=1}^{\infty}\dfrac{a^n\cdot n!}{n^n}$ 发散.

(3)记 $u_n=\left(\dfrac{1}{1+a}\right)^n>0$,计算 $\lim\limits_{n\to\infty}\sqrt[n]{u_n}=\dfrac{1}{1+a}$,由根值判别法知:当 $a>0$ 时,级数 $\sum\limits_{n=1}^{\infty}\left(\dfrac{1}{1+a}\right)^n$ 收敛;当 $a=0$ 时,因此数列 $\{u_n\}$ 的极限收敛于 1,于是级数 $\sum\limits_{n=1}^{\infty}\left(\dfrac{1}{1+a}\right)^n$ 发散.

(4)记 $u_n=\dfrac{n^{\ln n}}{(\ln n)^n}>0$,计算

$$\lim_{n\to\infty}\sqrt[n]{u_n}=\lim_{n\to\infty}\frac{n^{\frac{\ln n}{n}}}{\ln n}=\lim_{n\to\infty}\frac{\mathrm{e}^{\frac{(\ln n)^2}{n}}}{\ln n},$$

而

$$\lim_{x\to+\infty}\frac{(\ln x)^2}{x}=\lim_{x\to+\infty}\frac{2\ln x}{x}=2\lim_{x\to+\infty}\frac{1}{x}=0,$$

所以有 $\lim\limits_{n\to\infty}\sqrt[n]{u_n}=0$,由根值判别法知级数 $\sum\limits_{n=1}^{\infty}\dfrac{n^{\ln n}}{(\ln n)^n}$ 收敛.

类似题:

判别下列级数的敛散性.

(1) $\sum\limits_{n=1}^{\infty}\dfrac{a^n}{\prod\limits_{k=1}^{n}(1+a^k)}(a>0)$;　(2) $\sum\limits_{n=1}^{\infty}\dfrac{1}{2^n}\left(1+\dfrac{1}{n}\right)^{n^2}$.

解：(1)记 $u_n=\dfrac{a^n}{\prod\limits_{k=1}^{n}(1+a^k)}>0$，计算

$$\lim_{n\to\infty}\frac{u_{n+1}}{u_n}=\lim_{n\to\infty}\frac{\dfrac{a^{n+1}}{\prod\limits_{k=1}^{n+1}(1+a^k)}}{\dfrac{a^n}{\prod\limits_{k=1}^{n}(1+a^k)}}=\lim_{n\to\infty}\frac{a}{1+a^{n+1}}=\begin{cases}a, & 0<a<1,\\ \dfrac{1}{2}, & a=1,\\ 0, & a>1,\end{cases}$$

由比值判别法知级数 $\sum\limits_{n=1}^{\infty}\dfrac{a^n}{\prod\limits_{k=1}^{n}(1+a^k)}(a>0)$ 收敛.

(2)记 $u_n=\dfrac{1}{2^n}\left(1+\dfrac{1}{n}\right)^{n^2}>0$，计算 $\lim\limits_{n\to\infty}\sqrt[n]{u_n}=\dfrac{1}{2}\lim\limits_{n\to\infty}\left(1+\dfrac{1}{n}\right)^n$ $=\dfrac{e}{2}>1$，由根值判别法知级数 $\sum\limits_{n=1}^{\infty}\dfrac{1}{2^n}\left(1+\dfrac{1}{n}\right)^{n^2}$ 发散.

13.2.2 交错级数收敛判别法

1. 定义

定义 13.2.2 设 $u_n>0$，形如 $\sum\limits_{n=1}^{\infty}(-1)^{n-1}u_n$ 或 $\sum\limits_{n=1}^{\infty}(-1)^n u_n$，均称为交错级数. 以下仅讨论 $\sum\limits_{n=1}^{\infty}(-1)^{n-1}u_n$ 情形.

2. 判别法

定理 13.2.6（莱布尼兹判别法） 设有交错级数 $\sum\limits_{n=1}^{\infty}(-1)^{n-1}u_n$，其中 $u_n>0$，若 $\lim\limits_{n\to\infty}u_n=0$ 且 $u_{n+1}\leqslant u_n$，则级数 $\sum\limits_{n=1}^{\infty}(-1)^n u_n$ 收敛.

例 13.2.7 判别下列级数的敛散性.

(1) $\sum\limits_{n=2}^{\infty}\dfrac{(-1)^n}{n-\ln n}$；　　(2) $\sum\limits_{n=3}^{\infty}\sin\left(n\pi+\dfrac{1}{\ln n}\right)$.

解：(1)易知 $\sum\limits_{n=2}^{\infty}\dfrac{(-1)^n}{n-\ln n}$ 为交错级数，记 $u_n=\dfrac{1}{n-\ln n}$，计算 $\lim\limits_{n\to\infty}u_n=0$，且有

$$\left(\frac{1}{x-\ln x}\right)'=\frac{-\left(1-\frac{1}{x}\right)}{(x-\ln x)^2}<0(x>1),$$

即有 $u_{n+1}\leqslant u_n$，于是由莱布尼兹判别法知级数 $\sum\limits_{n=2}^{\infty}\frac{(-1)^n}{n-\ln n}$ 收敛.

（2）由于 $\sum\limits_{n=3}^{\infty}\sin(n\pi+\frac{1}{\ln n})=\sum\limits_{n=3}^{\infty}(-1)^n\sin\frac{1}{\ln n}$，所以 $\sum\limits_{n=3}^{\infty}\sin(n\pi+\frac{1}{\ln n})$ 为交错级数，记 $u_n=\sin\frac{1}{\ln n}$，计算 $\lim\limits_{n\to\infty}u_n=0$，且有 $\left(\sin\frac{1}{\ln x}\right)'=\cos\frac{1}{\ln x}\cdot\frac{-\frac{1}{x}}{(\ln x)^2}<0(x\geqslant 3)$，即 $u_{n+1}\leqslant u_n$，于是由莱布尼兹判别法知级数 $\sum\limits_{n=2}^{\infty}(-1)^n\sin\frac{1}{\ln n}$ 收敛.

类似题：

判别下列级数的敛散性.

(1) $\sum\limits_{n=1}^{\infty}(-1)^n\ln\left(1+\frac{1}{\sqrt{n}}\right)$；(2) $\sum\limits_{n=1}^{\infty}\sin\left(n\pi+\frac{1}{\sqrt{n}}\right)$.

解：(1)易知 $\sum\limits_{n=1}^{\infty}(-1)^n\ln\left(1+\frac{1}{\sqrt{n}}\right)$ 为交错级数，记 $u_n=\ln\left(1+\frac{1}{\sqrt{n}}\right)$，计算 $\lim\limits_{n\to\infty}u_n=0$，且有

$$\left(\ln\left(1+\frac{1}{\sqrt{x}}\right)\right)'=\frac{\sqrt{x}}{\sqrt{x}+1}\cdot\left(-\frac{1}{2}x^{-\frac{3}{2}}\right)<0(x\geqslant 1),$$

即有 $u_{n+1}\leqslant u_n$，于是由莱布尼兹判别法知级数 $\sum\limits_{n=1}^{\infty}(-1)^n\ln\left(1+\frac{1}{\sqrt{n}}\right)$ 收敛.

(2)由于 $\sum\limits_{n=1}^{\infty}\sin\left(n\pi+\frac{1}{\sqrt{n}}\right)=\sum\limits_{n=1}^{\infty}(-1)^n\sin\frac{1}{\sqrt{n}}$，所以 $\sum\limits_{n=1}^{\infty}\sin\left(n\pi+\frac{1}{\sqrt{n}}\right)$ 为交错级数，记 $u_n=\sin\frac{1}{\sqrt{n}}$，计算 $\lim\limits_{n\to\infty}u_n=0$，且有 $\left(\sin\frac{1}{\sqrt{x}}\right)'=\cos\frac{1}{\sqrt{x}}\cdot\left(\frac{-1}{2}x^{-\frac{3}{2}}\right)<0(x\geqslant 1)$，即有 $u_{n+1}\leqslant u_n$，于是由莱布尼兹判别法知级数 $\sum\limits_{n=1}^{\infty}\sin\left(n\pi+\frac{1}{\sqrt{n}}\right)$ 收敛.

13.2.3 绝对收敛与条件收敛

1. 定义

定义 13.2.3 若 $\sum\limits_{n=1}^{\infty}|u_n|$ 收敛，则称 $\sum\limits_{n=1}^{\infty}u_n$ 为绝对收敛.

定义 13.2.4 若 $\sum\limits_{n=1}^{\infty}u_n$ 收敛而 $\sum\limits_{n=1}^{\infty}|u_n|$ 发散，则称 $\sum\limits_{n=1}^{\infty}u_n$ 为条件收敛.

注 13.2.3 对于级数 $\sum\limits_{n=1}^{\infty}(-1)^n\dfrac{1}{n^P}(p>0)$，当 $0<p\leqslant 1$ 时，为条件收敛；当 $p>1$ 时，为绝对收敛.

2. 定理

定理 13.2.7 若级数 $\sum\limits_{n=1}^{\infty}|u_n|$ 收敛，则级数 $\sum\limits_{n=1}^{\infty}u_n$ 一定收敛. 反之不真.

例如，$\sum\limits_{n=1}^{\infty}(-1)^n\dfrac{1}{n}$ 收敛，而 $\sum\limits_{n=1}^{\infty}\dfrac{1}{n}$ 发散.

证明：事实上，由于 $0\leqslant u_n+|u_n|\leqslant 2|u_n|$，所以 $\sum\limits_{n=1}^{\infty}(u_n+|u_n|)$ 和 $\sum\limits_{n=1}^{\infty}2|u_n|$ 均为正项级数，于是依据级数 $\sum\limits_{n=1}^{\infty}|u_n|$ 收敛，易得 $\sum\limits_{n=1}^{\infty}(u_n+|u_n|)$ 收敛，利用级数加减运算性质知级数 $\sum\limits_{n=1}^{\infty}u_n$ 一定收敛.

例 13.2.8 判别级数 $\sum\limits_{n=1}^{\infty}\dfrac{1}{n^2}\sin\left(\dfrac{n\pi}{3}\right)$ 的敛散性.

解：首先，分析知此级数既不是正项级数又不是交错级数. 其次研究正项级数 $\sum\limits_{n=1}^{\infty}\left|\dfrac{1}{n^2}\sin\left(\dfrac{n\pi}{3}\right)\right|$ 的敛散性，由于 $\left|\dfrac{1}{n^2}\sin\left(\dfrac{n\pi}{3}\right)\right|\leqslant\dfrac{1}{n^2}$，而 $\sum\limits_{n=1}^{\infty}\dfrac{1}{n^2}$ 收敛，依据比较判别法知 $\sum\limits_{n=1}^{\infty}\left|\dfrac{1}{n^2}\sin\left(\dfrac{n\pi}{3}\right)\right|$. 最后，由定理 13.2.7知 $\sum\limits_{n=1}^{\infty}\dfrac{1}{n^2}\sin\left(\dfrac{n\pi}{3}\right)$ 收敛.

例 13.2.9 证明级数 $\sum\limits_{n=1}^{\infty}\sin(n\pi+\frac{1}{n^p})(0<p\leqslant 1)$ 条件收敛.

证: 一方面,由于 $\sum\limits_{n=1}^{\infty}\sin(n\pi+\frac{1}{n^p})=\sum\limits_{n=1}^{\infty}(-1)^n\sin\frac{1}{n^p}$,所以 $\sum\limits_{n=1}^{\infty}\sin\left(n\pi+\frac{1}{n^p}\right)$ 为交错级数,记 $u_n=\sin\frac{1}{n^p}$,计算 $\lim\limits_{n\to\infty}u_n=0$,且有 $\left(\sin\frac{1}{x^p}\right)'=\cos\frac{1}{x^p}\cdot(-px^{-p-1})<0(x\geqslant 1)$,即 $u_{n+1}\leqslant u_n$,于是由莱布尼兹判别法知级数 $\sum\limits_{n=1}^{\infty}\sin\left(n\pi+\frac{1}{n^p}\right)$ 收敛.

另一方面,有 $\sum\limits_{n=1}^{\infty}\left|\sin\left(n\pi+\frac{1}{n^p}\right)\right|=\sum\limits_{n=1}^{\infty}\sin\frac{1}{n^p}$ 为正项级数,记 $u_n=\sin\frac{1}{n^p}$,计算 $\lim\limits_{n\to\infty}\frac{u_n}{\frac{1}{n^p}}=1$,而级数发散 $\sum\limits_{n=1}^{\infty}\frac{1}{n^p}(0<p\leqslant 1)$,于是由比较判别法的极限形式知级数 $\sum\limits_{n=1}^{\infty}\left|\sin(n\pi+\frac{1}{n^p})\right|$ 发散.

综上知级数 $\sum\limits_{n=1}^{\infty}\sin\left(n\pi+\frac{1}{n^p}\right)$ 条件收敛.

例 13.2.10 设 $u_n=\int_0^{\frac{\pi}{4}}\tan^n x\,\mathrm{d}x$. 证明:级数 $\sum\limits_{n=1}^{\infty}(-1)^{n-1}u_n$ 条件收敛.

证: 易知级数 $\sum\limits_{n=1}^{\infty}(-1)^{n-1}u_n$ 为交错级数,计算 $u_n-u_{n+1}=\int_0^{\frac{\pi}{4}}\tan^n x(1-\tan x)\mathrm{d}x>0$,所以数列 $\{u_n\}$ 严格单调减. 进一步,有

$$u_n+u_{n+2}=\int_0^{\frac{\pi}{4}}\tan^n x(1+\tan^2 x)\mathrm{d}x=\int_0^{\frac{\pi}{4}}\tan^n x\sec^2 x\mathrm{d}x$$

$$=\int_0^{\frac{\pi}{4}}\tan^n x\,\mathrm{d}\tan x=\frac{1}{n+1}.$$

这样,有

$$u_{n+2}<\frac{u_n+u_{n+2}}{2}=\frac{1}{2(n+1)},u_n>\frac{u_n+u_{n+2}}{2}=\frac{1}{2(n+1)}.$$

于是由莱布尼兹判别法和比较判别法知级数 $\sum_{n=1}^{\infty}(-1)^{n-1}u_n$ 条件收敛.

类似题：

(1)证明级数 $\sum_{n=1}^{\infty}(-1)^n\ln(1+\frac{1}{n^p})(0<p\leqslant 1)$ 条件收敛.

证：一方面，易知 $\sum_{n=1}^{\infty}(-1)^n\ln\left(1+\frac{1}{n^p}\right)$ 为交错级数，

记 $u_n=\ln\left(1+\frac{1}{n^p}\right)$，计算 $\lim\limits_{n\to\infty}u_n=0$，且有

$$\left(\ln\left(1+\frac{1}{x^p}\right)\right)'=\frac{x^p}{x^p+1}\cdot(-px^{-p-1})<0(x\geqslant 1),$$

即 $u_{n+1}\leqslant u_n$，于是由莱布尼兹判别法知级数 $\sum_{n=1}^{\infty}(-1)^n\ln\left(1+\frac{1}{n^p}\right)$ 收敛.

另一方面，有 $\sum_{n=1}^{\infty}\left|(-1)^n\ln\left(1+\frac{1}{n^p}\right)\right|=\sum_{n=1}^{\infty}\ln\left(1+\frac{1}{n^p}\right)$ 为正项级数，记 $u_n=\ln\left(1+\frac{1}{n^p}\right)$，计算 $\lim\limits_{n\to\infty}\frac{u_n}{\frac{1}{n^p}}=1$，而级数发散 $\sum_{n=1}^{\infty}\frac{1}{n^p}(0<p\leqslant 1)$，

于是由比较判别法的极限形式知级数 $\sum_{n=1}^{\infty}\ln\left(1+\frac{1}{n^p}\right)$ 发散.

综上知级数 $\sum_{n=1}^{\infty}(-1)^n\ln\left(1+\frac{1}{n^p}\right)(0<p\leqslant 1)$ 条件收敛.

(2)设 $u_n=\int_0^1\frac{x^n}{1+x}\mathrm{d}x$. 证明：级数 $\sum_{n=1}^{\infty}(-1)^{n-1}u_n$ 条件收敛.

证：易知级数 $\sum_{n=1}^{\infty}(-1)^{n-1}u_n$ 为交错级数，计算 $u_n-u_{n+1}=\int_0^1\frac{x^n}{1+x}(1-x)\mathrm{d}x>0$，所以数列 $\{u_n\}$ 严格单调减. 进一步，有

$$u_n+u_{n+1}=\int_0^1\frac{x^n}{1+x}(1+x)\mathrm{d}x=\int_0^1x^n\mathrm{d}x=\frac{1}{n+1},$$

这样，有

$$u_{n+1}<\frac{u_n+u_{n+1}}{2}=\frac{1}{2(n+1)},u_n>\frac{u_n+u_{n+1}}{2}=\frac{1}{2(n+1)}.$$

于是由莱布尼兹判别法和比较判别法知级数 $\sum\limits_{n=1}^{\infty}(-1)^{n-1}u_n$ 条件收敛.

最后给出两个绝对收敛级数的性质.

定理 13.2.8 若级数 $\sum\limits_{n=1}^{\infty}u_n$ 绝对收敛,则任意交换级数的各项次序后所得的新级数也绝对收敛,且其和不变.

定理 13.2.9 若级数 $\sum\limits_{n=1}^{\infty}u_n$ 和 $\sum\limits_{n=1}^{\infty}v_n$ 均绝对收敛,并设其和分别为 s 与 σ,则两个级数作柯西乘积的级数 $\sum\limits_{n=1}^{\infty}w_n=\sum\limits_{n=1}^{\infty}\left(\sum\limits_{k=1}^{n}u_k v_{n-k+1}\right)$ 绝对收敛,且其和为 $s\sigma$.

§13.3 幂级数

13.3.1 函数项级数的概念

定义 13.3.1 设 $u_n(x)(n=1,2,\cdots)$为定义在区间 I 上的函数,则$\{u_n(x)\}$称为区间 I 上的函数数列. 进一步,称 $\sum\limits_{n=1}^{\infty}u_n(x)$ 为区间 I 上的函数项级数.

定义 13.3.2 设 $x_0\in I$,若数项级数 $\sum\limits_{n=1}^{\infty}u_n(x_0)$ 收敛,则称 x_0 为函数项级数的收敛点,否则称为发散点. 进一步,若把函数项级数的所有收敛点放在一起构成集合 J,则称集合 J 为函数项级数的收敛域. 也就是说,$\forall\, x\in J$ 函数项级数 $\sum\limits_{n=1}^{\infty}u_n(x)$ 是收敛的,因而有一个确定的和 $s(x)$,即 $\sum\limits_{n=1}^{\infty}u_n(x)=s(x)(\forall\, x\in J)$. 又称 $s(x)$为函数项级数 $\sum\limits_{n=1}^{\infty}u_n(x)$ 的和函数.

例如,$u_n(x)=x^{n-1}(n=1,2,\cdots)$在区间 $I=\mathbf{R}$ 上有定义,当$-1<x_0<1$ 时,则有 $\sum\limits_{n=1}^{\infty}x_0^{n-1}=\dfrac{1}{1-x_0}$, 即数项级数 $\sum\limits_{n=1}^{\infty}x_0^{n-1}$ 收敛于$\dfrac{1}{1-x_0}$,因此

函数项级数 $\sum_{n=1}^{\infty} x^{n-1}$ 的收敛域为 $J=(-1,1)$，有 $\sum_{n=1}^{\infty} x^{n-1}=\frac{1}{1-x}$，即函数项级数的和函数为 $s(x)=\frac{1}{1-x}$.

注 13.3.1

(1)对于收敛域 J，一般有 $J\subseteq I$.

(2)对于收敛域 J，记 $r_n(x)=s(x)-\sum_{k=1}^{n} u_k(x)(\forall x\in J)$，则称其为函数项级数的余项.

13.3.2 幂级数及其收敛性

1. 定义

定义 13.3.3 形如 $\sum_{n=0}^{\infty} a_n(x-x_0)^n$，称为 $x-x_0$ 的幂级数，其中 $x_0,a_0,a_1,\cdots,a_n,\cdots$均为常数.

设 $t=x-x_0$，则有 $\sum_{n=0}^{\infty} a_n t^n$，称为幂级数的标准型.

下面仅讨论幂级数的标准型 $\sum_{n=0}^{\infty} a_n x^n$.

2. 定理

定理 13.3.1(阿贝尔定理) 设有幂级数 $\sum_{n=0}^{\infty} a_n x^n$. 若幂级数在 $x_0\neq 0$ 点处收敛，则幂级数 $\sum_{n=0}^{\infty} a_n x^n$ 在$(-|x_0|,|x_0|)$内绝对收敛；若幂级数在 x_0 点发散，则幂级数 $\sum_{n=0}^{\infty} a_n x^n$ 在$(-\infty,-|x_0|)$和$(|x_0|,+\infty)$上发散.

注 13.3.2

(1)证明过程要掌握.

(2)阿贝尔定理表明幂级数 $\sum_{n=0}^{\infty} a_n x^n$ 的收敛区间是一个以原点为中心的对称区间(可以是单点，有穷或无穷).

3. 收敛半径,收敛区间与收敛域

定义 13.3.4 对于幂级数 $\sum_{n=0}^{\infty} a_n x^n$,若收敛域为单点,则记$R=0$;若收敛域有穷,则记收敛域的长度的一半为 R;若收敛域为无穷,则记为 $R=+\infty$;通常以上的 R 称为幂级数的收敛半径.

定义 13.3.5 若幂级数的收敛半径为 $R>0$,则称$(-R,R)$为收敛区间.

注 13.3.3

(1)收敛域与收敛区间的关系如下:

$$J=(-R,R)\cup\left\{x_0 \mid \sum_{n=1}^{\infty} a_n x_0^n \text{ 收敛,其中 } x_0=\pm R\right\}.$$

(2)对幂级数 $\sum_{n=0}^{\infty} a_n x^n$,收敛点、发散点、收敛半径及收敛域的关系如下:

若在 $x_0 \neq 0$ 点收敛,则幂级数 $\sum_{n=0}^{\infty} a_n x^n$ 在$(-|x_0|,|x_0|)$内绝对收敛;若在 x_0 点发散,则幂级数 $\sum_{n=0}^{\infty} a_n x^n$ 在$(-\infty,-|x_0|)$和$(|x_0|,+\infty)$上发散.进一步,若在 $x_0 \neq 0$ 点收敛,则 $R \geqslant |x_0|$;若在 x_0 点发散,则 $R \leqslant |x_0|$;

若其收敛半径为 R,则幂级数 $\sum_{n=0}^{\infty} a_n x^n$ 在$(-R,R)$内绝对收敛,在$(-\infty,-R)$和$(R,+\infty)$上发散.收敛区间$(-R,R)$补上 $x=-R$ 和 $x=R$ 中的收敛点即为收敛域.

定理 13.3.2 设有幂级数 $\sum_{n=0}^{\infty} a_n x^n$,$a_n \neq 0$ 且 $\lim_{n\to\infty}\left|\frac{a_{n+1}}{a_n}\right|=l$,若 $l \neq 0$,则 $R=\frac{1}{l}$;若 $l=0$,则约定 $R=+\infty$;$\lim_{n\to\infty}\left|\frac{a_{n+1}}{a_n}\right|=+\infty$,则约定 $R=0$.

4. 应用举例

(1)常规练习.

例 13.3.1 求下列幂级数的收敛域.

(1) $\sum_{n=1}^{\infty} \frac{x^n}{n!}$;　　(2) $\sum_{n=1}^{\infty} \frac{(x-3)^n}{\sqrt{n}}$.

解：(1)对于幂级数 $\sum\limits_{n=1}^{\infty}\frac{x^n}{n!}$，有 $a_n=\frac{1}{n!}\neq 0$，

计算$\lim\limits_{n\to\infty}\left|\frac{a_{n+1}}{a_n}\right|=\lim\limits_{n\to\infty}\frac{1}{n+1}=0$，所以收敛半径 $R=+\infty$，于是收敛域为$(-\infty,+\infty)$.

(2)令 $t=x-3$，考虑幂级数 $\sum\limits_{n=1}^{\infty}\frac{t^n}{\sqrt{n}}$，

有 $l=\lim\limits_{n\to\infty}\left|\frac{a_{n+1}}{a_n}\right|=\lim\limits_{n\to\infty}\frac{\sqrt{n}}{\sqrt{n+1}}=1$，所以 $R=\frac{1}{l}=1$.

当 $t=1$ 时，易知正项级数 $\sum\limits_{n=1}^{\infty}\frac{1}{\sqrt{n}}$ 发散；当 $t=-1$ 时，易知交错级数 $\sum\limits_{n=1}^{\infty}\frac{(-1)^n}{\sqrt{n}}$ 收敛. 于是幂级数 $\sum\limits_{n=1}^{\infty}\frac{(x-3)^n}{\sqrt{n}}$ 的收敛域为$[2,4)$.

例 13.3.2 求幂级数 $\sum\limits_{n=0}^{\infty}\frac{(2n)!}{(n!)^2}x^{2n}$ 的收敛半径.

解：对于幂级数 $\sum\limits_{n=0}^{\infty}\frac{(2n)!}{(n!)^2}x^{2n}$，这里 x^{2n+1} 前系数为 0，所以不能直接用定理 13.3.2 中的公式计算收敛半径. 只能用以下两方法计算收敛半径.

方法一，记 $u_n=\left|\frac{(2n)!}{(n!)^2}\right||x|^{2n}=\frac{(2n)!}{(n!)^2}x^{2n}$，研究正项级数 $\sum\limits_{n=1}^{\infty}u_n$ 的敛散性，计算

$$\lim_{n\to\infty}\frac{u_{n+1}}{u_n}=\lim_{n\to\infty}\frac{\frac{(2(n+1))!}{((n+1)!)^2}x^{2(n+1)}}{\frac{(2n)!}{(n!)^2}x^{2n}}=4x^2.$$

由达朗贝尔定理知，当 $4x^2<1$ 时，级数 $\sum\limits_{n=1}^{\infty}u_n$ 收敛；当 $4x^2>1$ 时级数发散. 依据收敛半径定义知 $R=\frac{1}{2}$.

方法二，由于 $\sum\limits_{n=0}^{\infty}\frac{(2n)!}{(n!)^2}x^{2n}$，令 $t=x^2$，有 $\sum\limits_{n=0}^{\infty}\frac{(2n)!}{(n!)^2}t^n$，这里 $a_n\neq 0$，所以计算$\lim\limits_{n\to\infty}\left|\frac{a_{n+1}}{a_n}\right|=4$，于是有 $R_t=\frac{1}{4}$，故有 $R_x=\frac{1}{2}$.

类似题:

(1)求下列幂级数的收敛域.

(ⅰ) $\sum\limits_{n=1}^{\infty} n!x^n$;　　(ⅱ) $\sum\limits_{n=1}^{\infty} \dfrac{(x-1)^n}{n^2}$.

解:(ⅰ)对于幂级数 $\sum\limits_{n=1}^{\infty} n!x^n$,有 $a_n=n!\neq 0$,

计算$\lim\limits_{n\to\infty}\left|\dfrac{a_{n+1}}{a_n}\right|=\lim\limits_{n\to\infty}(n+1)=+\infty$,所以收敛半径 $R=0$,于是收敛域仅为一点 $x=0$.

(ⅱ)令 $t=x-1$,考虑幂级数 $\sum\limits_{n=1}^{\infty}\dfrac{t^n}{n^2}$,

有 $l=\lim\limits_{n\to\infty}\left|\dfrac{a_{n+1}}{a_n}\right|=\lim\limits_{n\to\infty}\dfrac{n^2}{(n+1)^2}=1$,所以 $R=\dfrac{1}{l}=1$.

当 $t=1$ 时,易知正项级数 $\sum\limits_{n=1}^{\infty}\dfrac{1}{n^2}$ 收敛;当 $t=-1$ 时,易知交错级数 $\sum\limits_{n=1}^{\infty}\dfrac{(-1)^n}{n^2}$ 收敛. 于是幂级数 $\sum\limits_{n=1}^{\infty}\dfrac{(x-3)^n}{\sqrt{n}}$ 的收敛域为[0,2].

(2)求幂级数 $\sum\limits_{n=1}^{\infty}\dfrac{n}{(-3)^n+2^n}x^{2n+1}$ 的收敛域.

解:对于幂级数 $\sum\limits_{n=1}^{\infty}\dfrac{n}{(-3)^n+2^n}x^{2n+1}$,这里 x^{2n}前系数为 0,所以不能直接定理 13. 3. 2 中的公式计算收敛半径. 只能用以下两方法计算收敛半径.

方法一,记 $u_n=\left|\dfrac{n}{(-3)^n+2^n}\right||x|^{2n+1}$,研究正项级数 $\sum\limits_{n=1}^{\infty}u_n$ 的敛散性,计算

$$\begin{aligned}\lim_{n\to\infty}\frac{u_{n+1}}{u_n}&=\lim_{n\to\infty}\frac{n+1}{n}\left|\frac{(-3)^n+2^n}{(-3)^{n+1}+2^{n+1}}\right||x^2|\\&=\lim_{n\to\infty}\left|\frac{(-3)^n\left(1+\left(\frac{-2}{3}\right)^n\right)}{(-3)^{n+1}\left(1+\left(\frac{-2}{3}\right)^n\right)}\right||x^2|\\&=\frac{|x^2|}{3}.\end{aligned}$$

由达朗贝尔定理知，当$\frac{x^2}{3}<1$时，级数$\sum\limits_{n=1}^{\infty}u_n$收敛；当$\frac{x^2}{3}>1$时级数发散．依据收敛半径定义知$R=\sqrt{3}$．

进一步，当$x=\sqrt{3}$时，此时常数项级数$\sum\limits_{n=1}^{\infty}\frac{n}{(-3)^n+2^n}(\sqrt{3})^{2n+1}$ $=\sqrt{3}\left(\sum\limits_{n=1}^{\infty}\frac{n}{(-3)^n+2^n}3^n\right)$，易知，当$n\to\infty$时，知一般项极限不趋于0，所以级数$\sum\limits_{n=1}^{\infty}\frac{n}{(-3)^n+2^n}(\sqrt{3})^{2n+1}$发散．当$x=-\sqrt{3}$时，同理，也知级数$\sum\limits_{n=1}^{\infty}\frac{n}{(-3)^n+2^n}(-\sqrt{3})^{2n+1}$发散．于是收敛域为$(-\sqrt{3},\sqrt{3})$．

方法二，由于$\sum\limits_{n=1}^{\infty}\frac{n}{(-3)^n+2^n}x^{2n+1}=x\left(\sum\limits_{n=1}^{\infty}\frac{n}{(-3)^n+2^n}x^{2n}\right)$，令$t=x^2$，有$\sum\limits_{n=1}^{\infty}\frac{n}{(-3)^n+2^n}t^n$，这里$a_n\neq0$，所以计算$\lim\limits_{n\to\infty}\left|\frac{a_{n+1}}{a_n}\right|=\frac{1}{3}$，于是有$R_t=3$，故有$R_x=\sqrt{3}$．

（2）主题练习（与收敛点和发散点有关问题）

例 13.3.3　设幂级数$\sum\limits_{n=0}^{\infty}a_n(x-3)^n$在$x=0$点处收敛，在$x=6$点处发散，求幂级数$\sum\limits_{n=0}^{\infty}a_n(x-3)^n$的收敛域．

解：设$t=x-3$，有$\sum\limits_{n=0}^{\infty}a_nt^n$在$t=-3$点处收敛，在$t=3$点处发散，所以收敛半径$R=3$，收敛区间为$(-3,3)$，收敛域为$[-3,3)$．于是$\sum\limits_{n=0}^{\infty}a_n(x-3)^n$的收敛域为$[0,6)$．

例 13.3.4　已知幂级数$\sum\limits_{n=0}^{\infty}a_n(x-1)^n$在$x=-1$点处收敛，问幂级数在$x=2$点处绝对收敛吗？

解：设$t=x-1$，有$\sum\limits_{n=0}^{\infty}a_nt^n$在$t=-2$点处收敛，而$x=2$对应着点$t=2-1=1$，有$1<|-2|=2$，所以$\sum\limits_{n=0}^{\infty}a_nt^n$在$t=1$点处绝对收敛，即幂级数$\sum\limits_{n=0}^{\infty}a_n(x-1)^n$在$x=2$点处绝对收敛．

例 13.3.5 若幂级数 $\sum\limits_{n=1}^{\infty} a_n x^n$ 的收敛半径为 8，求 $\sum\limits_{n=1}^{\infty} a_n x^{3n+1}$ 的收敛半径.

解：对于幂级数 $\sum\limits_{n=1}^{\infty} a_n x^{3n+1}$，这里 x^{3n+2}，x^{3n+3} 的前系数为 0. 此幂级数改写为 $x\sum\limits_{n=1}^{\infty} a_n x^{3n}$，令 $u=x^3$，而 $\sum\limits_{n=1}^{\infty} a_n x^{3n} = \sum\limits_{n=1}^{\infty} a_n u^n$. 易知 $\sum\limits_{n=1}^{\infty} a_n u^n$ 的收敛半径为 8，则 $\sum\limits_{n=1}^{\infty} a_n x^{3n}$ 半径为 2，于是 $x\sum\limits_{n=1}^{\infty} a_n x^{3n}$ 半径也为 2，故 $\sum\limits_{n=1}^{\infty} a_n x^{3n+1}$ 的收敛半径为 2.

例 13.3.6 若幂级数 $\sum\limits_{n=1}^{\infty} (-1)^{n-1} \dfrac{(x-a)^n}{n}$ 当 $x>0$ 时发散，而当 $x=0$ 时收敛，求 a 为何值.

解：设 $t=x-a$，则幂级数写为 $\sum\limits_{n=1}^{\infty} (-1)^{n-1} \dfrac{t^n}{n}$，计算 $\lim\limits_{n\to\infty}\left|\dfrac{u_{n+1}}{u_n}\right| = \lim\limits_{n\to\infty}\dfrac{n}{n+1}=1$，因此有 $R=1$. 进一步，当 $t=-1$ 时，此时数项级数 $\sum\limits_{n=1}^{\infty} (-1)^{n-1} \dfrac{(-1)^n}{n} = -\sum\limits_{n=1}^{\infty} \dfrac{1}{n}$ 发散，当 $t=1$ 时，此时数项级数 $\sum\limits_{n=1}^{\infty} (-1)^{n-1} \dfrac{(1)^n}{n} = \sum\limits_{n=1}^{\infty} \dfrac{(-1)^{n-1}}{n}$ 为交错级数且收敛. 依题意知在 $t=a$ 点收敛，而又知幂级数 $\sum\limits_{n=1}^{\infty} (-1)^{n-1} \dfrac{t^n}{n}$ 在 $t>a$ 点发散，所以知 $t=1$ 对应 $x=0$，于是有 $1=0-a$，故有 $a=-1$.

13.3.3 幂级数的运算及性质

1. 四则运算

设幂级数 $\sum\limits_{n=0}^{\infty} a_n x^n$ 和 $\sum\limits_{n=0}^{\infty} b_n x^n$ 的收敛半径分别为 $R_1\neq 0$，$R_2\neq 0$ 且 $R_1\neq R_2$. 记 $R=\min\{R_1, R_2\}$

定义 13.3.6 在区间 $(-R,R)$ 上，定义加减法：

幂级数 $\sum\limits_{n=0}^{\infty} a_n x^n \pm \sum\limits_{n=0}^{\infty} b_n x^n = \sum\limits_{n=0}^{\infty} (a_n \pm b_n) x^n$.

定义乘法：

$$\left(\sum_{n=0}^{\infty} a_n x^n\right)\cdot\left(\sum_{n=0}^{\infty} b_n x^n\right)=\sum_{n=0}^{\infty} c_n x^n=\sum_{n=0}^{\infty}\left(\sum_{k=0}^{n} a_k b_{n-k}\right)x^n.$$

定义 13.3.7 定义除法：$\dfrac{\sum\limits_{n=0}^{\infty} a_n x^n}{\sum\limits_{n=0}^{\infty} b_n x^n}=\sum\limits_{n=0}^{\infty} d_n x^n$，

即有 $\sum\limits_{n=0}^{\infty} a_n x^n=\left(\sum\limits_{n=0}^{\infty} d_n x^n\right)\cdot\left(\sum\limits_{n=0}^{\infty} b_n x^n\right)$，

即有 $a_n=\sum\limits_{k=0}^{n} b_k d_{n-k}\,(n=0,1,2,\cdots)$ 解出 $d_1,d_2,\cdots$.

注 13.3.4

(1)两个幂级数的加、减和乘积均在区间$(-R,R)$上绝对收敛.

(2)乘积是用柯西乘积表示.

(3)除法的收敛区间有可能很小.

2. 幂级数的和函数 $s(x)$ 性质

定理 13.3.3 若幂级数 $\sum\limits_{n=0}^{\infty} a_n x^n$ 的收敛半径为 $R>0$，收敛域为 J，记其和函数为 $s(x)$. 则

(1)和函数 $s(x)$ 在收敛域 J 上连续. 即 $\lim\limits_{x\to x_0} s(x)=s(x_0)$. 即

$$\lim_{x\to x_0}\left(\sum_{n=0}^{\infty} a_n x^n\right)=\sum_{n=0}^{\infty} a_n\left(\lim_{x\to x_0} x^n\right)=\sum_{n=0}^{\infty} a_n x_0{}^n\,(x_0\in J).$$

这表明幂级数在收敛域 J 上求和符号与极限符号可以交换次序.

(2)和函数 $s(x)$ 在收敛区间$(-R,R)$上可导，且逐项求导后的幂级数收敛半径不变. 即

$$s'(x)=\left(\sum_{n=0}^{\infty} a_n x^n\right)'=\sum_{n=0}^{\infty}(a_n x^n)'=\sum_{n=1}^{\infty} n a_n x^{n-1}$$
$$(x\in(-R,R)).$$

这表明幂级数在收敛区间$(-R,R)$上求和符号与求导符号可以交换次序.

(3)和函数 $s(x)$ 在收敛区间$(-R,R)$上可积，且逐项求积分后

的幂级数收敛半径不变. 即

$$\int_0^x s(t)\mathrm{d}t = \int_0^x (\sum_{n=0}^{\infty} a_n t^n)\mathrm{d}t = \sum_{n=0}^{\infty} \int_0^x (a_n t^n)\mathrm{d}t = \sum_{n=0}^{\infty} \frac{a_n}{n+1} x^{n+1}$$

$$(x \in (-R,R)).$$

这表明幂级数在收敛区间$(-R,R)$上求和符号与求积分符号可以交换次序.

注 13.3.5

(1)逐项求导后幂级数的收敛域可能变小.

(2)逐项求积分后幂级数的收敛域可能变大.

3. 应用举例

(1)常规练习.

例 13.3.7 设幂级数 $\sum\limits_{n=1}^{\infty} a_n x^n$ 的收敛半径为 3,计算幂级数 $\sum\limits_{n=1}^{\infty} na_n (x-1)^n$ 的收敛区间.

解:令 $t=x-1$,则有 $\sum\limits_{n=1}^{\infty} na_n (x-1)^{n+1} = \sum\limits_{n=1}^{\infty} na_n t^{n+1} = t^2 \sum\limits_{n=1}^{\infty} na_n t^{n-1}$. 由于幂级数 $\sum\limits_{n=1}^{\infty} a_n t^n$ 的收敛半径为 3,所以其和函数 $s(x)$在收敛区间$(-3,3)$上可导,则有 $s'(x) = (\sum\limits_{n=1}^{\infty} a_n t^n)' = \sum\limits_{n=1}^{\infty} (a_n t^n)' = \sum\limits_{n=1}^{\infty} na_n t^{n-1}$,其收敛半径也为 3,于是幂级数 $\sum\limits_{n=1}^{\infty} na_n (x-1)^n$ 的收敛区间为$(-2,4)$.

例 13.3.8 求下列幂级数的和函数:

(1) $\sum\limits_{n=1}^{\infty} nx^n$; (2) $\sum\limits_{n=1}^{\infty} \frac{1}{n} x^n$; (3) $\sum\limits_{n=0}^{\infty} (n+1)^2 x^n$; (4) $\sum\limits_{n=1}^{\infty} \frac{n^2}{n!} x^n$.

解:(1)由于 $\lim\limits_{n\to\infty} \left|\frac{a_{n+1}}{a_n}\right| = 1$,所以收敛半径为 1,进一步知 $\sum\limits_{n=1}^{\infty} nx^n$ 在 $x=-1$, $x=1$ 两点处发散,所以幂级数的收敛域为$(-1,1)$. 记 $s(x) = \sum\limits_{n=1}^{\infty} nx^n = x\sum\limits_{n=1}^{\infty} nx^{n-1} = xs_1(x)$, $x \in (-1,1)$. 而幂级数的系数是关于 n 的有理整式,则一般用积分运算.

所以有

$$\int_0^x s_1(t)\mathrm{d}t=\int_0^x\Big(\sum_{n=1}^{\infty}nt^{n-1}\Big)\mathrm{d}t=\sum_{n=1}^{\infty}\Big(\int_0^x nt^{n-1}\mathrm{d}t\Big)$$

$$=\sum_{n=1}^{\infty}x^n=\frac{x}{1-x},x\in(-1,1).$$

这样，有

$$s_1(x)=\frac{\mathrm{d}\Big(\int_0^x s_1(t)\mathrm{d}t\Big)}{\mathrm{d}x}=\Big(\frac{x}{1-x}\Big)'=\frac{1}{(1-x)^2},x\in(-1,1).$$

于是，有 $s(x)=\frac{x}{(1-x)^2},x\in(-1,1)$. 同时，易知 $s(x)$ 在收敛域 $(-1,1)$ 上连续.

(2)由于 $\lim\limits_{n\to\infty}\left|\frac{a_{n+1}}{a_n}\right|=1$，所以收敛半径为1，进一步知 $\sum\limits_{n=1}^{\infty}\frac{1}{n}x^n$ 在 $x=-1$ 点处收敛，在 $x=1$ 点处发散，所以幂级数的收敛域为 $[-1,1)$. 记 $s(x)=\sum\limits_{n=1}^{\infty}\frac{1}{n}x^n,x\in[-1,1)$. 而幂级数的系数是关于 n 的有理分式，则一般用导数运算. 所以有

$$\frac{\mathrm{d}s(x)}{\mathrm{d}x}=\Big(\sum_{n=1}^{\infty}\frac{1}{n}x^n\Big)'=\sum_{n=1}^{\infty}\Big(\frac{1}{n}x^n\Big)'=\sum_{n=1}^{\infty}x^{n-1}$$

$$=\frac{1}{1-x},x\in(-1,1).$$

这样有

$$s(x)=\int_0^x s'(t)\mathrm{d}t+s(0)=\int_0^x\frac{1}{1-t}\mathrm{d}t+0$$

$$=-\ln(1-x),x\in[-1,1).$$

同时，易知 $s(x)$ 在收敛域 $[-1,1)$ 上连续.

(3)由于 $\lim\limits_{n\to\infty}\left|\frac{a_{n+1}}{a_n}\right|=1$，所以收敛半径为1，进一步知 $\sum\limits_{n=0}^{\infty}(n+1)^2x^n$ 在 $x=-1,x=1$ 两点处发散，所以幂级数的收敛域为 $(-1,1)$. 记 $s(x)=\sum\limits_{n=0}^{\infty}(n+1)^2x^n,x\in(-1,1)$. 而幂级数的系数是关于 n 的有理整式，则一般用积分运算. 所以有

$$\int_0^x s(t)\mathrm{d}t = \int_0^x \left(\sum_{n=0}^{\infty} (n+1)^2 t^n \right) \mathrm{d}t = \sum_{n=0}^{\infty} (n+1) \int_0^x (n+1) t^n \mathrm{d}x$$
$$= \sum_{n=0}^{\infty} (n+1) x^{n+1} = x \sum_{n=0}^{\infty} (n+1) x^n$$
$$= x s_1(x), x \in (-1,1).$$

而幂级数 $s_1(x) = \sum_{n=1}^{\infty} (n+1) x^n$ 的系数仍是关于 n 的有理整式，则同样用积分运算.

所以有

$$\int_0^x s_1(t)\mathrm{d}t = \int_0^x \sum_{n=0}^{\infty} (n+1) t^n \mathrm{d}x = \sum_{n=0}^{\infty} \int_0^x (n+1) t^n \mathrm{d}x$$
$$= \sum_{n=0}^{\infty} x^{n+1} = \frac{x}{1-x}, x \in (-1,1).$$

这样有

$$s_1(x) = \frac{\mathrm{d}\left(\int_0^x s_1(t)\mathrm{d}t \right)}{\mathrm{d}x} = \left(\frac{x}{1-x} \right)' = \frac{1}{(1-x)^2},$$

进一步,有

$$s(x) = \frac{\mathrm{d}\left(\int_0^x s(t)\mathrm{d}t \right)}{\mathrm{d}x} = \left(\frac{x}{(1-x)^2} \right)' = \frac{1+x}{(1-x)^2}, x \in (-1,1).$$

(4)由于$\lim_{n\to\infty} \left| \frac{a_{n+1}}{a_n} \right| = 0$,所以收敛半径为$\infty$,所以幂级数的收敛域为$(-\infty,\infty)$. 记 $s(x) = \sum_{n=1}^{\infty} \frac{n^2}{n!} x^n, x \in (-\infty,\infty)$. 而幂级数的系数出现了$\frac{1}{n!}$,则一般用 e^x 的麦克劳林展开式. 有

$$s(x) = \sum_{n=1}^{\infty} \frac{n^2}{n!} x^n = \sum_{n=1}^{\infty} \frac{n}{(n-1)!} x^n = \sum_{n=1}^{\infty} \frac{(n-1)+1}{(n-1)!} x^n$$
$$= \sum_{n=2}^{\infty} \frac{x^n}{(n-2)!} + \sum_{n=1}^{\infty} \frac{x^n}{(n-1)!} = x^2 \sum_{n=0}^{\infty} \frac{x^n}{n!} + x \sum_{n=0}^{\infty} \frac{x^n}{n!}$$
$$= x(x+1)\mathrm{e}^x, \forall x \in \mathbf{R}.$$

例 13.3.9 求幂级数 $1 + \sum_{n=1}^{\infty} (-1)^n \frac{x^{2n}}{2n}, x \in (-1,1)$的和函数 $s(x)$及其极值.

解：易知收敛区间和收敛域分别为$(-1,1)$及$[-1,1]$，记$s(x)=1+\sum\limits_{n=1}^{\infty}(-1)^n\frac{x^{2n}}{2n}$. 幂级数的系数$\frac{1}{2n}$为有理分式，则一般用导数运算. 所以有

$$\frac{\mathrm{d}s(x)}{\mathrm{d}x}=\left(1+\sum_{n=1}^{\infty}(-1)^n\frac{x^{2n}}{2n}\right)'=\sum_{n=1}^{\infty}(-1)^n\left(\frac{x^{2n}}{2n}\right)'$$

$$=\sum_{n=1}^{\infty}(-1)^n x^{2n-1}=\frac{-x}{1+x^2},x\in(-1,1).$$

所以有

$$s(x)=\int_0^x s'(t)\mathrm{d}t+s(0)=\int_0^x\frac{-t}{1+t^2}\mathrm{d}t+1$$

$$=1-\frac{1}{2}\ln(1+x^2),x\in[-1,1].$$

进一步，令$s'(x)=0$，有$x=0$，易知$x=0$为极大点，于是极大值为$s(0)=1$.

类似题：

求下列幂级数的和函数.

（ⅰ）$\sum\limits_{n=0}^{\infty}(2n+1)x^n$；（ⅱ）$\sum\limits_{n=1}^{\infty}\frac{1}{3n}x^{2n}$；（ⅲ）$\sum\limits_{n=1}^{\infty}(\frac{1}{2n+1}-1)x^{2n}$.

解：（ⅰ）由于$\lim\limits_{n\to\infty}\left|\frac{a_{n+1}}{a_n}\right|=1$，所以收敛半径为1，进一步知$\sum\limits_{n=1}^{\infty}(2n+1)x^n$在$x=-1,x=1$两点处发散，所以幂级数的收敛域为$(-1,1)$. 记

$$s(x)=\sum_{n=0}^{\infty}(2n+1)x^n=x\sum_{n=1}^{\infty}nx^{n-1}+\sum_{n=0}^{\infty}(n+1)x^n$$

$$=xs_1(x)+s_2(x),x\in(-1,1).$$

而幂级数的系数是关于n的有理整式，则一般用积分运算. 所以有

$$\int_0^x s_1(t)\mathrm{d}t=\int_0^x(\sum_{n=1}^{\infty}nt^{n-1})\mathrm{d}t=\sum_{n=1}^{\infty}\left(\int_0^x nt^{n-1}\mathrm{d}t\right)$$

$$=\sum_{n=1}^{\infty}x^n=\frac{x}{1-x},x\in(-1,1).$$

这样，有

$$s_1(x)=\frac{\mathrm{d}\left(\int_0^x s_1(t)\mathrm{d}t\right)}{\mathrm{d}x}=\left(\frac{x}{1-x}\right)'=\frac{1}{(1-x)^2},x\in(-1,1).$$

同理有

$$\int_0^x s_2(t)\mathrm{d}t=\int_0^x\left(\sum_{n=0}^{\infty}(n+1)t^n\right)\mathrm{d}t=\sum_{n=0}^{\infty}\left(\int_0^x(n+1)t^n\mathrm{d}t\right)$$

$$=\sum_{n=1}^{\infty}x^n=\frac{x}{1-x},x\in(-1,1).$$

这样，有

$$s_2(x)=\frac{\mathrm{d}\left(\int_0^x s_2(t)\mathrm{d}t\right)}{\mathrm{d}x}=\left(\frac{x}{1-x}\right)'=\frac{1}{(1-x)^2},x\in(-1,1).$$

于是，有 $s(x)=\frac{x+1}{(1-x)^2},x\in(-1,1)$. 同时，易知 $s(x)$ 于收敛域 $(-1,1)$ 上连续.

(ⅱ)由于奇数项前面为零，不能直接用公式求收敛半径，所以用达朗贝尔判别法 $\lim\limits_{n\to\infty}\left|\frac{\frac{x^{2(n+1)}}{3(n+1)}}{\frac{x^{2n}}{3n}}\right|=|x|^2$，有收敛半径为 1. 进一步知 $\sum\limits_{n=1}^{\infty}\frac{1}{3n}x^{2n}$ 在 $x=-1,x=1$ 两点处发散，所以幂级数的收敛域为 $(-1,1)$. 记 $s(x)=\sum\limits_{n=1}^{\infty}\frac{1}{3n}x^{2n},(-1,1)$. 而幂级数的系数是关于 n 的有理分式，则一般用导数运算. 所以有

$$\frac{\mathrm{d}s(x)}{\mathrm{d}x}=\left(\sum_{n=1}^{\infty}\frac{1}{3n}x^{2n}\right)'=\sum_{n=1}^{\infty}\left(\frac{1}{3n}x^{2n}\right)'=\frac{2}{3}\sum_{n=1}^{\infty}x^{2n-1}$$

$$=\frac{2}{3}\frac{x}{1-x^2},x\in(-1,1).$$

这样有

$$s(x)=\int_0^x s'(t)\mathrm{d}t+s(0)=\frac{1}{3}\int_0^x\frac{2t}{1-t^2}\mathrm{d}t+0$$

$$=-\frac{1}{3}\ln(1-x^2),x\in(-1,1).$$

同时，易知 $s(x)$ 于收敛域 $(-1,1)$ 上连续.

（ⅲ）由于奇数项前面为零，不能直接用公式求收敛半径，所以用达朗贝尔判别法$\lim\limits_{n\to\infty}\left|\dfrac{\dfrac{2(n+1)x^{2(n+1)}}{2(n+1)+1}}{\dfrac{2nx^{2n}}{2n+1}}\right|=|x|^2$，有收敛半径为 1. 进一步知$\sum\limits_{n=1}^{\infty}(\dfrac{1}{2n+1}-1)x^{2n}$在$x=-1,x=1$两点处发散，所以幂级数的收敛域为$(-1,1)$. 记

$$s(x)=\sum_{n=1}^{\infty}\left(\frac{1}{2n+1}-1\right)x^{2n}=\frac{1}{x}\sum_{n=1}^{\infty}\frac{1}{2n+1}x^{2n+1}-\sum_{n=1}^{\infty}x^{2n}$$
$$=\frac{1}{x}s_1(x)-s_2(x),(-1,1).$$

由$S_1(x)$形式，有

$$\frac{\mathrm{d}s_1(x)}{\mathrm{d}x}=\left(\sum_{n=1}^{\infty}\frac{1}{2n+1}x^{2n+1}\right)'=\sum_{n=1}^{\infty}\left(\frac{1}{2n+1}x^{2n+1}\right)'=\sum_{n=1}^{\infty}x^{2n}$$
$$=\frac{x^2}{1-x^2},x\in(-1,1).$$

即

$$s_1(x)=\int_0^x s_1'(t)\mathrm{d}t+s_1(0)=\int_0^x\frac{t^2}{1-t^2}\mathrm{d}t+0$$
$$=-x+\frac{1}{2}\ln\frac{1+x}{1-x},x\in(-1,1).$$

同时有$s_2(x)=\sum\limits_{n=1}^{\infty}x^{2n}=\dfrac{x^2}{1-x^2}$. 这样，有

$$s(x)=\begin{cases}0, & x=0,\\ \dfrac{1}{2x}\ln\dfrac{1+x}{1-x}-\dfrac{1}{1-x^2}, & 0<|x|<1.\end{cases}$$

(2)主题练习(与微分方程解有关问题).

例 13.3.10 （ⅰ）验证函数$y(x)=\sum\limits_{n=0}^{\infty}\dfrac{x^{3n}}{(3n)!}(-\infty<x<+\infty)$满足微分方程$y''+y'+y=\mathrm{e}^x$.

（ⅱ）利用上面的结论求幂级数$\sum\limits_{n=0}^{\infty}\dfrac{x^{3n}}{(3n)!}(-\infty<x<+\infty)$的和函数$y(x)$.

解：（ⅰ）易知幂级数的收敛半径为$R=+\infty$，在区间$(-\infty,+\infty)$

上逐项求导数，有

$$y'(x)=\Big(\sum_{n=0}^{\infty}\frac{x^{3n}}{(3n)!}\Big)'=\sum_{n=0}^{\infty}\frac{(x^{3n})'}{(3n)!}=\sum_{n=1}^{\infty}\frac{x^{3n-1}}{(3n-1)!},$$

$$y''(x)=\sum_{n=1}^{\infty}\frac{x^{3n-2}}{(3n-2)!}.$$

计算有

$$y''(x)+y'(x)+y(x)=\sum_{n=0}^{\infty}\frac{x^n}{n!}=e^x.$$

(ⅱ)由 $y''(x)+y'(x)+y(x)=e^x$，易知方程的通解为

$$y=e^{-\frac{x}{2}}\left(c_1\cos\frac{\sqrt{3}}{2}x+c_2\sin\frac{\sqrt{3}}{2}x\right)+\frac{1}{3}e^x.$$

此时，注意两点，一是线性微分方程通解包含所有解；二是 $y(x)$ 是方程的解但不含任何任意常数，所以它是一个特解. 这样必须知道初值条件为 $y(0)=1, y'(0)=0$，于是解得 $c_1=\frac{2}{3}, c_2=0$，故有

$$y(x)=\sum_{n=0}^{\infty}\frac{x^{3n}}{(3n)!}=\frac{2}{3}e^{-\frac{x}{2}}\cos\frac{\sqrt{3}}{2}x+\frac{1}{3}e^x.$$

类似题：

(1)已知 $f_n(x)$满足微分方程 $f_n'(x)=f_n(x)+x^{n-1}e^x$ 且初始条件 $f_n(1)=\frac{e}{n}, n\in\mathbf{N}$，求函数项级数 $\sum_{n=1}^{\infty}f_n(x)$ 的和.

解：易知 $f_n'(x)=f_n(x)+x^{n-1}e^x$ 为一阶非齐线性微分，其通解为 $f_n(x)=e^x\left(\frac{x^n}{n}+c\right)$，依据初值条件 $f_n(1)=\frac{e}{n}$，得 $f_n(x)=\frac{e^x x^n}{n}$. 进一步，有

$$\sum_{n=1}^{\infty}f_n(x)=\sum_{n=1}^{\infty}\frac{e^x x^n}{n}=e^x\left(\sum_{n=1}^{\infty}\frac{x^n}{n}\right)=e^x s(x).$$

易知 $\sum_{n=1}^{\infty}\frac{x^n}{n}$ 的收敛半径为 1，收敛域为[$-1,1$)，所以在收敛区间($-1,1$)上，有

$$s'(x)=\sum_{n=1}^{\infty}\left(\frac{x^n}{n}\right)'=\sum_{n=1}^{\infty}x^{n-1}=\frac{1}{1-x}.$$

于是有

$$s(x)=\int_0^x s'(t)\mathrm{d}t+s(0)=\int_0^x \frac{1}{1-t}\mathrm{d}x+0=-\ln(1-x).$$

又因为 $s(x)$ 与 $\ln(1-x)$ 在 $x=-1$ 处连续，所以知上述和函数公式在 $x=-1$ 处也成立，故有

$$\sum_{n=1}^{\infty} f_n(x)=-\mathrm{e}^x\ln(1-x),x\in[-1,1).$$

(2)设有幂级数 $\sum_{n=2}^{\infty}\frac{x^{2n}}{2^n n!}$，$x\in(-\infty,+\infty)$ 的和函数为 $s(x)$，求

(ⅰ)满足的一阶微分方程.

(ⅱ)函数 $s(x)$ 的表达式.

解：(ⅰ)易知幂级数的收敛半径为 $R=+\infty$，在区间 $(-\infty,+\infty)$ 上逐项求导数，有

$$s'(x)=\left(\sum_{n=2}^{\infty}\frac{x^{2n}}{2^n n!}\right)'=\sum_{n=2}^{\infty}\frac{(x^{2n})'}{2^n n!}=\sum_{n=2}^{\infty}\frac{x^{2n-1}}{2^{n-1}(n-1)!}$$

$$=x\left(\sum_{n=2}^{\infty}\frac{x^{2(n-1)}}{2^{n-1}(n-1)!}\right)=x\left(\frac{x^2}{2}+\sum_{n=2}^{\infty}\frac{x^{2n}}{2^n n!}\right)$$

$$=xs(x)+\frac{x^3}{2}.$$

令 $y=s(x)$，则知满足微分方程 $\begin{cases}\dfrac{\mathrm{d}y}{\mathrm{d}x}=xy+\dfrac{x^3}{2},\\ y(0)=0.\end{cases}$

(ⅱ)求解微分方程 $\begin{cases}\dfrac{\mathrm{d}y}{\mathrm{d}x}=xy+\dfrac{x^3}{2},\\ y(0)=0\end{cases}$ 的特解，有

$$y=s(x)=-\frac{x^2}{2}+\mathrm{e}^{\frac{x^2}{2}}-1.$$

13.3.4　函数的幂级数展开

关于函数的幂级数展开，这个问题从一定意义上可以说是幂级数求和的反问题，即对于已知函数，写出幂级数使其和函数为这个已知函数.

1. 麦克劳林级数

定义 13.3.8 若函数 $f(x)$在点 $x=0$ 处有任何阶导数,则称幂级数 $\sum_{n=0}^{\infty}\frac{f^{(n)}(0)}{n!}x^n$ 为函数 $f(x)$在点 $x=0$ 处的麦克劳林级数.

定义 13.3.9 若 $f(x)=\sum_{n=0}^{\infty}a_n x^n(x\in I)$,则称函数 $f(x)$在区域 I 上展开成幂级数.

定理 13.3.4 设函数 $f(x)$在点 $x=0$ 的一个邻域 $U(0,\delta)$内有任何阶导数,若泰勒公式中拉格朗日余项满足

$$\lim_{n\to\infty}R_n(x)=\lim_{n\to\infty}\frac{f^{(n+1)}(\xi)}{(n+1)!}(x-0)^{n+1}=0(x\in U(0,\delta)),$$

则函数 $f(x)$在邻域 $U(0,\delta)$上展开成幂级数.

2. 函数展开成幂级数

定理 13.3.5 对于函数 $f(x)$,若(1)幂级数 $\sum_{n=0}^{\infty}\frac{f^{(n)}(0)}{n!}x^n$ 的收敛域为 J,(2)存在 $M>0$ 满足 $|f^{(n)}(x)|\leqslant M,x\in I$. 则函数 $f(x)$的幂级数展开式为 $f(x)=\sum_{n=0}^{\infty}\frac{f^{(n)}(0)}{n!}x^n,\forall x\in I\cap J$.

注 13.3.6 重要性质:若 $f(x)$在区域 J 上展开成幂级数,即 $f(x)=\sum_{n=0}^{\infty}a_n x^n(x\in J)$. 则有 $f(x)=\sum_{n=0}^{\infty}\frac{f^{(n)}(0)}{n!}x^n(x\in J)$ 即 $a_n=\frac{f^{(n)}(0)}{n!}$. 所以对某些给定的函数 $f(x)$,求 $f^{(n)}(0)$的一种方法是:将 $f(x)$展开成幂级数 $f(x)=\sum_{n=0}^{\infty}a_n x^n(x\in J)$,则由它的系数 a_n可得 $f^{(n)}(0)=n!\ a_n$. 可见例 13.3.14.

函数的幂级数展开一般有两种方法.

第一种方法(直接法)

对于基本初等函数而言,首先计算 $f^{(n)}(0),n=1,2,\cdots$,其次写出幂级数 $\sum_{n=0}^{\infty}\frac{f^{(n)}(0)}{n!}x^n$,并计算收敛半径 R 和收敛域为 J,则函数

$f(x)$的幂级数展开式为

$$f(x)=\sum_{n=0}^{\infty}\frac{f^{(n)}(0)}{n!}x^n,\forall x\in I\cap J,$$

其中 I 为 $f(x)$定义域.

这样可得五个常见函数的幂级数展开：

(1) $e^x=\sum_{n=0}^{\infty}\frac{x^n}{n!},(-\infty<x<+\infty)$.

(2) $\sin x=\sum_{n=0}^{\infty}(-1)^n\frac{x^{2n+1}}{(2n+1)!},(-\infty<x<+\infty)$.

(3) $\cos x=\sum_{n=0}^{\infty}(-1)^n\frac{x^{2n}}{(2n)!},(-\infty<x<+\infty)$.

(4) $\ln(1+x)=\sum_{n=1}^{\infty}(-1)^{n-1}\frac{x^n}{n},(-1<x\leqslant 1)$.

(5) $(1+x)^{\alpha}=1+\alpha x+\frac{\alpha(\alpha-1)}{2!}x^2+\cdots+$

$$\frac{\alpha(\alpha-1)\cdots(\alpha-n+1)}{n!}x^n+\cdots,(-1<x<1).$$

特别的，$\frac{1}{1+x}=1-x+x^2-x^3+\cdots+(-1)^n x^n+\cdots,(-1<x<1)$

和

$$\frac{1}{1-x}=1+x+x^2+x^3+\cdots+x^n+\cdots,(-1<x<1).$$

第二种方法(间接法)

首先，主要是利用五个常用函数 $e^x,\sin x,\cos x,\ln(1+x)$，$(1+x)^{\alpha}$ 的麦克劳林级数，尤其注意函数$\frac{1}{1-x}$的麦克劳林级数，通过变量代换，有限次四则运算和复合运算，逐项求导，逐项积分和待定系数法等，得到初等函数的幂级数展开式. 其次，计算该级数的收敛域. 在初等函数的定义域 I 和幂级数收敛域 J 的公共区间 $I\cap J$(例如可见例 13.3.14 和例 13.3.15)上有函数的幂级数展开式.

3. 应用举例

(1)将有理函数展开成幂级数.

例 13.3.11 将函数 $f(x)=\frac{1}{x^2-3x+2}$展开成 x 的幂级数.

解: 首先初等函数 $f(x)=\dfrac{1}{x^2-3x+2}$ 的定义域为 $I=(-\infty,+\infty)-\{1,2\}$. 其次,由于 $x^2-3x+2=(x-1)(x-2)$,于是有

$$f(x)=\frac{1}{x^2-3x+2}=\frac{(x-1)-(x-2)}{x^2-3x+2}$$
$$=\frac{1}{1-x}-\frac{1}{2-x}=\frac{1}{1-x}-\frac{1}{2}\frac{1}{1-\frac{x}{2}}$$
$$=\sum_{n=0}^{\infty}x^n-\frac{1}{2}\sum_{n=0}^{\infty}\left(\frac{x}{2}\right)^n=\sum_{n=0}^{\infty}\left(1-\frac{1}{2^{n+1}}\right)x^n,$$

其中取 $|x|<1$ 和 $\left|\dfrac{x}{2}\right|<1$ 的公共区域,即为 $|x|<1$.

类似题:

(ⅰ)将函数 $f(x)=\dfrac{x}{2+x-x^2}$ 展开成 x 的幂级数,并指出其收敛区间.

(ⅱ)将函数 $f(x)=\dfrac{1}{x^2+3x+2}$ 在 $x=1$ 处展开成幂级数,并指出其收敛区间.

(提示:设 $u=x-1$,即 $x=u+1$,所以有

$$f(x)=\frac{1}{x^2+3x+2}=\frac{1}{u^2+5u+6}=\frac{1}{2+u}-\frac{1}{3+u},$$

将其展开成 u 的幂级数,然后代入 $u=x-1$ 即可)

(2)将对数型函数展开成幂级数.

例 13.3.12 将函数 $y=\ln(1+x+x^2)$ 展开成 x 的幂级数.

解: 对于初等函数 $y=\ln(1+x+x^2)$,仅在区间 $I=\{x<1\}$

由于

$$y=\ln(1+x+x^2)=\ln(1-x^3)-\ln(1-x),\quad x<1,$$

同时,有

$$y=\ln(1-x^3)=\sum_{n=1}^{\infty}(-1)^{n-1}\frac{(-x^3)^n}{n},\quad -1<-x^3\leqslant 1$$

和

$$\ln(1-x)=\sum_{n=1}^{\infty}(-1)^{n-1}\frac{(-x)^n}{n},\quad -1<-x\leqslant 1.$$

于是，有

$$y=\ln(1+x+x^2)=-\sum_{n=1}^{\infty}\frac{x^{3n}}{n}+\sum_{n=1}^{\infty}\frac{x^n}{n},\quad -1\leqslant x<1.$$

类似题（读者自行完成）：

（ⅰ）将函数 $y=\ln(1-x-2x^2)$展开成的 x 幂级数.

（ⅱ）将函数 $y=\ln(2x^2+x-3)$在 $x=3$ 处展开成幂级数.

(3)将三角函数展开成幂级数.

例 13.3.13 将函数$\sin^2 x$ 展开成的幂级数.

解：$\sin^2 x=\dfrac{1-\cos 2x}{2}=\dfrac{1}{2}-\dfrac{1}{2}\sum\limits_{n=0}^{\infty}(-1)^n\dfrac{(2x)^{2n}}{(2n)!}$, $x\in\mathbf{R}$.

(4)将反函数展开成幂级数.

例 13.3.14 将函数 $f(x)=\arctan\dfrac{1+x}{1-x}$展开成 x 的幂级数，并求 $f^{(n)}(0)$.

解：对于初等函数 $f(x)=\arctan\dfrac{1+x}{1-x}$，其定义域为 $I=(-\infty,+\infty)-\{1\}$.

由于

$$\frac{\mathrm{d}}{\mathrm{d}x}\left(\arctan\frac{1+x}{1-x}\right)=\frac{1}{1+x^2}=\sum_{n=0}^{\infty}(-1)^n x^{2n},$$

$$x^2<1.\text{即}-1<x<1$$

则在$-1<x<1$ 上计算，有

$$f(x)=\int_0^x f'(t)\mathrm{d}t+f(0)=\sum_{n=0}^{\infty}(-1)^n\int_0^x t^{2n}\mathrm{d}t+\frac{\pi}{4}$$

$$=\sum_{n=0}^{\infty}(-1)^n\frac{x^{2n+1}}{2n+1}+\frac{\pi}{4},$$

其中收敛域 $J=[-1,1]$. 故 $\forall x\in I\cap J=[-1,1)$，有

$$f(x)=\sum_{n=0}^{\infty}(-1)^n\frac{x^{2n+1}}{2n+1}+\frac{\pi}{4}.$$

进一步，由注 13.3.6 知，有

$$f^{(n)}(0)=\begin{cases}(-1)^m(2m)!, & n=2m+1,\\ 0, & n=2m.\end{cases}$$

例 13.3.15 将函数 $f(x)=\arctan\frac{1-2x}{1+2x}$展开成 x 的幂级数，同时求级数 $\sum_{n=0}^{\infty}(-1)^n\frac{1}{2n+1}$ 的和.

解:对于初等函数 $f(x)=\arctan\frac{1-2x}{1+2x}$,其定义域为

$I=(-\infty,+\infty)-\left\{-\frac{1}{2}\right\}$.

由于

$\frac{\mathrm{d}}{\mathrm{d}x}\left(\arctan\frac{1-2x}{1+2x}\right)=\frac{-2}{1+4x^2}=-2\left(\sum_{n=0}^{\infty}(-1)^n4^nx^{2n}\right)$,$4x^2<1$,即$-\frac{1}{2}<x<\frac{1}{2}$.

在$-\frac{1}{2}<x<\frac{1}{2}$上计算,有

$$f(x)=\int_0^x f'(t)\mathrm{d}t+f(0)=-2\sum_{n=0}^{\infty}(-1)^n4^n\int_0^x t^{2n}\mathrm{d}t+\frac{\pi}{4}$$
$$=-2\sum_{n=0}^{\infty}(-1)^n\frac{4^nx^{2n+1}}{2n+1}+\frac{\pi}{4},$$

其中幂级数$-2\sum_{n=0}^{\infty}(-1)^n\frac{4^nx^{2n+1}}{2n+1}+\frac{\pi}{4}$ 的收敛域为 $J=\left[-\frac{1}{2},\frac{1}{2}\right]$.

故$\forall x\in I\cap J=\left(-\frac{1}{2},\frac{1}{2}\right]$,有

$$f(x)=-2\sum_{n=0}^{\infty}(-1)^n\frac{4^nx^{2n+1}}{2n+1}+\frac{\pi}{4}.$$

于是 $f\left(\frac{1}{2}\right)=-\sum_{n=0}^{\infty}\frac{(-1)^n}{2n+1}+\frac{\pi}{4}=0$, 因此 $\sum_{n=0}^{\infty}\frac{(-1)^n}{2n+1}=\frac{\pi}{4}$.

类似题:

(ⅰ)将下列函数展开成 x 的幂级数.

①$y=\arctan x$.

②$y=\frac{1}{4}\ln\frac{1+x}{1-x}+\frac{1}{2}\arctan x-x$.

③$y=x\arctan x-\ln\sqrt{1+x^2}$.

解：①提示：$y=\arctan x$ 的定义域为 $I=(-\infty,+\infty)$，同时，有

$$\frac{\mathrm{d}y}{\mathrm{d}x}=\frac{1}{1+x^2}=\sum_{n=0}^{\infty}(-1)^n x^{2n}(|x|<1).$$

所以，在 $-1<x<1$ 上，有

$$y=\arctan x=\int_0^x\frac{1}{1+t^2}\mathrm{d}t=\sum_{n=0}^{\infty}(-1)^n\int_0^x t^{2n}\mathrm{d}t$$

$$=\sum_{n=0}^{\infty}(-1)^n\frac{x^{2n+1}}{2n+1}(|x|<1).$$

又 $\sum_{n=0}^{\infty}(-1)^n\frac{x^{2n+1}}{2n+1}$ 的收敛域为 $J=[-1,1]$.

于是，$\forall x\in I\cap J=[-1,1]$，有

$$y=\arctan x=\sum_{n=0}^{\infty}(-1)^n\frac{x^{2n+1}}{2n+1}.$$

另，进一步，有 $y(1)=\arctan 1=\sum_{n=0}^{\infty}(-1)^n\frac{1}{2n+1}$，

也即 $\sum_{n=0}^{\infty}(-1)^n\frac{1}{2n+1}=\frac{\pi}{4}$.

②提示：$\frac{\mathrm{d}y}{\mathrm{d}x}=\frac{x^4}{1-x^4}=\sum_{n=1}^{\infty}x^{4n}(|x|<1)$.

③提示：$\frac{\mathrm{d}y}{\mathrm{d}x}=\arctan x,\frac{\mathrm{d}^2y}{\mathrm{d}x^2}=\frac{1}{1+x^2}=\sum_{n=0}^{\infty}(-1)^n x^{2n}(|x|<1)$.

（ⅱ）将下列函数 $y=\begin{cases}\frac{1+x^2}{x}\arctan x, & x\neq 0\\ 1, & x=0\end{cases}$ 展开成 x 的幂级数，并指出其收敛区间. 同时求级数 $\sum_{n=1}^{\infty}(-1)^n\frac{1}{1-4n^2}$ 的和.

解：提示：见①由于

$$y=\arctan x=\sum_{n=0}^{\infty}(-1)^n\frac{x^{2n+1}}{2n+1}(|x|\leqslant 1).$$

所以当 $x\in[-1,1]$，$x\neq 0$ 时，有

$$y=\frac{1+x^2}{x}\arctan x=(1+x^2)\sum_{n=0}^{\infty}\frac{(-1)^n}{2n+1}x^{2n}$$

$$=\sum_{n=0}^{\infty}\frac{(-1)^n}{2n+1}x^{2n}+\sum_{n=0}^{\infty}\frac{(-1)^n}{2n+1}x^{2n+2}$$

$$=\sum_{n=0}^{\infty}\frac{(-1)^n}{2n+1}x^{2n}+\sum_{n=1}^{\infty}\frac{(-1)^n}{2n-1}x^{2n}$$

$$=1+\sum_{n=1}^{\infty}(-1)^n\left(\frac{1}{2n+1}-\frac{1}{2n-1}\right)x^{2n}$$

$$=1+\sum_{n=1}^{\infty}\frac{(-1)^n 2}{1-4n^2}x^{2n}.$$

而 $y(0)=0$,所以可统一表达式为

$$y=1+\sum_{n=1}^{\infty}\frac{(-1)^n 2}{1-4n^2}x^{2n}(x\in[-1,1]).$$

进一步,有 $y(1)=1+\sum_{n=1}^{\infty}\frac{(-1)^n 2}{1-4n^2}=\frac{\pi}{2}$,

故有 $\sum_{n=1}^{\infty}\frac{(-1)^n}{1-4n^2}=\frac{\pi}{4}-\frac{1}{2}$.

(ⅲ)将下列函数展开成 x 的幂级数,并求 $f^{(n)}(0)$.

① $f(x)=\frac{1+x}{(1-x)^2}$; ② $f(x)=\int_0^x\frac{\sin t}{t}\mathrm{d}t$.

解:①首先计算有

$$f(x)=\frac{1+x}{(1-x)^2}=\frac{2}{(1-x)^2}-\frac{1}{1-x}=f_1(x)-f_2(x),$$

而

$$f_2(x)=\frac{1}{1-x}=\sum_{n=0}^{\infty}x^n(|x|<1)$$

$$f_1(x)=\frac{2}{(1-x)^2}=2\frac{\mathrm{d}}{\mathrm{d}x}\left(\frac{1}{1-x}\right)=2\frac{\mathrm{d}}{\mathrm{d}x}\left(\sum_{n=0}^{\infty}x^n\right)$$

$$=2\sum_{n=1}^{\infty}nx^{n-1}=2\sum_{n=0}^{\infty}(n+1)x^n(|x|<1).$$

其次,有

$$f(x)=2\sum_{n=0}^{\infty}(n+1)x^n-\sum_{n=0}^{\infty}x^n=\sum_{n=0}^{\infty}(2n+1)x^n(|x|<1).$$

于是,有 $f^{(n)}(0)=(2n+1)n!$.

②首先，由于

$$\frac{\sin x}{x}=\frac{\sum_{n=0}^{\infty}(-1)^n\frac{x^{2n+1}}{(2n+1)!}}{x}=\sum_{n=0}^{\infty}(-1)^n\frac{x^{2n}}{(2n+1)!},$$

$$(-\infty<x<+\infty).$$

其次，计算

$$f(x)=\int_0^x\frac{\sin t}{t}\mathrm{d}t=\int_0^x\left(\sum_{n=0}^{\infty}(-1)^n\frac{t^{2n}}{(2n+1)!}\right)\mathrm{d}t$$

$$=\sum_{n=0}^{\infty}(-1)^n\frac{x^{2n+1}}{(2n+1)!(2n+1)}.$$

于是，$\forall m\in\mathbf{N}$，当 $n=2m$ 时，有 $f^{(2m)}(0)=0$；当 $n=2m+1$ 时，有

$$f^{(2m+1)}(0)=\frac{(-1)^m}{(2m+1)!(2m+1)}\cdot(2m+1)!=\frac{(-1)^m}{2m+1}.$$

§13.4　傅里叶级数

13.4.1　三角函数正交性

1. 定义

定义 13.4.1　设函数 $f(x)$，$g(x)$在 $\mathbf{R}$ 上有定义且于$[-\pi,\pi]$上可积，记

$$\langle f,g\rangle=\frac{1}{\pi}\int_{-\pi}^{\pi}f(x)\cdot g(x)\mathrm{d}x$$

则称其为两函数的内积.

定义 13.4.2　设函数 $f(x)$，$g(x)$在 $\mathbf{R}$ 上有定义且于$[-\pi,\pi]$上可积，若$\langle f,g\rangle=0$，则称两函数于区间$[-\pi,\pi]$上正交(垂直).

内积具有如下性质(设函数均在 $\mathbf{R}$ 上有定义且于$[-\pi,\pi]$上可积)

(1)对称性：$\langle f,g\rangle=\langle g,f\rangle$；

(2)线性运算：$\langle f,\sum_{i=1}^{2}k_ig_i\rangle=\sum_{i=1}^{2}k_i\langle f,g_i\rangle$，其中 k_1，k_2 为实常数.

2. 定理

对于三角函数系

$$1,\cos x,\sin x,\cos 2x,\sin 2x,\cdots,\cos nx,\sin nx,\cdots,$$

有如下定理.

定理 13. 4. 1 三角函数系中任意两个不同的函数于区间 $[-\pi,\pi]$ 上正交.

证明:计算即可.

进一步,三角函数系中,两个相同的函数于区间上内积为正数,具体如下:

$$\langle 1,1\rangle = 2,\langle \sin nx,\sin nx\rangle = 1,\langle \cos nx,\cos nx\rangle = 1.$$

注 13. 4. 1

(1)在前面第 9 章空间解析几何中,用 $\boldsymbol{e}_i(i=1,2,3)$ 表示 $\boldsymbol{i},\boldsymbol{j},\boldsymbol{k}$ 三个单位向量,我们有如下性质:$\boldsymbol{e}_i\cdot\boldsymbol{e}_j=\begin{cases}0, & i\neq j\\ 1, & i=j,\end{cases}$ 因此这三个单位向量也称为空间 $\mathbf{R}^3$ 的正交基. 类似地,称上面的三角函数系为三角函数正交系.

(2)要研究向量 $\boldsymbol{a}=\sum_{i=1}^{3}a_i\boldsymbol{e}_i$,即研究它的三个坐标 a_j,而有 $\boldsymbol{e}_j\cdot\boldsymbol{a}=\sum_{i=1}^{3}a_i(\boldsymbol{e}_j\cdot\boldsymbol{e}_i)=a_j$. 类似的方法也可应用于求傅里叶系数.(见下).

13. 4. 2 傅里叶系数与傅里叶级数

1. 定义与定理

设函数 $f(x)$ 是以 2π 为周期的周期函数,假设 $f(x)$ 可以展开成三角级数,即

$$f(x)=\frac{a_0}{2}+\sum_{k=1}^{\infty}(a_k\cos kx+b_k\sin kx).$$

展开成三角级数的目的是获取其系数. 同注 13. 4. 1 中(2),计算有

$$\langle 1,f(x)\rangle = a_0,\langle \cos nx,f(x)\rangle = a_n,\langle \sin nx,f(x)\rangle = b_n.$$

定义 13.4.3 若函数 $f(x)$是以 2π 为周期的周期函数，且在一个周期上可积分，则称

$$a_n = \frac{1}{\pi}\int_{-\pi}^{\pi} f(x)\cos nx\,\mathrm{d}x n = 0,1,2,\cdots,$$

$$b_n = \frac{1}{\pi}\int_{-\pi}^{\pi} f(x)\sin nx\,\mathrm{d}x n = 1,2,3,\cdots$$

为 $f(x)$的傅里叶系数. 进一步，构成三角函数级数

$$\frac{a_0}{2} + \sum_{n=1}^{\infty}(a_n\cos nx + b_n\sin nx),$$

称为 $f(x)$的傅里叶级数.

注 13.4.2 当 $f(x)$为奇函数时，此时 $a_n = 0, n = 0,1,2,\cdots$，$b_n = \frac{2}{\pi}\int_0^{\pi} f(x)\sin nx\,\mathrm{d}x, n = 1,2,3,\cdots$，则 $f(x)$的傅里叶级数为 $\sum_{n=1}^{\infty} b_n\sin nx$，称为正弦级数；

当 $f(x)$为偶函数时，此时 $a_n = \frac{2}{\pi}\int_0^{\pi} f(x)\cos nx\,\mathrm{d}x, n=0,1,2,\cdots$，$b_n = 0, n=1,2,3,\cdots$，则 $f(x)$的傅里叶级数为 $\frac{a_0}{2} + \sum_{n=1}^{\infty} a_n\cos nx$，称为余弦级数.

设 $f(x)$为$(-\infty,+\infty)$上以 2π 为周期的周期函数且可积，自然要问 $f(x)$的傅里叶级数一定收敛于 $f(x)$吗？回答是不一定. 因此有狄利克雷收敛定理.

2. 定理

定理 13.4.2（狄利克雷收敛定理） 设 $f(x)$为$(-\infty,+\infty)$上以 2π 为周期的周期函数，若它满足：(1)在一个周期内连续或只有有限个第一类间断点；(2)在一个周期内至多只有有限个极值点，则 $f(x)$的傅里叶级数 $\frac{a_0}{2} + \sum_{n=1}^{\infty}(a_n\cos nx + b_n\sin nx) = S(x)$，这里

$$S(x) = \begin{cases} f(x), & \text{当 } x \text{ 是 } f(x) \text{ 的连续点时,} \\ \dfrac{f(x-0)+f(x+0)}{2}, & \text{当 } x \text{ 是 } f(x) \text{ 的间断点时.} \end{cases}$$

13.4.3 应用举例

1. 常规练习

例 13.4.1 设 $f(x)$以 2π 为周期的周期函数，它在$[-\pi,\pi)$上的表达式为 $f(x)=\begin{cases}0, & -\pi\leqslant x<0,\\ 2, & 0\leqslant x<\pi,\end{cases}$ 将 $f(x)$展开成傅里叶级数.

解:一方面，易知 $f(x)$满足狄利克雷收敛定理，计算

$$a_0=\frac{1}{\pi}\int_{-\pi}^{\pi}f(x)\mathrm{d}x=\frac{1}{\pi}\int_0^{\pi}2\mathrm{d}x=2,$$

$$a_n=\frac{1}{\pi}\int_{-\pi}^{\pi}f(x)\cos nx\mathrm{d}x=\frac{1}{\pi}\int_0^{\pi}2\cos nx\mathrm{d}x=\frac{2}{n\pi}\sin nx\Big|_0^{\pi}$$
$$=0,n=1,2,\cdots,$$

$$b_n=\frac{1}{\pi}\int_{-\pi}^{\pi}f(x)\sin nx\mathrm{d}x=\frac{1}{\pi}\int_0^{\pi}2\sin nx\mathrm{d}x=\frac{-2}{n\pi}\cos nx\Big|_0^{\pi}$$
$$=\begin{cases}\dfrac{4}{n\pi}, & n=1,3,5,\cdots,\\ 0, & n=2,4,6,\cdots.\end{cases}$$

另一方面，知 $x=k\pi$ 为 $f(x)$的间断点，这里 k 为整数. 记

$$S(x)=\begin{cases}f(x), & -\infty<x<+\infty,x\neq k\pi,\\ 1, & x=k\pi.\end{cases}$$

于是 $1+\frac{4}{\pi}\left(\sin x+\frac{1}{3}\sin 3x+\cdots+\right)$收敛于 $S(x)$，所以 $f(x)$的傅里叶级数

$$f(x)=1+\frac{4}{\pi}\left(\sin x+\frac{1}{3}\sin 3x+\cdots+\right),$$
$$-\infty<x<+\infty,x\neq k\pi.$$

例 13.4.2 设 $f(x)$是以 2π 为周期的周期函数，它在$(-\pi,\pi)$上的表达式为 $f(x)=\pi x+x^2$，其傅里叶级数展开式为

$$\frac{a_0}{2}+\sum_{n=1}^{\infty}(a_n\cos nx+b_n\sin nx),$$

计算系数 b_3.

解:这是求傅里叶系数问题，由公式知

$$b_3=\frac{1}{\pi}\int_{-\pi}^{\pi}f(x)\sin 3x\mathrm{d}x=\frac{1}{\pi}\int_{-\pi}^{\pi}\pi x\sin 3x\mathrm{d}x+\frac{1}{\pi}\int_{-\pi}^{\pi}x^2\sin 3x\mathrm{d}x$$
$$=2\int_0^{\pi}x\mathrm{d}\left(\frac{-\cos 3x}{3}\right)=\frac{2\pi}{3}.$$

(提示:计算中注意运用对称区间上被积函数的奇偶性)

类似题：

(1)设 $f(x)$是以 2π 为周期的周期函数，它在$(-\pi,\pi]$上的表达式为

$$f(x)=\begin{cases}\dfrac{\pi}{2}+x, & -\pi<x<0,\\ \dfrac{\pi}{2}-x, & 0\leqslant x\leqslant\pi,\end{cases}$$

将 $f(x)$展开成傅里叶级数，并求 $\sum\limits_{n=1}^{\infty}\dfrac{1}{(2n-1)^2}$.

解：一方面，易知 $f(x)$满足狄利克雷收敛定理并为区间$(-\pi,\pi)$上的偶函数，计算

$$a_0=\frac{2}{\pi}\int_0^{\pi}f(x)\mathrm{d}x=0,$$

$$a_n=\frac{2}{\pi}\int_0^{\pi}f(x)\cos nx\mathrm{d}x=\frac{2}{\pi}\int_0^{\pi}\left(\frac{\pi}{2}-x\right)\cos nx\mathrm{d}x$$

$$=\frac{2}{n^2\pi}(1-\cos n\pi)=\begin{cases}\dfrac{4}{n^2\pi}, & n=1,3,\cdots,\\ 0, & n=2,4,\cdots,\end{cases}$$

$$b_n=\frac{1}{\pi}\int_{-\pi}^{\pi}f(x)\sin nx\mathrm{d}x=0.$$

另一方面，$f(x)$在 $\mathbf{R}$ 上连续. 记 $S(x)=f(x)$，$-\infty<x<+\infty$. 于是

$$f(x)=\frac{4}{\pi}\sum_{n=1}^{\infty}\frac{1}{(2n-1)^2}\cos(2n-1)x.$$

进一步，有 $f(0)=\dfrac{4}{\pi}\sum\limits_{n=1}^{\infty}\dfrac{1}{(2n-1)^2}=\dfrac{\pi}{2}$，于是有

$$\sum_{n=1}^{\infty}\frac{1}{(2n-1)^2}=\frac{\pi^2}{8}.$$

(2)设 $f(x)$是以 2π 为周期的周期函数，它在$[-\pi,\pi]$上有 $x^2=\sum\limits_{n=0}^{\infty}a_n\cos nx$，计算系数 a_2.

解：这是求傅里叶系数问题，由公式知有

$$a_2=\frac{2}{\pi}\int_0^{\pi}x^2\cos 2x\mathrm{d}x=\frac{1}{\pi}\int_0^{\pi}x^2\mathrm{d}(\sin 2x)=1.$$

(3)设 $f(x)$ 是以 2π 为周期的周期函数,它在 $(-\pi,\pi]$ 上的表达式为 $f(x)=\begin{cases}0, & -\pi<x\leqslant 0,\\ 1+x^2, & 0<x\leqslant\pi,\end{cases}$ 求傅里叶级数 $S(0)$,$S(1)$ 和 $S(\pi)$ 的值.

解:易知 $x=1$ 是函数 $f(x)$ 的连续点,$x=0$,$x=\pi$ 均是函数 $f(x)$ 的间断点,由狄利克雷收敛定理知

$$S(0)=\frac{f(0-0)+f(0+0)}{2}=\frac{1}{2},$$

$$S(1)=f(1)=2,$$

$$S(\pi)=\frac{f(\pi-0)+f(\pi+0)}{2}=\frac{1+\pi^2}{2}.$$

2. 主题练习

(1)当 $f(x)$ 为 $(-\pi,+\pi)$,$(-\pi,\pi]$,或 $[-\pi,\pi)$ 上可积函数且满足狄利克雷定理中两条件时,$f(x)$ 可展开成傅里叶级数.

原理 13.4.1 仅考虑 $[-\pi,\pi)$ 情形,其余类似.具体步骤如下:

首先,将 $f(x)$ 以 2π 为周期延拓到 $(-\infty,+\infty)$ 上,记为 $F(x)$,则 $F(x)$ 以 2π 为周期的周期函数且满足狄利克雷收敛定理条件,因此 $F(x)$ 的傅里叶级数 $\frac{a_0}{2}+\sum_{n=1}^{\infty}(a_n\cos nx+b_n\sin nx)=\widetilde{S(x)}$,其中

$$a_n=\frac{1}{\pi}\int_{-\pi}^{\pi}F(x)\cos nx\,\mathrm{d}x=\frac{1}{\pi}\int_{-\pi}^{\pi}f(x)\cos nx\,\mathrm{d}x,n=0,1,2,\cdots,$$

$$b_n=\frac{1}{\pi}\int_{-\pi}^{\pi}F(x)\sin nx\,\mathrm{d}x=\frac{1}{\pi}\int_{-\pi}^{\pi}f(x)\sin nx\,\mathrm{d}x,n=1,2,3,\cdots.$$

其次,将上述展形结果约束到 $[-\pi,\pi)$ 上有 $f(x)$ 的傅里叶级数

$$\frac{a_0}{2}+\sum_{n=1}^{\infty}(a_n\cos nx+b_n\sin nx)=S(x).$$

这里

$$S(x)=\begin{cases}f(x), & \text{当 } x\in(-\pi,\pi) \text{ 是 } f(x) \text{ 的连续点时},\\ \dfrac{f(x-0)+f(x+0)}{2}, & \text{当 } x\in(-\pi,\pi) \text{ 是 } f(x) \text{ 的间断点时},\\ \dfrac{f(-\pi)+f(\pi-0)}{2}, & \text{当 } x=-\pi \text{ 时}.\end{cases}$$

例 13.4.3 设函数 $f(x)$ 是区间 $[-\pi,\pi]$ 上的偶函数，且满足 $f\left(\frac{\pi}{2}+x\right)=-f\left(\frac{\pi}{2}-x\right)$. 证明在 $[-\pi,\pi]$ 上傅里叶级数展开式中系数 $a_{2n}=0,n=1,2,3,\cdots$.

解:基于函数 $f(x)$ 是区间 $[-\pi,\pi]$ 上的偶函数，有

$$\begin{aligned}a_{2n}&=\frac{2}{\pi}\int_0^\pi f(x)\cos 2nx\,\mathrm{d}x\\&=\frac{2}{\pi}\left(\int_0^{\frac{\pi}{2}}f(x)\cos 2nx\,\mathrm{d}x+\int_{\frac{\pi}{2}}^{\pi}f(x)\cos 2nx\,\mathrm{d}x\right),\end{aligned}$$

做变化 $x=\frac{\pi}{2}+t$，计算

$$\begin{aligned}\int_{\frac{\pi}{2}}^{\pi}f(x)\cos 2nx\,\mathrm{d}x&=\int_0^{\frac{\pi}{2}}f(\frac{\pi}{2}+t)\cos(n\pi+2nt)\,\mathrm{d}t\\&=-\int_0^{\frac{\pi}{2}}f(\frac{\pi}{2}-t)\cos(n\pi+2nt)\,\mathrm{d}t,\end{aligned}$$

做变化 $x=\frac{\pi}{2}-t$，计算

$$\begin{aligned}\int_0^{\frac{\pi}{2}}f(\frac{\pi}{2}-t)\cos(n\pi+2nt)\,\mathrm{d}t&=-\int_{\frac{\pi}{2}}^{0}f(x)\cos(2n\pi-2nx)\,\mathrm{d}x\\&=\int_0^{\frac{\pi}{2}}f(x)\cos 2nx\,\mathrm{d}x.\end{aligned}$$

于是，有 $a_{2n}=0$.

(2)当 $f(x)$ 为 $(-\pi,0)$, $[-\pi,0)$, $(-\pi,0]$, $(0,\pi)$, $[0,\pi)$, 或 $(0,\pi]$ 上可积函数且满足狄利克雷定理中两条件时，$f(x)$ 可展开成傅里叶级数.

原理 13.4.2 仅考虑 $[0,\pi)$ 情形，其余类似. 具体步骤如下：

(Ⅰ) $f(x)$ 将展开成正弦级数.

(ⅰ)当 $f(0)=0$ 时，将 $f(x)$ 按奇函数延拓到对称区间 $(-\pi,\pi)$ 上，记为 $F_1(x)$，这里

$$F_1(x)=\begin{cases}-f(-x), & x\in(-\pi,0),\\ f(x), & x\in[0,\pi).\end{cases}$$

其次将 $F_1(x)$ 以 2π 为周期延拓到 $(-\infty,+\infty)$ 上，记为 $F(x)$，则

$F(x)$以 2π 为周期的周期函数且满足狄利克雷收敛定理条件,因此 $F(x)$的傅里叶级数 $\sum_{n=1}^{\infty} b_n \sin nx$,其中

$$a_n = \frac{1}{\pi}\int_{-\pi}^{\pi} F(x)\cos nx \mathrm{d}x = \frac{1}{\pi}\int_{-\pi}^{\pi} F_1(x)\cos nx \mathrm{d}x$$
$$= 0, \quad n = 0,1,2,\cdots,$$
$$b_n = \frac{1}{\pi}\int_{-\pi}^{\pi} F(x)\sin nx \mathrm{d}x = \frac{1}{\pi}\int_{-\pi}^{\pi} F_1(x)\sin nx \mathrm{d}x$$
$$= \frac{2}{\pi}\int_{0}^{\pi} f(x)\sin nx \mathrm{d}x, \quad n = 1,2,3,\cdots.$$

再者,将上述约束到$[0,\pi)$上有 $f(x)$的傅里叶级数 $\sum_{n=1}^{\infty} b_n \sin nx = S(x)$.

这里

$$S(x) = \begin{cases} f(x), & \text{当 } x \in (0,\pi) \text{ 是 } f(x) \text{ 的连续点时}, \\ \dfrac{f(x-0)+f(x+0)}{2}, & \text{当 } x \in (0,\pi) \text{ 是 } f(x) \text{ 的间断点时}, \\ 0, & \text{当 } x = 0 \text{ 时}. \end{cases}$$

(ⅱ)当 $f(0)\neq 0$ 时,将 $f(x)$按奇函数延拓到对称区间$(-\pi,\pi)$上,记为 $F_1(x)$,这里

$$F_1(x) = \begin{cases} -f(-x), & x \in (-\pi,0), \\ 0, & x = 0, \\ f(x), & x \in (0,\pi). \end{cases}$$

其次将 $F_1(x)$以 2π 为周期延拓到$(-\infty,+\infty)$上,记为 $F(x)$,则 $F(x)$是以 2π 为周期的周期函数且满足狄利克雷收敛定理条件,因此 $F(x)$的傅里叶级数 $\sum_{n=1}^{\infty} b_n \sin nx$,其中

$$a_n = \frac{1}{\pi}\int_{-\pi}^{\pi} F(x)\cos nx \mathrm{d}x = \frac{1}{\pi}\int_{-\pi}^{\pi} F_1(x)\cos nx \mathrm{d}x$$
$$= 0, n = 0,1,2,\cdots,$$
$$b_n = \frac{1}{\pi}\int_{-\pi}^{\pi} F(x)\sin nx \mathrm{d}x = \frac{1}{\pi}\int_{-\pi}^{\pi} F_1(x)\sin nx \mathrm{d}x$$
$$= \frac{2}{\pi}\int_{0}^{\pi} f(x)\sin nx \mathrm{d}x, n = 1,2,3,\cdots.$$

再者，将上述约束到$(0,\pi)$上有 $f(x)$的傅里叶级数 $\sum_{n=1}^{\infty} b_n \sin nx = S(x)$.

这里

$$S(x)=\begin{cases} f(x), & \text{当 } x\in(0,\pi) \text{ 是 } f(x) \text{ 的连续点时}, \\ \dfrac{f(x-0)+f(x+0)}{2}, & \text{当 } x\in(0,\pi) \text{ 是 } f(x) \text{ 的间断点时}. \end{cases}$$

注意此时 $x=0$ 不考虑(因为 $F_1(0)=0$ 是补充定义的，不是原来函数 $f(0)$的值).

(Ⅱ) $f(x)$将展开成余弦级数.

将 $f(x)$按偶函数延拓到对称区间$(-\pi,\pi)$上，记为 $F_1(x)$，这里

$$F_1(x)=\begin{cases} f(-x), & x\in(-\pi,0), \\ f(x), & x\in[0,\pi). \end{cases}$$

其次，将 $F_1(x)$以 2π 为周期延拓到$(-\infty,+\infty)$上，记为 $F(x)$，则 $F(x)$是以 2π 为周期的周期函数且满足狄利克雷收敛定理条件，因此 $F(x)$的傅里叶级数 $\frac{a_0}{2}+\sum_{n=1}^{\infty} a_n\cos nx$，其中

$$\begin{aligned} a_n &= \frac{1}{\pi}\int_{-\pi}^{\pi} F(x)\cos nx\,\mathrm{d}x = \frac{1}{\pi}\int_{-\pi}^{\pi} F_1(x)\cos nx\,\mathrm{d}x \\ &= \frac{2}{\pi}\int_{0}^{\pi} f(x)\cos nx\,\mathrm{d}x, n=0,1,2,\cdots, \\ b_n &= \frac{1}{\pi}\int_{-\pi}^{\pi} F(x)\sin nx\,\mathrm{d}x = \frac{1}{\pi}\int_{-\pi}^{\pi} F_1(x)\sin nx\,\mathrm{d}x \\ &= 0, n=1,2,3,\cdots. \end{aligned}$$

再者，将上述约束到$[0,\pi)$上有 $f(x)$的傅里叶级数

$$\frac{a_0}{2}+\sum_{n=1}^{\infty} a_n\cos nx = S(x).$$

这里

$$S(x)=\begin{cases} f(x), & \text{当 } x\in(0,\pi) \text{ 是 } f(x) \text{ 的连续点时}, \\ \dfrac{f(x-0)+f(x+0)}{2}, & \text{当 } x\in(0,\pi) \text{ 是 } f(x) \text{ 的间断点时}, \\ f(0), & \text{当 } x=0 \text{ 时}. \end{cases}$$

例 13.4.4 将函数 $f(x)=\dfrac{\pi-x}{2}$,$0\leqslant x<\pi$ 分别展开成:

(1)正弦级数,并计算 $\sum\limits_{n=1}^{\infty}(-1)^{n-1}\dfrac{1}{2n-1}$.

(2)余弦级数.

解:(1)一方面,目标是将 $f(x)$ 展开成正弦级数,注意 $f(0)=\dfrac{\pi}{2}\neq 0$.

首先,将 $f(x)=\dfrac{\pi-x}{2}$ $0\leqslant x<\pi$ 按奇函数延拓到 $(-\pi,\pi)$ 上,记为

$$F_1(x)=\begin{cases}-f(-x), & -\pi<x<0,\\ 0, & x=0,\\ f(x), & 0\leqslant x<\pi.\end{cases}$$

其次将 $F_1(x)$ 以 2π 为周期延拓到 $(-\infty,+\infty)$ 上,记为 $F(x)$,则 $F(x)$ 是以 2π 为周期的周期函数且满足狄利克雷收敛定理条件,有 $a_n=0,n=0,1,2,\cdots$,

$$b_n=\frac{2}{\pi}\int_0^{\pi}f(x)\sin nx\,\mathrm{d}x=\frac{2}{\pi}\int_0^{\pi}\frac{\pi-x}{2}\sin nx\,\mathrm{d}x$$

$$=\frac{1}{n},\ n=1,2,3,\cdots.$$

另一方面,由于 $f(x)$ 在 $(0,\pi)$ 上连续,所以 $f(x)$ 展开成正弦级数为

$$f(x)=\sum_{n=1}^{\infty}\frac{1}{n}\sin nx,\quad 0<x<\pi.$$

进一步,取 $x=\dfrac{\pi}{2}$,有 $f\left(\dfrac{\pi}{2}\right)=\sum\limits_{n=1}^{\infty}\dfrac{1}{n}\sin\dfrac{n\pi}{2}=\sum\limits_{n=1}^{\infty}(-1)^{n-1}\dfrac{1}{2n-1}$

于是,有 $\sum\limits_{n=1}^{\infty}(-1)^{n-1}\dfrac{1}{2n-1}=\dfrac{\pi}{4}$.

(2)目标是将 $f(x)$ 展开成余弦级数.

一方面,首先,将 $f(x)$ 按偶函数延拓到对称区间 $(-\pi,\pi)$ 上,记为 $F_1(x)$,这里

$$F_1(x)=\begin{cases}f(-x), & x\in(-\pi,0),\\ f(x), & x\in[0,\pi).\end{cases}$$

其次，将 $F_1(x)$ 以 2π 为周期延拓到 $(-\infty,+\infty)$ 上，记为 $F(x)$，则 $F(x)$ 是以 2π 为周期的周期函数且满足狄利克雷收敛定理条件，有

$$a_0=\frac{2}{\pi}\int_0^{\pi}\frac{\pi-x}{2}\mathrm{d}x=\frac{\pi}{2},$$

$$a_n=\frac{2}{\pi}\int_0^{\pi}f(x)\cos nx\mathrm{d}x=\frac{2}{\pi}\int_0^{\pi}\frac{\pi-x}{2}\cos nx\mathrm{d}x$$

$$=\frac{1-(-1)^n}{n^2\pi}=\begin{cases}\dfrac{2}{n^2\pi}, & n=1,3,5,\cdots,\\ 0, & n=2,4,6,\cdots,\end{cases}$$

$b_n=0,\ n=1,2,3,\cdots.$

另一方面，由于 $f(x)$ 在 $[0,\pi)$ 上连续，所以 $f(x)$ 展开成余弦级数为

$$f(x)=\frac{\pi}{4}+\frac{2}{\pi}\left(\cos x+\frac{1}{3^2}\cos 3x+\frac{1}{5^2}\cos 5x+\cdots\right),\ 0\leqslant x<\pi.$$

例 13.4.5 证明当 $0<x<\pi$ 时，有

$$\sum_{k=1}^{\infty}\frac{1}{(4k^2-1)}\cos 2kx=\frac{1}{2}-\frac{\pi}{4}\sin x.$$

解：分析知左边是三角级数，且为余弦级数. 所以按以下方式处理.

首先，将函数 $f(x)=\frac{1}{2}-\frac{\pi}{4}\sin x$ 进行偶函数延拓到区间 $(-\pi,\pi)$，记为 $F_1(x)$，这里

$$F_1(x)=\begin{cases}f(-x), & x\in(-\pi,0),\\ f(x), & x\in[0,\pi).\end{cases}$$

其次，将 $F_1(x)$ 以 2π 为周期延拓到 $(-\infty,+\infty)$ 上，记为 $F(x)$，则 $F(x)$ 以 2π 为周期的周期函数且满足狄利克雷收敛定理条件，有

$$a_0=\frac{2}{\pi}\int_0^{\pi}\left(\frac{1}{2}-\frac{\pi}{4}\sin x\right)\mathrm{d}x=0,$$

$$a_n=\frac{2}{\pi}\int_0^{\pi}f(x)\cos nx\mathrm{d}x=\frac{2}{\pi}\int_0^{\pi}\left(\frac{1}{2}-\frac{\pi}{4}\sin x\right)\cos nx\mathrm{d}x$$

$$=\frac{1}{4(n+1)}\cos(n+1)x\Big|_0^{\pi}-\frac{1}{4(n-1)}\cos(n-1)x\Big|_0^{\pi},$$

这样,有

$$a_{2k+1}=0, a_{2k}=\frac{1}{(4k^2-1)}$$

$$b_n=0,\ n=1,2,3,\cdots.$$

另一方面,由于 $f(x)$在$[0,\pi)$上连续,所以 $f(x)$展开成余弦级数为

$$f(x)=\frac{1}{2}-\frac{\pi}{4}\sin x=\sum_{k=1}^{\infty}\frac{1}{(4k^2-1)}\cos 2kx,\ 0<x<\pi.$$

类似题:

设 $f(x)$是在区间$[0,\pi)$上的可积函数,问如何把 $f(x)$延拓到区间$(-\pi,\pi)$上,而使得它的傅里叶展开式为

$$f(x)=\sum_{n=1}^{\infty}a_{2n-1}\cos(2n-1)x, -\pi<x<\pi.$$

解:分析知右边为三角级数,且为余弦级数.所以按以下方式处理.

首先,将函数 $f(x)$进行偶函数延拓到区间$(-\pi,\pi)$上,使得 $f(-x)=f(x)$,记为 $F_1(x)$,这里

$$F_1(x)=\begin{cases}f(-x),\ x\in(-\pi,0),\\ f(x),\quad x\in[0,\pi).\end{cases}$$

其次,将 $F_1(x)$以 2π 为周期延拓到$(-\infty,+\infty)$上,记为 $F(x)$,则 $F(x)$以 2π 为周期的周期函数且满足狄利克雷收敛定理条件.计算

$$\begin{aligned}a_{2n}&=\frac{2}{\pi}\int_0^{\pi}f(x)\cos 2nx\,\mathrm{d}x\\&=\frac{2}{\pi}\left(\int_0^{\frac{\pi}{2}}f(x)\cos 2nx\,\mathrm{d}x+\int_{\frac{\pi}{2}}^{\pi}f(x)\cos 2nx\,\mathrm{d}x\right),\end{aligned}$$

做变量变换 $x=\pi-t$,有

$$\begin{aligned}\int_{\frac{\pi}{2}}^{\pi}f(x)\cos 2nx\,\mathrm{d}x&=\int_0^{\frac{\pi}{2}}f(\pi-t)\cos 2n(\pi-t)\,\mathrm{d}t\\&=\int_0^{\frac{\pi}{2}}f(\pi-x)\cos 2nx\,\mathrm{d}x.\end{aligned}$$

即

$$a_{2n}=\frac{2}{\pi}\int_0^{\pi}f(x)\cos 2nx\mathrm{d}x$$
$$=\frac{2}{\pi}\left(\int_0^{\frac{\pi}{2}}(f(x)+f(\pi-x))\cos 2nx\mathrm{d}x\right).$$

再者，依题意分析知右边级数中不出现 a_{2n}，即 $a_{2n}=0$. 所以，使得 $f(\pi-x)=-f(x)$.

综上，函数 $f(x)$ 于区间 $(-\pi,\pi)$ 上满足条件 $\begin{cases}f(-x)=f(x),\\f(\pi-x)=-f(x).\end{cases}$

13.4.4　周期为 $2l$ 的周期函数的傅里叶级数

1. 定理

设 $f(x)$ 为 $(-\infty,+\infty)$ 上以 $2l$ 为周期的周期函数且可积，如何处理?

定理 13.4.3(狄利克雷收敛定理)　设 $f(x)$ 为在 $(-\infty,+\infty)$ 上以 $2l$ 为周期的周期函数，若它满足：

(1)在一个周期内连续或只有有限个第一类间断点；(2)在一个周期内至多只有有限个极值点，则 $f(x)$ 的傅里叶级数

$\frac{a_0}{2}+\sum_{n=1}^{\infty}\left(a_n\cos\frac{n\pi}{l}x+b_n\sin\frac{n\pi}{l}x\right)=S(x)$，其中

$$S(x)=\begin{cases}f(x), & \text{当 } x \text{ 是 } f(x) \text{ 的连续点时},\\ \frac{f(x-0)+f(x+0)}{2}, & \text{当 } x \text{ 是 } f(x) \text{ 的间断点时}.\end{cases}$$

这里

$$a_n=\frac{1}{l}\int_{-l}^{l}f(x)\cos\frac{n\pi}{l}x\mathrm{d}x,\ n=0,1,2,\cdots,$$

$$b_n=\frac{1}{l}\int_{-l}^{l}f(x)\sin\frac{n\pi}{l}x\mathrm{d}x,\ n=1,2,3,\cdots.$$

证明: 做变量变换 $t=\frac{\pi}{l}x$，记 $g(t)=f(x)=f(\frac{l}{\pi}t)$，则区间 $[-l,l]$ 映射成区间 $[-\pi,\pi]$，$g(t)$ 变为 $(-\infty,+\infty)$ 上以 2π 为周期的周期函数且可积. 这样由狄立克雷收敛定理可得结论.

注 13.4.3　也有类似于原理 13.4.1 和原理 13.4.2 问题.

例 13.4.6 设 $f(x)$以 6 为周期的周期函数，它在$[-3,3)$上的表达式为 $f(x)=\begin{cases}2x+1, & -3\leqslant x<0,\\ 1, & 0\leqslant x<3,\end{cases}$ 将 $f(x)$展开成傅里叶级数.

解:一方面，易知 $f(x)$于$[-3,3)$满足狄利克雷收敛定理，计算

$$a_0=\frac{1}{3}\int_{-3}^{3}f(x)\mathrm{d}x=\frac{1}{3}\left(\int_{-3}^{0}(2x+1)\mathrm{d}x+\int_{0}^{3}1\mathrm{d}x\right)=-1,$$

$$\begin{aligned}a_n&=\frac{1}{3}\int_{-3}^{3}f(x)\cos\frac{n\pi}{3}x\mathrm{d}x\\&=\frac{1}{3}\left(\int_{-3}^{0}(2x+1)\cos\frac{n\pi}{3}\mathrm{d}x+\int_{0}^{3}\cos\frac{n\pi}{3}\mathrm{d}x\right)\\&=\frac{6}{n^2\pi^2}(1-(-1)^n),\quad n=1,2,\cdots,\end{aligned}$$

$$\begin{aligned}b_n&=\frac{1}{3}\int_{-3}^{3}f(x)\sin\frac{n\pi}{3}x\mathrm{d}x\\&=\frac{1}{3}\left(\int_{-3}^{0}(2x+1)\sin\frac{n\pi}{3}\mathrm{d}x+\int_{0}^{3}\sin\frac{n\pi}{3}\mathrm{d}x\right)\\&=\frac{(-1)^{n+1}6}{n\pi},\quad n=1,2,\cdots.\end{aligned}$$

另一方面，知 $x=3(2k+1)$为 $f(x)$的间断点，这里 k 为整数，记

$$S(x)=\begin{cases}f(x), & -\infty<x<+\infty, x\neq 3(2k+1),\\ -2, & x=3(2k+1).\end{cases}$$

于是，有 $\frac{a_0}{2}+\sum_{n=1}^{\infty}(a_n\cos\frac{n\pi}{3}x+b_n\sin\frac{n\pi}{3}x)$ 收敛于 $S(x)$，所以 $f(x)$的傅里叶级数

$$f(x)=\frac{a_0}{2}+\sum_{n=1}^{\infty}\left(a_n\cos\frac{n\pi}{3}x+b_n\sin\frac{n\pi}{3}x\right)$$
$$-\infty<x<+\infty, x\neq 3(2k+1).$$

例 13.4.7 若函数 $f(x)$在区间$[0,2)$上表达式为 $f(x)=2-x$，且傅里叶级数为 $S(x)=\sum_{n=1}^{\infty}b_n\sin\frac{n\pi}{2}x$，$-\infty<x<+\infty$，这里 $b_n=\int_{0}^{2}f(x)\sin\frac{n\pi}{2}x\mathrm{d}x, n=1,2,\cdots$. 计算 $S(-5)$和 $S(8)$.

解:依题意分析知,一方面,将区间$[0,2)$上的函数 $f(x)=2-x$ 进行奇函数延拓到对称区间$(-2,2)$上,记为$F_1(x)$,其中

$$F_1(x)=\begin{cases}-(2+x), & -2<x<0,\\ 0, & x=0,\\ 2-x, & 0<x<2;\end{cases}$$

再将函数$F_1(x)$以$2l=4$为周期延拓到$-\infty<x<+\infty$上,记为$F(x)$.可知函数$F(x)$满足狄利克雷收敛定理条件,因此,

有

$$S(x)=\sum_{n=1}^{\infty}b_n\sin\frac{n\pi}{2}x,\ -\infty<x<+\infty,$$

其中

$$S(x)=\begin{cases}F(x), & -\infty<x<+\infty, x\neq 4k,\\ 0, & x=4k,\end{cases} k\text{ 为整数}.$$

另一方面,由于$-5=-4-1$,$8=2\times4$,于是有

$$S(-5)=S(-1)=-(2-1)=-1 \text{ 和 } S(8)=0.$$

类似题:

(1)将函数$f(x)=x-1(0\leqslant x\leqslant 2)$展开成周期为4的余项级数.

解:一方面,首先做偶函数延拓,其次再做周期为4的周期延拓,于是计算傅里叶系数有

$$b_n=0,\ (n=1,2,\cdots),$$

$$a_n=\frac{2}{l}\int_0^l f(x)\cos\frac{n\pi x}{l}\mathrm{d}x=\int_0^2(x-1)\cos\frac{n\pi x}{2}\mathrm{d}x$$

$$=\frac{2}{n\pi}\int_0^2(x-1)\mathrm{d}\left(\sin\frac{n\pi x}{2}\right)=\frac{4}{n^2\pi^2}((-1)^n-1)$$

$$=\begin{cases}\dfrac{-8}{(2k-1)^2\pi^2}, & n=2k-1,\\ 0, & n=2k.\end{cases}(k\in\mathbf{N}).$$

又 $a_0=\dfrac{2}{l}\displaystyle\int_0^l f(x)\mathrm{d}x=\dfrac{2}{2}\int_0^2(x-1)\mathrm{d}x=0.$

另一方面,由于函数$f(x)=x-1$在区间$[0,2]$上连续,所以由狄利克雷收敛定理有

$$f(x)=-\frac{8}{\pi^2}\sum_{n=1}^{\infty}\frac{1}{(2n-1)^2}\cos\frac{(2n-1)\pi}{2}x, x\in[0,2].$$

(2)设

$$f(x)=\begin{cases}x, & 0\leqslant x\leqslant \dfrac{1}{2},\\ 2-2x, & \dfrac{1}{2}<x<1,\end{cases}$$

$$S(x)=\frac{a_0}{2}+\sum_{n=1}^{\infty}a_n\cos n\pi x(x\in \mathbf{R}),$$

其中 $a_n=2\int_0^1 f(x)\cos n\pi x\mathrm{d}x(n=0,1,2,\cdots)$，计算 $S(-\frac{5}{2})$的值.

解:依题意分析知,一方面,将区间$[0,1)$上的函数 $f(x)$进行偶函数延拓到对称区间$(-1,1)$上,记为 $F_1(x)$,其中

$$F_1(x)=\begin{cases}2+2x, & -1<x<-\dfrac{1}{2},\\ -x, & -\dfrac{1}{2}\leqslant x\leqslant 0,\\ x, & 0\leqslant x\leqslant \dfrac{1}{2},\\ 2-2x, & \dfrac{1}{2}<x<1;\end{cases}$$

然后将函数 $F_1(x)$以 $2l=2$ 为周期延拓到$-\infty<x<+\infty$上,记为 $F(x)$. 另一方面,可知函数 $F(x)$满足狄利克雷收敛定理条件,因此,有 $S(x)=\frac{a_0}{2}+\sum_{n=1}^{\infty}a_n\cos n\pi x(x\in \mathbf{R})$，其中

$$S(x)=\begin{cases}F(x), & -\infty<x<+\infty,x\neq 2k\pm\dfrac{1}{2},\\ \dfrac{3}{4}, & x=2k\pm\dfrac{1}{2},\end{cases}\quad k\text{ 为整数}.$$

于是,有 $S(-\frac{5}{2})=\frac{3}{4}$.

(提示:$-\frac{5}{2}=2\cdot(-1)-\frac{1}{2}$)

问题与思考

1. 问：数列$\{u_n\}$与级数$\sum_{n=1}^{\infty}u_n$之间的敛散性关系如何？

答：关系如下：

(1)若级数$\sum_{n=1}^{\infty}u_n$收敛，则有$\lim_{n\to\infty}u_n=0$. 反之不真，例如，$\sum_{n=1}^{\infty}\frac{1}{n}$发散，而$\lim_{n\to\infty}\frac{1}{n}=0$.

(2)对于交错级数$\sum_{n=1}^{\infty}(-1)^n u_n$，其中$u_n>0$，若$\lim_{n\to\infty}u_n=0$且$u_{n+1}\leqslant u_n$，则级数$\sum_{n=1}^{\infty}(-1)^n u_n$收敛.

(3)级数$\{u_n\}$收敛$\Leftrightarrow$级数$u_1+\sum_{n=1}^{\infty}(u_{n+1}-u_n)$收敛.

事实上，有级数的前n项部分和$s_n=u_{n+1}$，即知结论(3)成立.

例 设$u_1=2,u_{n+1}=\frac{1}{2}\left(u_n+\frac{1}{u_n}\right)$，证明

(ⅰ)$\lim_{n\to\infty}u_n$存在； (ⅱ)级数$\sum_{n=1}^{\infty}\left(\frac{u_n}{u_{n+1}}-1\right)$收敛.

解：(ⅰ)首先，易知$u_n>0,u_{n+1}=\frac{1}{2}\left(u_n+\frac{1}{u_n}\right)\geqslant\frac{1}{2}\cdot 2\sqrt{u_n\cdot\frac{1}{u_n}}=1$，$n\geqslant 1$. 其次，计算$u_{n+1}-u_n=\frac{1}{2}\left(\frac{1}{u_n}-u_n\right)\leqslant 0$，所以数列$\{u_n\}$单调递减且有下界，故$\lim_{n\to\infty}u_n$存在且大于等于1.

(ⅱ)记一般项$a_n=\frac{u_n}{u_{n+1}}-1=\frac{u_n-u_{n+1}}{u_{n+1}}\geqslant 0$，所以$\sum_{n=1}^{\infty}a_n$为正项级数. 同时，有

$$a_n=\frac{u_n}{u_{n+1}}-1=\frac{u_n-u_{n+1}}{u_{n+1}}\leqslant u_n-u_{n+1}.$$

对于级数$-u_1+\sum_{n=1}^{\infty}(u_n-u_{n+1})$，其前$n$项部分和$s_n=-u_{n+1}$，依据(1)知$-u_1+\sum_{n=1}^{\infty}(u_n-u_{n+1})$收敛. 进一步，由正项级数比较判别法

知 $\sum_{n=1}^{\infty} a_n$ 收敛.

2. 问:级数 $\sum_{n=1}^{\infty} u_n$ 与 $\sum_{k=1}^{\infty} u_{2k}$, $\sum_{k=1}^{\infty} u_{2k-1}$ 以及级数 $\sum_{k=1}^{\infty}(u_{2k}+u_{2k+1})$ 之间的敛散性关系如何?

答:关系如下:

(1)若级数 $\sum_{k=1}^{\infty} u_{2k}$, $\sum_{k=1}^{\infty} u_{2k-1}$ 均收敛,则有 $\sum_{n=1}^{\infty} u_n$ 收敛. 事实上,可利用级数运算性质知结论. 但反之不真. 例如,级数 $\sum_{n=1}^{\infty}(-1)^n \frac{1}{n}$ 收敛,而 $\sum_{k=1}^{\infty} \frac{-1}{2k+1}$, $\sum_{k=1}^{\infty} \frac{1}{2k}$ 均发散.

(2)设 $\sum_{n=1}^{\infty} u_n$ 为正项级数,若级数 $\sum_{n=1}^{\infty} u_n$ 收敛,则有 $\sum_{k=1}^{\infty} u_{2k}$, $\sum_{k=1}^{\infty} u_{2k-1}$ 均收敛. 事实上,仅证明 $\sum_{k=1}^{\infty} u_{2k}$ 情形,其余类似. 记级数 $\sum_{k=1}^{\infty} u_{2k}$ 的前项部分和为 $s_n=\sum_{k=1}^{n} u_{2k}$ 则有(ⅰ)$s_{n+1}=s_n+u_{2k+2}\geqslant s_n$;(ⅱ)$s_n\leqslant \sum_{n=1}^{\infty} u_n$,于是 $\sum_{k=1}^{\infty} u_{2k}$ 收敛.

(3)若 $\sum_{k=1}^{\infty} u_{2k}$, $\sum_{k=1}^{\infty} u_{2k-1}$ 均收敛,则 $\sum_{k=1}^{\infty}(u_{2k}+u_{2k-1})$ 收敛. 事实上,利用级数收敛定义,易知 $\sum_{k=1}^{\infty}(u_{2k}+u_{2k-1})$ 收敛且

$$\sum_{k=1}^{\infty}(u_{2k}+u_{2k-1})=\sum_{k=1}^{\infty} u_{2k}+\sum_{k=1}^{\infty} u_{2k-1}=\sum_{n=1}^{\infty} u_n.$$

但反之不真. 事实上,例如,对于级数 $\sum_{n=1}^{\infty}(-1)^n$,有 $\sum_{k=1}^{\infty}(u_{2k}+u_{2k-1})=\sum_{k=1}^{\infty}(1-1)$ 收敛于 0; $\sum_{k=1}^{\infty} u_{2k}=\sum_{k=1}^{\infty} 1$ 和 $\sum_{k=1}^{\infty} u_{2k-1}=\sum_{k=1}^{\infty}(-1)$ 均发散.

例 已知级数 $\sum_{n=1}^{\infty}(-1)^{n-1} a_n=1$, $\sum_{n=1}^{\infty} a_{2n-1}=6$,证明级数 $\sum_{n=1}^{\infty} a_n$ 收敛,并求此级数的和.

解：由于 $\sum_{n=1}^{\infty}(-1)^{n-1}a_n = a_1 - a_2 + a_3 - a_4 + \cdots$，

$\sum_{n=1}^{\infty}a_{2n-1} = a_1 + a_3 + \cdots$ 均存在，则依据级数运算法则，知 $\sum_{n=1}^{\infty}a_{2n}$ 存在且有 $\sum_{n=1}^{\infty}a_{2n} = \sum_{n=1}^{\infty}a_{2n-1} - \sum_{n=1}^{\infty}(-1)^{n-1}a_n = 6 - 1 = 5$. 于是级数 $\sum_{n=1}^{\infty}a_n$ 收敛且有 $\sum_{n=1}^{\infty}a_n = \sum_{n=1}^{\infty}a_{2n-1} + \sum_{n=1}^{\infty}a_{2n} = 6 + 5 = 11$.

3. 问：级数 $\sum_{n=1}^{\infty}u_n$ 与级数 $\sum_{n=1}^{\infty}|u_n|$ 之间的敛散性关系如何？

答：若级数 $\sum_{n=1}^{\infty}|u_n|$ 收敛，则级数 $\sum_{n=1}^{\infty}u_n$ 一定收敛. 反之不真，例如 $\sum_{n=1}^{\infty}(-1)^n\frac{1}{n}$ 收敛，而 $\sum_{n=1}^{\infty}\frac{1}{n}$ 发散.

事实上，由于 $0 \leqslant u_n + |u_n| \leqslant 2|u_n|$，所以 $\sum_{n=1}^{\infty}(u_n + |u_n|)$ 和 $\sum_{n=1}^{\infty}2|u_n|$ 均为正项级数，于是依据级数 $\sum_{n=1}^{\infty}|u_n|$ 收敛，易得 $\sum_{n=1}^{\infty}(u_n + |u_n|)$ 收敛，利用级数加减运算性质知级数 $\sum_{n=1}^{\infty}u_n$ 一定收敛.

注：(1)若级数 $\sum_{n=1}^{\infty}|u_n|$ 收敛，则称级数 $\sum_{n=1}^{\infty}u_n$ 绝对收敛. 若级数 $\sum_{n=1}^{\infty}u_n$ 收敛，而级数 $\sum_{n=1}^{\infty}|u_n|$ 发散，则称级数 $\sum_{n=1}^{\infty}u_n$ 条件收敛.

(2)级数 $\sum_{n=1}^{\infty}u_n$ 绝对收敛 $\Leftrightarrow$ 级数 $\sum_{n=1}^{\infty}\frac{u_n + |u_n|}{2}$ 和 $\sum_{n=1}^{\infty}\frac{u_n - |u_n|}{2}$ 均收敛；

(3)级数 $\sum_{n=1}^{\infty}u_n$ 条件收敛 $\Leftrightarrow$ 级数 $\sum_{n=1}^{\infty}\frac{u_n + |u_n|}{2}$ 和 $\sum_{n=1}^{\infty}\frac{u_n - |u_n|}{2}$ 均发散.

(4)级数 $\sum_{n=1}^{\infty}u_n$ 中的全部正项和负项构成的级数分别为 $\sum_{n=1}^{\infty}\frac{u_n + |u_n|}{2}$ 和 $\sum_{n=1}^{\infty}\frac{u_n - |u_n|}{2}$.

4. 问:级数 $\sum_{n=1}^{\infty} u_n$ 与级数 $\sum_{n=1}^{\infty} u_n^2$, $\sum_{n=1}^{\infty} \frac{u_n}{n}$ 和 $\sum_{n=1}^{\infty} u_n u_{n+1}$ 之间的敛散性关系如何?

答:(1)对于正项级数 $\sum_{n=1}^{\infty} u_n$,若其收敛,则有 $\sum_{n=1}^{\infty} u_n^2$, $\sum_{n=1}^{\infty} \frac{u_n}{n}$ 和 $\sum_{n=1}^{\infty} u_n u_{n+1}$ 均收敛.

事实上,有$\lim\limits_{n\to} \frac{u_n^2}{u_n}=0$,$\lim\limits_{n\to\infty} \frac{\frac{u_n}{n}}{u_n}=0$ 和$\lim\limits_{n\to\infty} \frac{u_n u_{n-1}}{u_n}=\lim\limits_{n\to\infty} u_{n-1}=0$,依据正项级数比较判别法的极限形式,知结论成立.

(2)对于一般级数 $\sum_{n=1}^{\infty} u_n$,若其收敛,则有 $\sum_{n=1}^{\infty} \frac{u_n}{n}$ 收敛,而不能确定 $\sum_{n=1}^{\infty} u_n^2$ 和 $\sum_{n=1}^{\infty} u_n u_{n+1}$ 是否收敛. 事实上,由于 $\sum_{n=1}^{\infty} u_n$ 收敛,数列$\left\{\frac{1}{n}\right\}$单调有界,依据阿贝尔定理,知 $\sum_{n=1}^{\infty} \frac{u_n}{n}$ 收敛.

例如,交错级数 $\sum_{n=1}^{\infty} u_n = \sum_{n=1}^{\infty} (-1)^n \frac{1}{\sqrt{n}}$ 收敛,而 $\sum_{n=1}^{\infty} \frac{1}{n}$ 发散,$\sum_{n=1}^{\infty} \frac{-1}{\sqrt{n(n+1)}}$ 发散.

5. 在判断无穷级数敛散性中,问:是否常用等价无穷小替代技巧?

答:常用.

(1)对于正项级数 $\sum_{n=1}^{\infty} u_n$,若当 $n\to\infty$时,$u_n \sim v_n$,则级数 $\sum_{n=1}^{\infty} u_n$ 与 $\sum_{n=1}^{\infty} v_n$ 敛散性相同. 事实上,由于$\lim\limits_{n\to\infty} \frac{u_n}{v_n}=1$,所以$\exists K\in \mathbf{N}$,有 $\sum_{n=K}^{\infty} v_n$ 为正项级数,依据正项级数比较判别法的极限形式,知级数 $\sum_{n=1}^{\infty} u_n$ 与 $\sum_{n=1}^{\infty} v_n$ 敛散性相同.

(2)对于一般级数 $\sum_{n=1}^{\infty} u_n$,设当 $n\to\infty$时,$u_n \sim v_n$,若级数 $\sum_{n=1}^{\infty} u_n$ 收敛,则不能确定 $\sum_{n=1}^{\infty} v_n$ 是否收敛.

例如，级数 $\sum\limits_{n=1}^{\infty} u_n = \sum\limits_{n=1}^{\infty} (-1)^n \frac{1}{\sqrt{n}}$ 收敛，

$\sum\limits_{n=1}^{\infty} v_n = \sum\limits_{n=1}^{\infty} \left((-1)^n \frac{1}{\sqrt{n}} + \frac{1}{n}\right)$ 发散，而

$$\lim_{n\to\infty} \frac{u_n}{v_n} = \lim_{n\to\infty} \frac{(-1)^n \frac{1}{\sqrt{n}}}{(-1)^n \frac{1}{\sqrt{n}} + \frac{1}{n}} = \lim_{n\to\infty} \frac{1}{1+(-1)^n \frac{1}{\sqrt{n}}} = 1.$$

（3）对于交错级数 $\sum\limits_{n=1}^{\infty} u_n = \sum\limits_{n=1}^{\infty} (-1)^n a_n$，设当 $n\to\infty$ 时，$a_n \sim b_n$，易知，若数列 $\{a_n\}$ 单调递减且级数 $\sum\limits_{n=1}^{\infty} b_n$ 发散，则 $\sum\limits_{n=1}^{\infty} u_n = \sum\limits_{n=1}^{\infty} (-1)^n a_n$ 条件收敛.

若级数 $\sum\limits_{n=1}^{\infty} b_n$ 收敛，则 $\sum\limits_{n=1}^{\infty} u_n = \sum\limits_{n=1}^{\infty} (-1)^n a_n$ 绝对收敛.

例　判断下列级数敛散性.

（1）$\sum\limits_{n=1}^{\infty} \left(1 - \cos\frac{1}{n}\right)$.（类似考虑 $\sum\limits_{n=1}^{\infty} \left(\frac{\pi}{n} - \sin\frac{\pi}{n}\right)$）

（2）$\sum\limits_{n=1}^{\infty} \frac{5^n}{7^n - 6^n}$.

（3）设 $f(x)$ 在点 $x=0$ 的某一邻域内具有二阶连续导数，且 $\lim\limits_{x\to 0}\frac{f(x)}{x}=0$，$\lim\limits_{n\to\infty}\frac{f'(x)}{x}=3$，考虑 $\sum\limits_{n=1}^{\infty} f\left(\frac{1}{n}\right)$.

（4）$\sum\limits_{n=1}^{\infty} \sin(n\pi + \frac{1}{n})$；（类似考虑 $\sum\limits_{n=1}^{\infty} (-1)^n \ln\left(1+\frac{1}{\sqrt{n}}\right)$）.

（5）设正项级数 $\sum\limits_{n=1}^{\infty} a_n$ 收敛，常数 $\lambda \in \left(0, \frac{\pi}{2}\right)$，考虑

$\sum\limits_{n=1}^{\infty} (-1)^n \left(n\tan\frac{\lambda}{n}\right) a_{2n}$.

解：（1）对于正项级数 $\sum\limits_{n=1}^{\infty} \left(1 - \cos\frac{1}{n}\right)$，有 $\lim\limits_{n\to\infty} \dfrac{1-\cos\frac{1}{n}}{\frac{1}{2n^2}} = 1$，

而 $\sum\limits_{n=1}^{\infty} \frac{1}{2n^2}$ 收敛，于是 $\sum\limits_{n=1}^{\infty} \left(1 - \cos\frac{1}{n}\right)$ 收敛.

(2)对于正项级数 $\sum\limits_{n=1}^{\infty}\dfrac{5^n}{7^n-6^n}$，有 $\lim\limits_{n\to\infty}\dfrac{\dfrac{5^n}{7^n-6^n}}{\dfrac{5^n}{7^n}}=1$，而 $\sum\limits_{n=1}^{\infty}\left(\dfrac{5}{7}\right)^n$ 收敛，于是 $\sum\limits_{n=1}^{\infty}\dfrac{5^n}{7^n-6^n}$ 收敛.

(3)由 $f(x)$ 在点 $x=0$ 的某一邻域内具有二阶连续导数，依据 $\lim\limits_{x\to 0}\dfrac{f(x)}{x}=0$，首先，易知 $\lim\limits_{x\to 0}f(x)=0=f(0)$，其次，可知

$$\lim_{x\to 0}\frac{f(x)}{x}=\lim_{x\to 0}\frac{f(x)-f(0)}{x-0}=f'(0)=0,$$

然后，可知

$$\lim_{n\to\infty}\frac{f'(x)}{x}=\lim_{n\to\infty}\frac{f'(x)-f'(0)}{x-0}=f''(0)=3.$$

由泰勒公式知，$\exists\,\xi_n\in\left(0,\dfrac{1}{n}\right)$，有

$$f\left(\frac{1}{n}\right)=f(0)+f'(0)\frac{1}{n}+\frac{1}{2}f''(\xi_n)\left(\frac{1}{n}\right)^2=\frac{1}{2}f''(\xi_n)\left(\frac{1}{n}\right)^2.$$

所以当 n 充分大时，$\sum\limits_{n=1}^{\infty}f\left(\dfrac{1}{n}\right)$ 为正项级数，而 $\lim\limits_{n\to\infty}\dfrac{f\left(\dfrac{1}{n}\right)}{\dfrac{3}{2n^2}}=1$. 由于 $\sum\limits_{n=1}^{\infty}\dfrac{3}{2n^2}$ 收敛，所以 $\sum\limits_{n=1}^{\infty}f\left(\dfrac{1}{n}\right)$ 收敛.

(4)因为 $\sum\limits_{n=1}^{\infty}\sin(n\pi+\dfrac{1}{n})=\sum\limits_{n=1}^{\infty}(-1)^n\sin\dfrac{1}{n}$，所以其为交错级数. 这样，$\left\{\sin\dfrac{1}{n}\right\}$ 为单调减数列且 $\lim\limits_{n\to\infty}\dfrac{\sin\dfrac{1}{n}}{\dfrac{1}{n}}=1$，而 $\sum\limits_{n=1}^{\infty}\dfrac{1}{n}$ 发散，于是 $\sum\limits_{n=1}^{\infty}\sin\left(n\pi+\dfrac{1}{n}\right)$ 条件收敛.

(5)对于交错级数 $\sum\limits_{n=1}^{\infty}(-1)^n\left(n\tan\dfrac{\lambda}{n}\right)a_{2n}$，有 $\lim\limits_{n\to\infty}\dfrac{\left(n\tan\dfrac{\lambda}{n}\right)a_{2n}}{\lambda a_{2n}}=1$，而正项级数 $\sum\limits_{n=1}^{\infty}a_{2n}$ 收敛，于是 $\sum\limits_{n=1}^{\infty}(-1)^n\left(n\tan\dfrac{\lambda}{n}\right)a_{2n}$ 绝对收敛.

6. 设 $\forall n\in\mathbf{N}, a_n\leqslant b_n\leqslant c_n$，若级数 $\sum\limits_{n=1}^{\infty}a_n$ 和 $\sum\limits_{n=1}^{\infty}c_n$ 均收敛，问：级数 $\sum\limits_{n=1}^{\infty}b_n$ 是否收敛？

答：收敛. 事实上，由于 $0\leqslant b_n-a_n\leqslant c_n-a_n$，易知 $\sum\limits_{n=1}^{\infty}(c_n-a_n)$ 和 $\sum\limits_{n=1}^{\infty}(b_n-a_n)$ 为正项级数，依据级数运算性质知 $\sum\limits_{n=1}^{\infty}(c_n-a_n)$ 收敛，依据正项级数比较判别法知 $\sum\limits_{n=1}^{\infty}(b_n-a_n)$ 收敛. 而 $b_n=(b_n-a_n)-a_n$，利用级数运算性质，知级数 $\sum\limits_{n=1}^{\infty}b_n$ 收敛.

7. 设级数的一般项是由定积分式表达，问：定积分性质是否常用于判定级数的敛散性？

答：常用. 如下以例说明之.

例 1 判别级数 $\sum\limits_{n=1}^{\infty}\int_n^{n+1}\mathrm{e}^{-x^\alpha}\mathrm{d}x$ 的敛散性，这里 $\alpha>0$.

解：由于 e^{-x^α} 在 $\mathbf{R}$ 上连续，所以 $\int\mathrm{e}^{-x^\alpha}\mathrm{d}x$ 有原函数 $F(x)=\int_0^x\mathrm{e}^{-x^\alpha}\mathrm{d}x$. 可知其在闭区间 $[n,n+1]$ 上具有连续导数，依据拉格朗日中值定理，知 $\exists\xi\in(n,n+1)$，有 $\int_n^{n+1}\mathrm{e}^{-x^\alpha}\mathrm{d}x=\mathrm{e}^{-\xi^\alpha}\leqslant\mathrm{e}^{-n^\alpha}$，利用洛必达法则计算 $\lim\limits_{x\to+\infty}\dfrac{\mathrm{e}^{-x^\alpha}}{\frac{1}{x^2}}=\lim\limits_{x\to+\infty}\dfrac{x^2}{\mathrm{e}^{x^\alpha}}=0$，而级数 $\sum\limits_{n=1}^{\infty}\dfrac{1}{n^2}$ 收敛，于是 $\sum\limits_{n=1}^{\infty}\int_n^{n+1}\mathrm{e}^{-x^\alpha}\mathrm{d}x$ 收敛.

类似题（由读者自行完成）：

判别下列级数的敛散性.

(1) $\sum\limits_{n=1}^{\infty}\int_0^{\frac{1}{n}}\dfrac{x^\alpha}{1+x}\mathrm{d}x$，这里 $\alpha>0$.

(2) $\sum\limits_{n=1}^{\infty}\int_{n\pi}^{(n+1)\pi}\dfrac{\sin x}{x^\alpha}\mathrm{d}x$，这里 $\alpha>0$.

提示：令 $t=x-n\pi$，有 $\int_{n\pi}^{(n+1)\pi}\dfrac{\sin x}{x^\alpha}\mathrm{d}x=(-1)^{n-1}\int_0^\pi\dfrac{\sin t}{(t+n\pi)^\alpha}\mathrm{d}t$.

例 2 设 $u_n=\int_0^{\frac{\pi}{4}}\tan^n x\mathrm{d}x$. 证明:级数 $\sum\limits_{n=1}^{\infty}(-1)^{n-1}u_n$ 条件收敛.

证: 易知级数 $\sum\limits_{n=1}^{\infty}(-1)^{n-1}u_n$ 为交错级数,计算

$u_n-u_{n+1}=\int_0^{\frac{\pi}{4}}\tan^n x(1-\tan x)\mathrm{d}x<0$,所以数列 $\{u_n\}$ 单调减. 进一步,有

$$u_n+u_{n+2}=\int_0^{\frac{\pi}{4}}\tan^n x(1+\tan^2 x)\mathrm{d}x=\int_0^{\frac{\pi}{4}}\tan^n x\sec^2 x\mathrm{d}x$$
$$=\int_0^{\frac{\pi}{4}}\tan^n x\mathrm{d}\tan x=\frac{1}{n+1}.$$

这样,有 $u_{n+2}<\frac{u_n+u_{n+2}}{2}=\frac{1}{2(n+1)}$, $u_n>\frac{u_n+u_{n+2}}{2}=\frac{1}{2(n+1)}$.

于是知级数 $\sum\limits_{n=1}^{\infty}(-1)^{n-1}u_n$ 条件收敛.

类似题:

设 $u_n=\int_0^1\frac{x^n}{1+x}\mathrm{d}x$. 证明:级数 $\sum\limits_{n=1}^{\infty}(-1)^{n-1}u_n$ 条件收敛.

例 3 设 $u_n=\int_0^1 x^\alpha(1-x)^n\mathrm{d}x$(这里 $\alpha\geqslant1$),证明级数 $\sum\limits_{n=1}^{\infty}u_n$ 收敛.

证明: 易知有 $u_n=\int_0^1 x^\alpha(1-x)^n\mathrm{d}x<\int_0^1 x(1-x)^n\mathrm{d}t=v_n$,令 $t=1-x$,计算

$$v_n=\int_0^1 x(1-x)^n\mathrm{d}x=\int_0^1(1-t)t^n\mathrm{d}t=\frac{1}{n+1}-\frac{1}{n+2},$$

易知级数 $\sum\limits_{n=1}^{\infty}v_n$ 收敛,由正项级数比较判别法,知级数 $\sum\limits_{n=1}^{\infty}u_n$ 收敛.

类似题:

设级数 $u_n=\int_0^1(1-x)\sin^{2n}x\mathrm{d}x$,证明级数 $\sum\limits_{n=1}^{\infty}u_n$ 收敛.

8. 对幂级数 $\sum\limits_{n=0}^{\infty}a_n x^n$,问:收敛点、发散点,收敛半径及收敛域有何关系?

答:(1)对幂级数 $\sum\limits_{n=0}^{\infty} a_n x^n$，若在 $x_0 \neq 0$ 点收敛，则幂级数 $\sum\limits_{n=0}^{\infty} a_n x^n$ 在 $(-|x_0|,|x_0|)$ 内绝对收敛；若在 x_0 点发散，则幂级数 $\sum\limits_{n=0}^{\infty} a_n x^n$ 在 $(-\infty,-|x_0|)$ 和 $(|x_0|,+\infty)$ 上发散.

(2)对幂级数 $\sum\limits_{n=0}^{\infty} a_n x^n$，设其收敛半径为 R，则幂级数 $\sum\limits_{n=0}^{\infty} a_n x^n$ 在 $(-R,R)$ 内绝对收敛，在 $(-\infty,-R)$ 和 $(R,+\infty)$ 上发散. 称 $(-R,R)$ 为收敛区间，收敛区间补上 $x=-R$ 和 $x=R$ 中的收敛点为收敛域.

(3)对幂级数 $\sum\limits_{n=0}^{\infty} a_n x^n$，若在 $x_0 \neq 0$ 点收敛，则 $R \geqslant |x_0|$；若在 x_0 点发散，则 $R \leqslant |x_0|$.

例 1 设幂级数 $\sum\limits_{n=0}^{\infty} a_n (x-3)^n$ 在 $x=0$ 点处收敛，在 $x=6$ 点处发散，求幂级数 $\sum\limits_{n=0}^{\infty} a_n (x-3)^n$ 的收敛域.

解:设 $t=x-3$，有 $\sum\limits_{n=0}^{\infty} a_n t^n$ 在 $t=-3$ 点处收敛，在 $t=3$ 点处发散，所以收敛半径 $R=3$，收敛区间为 $(-3,3)$，收敛域为 $[-3,3)$. 于是 $\sum\limits_{n=0}^{\infty} a_n (x-3)^n$ 的收敛域为 $[0,6)$.

例 2 已知幂级数 $\sum\limits_{n=0}^{\infty} a_n (x-1)^n$ 在 $x=-1$ 点处收敛，问幂级数在 $x=2$ 点处绝对收敛吗？

解:设 $t=x-1$，有 $\sum\limits_{n=0}^{\infty} a_n t^n$ 在 $t=-2$ 点处收敛，而 $x=2$ 对应着点 $t=2-1=1$，有 $1<|-2|=2$，所以 $\sum\limits_{n=0}^{\infty} a_n t^n$ 在 $t=1$ 点处绝对收敛，即幂级数 $\sum\limits_{n=0}^{\infty} a_n (x-1)^n$ 在 $x=2$ 点处绝对收敛.

9. 对幂级数 $\sum\limits_{n=0}^{\infty} a_n x^n$，问：幂级数的系数和收敛半径之间有何关系？

答:情形Ⅰ:设 $a_n \neq 0$，$\lim\limits_{n\to\infty}\left|\dfrac{a_{n+1}}{a_n}\right|=l$，若 $l\neq 0$，则 $R=\dfrac{1}{l}$；若 $l=0$，

则约定 $R=+\infty$；$\lim\limits_{n\to\infty}\left|\dfrac{a_{n+1}}{a_n}\right|=+\infty$，则约定 $R=0$. 反之不真，如幂级数 $\sum\limits_{n=1}^{\infty}\dfrac{2+\sin n}{n^2}x^n$，依据柯西定理知，$l=\lim\limits_{n\to\infty}\sqrt[n]{\dfrac{2+\sin n}{n^2}}=1$，所以有 $R=\dfrac{1}{l}=1$. 而当 $n\to\infty$ 时，数列 $\left|\dfrac{a_{n+1}}{a_n}\right|=\left(\dfrac{n}{n+1}\right)^2\dfrac{2+\sin(n+1)}{2+\sin n}$ 的极限不存在.

例 1 求幂级数 $\sum\limits_{n=1}^{\infty}\dfrac{(x-3)^n}{\sqrt{n}}$ 的收敛域.

解：令 $t=x-3$，考虑幂级数 $\sum\limits_{n=1}^{\infty}\dfrac{t^n}{\sqrt{n}}$，

有 $l=\lim\limits_{n\to\infty}\left|\dfrac{a_{n+1}}{a_n}\right|=\lim\limits_{n\to\infty}\dfrac{\sqrt{n}}{\sqrt{n+1}}=1$，所以 $R=\dfrac{1}{l}=1$.

当 $t=1$ 时，易知正项级数 $\sum\limits_{n=1}^{\infty}\dfrac{1}{\sqrt{n}}$ 发散；当 $t=-1$ 时，易知交错级数 $\sum\limits_{n=1}^{\infty}\dfrac{(-1)^n}{\sqrt{n}}$ 收敛. 于是幂级数 $\sum\limits_{n=1}^{\infty}\dfrac{(x-3)^n}{\sqrt{n}}$ 的收敛域为 $[2,4)$.

情形Ⅱ：设 a_n 中有些项为 0 时，则不能直接用上面(1)中计算公式. 以下仅用两例说明之.

例 2 若幂级数 $\sum\limits_{n=1}^{\infty}a_n x^n$ 的收敛半径为 8，求 $\sum\limits_{n=1}^{\infty}a_n x^{3n+1}$ 的收敛半径.

解：对于幂级数 $\sum\limits_{n=1}^{\infty}a_n x^{3n+1}$，这里 x^{3n+2}，x^{3n+3} 前系数为 0. 此幂级数改写为 $x\sum\limits_{n=1}^{\infty}a_n x^{3n}$，令 $u=x^3$，而 $\sum\limits_{n=1}^{\infty}a_n x^{3n}=\sum\limits_{n=1}^{\infty}a_n u^n$. 易知 $\sum\limits_{n=1}^{\infty}a_n u^n$ 的收敛半径为 8，则 $\sum\limits_{n=1}^{\infty}a_n x^{3n}$ 半径为 2，于是 $x\sum\limits_{n=1}^{\infty}a_n x^{3n}$ 半径也为 2，故 $\sum\limits_{n=1}^{\infty}a_n x^{3n+1}$ 的收敛半径为 2.

例 3 求幂级数 $\sum\limits_{n=1}^{\infty}\dfrac{n}{(-3)^n+2^n}x^{2n+1}$ 的收敛域.

解：对于幂级数 $\sum\limits_{n=1}^{\infty}\dfrac{n}{(-3)^n+2^n}x^{2n+1}$，这里 x^{2n} 前系数为 0，所以

不能直接用(1)中的公式计算收敛半径. 只能用以下两个方法计算收敛半径.

方法一，记 $u_n=\left|\frac{n}{(-3)^n+2^n}\right||x|^{2n+1}$，研究正项级数 $\sum_{n=1}^{\infty}u_n$ 的敛散性，计算

$$\lim_{n\to\infty}\frac{u_{n+1}}{u_n}=\lim_{n\to\infty}\frac{n+1}{n}\left|\frac{(-3)^n+2^n}{(-3)^{n+1}+2^{n+1}}\right||x^2|$$

$$=\lim_{n\to\infty}\left|\frac{(-3)^n\left(1+\left(\frac{-2}{3}\right)^n\right)}{(-3)^{n+1}\left(1+\left(\frac{-2}{3}\right)^n\right)}\right||x^2|=\frac{|x^2|}{3}.$$

由达朗贝尔定理知，当 $\frac{x^2}{3}<1$ 时，级数 $\sum_{n=1}^{\infty}u_n$ 收敛；当 $\frac{x^2}{3}>1$ 时，级数发散. 依据收敛半径定义，知 $R=\sqrt{3}$.

进一步，当 $x=\sqrt{3}$时，此时常数项级数 $\sum_{n=1}^{\infty}\frac{n}{(-3)^n+2^n}(\sqrt{3})^{2n+1}=\sqrt{3}\left(\sum_{n=1}^{\infty}\frac{n}{(-3)^n+2^n}3^n\right)$，易知，当 $n\to\infty$时，知一般项极限不趋于 0，所以级数 $\sum_{n=1}^{\infty}\frac{n}{(-3)^n+2^n}(\sqrt{3})^{2n+1}$ 发散. 当 $x=-\sqrt{3}$时，同理，也知级数 $\sum_{n=1}^{\infty}\frac{n}{(-3)^n+2^n}(-\sqrt{3})^{2n+1}$ 发散. 于是收敛域为$(-\sqrt{3},\sqrt{3})$.

方法二，由于 $\sum_{n=1}^{\infty}\frac{n}{(-3)^n+2^n}x^{2n+1}=x\left(\sum_{n=1}^{\infty}\frac{n}{(-3)^n+2^n}x^{2n}\right)$，令 $t=x^2$，有 $\sum_{n=1}^{\infty}\frac{n}{(-3)^n+2^n}t^n$，这里 $a_n\neq0$，所以计算 $\lim_{n\to\infty}\left|\frac{a_{n+1}}{a_n}\right|=\frac{1}{3}$，于是有 $R_t=3$，故有 $R_x=\sqrt{3}$.

10. 设幂级数 $\sum_{n=0}^{\infty}a_n x^n$ 和 $\sum_{n=0}^{\infty}b_n x^n$ 的收敛半径分别为 $R_1\neq0$，$R_2\neq0$. 问：幂级数 $\sum_{n=0}^{\infty}(a_n\pm b_n)x^n$ 的收敛半径是多少？

答：(1)当 $R_1\neq R_2$ 时，则由收敛半径定义知幂级数 $\sum_{n=0}^{\infty}(a_n\pm b_n)x^n$ 的收敛半径为 $R=\min\{R_1,R_2\}$.

(2)当 $R_1=R_2$ 时,此时收敛半径不确定.事实上,设幂级数 $\sum\limits_{n=0}^{\infty} c_n x^n$ 的收敛半径为 R_3,且有 $R_3>R_1$,则依据(1)知 $\sum\limits_{n=0}^{\infty}(2c_n-a_n)x^n$ 和 $\sum\limits_{n=0}^{\infty}(a_n-c_n)x^n$ 收敛半径均为 R_1,而 $\sum\limits_{n=0}^{\infty}((2c_n-a_n)+(a_n-c_n))x^n=\sum\limits_{n=1}^{\infty} c_n$ 收敛半径为 R_3.

注:一般两个幂级数的加减法是在公共收敛域内进行运算的.

11. 对于幂级数 $\sum\limits_{n=0}^{\infty} a_n x^n$,记其和函数为 $s(x)$.问:和函数是在收敛区间上连续还是在收敛域上连续?

答:和函数 $s(x)$ 在收敛域上连续.

12. 设幂级数 $\sum\limits_{n=0}^{\infty} a_n x^n$ 的收敛半径分别为 $R\neq 0$,记其和函数为 $s(x)$.

问:(1)和函数在收敛区间上可导还是在收敛域上可导?

(2)逐项求导后的函数收敛半径改变吗?

(3)逐项求导后的函数的收敛域改变吗?

答:(1)是在收敛区间 $(-R,R)$ 上可导.(2)逐项求导后,幂级数的收敛半径不变.(3)逐项求导后,幂级数的收敛域变小.

例 1 设幂级数 $\sum\limits_{n=1}^{\infty} a_n x^n$ 的收敛半径为 3,则计算幂级数 $\sum\limits_{n=1}^{\infty} na_n (x-1)^n$ 的收敛区间.

解:令 $t=x-1$,则有 $\sum\limits_{n=1}^{\infty} na_n (x-1)^{n+1}=\sum\limits_{n=1}^{\infty} na_n t^{n+1}=t^2\sum\limits_{n=1}^{\infty} na_n t^{n-1}$.

由于幂级数 $\sum\limits_{n=1}^{\infty} a_n t^n$ 的收敛半径为 3,所以其和函数 $s(x)$ 在收敛区间 $(-3,3)$ 上可导,则有 $s'(x)=\left(\sum\limits_{n=1}^{\infty} a_n t^n\right)'=\sum\limits_{n=1}^{\infty}(a_n t^n)'=\sum\limits_{n=1}^{\infty} na_n t^{n-1}$,其收敛半径也为 3,于是幂级数 $\sum\limits_{n=1}^{\infty} na_n (x-1)^n$ 的收敛区间为 $(-2,4)$.

例 2 求下列幂级数的和函数.

(1) $\sum\limits_{n=1}^{\infty} nx^n$； (2) $\sum\limits_{n=1}^{\infty} \dfrac{1}{n}x^n$；

(3) $\sum\limits_{n=0}^{\infty} (n+1)^2 x^n$； (4) $\sum\limits_{n=1}^{\infty} \dfrac{n^2}{n!}x^n$.

解：(1) 由于 $\lim\limits_{n\to\infty}\left|\dfrac{a_{n+1}}{a_n}\right|=1$，所以收敛半径为 1，进一步知 $\sum\limits_{n=1}^{\infty} nx^n$ 在 $x=-1$，$x=1$ 两点处发散，所以幂级数的收敛域为 $(-1,1)$. 记 $s(x)=\sum\limits_{n=1}^{\infty} nx^n = x\sum\limits_{n=1}^{\infty} nx^{n-1} = xs_1(x)$，$x\in(-1,1)$. 而幂级数的系数是关于 n 的有理整式，则一般用积分运算.

所以，有

$$\int_0^x s_1(t)\mathrm{d}t = \int_0^x \left(\sum_{n=1}^{\infty} nt^{n-1}\right)\mathrm{d}t = \sum_{n=1}^{\infty}\left(\int_0^x nt^{n-1}\mathrm{d}t\right)$$

$$= \sum_{n=1}^{\infty} x^n = \frac{x}{1-x},x\in(-1,1).$$

这样，有

$$s_1(x) = \frac{\mathrm{d}\left(\int_0^x s_1(t)\mathrm{d}t\right)}{\mathrm{d}x} = \left(\frac{x}{1-x}\right)' = \frac{1}{(1-x)^2},x\in(-1,1).$$

于是，有

$$s(x) = \frac{x}{(1-x)^2},x\in(-1,1).$$

同时，易知 $s(x)$ 于收敛域 $(-1,1)$ 上连续.

(2) 由于 $\lim\limits_{n\to\infty}\left|\dfrac{a_{n+1}}{a_n}\right|=1$，所以收敛半径为 1，进一步知 $\sum\limits_{n=1}^{\infty}\dfrac{1}{n}x^n$ 在 $x=-1$ 点处收敛，在 $x=1$ 点处发散，所以幂级数的收敛域为 $[-1,1)$. 记 $s(x)=\sum\limits_{n=1}^{\infty}\dfrac{1}{n}x^n$，$x\in[-1,1)$. 而幂级数的系数是关于 n 的有理分式，则一般用导数运算. 所以，有

$$\frac{\mathrm{d}s(x)}{\mathrm{d}x} = \left(\sum_{n=1}^{\infty}\frac{1}{n}x^n\right)' = \sum_{n=1}^{\infty}\left(\frac{1}{n}x^n\right)' = \sum_{n=1}^{\infty} x^{n-1}$$

$$= \frac{1}{1-x},x\in(-1,1).$$

这样，有

$$s(x)=\int_0^x s'(t)\mathrm{d}t+s(0)=\int_0^x\frac{1}{1-x}\mathrm{d}x+0$$
$$=-\ln(1-x),x\in[-1,1).$$

同时，易知 $s(x)$ 于收敛域$[-1,1)$上连续.

(3)由于$\lim\limits_{n\to\infty}\left|\frac{a_{n+1}}{a_n}\right|=1$，所以收敛半径为 1，进一步知 $\sum\limits_{n=0}^{\infty}(n+1)^2x^n$ 在 $x=-1,x=1$ 两点处发散，所以幂级数的收敛域为$(-1,1)$. 记 $s(x)=\sum\limits_{n=0}^{\infty}(n+1)^2x^n,x\in(-1,1)$. 而幂级数的系数是关于 n 的有理整式，则一般用积分运算. 所以，有

$$\int_0^x s(x)\mathrm{d}x=\int_0^x(\sum_{n=0}^{\infty}(n+1)^2x^n)\mathrm{d}x=\sum_{n=0}^{\infty}(n+1)\int_0^x(n+1)x^n\mathrm{d}x$$
$$=\sum_{n=0}^{\infty}(n+1)x^{n+1}=x\sum_{n=0}^{\infty}(n+1)x^n=xs_1(x),$$

这里 $x\in(-1,1)$.

而幂级数 $s_1(x)=\sum\limits_{n=1}^{\infty}(n+1)x^n$ 的系数仍是关于n 的有理整式，则同样用积分运算.

所以，有

$$\int_0^x s_1(t)\mathrm{d}t=\int_0^x\sum_{n=0}^{\infty}(n+1)t^n\mathrm{d}t=\sum_{n=0}^{\infty}\int_0^x(n+1)t^n\mathrm{d}t$$
$$=\sum_{n=0}^{\infty}x^{n+1}=\frac{x}{1-x},x\in(-1,1).$$

这样，有

$$s_1(x)=\frac{\mathrm{d}\left(\int_0^x s_1(t)\mathrm{d}t\right)}{\mathrm{d}x}=\left(\frac{x}{1-x}\right)'=\frac{1}{(1-x)^2}.$$

进一步，有

$$s(x)=\frac{\mathrm{d}\left(\int_0^x s(t)\mathrm{d}t\right)}{\mathrm{d}x}=\left[\frac{x}{(1-x)^2}\right]'$$
$$=\frac{1+x}{(1-x)^2},x\in(-1,1).$$

(4)由于 $\lim\limits_{n\to\infty}\left|\dfrac{a_{n+1}}{a_n}\right|=0$，所以收敛半径为∞，所以幂级数的收敛域为$(-\infty,\infty)$. 记 $s(x)=\sum\limits_{n=1}^{\infty}\dfrac{n^2}{n!}x^n, x\in(-\infty,\infty)$. 而幂级数的系数出现了$\dfrac{1}{n!}$，则一般用 e^x 的麦克劳林展开式. 首先，有

$$\begin{aligned}s(x)&=\sum_{n=1}^{\infty}\frac{n^2}{n!}x^n=\sum_{n=1}^{\infty}\frac{n}{(n-1)!}x^n=\sum_{n=1}^{\infty}\frac{(n-1)+1}{(n-1)!}x^n\\&=\sum_{n=2}^{\infty}\frac{x^n}{(n-2)!}+\sum_{n=1}^{\infty}\frac{x^n}{(n-1)!}\\&=x^2\sum_{n=0}^{\infty}\frac{x^n}{n!}+x\sum_{n=0}^{\infty}\frac{x^n}{n!}=x(x+1)e^x,\end{aligned}$$

这里 $\forall x\in\mathbf{R}$.